民航特色专业系列教材

飞行性能工程学

（第二版）

田　勇　万莉莉　编著

科 学 出 版 社

北　京

内 容 简 介

本书以民航飞机为主要对象，依据我国民航相关规章，结合飞机设计、发动机设计、航空公司运营管理和环境条件，系统地介绍了空气动力学原理和飞机的主要性能。

全书共13章，内容涵盖空气动力学、飞行力学和飞机性能分析的理论基础、方法和应用。第1章介绍飞机的分类和主要组成；第2章介绍国际标准大气的概念；第3章介绍空气动力学的基本概念；第4章介绍螺旋桨的空气动力；第5章介绍飞机的稳定性与操纵性；第6章介绍直升机的飞行原理；第7章介绍飞机性能分析的研究内容和基本方法；第8～13章介绍飞机性能，包括爬升、下降、盘旋、巡航、起飞和着陆性能分析。

本书可作为高等院校相关专业的本科生或研究生教材，以及相关教师的参考资料，也可作为工程技术人员的参考用书。

图书在版编目(CIP)数据

飞行性能工程学/田勇，万莉莉编著．—2版．—北京：科学出版社，2021.12

民航特色专业系列教材

ISBN 978-7-03-070714-7

Ⅰ.①飞… Ⅱ.①田…②万… Ⅲ.①飞机-机动飞行性能-高等学校-教材 Ⅳ.①V212.13

中国版本图书馆CIP数据核字(2021)第238271号

责任编辑：余 江 陈 琪/责任校对：王萌萌

责任印制：赵 博/封面设计：迷底书装

科学出版社 出版

北京东黄城根北街16号

邮政编码：100717

http://www.sciencep.com

中煤（北京）印务有限公司印刷

科学出版社发行 各地新华书店经销

*

2015年6月第一版 开本：787×1092 1/16

2021年12月第二版 印张：20 1/4

2025年7月第九次印刷 字数：493 000

定价：79.00元

（如有印装质量问题，我社负责调换）

前　　言

随着航空技术的发展和经济水平的提高，越来越多的人选择飞机作为出行的一种重要方式，飞机以其快速、高效、安全等优势越来越被大众所认可。随着我国民航事业的快速发展，加入航线营运的机型越来越多，每种飞机的性能都有所不同，而其直接关系到飞行的安全和效益等关键问题。熟悉并掌握飞机的性能，有助于更好地认识飞机、选择飞机和使用飞机。

在本书的编写中，吸收了国内外同类教材的优点，把握管制员、签派员、飞行员应该掌握的航空主线知识，贯穿必要的知识点。注重知识的系统性和适用性，力求做到文字通俗易懂、内容博而不杂，起到为管制、签派和飞行打基础的作用。

全书共 13 章。第 1 章飞机概述，介绍飞机的主要组成；第 2 章大气概述，主要介绍飞行的大气环境；第 3 章空气动力学，主要介绍空气亚、跨、超音速流动的一些基本规律和飞机升力、阻力的产生原理和变化规律；第 4 章螺旋桨的空气动力，主要介绍螺旋桨拉力的产生原理、变化规律和螺旋桨的副作用；第 5 章飞机的稳定性与操纵性，主要介绍飞机稳定性和操纵性的基本概念、影响因素等有关知识；第 6 章直升机，主要介绍直升机的分类、结构和飞行原理；第 7 章飞机性能分析方法，主要介绍飞机性能分析中常用的推力法、功率法和能量法；第 8 章爬升，主要介绍爬升性能参数、航路爬升方式和航路爬升性能；第 9 章下降，主要介绍下降性能参数、航路下降方式和航路下降性能；第 10 章盘旋，主要介绍飞机的基本机动性能和转弯的操纵原理；第 11 章巡航，主要介绍巡航性能参数、巡航性能计算方法、一发停车的巡航性能和操纵；第 12 章起飞，主要介绍飞机起飞性能及操纵原理；第 13 章着陆，主要介绍飞机着陆性能及操纵原理。

本书第 1 章、第 3～6 章以及第 12、13 章由田勇编写，第 2 章以及第 7～11 章由万莉莉编写。全书由田勇统稿。

感谢南京航空航天大学教务处和南京航空航天大学民航学院对本书出版的大力支持。在本书编写过程中参阅了许多著作，在此向相关作者表示感谢。

由于作者水平有限，书中难免存在不足之处，恳请广大读者批评指正。

作　者

2021 年 9 月于南京航空航天大学

目　　录

第 1 章　飞 机 概 述

人类对空中飞行的愿望自古就有，对飞行活动进行了数个世纪顽强不懈的探索。早期的飞行活动是以滑翔机或热气球的形式进行的。直到 1903 年 12 月 17 日，莱特兄弟在美国北卡罗来纳州的基蒂霍克，才实现了人类历史上第一次带动力的、持续的、可控的飞行。

在大气层中进行飞行的飞行器称为航空器，航空器根据其任务和目的不同可分为若干种，如图 1-1 所示。其中飞机是由发动机驱动的，比空气重的固定翼航空器。飞机是目前最常用的航空器，广泛应用于军事活动和航空作业等方面。本章简单介绍飞机分类及其主要组成部分、操纵飞机的基本方法以及机翼的形状等内容。

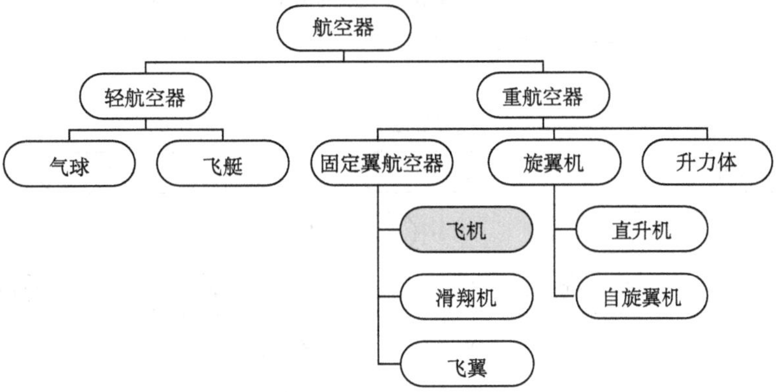

图 1-1　航空器的分类

1.1　飞机的分类

飞机依其分类依据不同，主要有以下几种不同的划分方法。

1. 按飞机的用途划分

飞机按用途分为军用飞机和民用飞机两大类。军用飞机是直接参加战斗、保障战斗行动和军事训练的飞机的总称，是航空兵的主要技术装备，主要包括歼击机、轰炸机、歼击轰炸机、强击机、反潜巡逻机、武装直升机、侦察机、预警机、电子对抗飞机、炮兵侦察校射飞机、水上飞机、军用运输机、空中加油机和教练机等。民用飞机泛指一切非军事用途的飞机（如旅客机、货机、农业机、运动机、救护机以及试验研究机等）。

2. 按发动机类型划分

飞机按发动机类型分为螺旋桨式飞机和喷气式飞机。螺旋桨式飞机包括活塞螺旋桨式飞机和涡轮螺旋桨式飞机。喷气式飞机包括涡轮喷气式飞机和涡轮风扇喷气式飞机，该类型的飞机结构简单，飞行速度快，节省燃料，装载量大。

3. 按发动机数量划分

飞机按发动机数量分为单发飞机、双发飞机、三发飞机、四发飞机和多发飞机。

4. 按飞行速度划分

飞机按飞行速度分为亚音速飞机和超音速飞机。亚音速飞机又分为低速飞机（飞行速度低于 400km/h）和高亚音速飞机（飞行马赫数为 0.8～0.9）。大多数民用客机为高亚音速飞机。

5. 按飞机航程划分

飞机按航程分为近程飞机、中程飞机和远程飞机。近程飞机的航程一般小于 1000km，主要用于支线，因此，又称为支线飞机。中程飞机的航程为 3000km 左右。远程飞机的航程为 11000km 左右，可以完成中途不着陆的洲际跨洋飞行。中、远程飞机一般用于国内干线和国际航线，又称干线飞机。

图 1-2 为飞机按发动机类型、飞行速度和航程进行分类时的划分方法。此外，飞机还可按机翼数量分为单翼机、双翼机和多翼机；按机翼的形状分为平直翼飞机、后掠翼飞机和三角翼飞机等；按飞机客座数分为大型飞机、中型飞机和小型飞机。

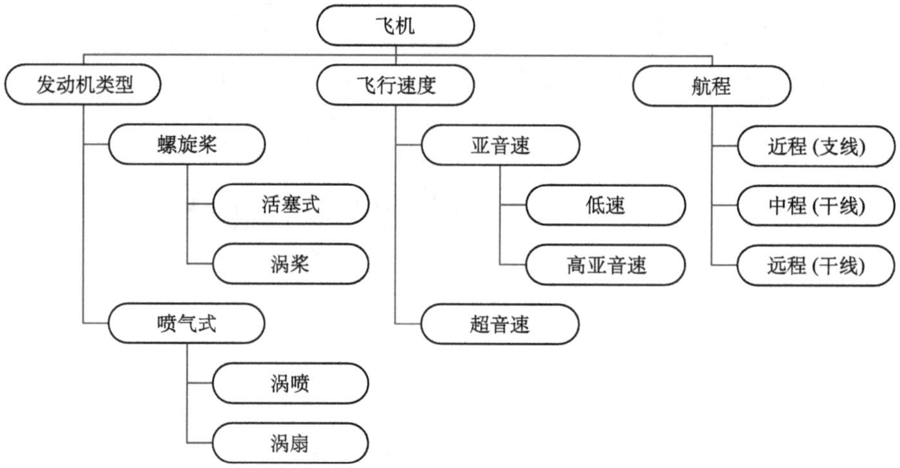

图 1-2　飞机的分类

1.2　飞机的主要组成

自世界上出现飞机以来，飞机的结构形式虽然在不断改进，飞机类型不断增多，但到目前为止，除了少数特殊的机型，大多数飞机都是由机身、机翼、尾翼、起落装置和动力装置五个主要部分组成的。它们各有其独特的功用，民用客机的主要组成部分如图 1-3 所示。

1.2.1　机身

机身包含驾驶舱（cockpit）和客舱（fuselage），主要功用是装载乘员、旅客、武器、

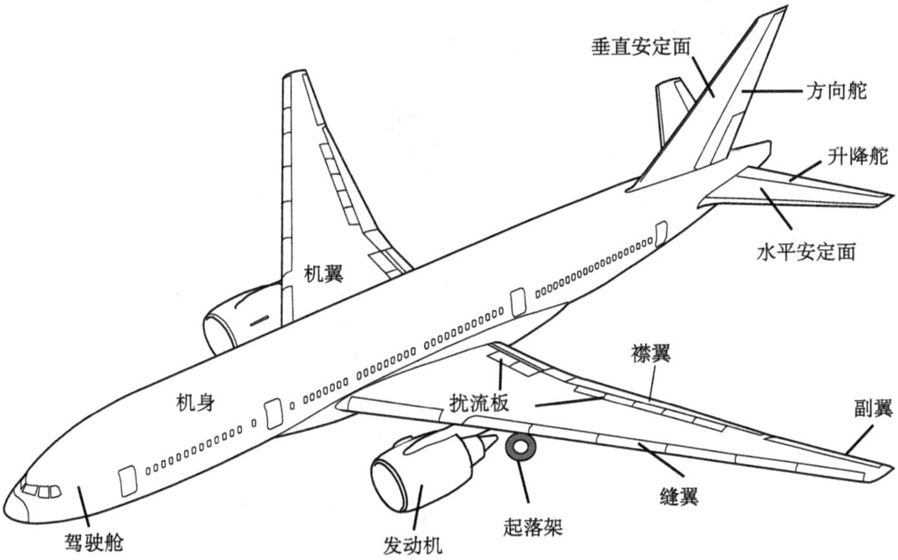

图 1-3 民用客机的主要组成部分

货物和各种设备；还可将飞机的其他部件如尾翼、机翼及发动机等连接成一个整体。机身中有供乘客使用的座位和飞机的控制装置。另外，机身也提供货舱和其他主要飞机部件的挂载点。一些飞行器使用开放的桁架结构。桁架型机身用钢或铝质管子构造。通过把这些管子焊接成一系列三角形来获得强度和刚性，成为桁架结构。图 1-4 所示为华伦桁架。

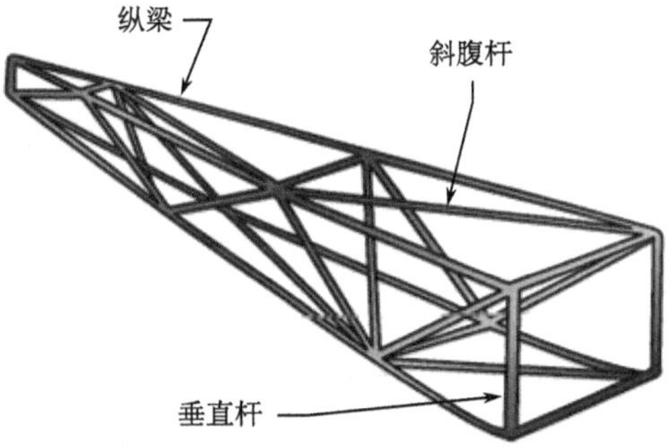

图 1-4 华伦桁架

较小型飞机的机身内部通常是和外界连通的，机舱内外气压相等，大型飞机的机身大多是增压座舱，增压座舱内的气压由飞机环境控制系统控制，使之高于环境气压并根据飞行高度自动调节，以保证乘员在高空飞行时具有舒适的环境和工作条件。

1.2.2 机翼

机翼的主要功用是产生升力，以支持飞机在空中飞行。升力产生的效率是机翼设计时需主要考虑的问题。安装有一副机翼的飞机称为单翼机，两副机翼的飞机称为双翼机。历史上曾流行过双翼机，甚至还出现过多翼机，但现在飞机一般都是单翼机。

机翼在飞机的稳定和操纵方面起着重要的作用。机翼上安装的可操纵翼面主要有副翼（ailerons）和襟翼（flaps），如图 1-5 所示。襟翼一般在机翼的后沿内侧，两边的偏转方向相同，放下襟翼能使机翼升力增大，可用于飞机起飞着陆时降低起降速度；副翼一般在机翼的后沿外侧，两边副翼偏转方向相反，当它偏转时两翼的升力大小不同，可使飞机滚转，副翼又可分为内侧副翼和外侧副翼，外侧副翼主要用于飞机低速飞行。大型飞机还普遍使用减速板或扰流板，用于飞机空中机动和地面滑跑减速，有些飞机上还安装缝翼

(slats)、翼刀和翼尖小翼。

另外，机翼上还可安装发动机、起落架和油箱等。

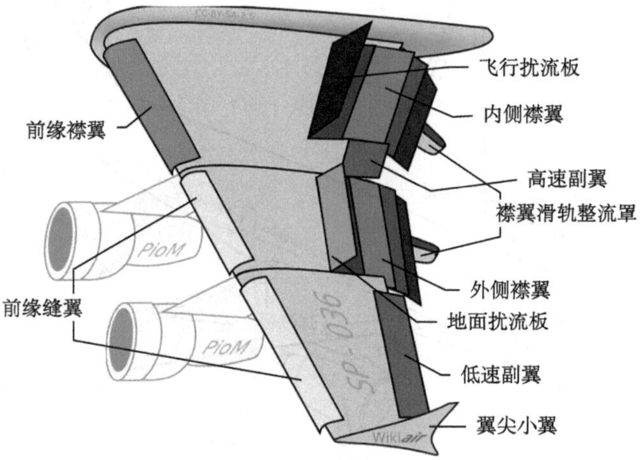

图 1-5　机翼组成部分

1. 机翼的剖面形状

机翼横切面的轮廓称为机翼的剖面形状（简称翼剖面）（图 1-6）。通常飞机的机翼都是左右对称安装的，也就是关于某一平面是对称的，把该平面称为飞机的对称面，翼剖面就是平行于该对称面的剖面形状。

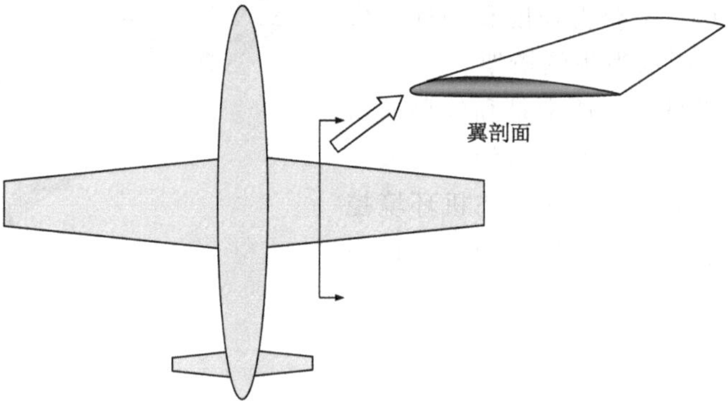

图 1-6　翼剖面示意图

最早的飞机，机翼就是一块平板，模仿风筝在骨架上缝张蒙布，翼剖面就是一个平板剖面。这种机翼升力很小，后来为了增加升力，将翼剖面做成像鸟翼那样的弯拱形状——薄的单凸翼剖面，因此出现了弯弓形翼剖面的机翼，对升力特性有所改进。随着飞行速度的进一步提高，阻力比较大的弓形翼剖面又不适用了。20 世纪初，经典流体动力学的方法已经可以成功地用于翼型，并且可以对某些简单翼型外形的升力特性进行数学计算。但是直到 1907 年俄国空气动力学家儒可夫斯基的机翼理论出来以后，才明确翼剖面应该有个圆头以及上下表面，在之后就出现了平凸形、双凸形、对称形、层流形、菱形、圆弧形等翼剖面，如图 1-7 所示。

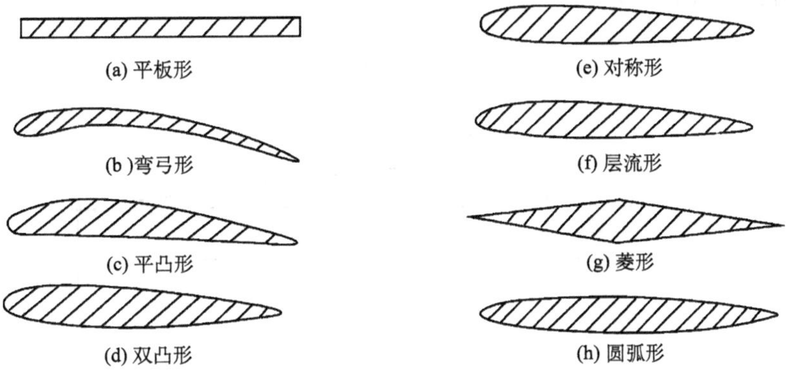

图 1-7　各种翼剖面

平凸形和双凸形翼剖面的升力和阻力特性都较好，而且对结构布置和减轻重量也有利，是现代低速飞机广泛采用的翼剖面。

对称形翼剖面，前缘比较尖，最大厚度位置靠后，临界马赫数较高，阻力小。这种翼剖面常用于各种飞机的尾翼上和某些高速飞机的机翼上。

层流形翼剖面是指所设计的翼剖面边界几乎保持层流，摩擦阻力小。这种翼剖面特点是前缘比较尖、最大厚度一般在 50%～60%弦长位置、后缘角大、最低压力点尽可能位于翼剖面靠后的部分。这种翼剖面常用于速度较高的飞机上。

圆弧形和菱形翼剖面常用在超音速飞机上。这两种翼剖面前端很尖，而且很薄，超音速飞行时阻力小。但在低速飞行时，升力和阻力特性不好，使飞机的起落性能变差。

随着飞机的发展，翼剖面研究已成为飞机空气动力学研究的一个重要部分，世界上很多国家都设有专门的研究机构，至今已研制出了一系列适用于各种不同需要的翼剖面，这就为飞机的设计和制造开辟了更科学、更便捷的道路。

(1) 翼弦。

通常翼剖面由前缘、后缘、上表面、下表面组成，如图 1-8 所示。其中翼剖面前后缘之间的连线称为翼弦（chord）或几何弦，其长度用 c 表示。

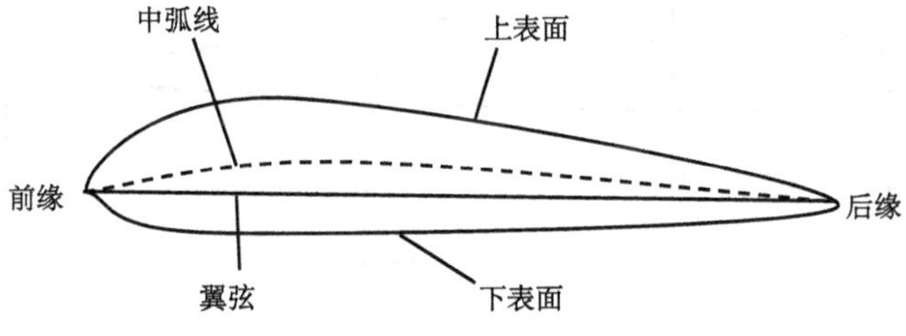

图 1-8　翼剖面

各种翼剖面的形状特点，可以用相对厚度、最大厚度相对位置和中弧曲度等翼剖面参数来表明。

(2) 相对厚度。

相对厚度（$\bar{t}$）——翼剖面的最大厚度（t）(图 1-9)与翼弦的比值，也称厚弦比。相

对厚度一般用百分数表示为

$$\bar{t}=\frac{t}{c}\times 100\% \tag{1-1}$$

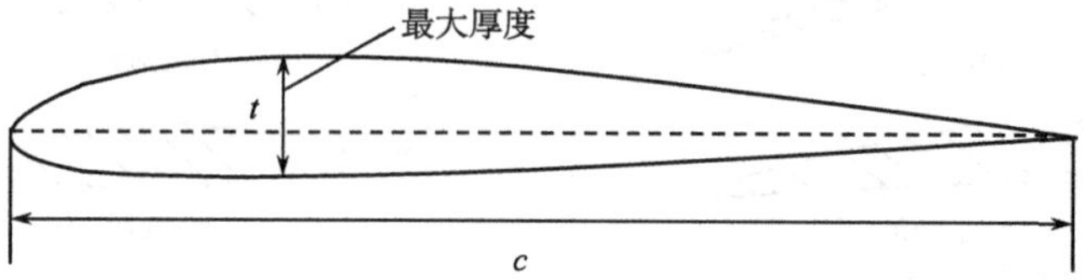

图 1-9　最大厚度

相对厚度可用来说明翼剖面相对厚薄的程度。如图 1-10 所示，翼剖面 A 和翼剖面 C 虽然翼弦一样长，但翼剖面 A 的最大厚度比翼剖面 C 的大，故翼剖面 A 的相对厚度大。翼剖面 A 和翼剖面 B 虽然最大厚度一样，但翼剖面 B 的翼弦比翼剖面 A 的长，故翼剖面 B 的相对厚度比翼剖面 A 的小。

现代飞机翼剖面的相对厚度为 3%～14%，超音速飞机用相对厚度较小的薄翼。

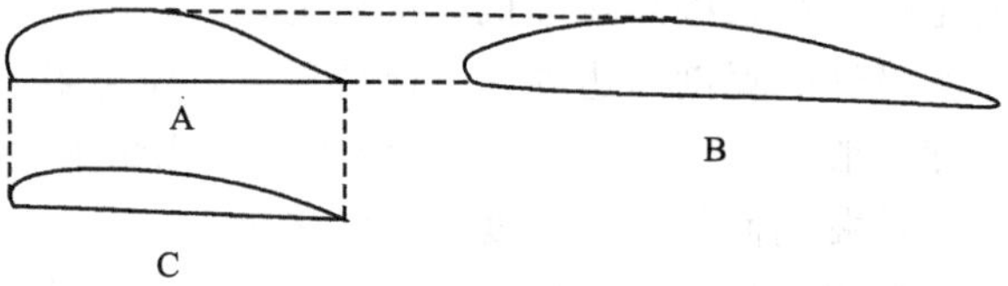

图 1-10　相对厚度不同的翼剖面

（3）最大厚度相对位置。

最大厚度相对位置（$\bar{X}_t$）——最大厚度位置（翼剖面的最大厚度所在位置到前缘的距离，即图 1-11 中的 X_t）与翼弦的比值，通常以其百分数来表示，即

$$\bar{X}_t=\frac{X_t}{c}\times 100\% \tag{1-2}$$

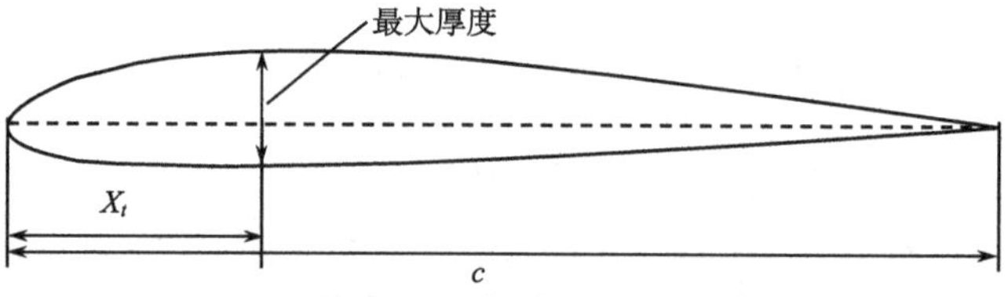

图 1-11　最大厚度位置

最大厚度相对位置的大小，表明翼剖面最大厚度离前缘的远近，即表明翼剖面前部的弯曲程度。

现代飞机的翼剖面，其最大厚度相对位置为 30%～50%，层流形翼剖面为 50%～60%。

（4）相对弯度。

相对弯度（$\bar{f}$）——从翼剖面的前缘到后缘，在上、下表面之间对翼弦作若干条垂线，连接各垂线中点所得的弧线，称为中弧线或翼剖面中线（图 1-12）。由中弧线到翼弦的垂直距离，称为弯度。最大弯度（f）与翼弦的比值，称为相对弯度。一般用百分数表示为

$$\bar{f} = \frac{f}{c} \times 100\% \tag{1-3}$$

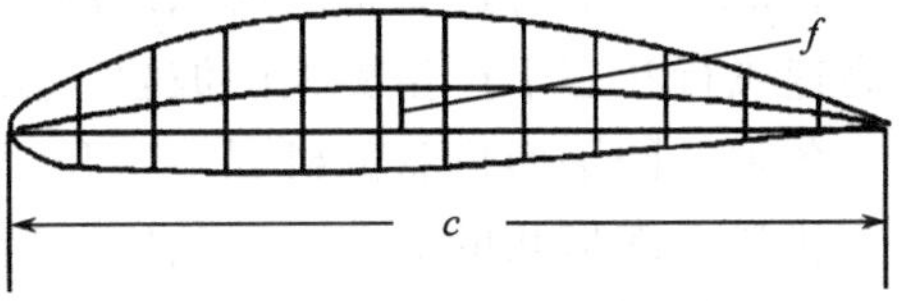

图 1-12　中弧线与最大弯度

翼剖面的相对弯度，可用作翼剖面上、下表面外凸程度的判别。也就是说，相对弯度越大，翼剖面上、下表面的外凸程度相差越大。显然，对称翼剖面的相对弯度为零，上、下表面的外凸程度相同。

现代飞机所采用的翼剖面，相对弯度一般为 0～2%。

(5) 安装角。

安装角（ϕ）——翼剖面和飞机轴线的夹角称为安装角，一般为 0°～4°。

2. 机翼的平面形状

仰视在蓝天飞行的飞机时，所看到的体现飞机特征的机翼样子就称为机翼的平面形状。机翼的平面形状是决定飞机性能的重要因素。

早期的飞机，机翼平面形状大都为矩形，矩形机翼制造简单，但阻力较大，因此，一般用于旧式飞机和现代的小型飞机。为了适应提高飞行速度的需要，解决阻力与飞行速度之间的矛盾，后来又制造出了梯形翼和椭圆形翼。椭圆形翼展弦比大，相对厚度较大，产生的阻力（诱导阻力）最小，但因制造复杂，未被广泛应用。梯形翼的阻力也较小，制造也简单，因此，是目前活塞式发动机飞机用得最多的一种机翼，这类后掠角小于 20°的机翼都称为平直翼。随着喷气式飞机的出现，飞行速度在接近或超过音速时，要产生新的阻力（波阻），为减小波阻，提高飞行速度，适应高速飞行，相继出现了后掠翼、三角翼、S 形前缘翼、双三角翼、变后掠翼等机翼，并获得广泛应用，这些机翼采用的后掠角大于 20°。不同的机翼平面形状如图 1-13 所示。

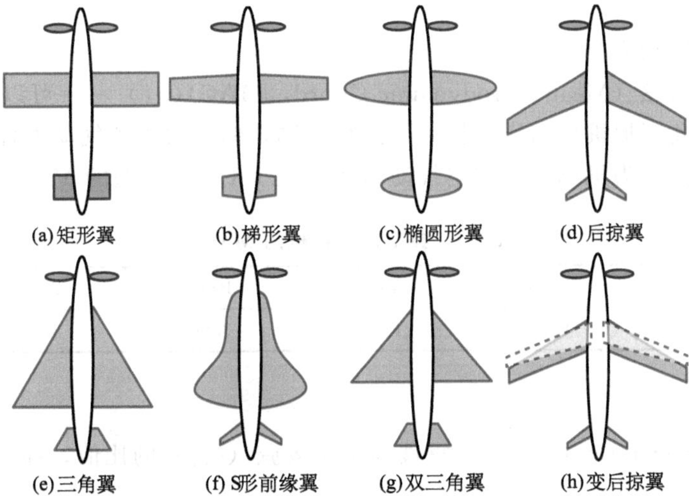

图 1-13　不同的机翼平面形状

目前，高亚音速客机之所以广泛采用后掠翼，就是为了提高机翼的临界马赫数，避免在高速飞行状态下产生更大的波阻，从而提高飞机的性能。

各种不同平面形状的机翼，其升、阻力之所以有差异，与机翼平面形状的各种参数有关。机翼平面形状的参数有展弦比、梢根比、后掠角。

(1) 机翼面积。

机翼面积（S_W）——机翼平面形状所围成的面积，典型民航客机的机翼面积见表 1-1。

表 1-1 典型民航客机的机翼面积

机型	A320-200	A330-200	A340-600	A380-800	B737-800	B747-400	B777-200	B787-8
机翼面积/m^2	122.6	361.6	437.3	845	125.0	541	427.8	325

(2) 翼展。

翼展（wing span）（b）——机翼两端翼尖之间的距离，典型民航客机的翼展见表 1-2。

表 1-2 典型民航客机的翼展

机型	A320-200	A330-200	A340-600	A380-800	B737-800	B747-400	B777-200	B787-8
翼展/m	34.1	60.3	63.45	79.8	34.31	64.4	60.93	58.8

(3) 几何平均弦。

几何平均弦（标准平均弦，Standard Mean Chord，SMC）(c_G）——与所给机翼的面积、翼展相同的矩形机翼的弦长，或者说是弦长在翼展区间上的平均值，即

$$c_G = \frac{S_W}{b} \tag{1-4}$$

(4) 平均空气动力弦。

平均空气动力弦（Mean Aerodynamic Chord，MAC)(c_A）——可以假想存在一个相当的矩形机翼，此矩形机翼与实际机翼的面积相同，俯仰力矩和气动力合力也相同。将这样的矩形机翼的弦称为机翼的平均空气动力弦。表 1-3 为各机型的 MAC 值。

表 1-3 典型民航客机的 MAC 值

机型	A320	A380	B737	B747	B777
MAC/m	4.19	12.3	3.96	8.33	7.07

(5) 展弦比。

展弦比（aspect ratio)(A）——翼展与平均翼弦（c_{avg}）的比值，即

$$A = \frac{b}{c_{avg}} \tag{1-5}$$

式中，b 为翼展；c_{avg} 为几何平均弦或平均空气动力弦。

如果已知机翼的面积（S_W），则展弦比为

$$A=\frac{b^2}{S_W} \tag{1-6}$$

机翼的展弦比，可用来说明机翼平面形状长短和宽窄的程度。展弦比大，机翼平面形状窄长；展弦比小，机翼平面形状短宽。

现代飞机机翼的展弦比：歼击机为2～10，轰炸机、运输机为7～12，滑翔机、高空侦察机可达12～16。

（6）梢根比。

梢根比（λ）——翼尖翼弦（c_t）与翼根翼弦（c_τ）的比值，即

$$\lambda=\frac{c_t}{c_\tau} \tag{1-7}$$

梢根比表示梯形翼根到翼尖的收缩度。显然，矩形翼的梢根比等于1，梯形翼的梢根比小于1，三角翼的梢根比等于0。现代飞机机翼的梢根比一般为0～0.5。

（7）后掠角。

后掠角（Λ_W）——机翼的平面形状向后倾斜程度的角度。如图1-14所示，一般是指1/4弦长处点的连线的倾斜角；三角翼等也有用前缘线的倾斜角表示的，这时称为前缘后掠角。

现代飞机机翼的后掠角，小到几度，大到60°以上。表1-4给出了典型民航客机的机翼参数。

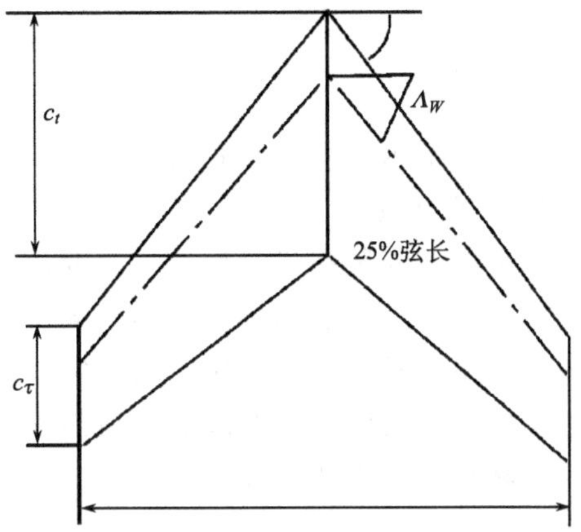

图1-14 梢根比与后掠翼

表1-4 典型民航客机的机翼参数

机型	A320-200	B737-300	B757-200	B747-400
展弦比	9.39	9.17	7.82	7.39
梢根比	0.24	0.24	0.243	0.275
1/4弦线后掠角/(°)	25	25	25	37.5

3. 机翼的前视形状

从飞机机头向后观察飞机，得到的前视图称为机翼的前视形状。根据机翼在机身安装的位置，可将飞机分为上单翼、中单翼和下单翼飞机，如图1-15所示。

上反角（Γ_W）——垂直于飞机对称面的直线与机翼下表面之间的夹角，表示飞机机翼向上倾斜的程度。$\Gamma_W>0$为上反角，$\Gamma_W<0$为下反角，如图1-16所示。

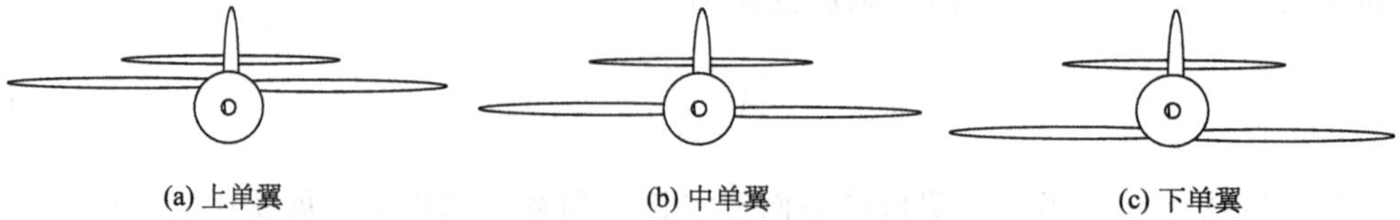

图 1-15　机翼前视图

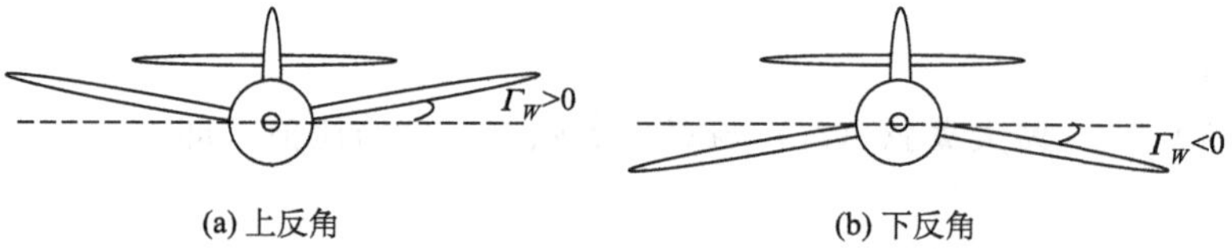

图 1-16　上反角和下反角

1.2.3　尾翼

尾翼包括水平尾翼和垂直尾翼。

1. *水平尾翼*

水平尾翼安装在机身后部，主要用于保持飞机在飞行中的俯仰稳定性和控制飞机的飞行姿态。水平尾翼的内部结构与机翼十分相似，通常都是由骨架和蒙皮构成的，但表面尺寸较小，厚度较薄。水平尾翼由固定的水平安定面和可动的升降舵组成①。升降舵的主要功用是操纵飞机俯仰。升降舵的后沿安装了一个可操纵的小活动面板，称为配平片，用于飞行中减小和消除驾驶盘上的杆力。

2. *垂直尾翼*

垂直尾翼简称垂尾，也称为立尾，安装在机身后部，其功能与水平尾翼类似，也是用来保持飞机在飞行中的稳定性和控制飞机的飞行姿态。不同的是垂直尾翼是使飞机在左右（偏航）方向具有一定的静稳定性，并控制飞机在左右（偏航）方向的运动。同水平尾翼一样，垂直尾翼由固定的垂直安定面和可偏转的方向舵组成，方向舵的主要功用是操纵飞机偏转。

1.2.4　起落装置

起落装置是飞机在地（水）面停放、滑行、起降时用于支持其重量并吸收撞击能量的装置。同时，起落装置还可以实现滑跑与滑行时的制动，以及滑行转弯时操纵飞机。

陆上飞机的起落装置，大都由减振支柱和机轮等组成。主轮位于机身两侧，承载飞机的主要重量。前轮位于主轮之前的构型称为前三点式飞机。前三点式飞机具有良好的地面滑跑方向稳定性。尾轮置于主轮之后的构型称为后三点式飞机。此外还有自行车式，除飞机重心前后各有一个主起落架，翼下支柱各有一个辅助轮。现代飞机绝大多数是多支柱式

---

①有的高速飞机（如 Su-27，F-15），将水平安定面和升降舵合为一体，使整个水平尾翼一起转动，兼有水平安定面和升降舵二者的作用。这种水平尾翼称为全动平尾。

起落架，每个主轮有多个起落架支柱。

机轮在空中可收起来的设计称为可收放式起落架，不能收起来的称为固定式起落架，空中收起起落架可显著地减小飞机在空中飞行的阻力，固定式起落架用于小型简单的飞机设计。水上飞机的起落装置采用浮筒式设计方案，由装于浮筒下的水中舵面进行方向控制。

1.2.5 动力装置

动力装置主要用来产生拉力或推力，使飞机前进，其次还可以为飞机上的用电设备提供电源，为空调设备等用气设备提供气源。动力装置除了发动机之外还有其他附件，例如，发动机燃油系统、点火系统、润滑系统、控制仪表系统和反推力系统等。

现代飞机应用较广泛的动力装置有四种：一是航空活塞式发动机加螺旋桨推进器；二是涡轮喷气发动机；三是涡轮螺旋桨发动机；四是涡轮风扇发动机。随着航空技术的发展，火箭发动机、冲压发动机、原子能航空发动机等，也将会逐渐被采用。动力装置除发动机，还包括一系列保证发动机正常工作的系统，如燃油供应系统等。

涡轮式航空发动机都有压气机、燃烧室和涡轮等部件，再配以进、排气装置就是涡轮喷气发动机，在压缩器之前再安装上风扇（相应加上外涵道）或螺旋桨，就分别是涡轮风扇或涡轮螺旋桨发动机。

1. 主要参数

(1) 推力和发动机压力比（EPR）。

涡轮风扇发动机是在涡轮喷气发动机的基础上，为了降低耗油，用涡轮驱动压缩器的同时也驱动风扇而发展起来的。来流在进气道内分成两股：一股从中心进入内路由标准的（内涵道）喷气发动机产生推力；另一股进入四周的外路（外涵道）由风扇驱动空气加速而产生推力，如图 1-17 所示。

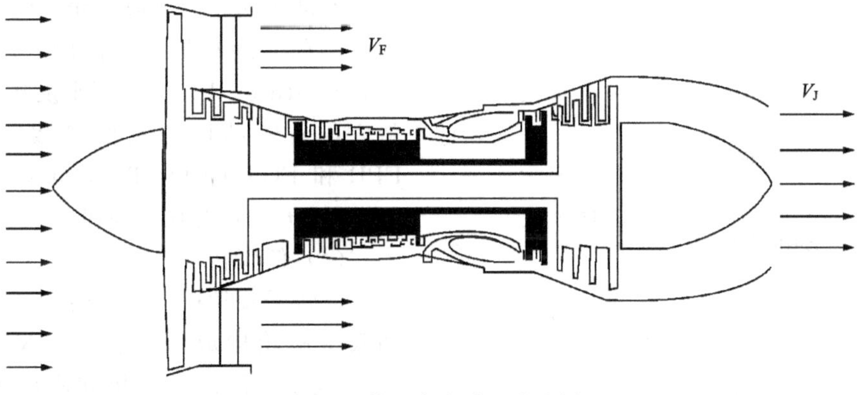

图 1-17 涡轮风扇发动机流速图

总推力可表示为

$$T=\frac{W_{\mathrm{I}}}{g}(V_{\mathrm{J}}-V)+\frac{W_{\mathrm{II}}}{g}(V_{\mathrm{F}}-V)+\frac{W_{\mathrm{F}}}{g}V_{\mathrm{J}} \tag{1-8}$$

式中，W_{I}、W_{II}和W_{F}分别为流入内、外涵道的空气和燃油的流量；V_{J}和V_{F}分别为内、

外涵道出口截面上的喷气速度；V 为飞机飞行速度。进气的流量是随飞行速度和空气密度的大小而变化的。内涵道的喷气速度是随飞行速度、原始发动机的有效可用功率和内外涵能量转换比而变化的。除飞行速度，基本可以认为是由控制参数（发动机转数 n 或压力比 EPR）所决定的。而外涵道的排气速度，除有与内涵道的相同因素，还要加上一个内外涵道流量的涵道比（y①）这个参数。但对于外涵道几何形状不变的双涵道发动机，它的调节规律和标准的涡轮喷气发动机是一样的。可以把推力的上述关系概括为

$$T=f(n,\ H,\ V) \tag{1-9}$$

式中，n 为发动机的控制参数。即发动机的推力是控制参数、飞行高度和速度的函数。

发动机推力在整个飞行过程中是不断变化的，例如，高空飞行时大气压力较低，此时，发动机产生的推力还不到地面运动时的一半，因此，在飞行时最关心的并不是发动机产生的绝对推力值，而是发动机发挥其最大潜力的相对程度，常用发动机压力比（Engine Pressure Ratio，EPR）来反映油门大小，即反映其发挥潜力的程度。通常取 EPR 为发动机涡轮后滞流总压与风扇前滞流总压之比。

（2）燃油流量 FF 和燃油消耗率。

单位时间内发动机所消耗的燃油称为燃油流量，又称小时燃油消耗量，用 FF（fuel flow）表示，其单位是 $\mathrm{kg/h}/E_{\mathrm{ng}}$。飞机上的 FF 仪表可反映发动机的供油和关车是否正常。

发动机的经济指标是燃料消耗率 Ce（或 Thrust Specific Fuel Consumption，TSFC），定义为发动机产生单位推力在单位时间内所消耗的燃油，其单位是 $\mathrm{kg/(N\cdot h)}$，即

$$Ce=\mathrm{FF}/T \tag{1-10}$$

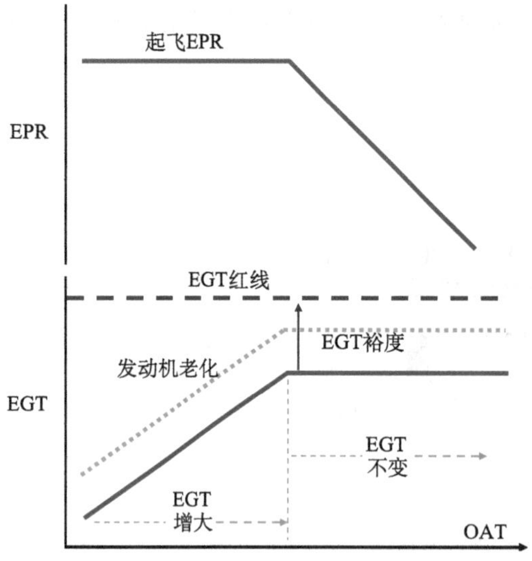

图 1-18 EPR 和 EGT 随 OAT 变化的规律

因此 $\dfrac{\mathrm{d}W}{\mathrm{d}t}=\mathrm{FF}=CeT$。

（3）发动机排气温度。

发动机涡轮后（或涡轮中间某位置）的温度，称为发动机排气温度（Exhaust Gas Temperature，EGT），用来反映发动机的热强度，是发动机的重要参数。图 1-18 为 EPR 和 EGT 随 OAT（Outer Atmosphere Temperature）变化的规律。

（4）低压转子 N_1。

双转子发动机有两个转子，低压压气机和低压涡轮构成低压转子（N_1），通常用 $N_1\%$表示；高压压气机和高压涡轮构成高压转子（N_2），通常用 $N_2\%$表示。现在的发动机制造厂商主要有通用、罗罗和普惠

---

①内外涵道比 y：流过涡扇式发动机的外涵道气体质量与内涵道气体质量的比值。现代飞机基本采用大涵道比（>5）的发动机，飞机的 75%～80%的动力由发动机外涵道提供。

等，通用发动机常用低压转子来表示发动机特性。

2. 发动机基本工作状态

发动机工作状态，是为了指定推力可以（或允许）使用的工作方式。为了合理地使用发动机，在发动机从最大工作状态到最小允许连续工作状态之间，规定了几种常用的工作状态。

不同发动机状态下的发动机推力大小如图 1-19 所示，不同发动机状态位置如图 1-20 所示。

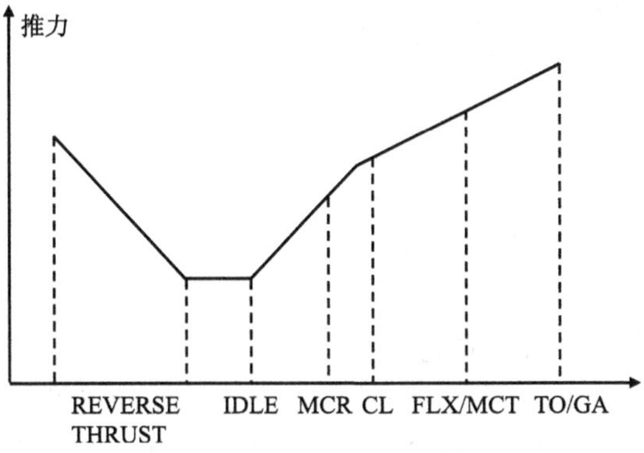

图 1-19　不同发动机状态下的发动机推力大小

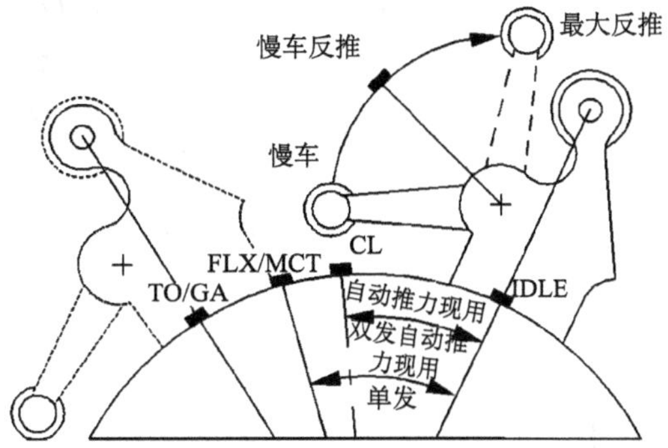

图 1-20　不同发动机状态位置

起飞工作状态（Take Off/Go Around，TO/GA）：发动机以最大转速工作，产生的推力最大。正常的连续工作时间不得超过规定值（多数发动机是 5min，一发失效时可延长至 10min）。为了保证涡轮可靠地工作，燃气温度的最大允许值是固定的，因此要受高度和环境气温的限制。该状态常用于起飞、一发失效后的起飞爬升或复飞等飞行阶段。

最大连续推力状态（Maximum Continuous Thrust，FLX/MCT）：这个状态的转速和推力都比起飞状态的小，可以连续使用。涡轮后的最大允许温度也是固定的。通常在起飞的最后爬升段使用，或用于减推力起飞，产生的推力为最大推力的 85%～95%。

最大爬升工作状态（Climb，CL）：这个状态的转速和推力小于最大连续推力状态。常用于航路爬升。有的发动机最大上升状态和最大连续推力状态相同，产生的推力为最大推力的 75%～85%。

最大巡航推力状态（Maximum Cruise，MCR）：这是发动机在更大范围内节流的状态，该状态的燃料消耗量最小，飞行最经济，产生的推力为最大推力的 65%～75%。

慢车工作状态（IDLE）：发动机能稳定工作的最小转速，其推力只有最大推力的 4%～9%。

反推工作状态（reverse thrust）：发动机产生于飞机运动方向相反的作用力，可用于着陆时减小着陆滑跑距离，产生的推力为 30%的推力。

发动机工作状态的使用时间会受到排气温度的限制，图 1-21 中给出 A320 飞机发动机各工作状态的限制。

3. 节流特性

在飞行中，发动机的大部分时间是在小于最大转速条件下工作的，推力比最大推力小

A320 FLIGHT CREW OPERATING MANUAL	OPERATING LIMITATIONS SYSTEMS	3.01.40 P 7	
		REV 17	SEQ 020

POWER PLANT

1 - THRUST SETTING / EGT LIMITS :

OPERATING CONDITION	TIME LIMIT	EGT LIMIT	NOTE
TO and GA	5 mn	890° C	
	10 mn		Only in case of engine failure
MCT	Unlimited	855° C	
CL	Unlimited	855° C	
STARTING		725° C	

FM

图 1-21　A320 飞机发动机各工作状态的限制

得多，这时就称为节流状态。

节流特性是指在一定外界条件下，发动机的推力和燃料消耗率随着转速变化的规律。由于发动机的转速是通过控制油门杆来实现的，因此，又称为转速特性或油门特性。

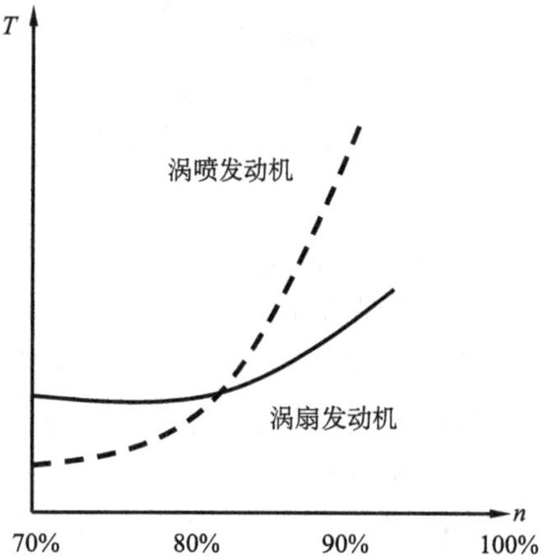

图 1-22　推力随转速变化曲线

（1）推力随转速的变化。

图 1-22 为涡喷发动机和涡扇发动机的推力随转速的变化规律，两者的基本趋势一致，推力均随着转速的增大而增加。因为外涵道的存在，涡扇发动机的推力变化相比涡喷发动机更平缓。

（2）燃料消耗率随转速的变化。

燃料消耗率随着转速变化的特点是在发动机设计时，尽量使其在最常用的工作状态下燃料消耗率最小。对于民航飞机，由于巡航状态在整个飞行过程所占时间最长，因此，最低的燃料消耗率一般对应发动机的巡航工作状态。图 1-23 给出了涡扇和涡喷发动机燃料消耗率随转速的一般变化规律，转速增大时，在中小转速阶段，燃料消耗率是减小的；但随着转速继续增大，燃料消耗率减小逐渐缓慢乃至停止；在接近最大转速时，燃料消耗率反而略有增大。

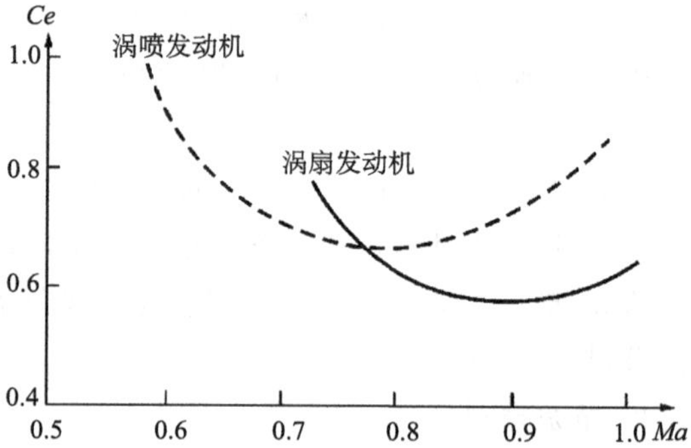

图 1-23　涡扇与涡喷 Ce 的转速特性

同时，对比两种类型的发动机，可以看出涡扇发动机在大转速时，明显地优于涡喷发动机。这是因为，在内涵道压气机的增压比远大于外涵道的情况下，随着转速的降低，内涵道的空气流量比外涵道下降得快，涵道比有所增加，外涵道的推力相对要大些，这就大大地改善了双轴涡扇发动机的节流特性。可是随着转速进一步减小，涡扇发动机的低压压气机的增压比迅速减小，涡扇发动机耗油的优越性逐渐减弱，甚至在某个转速上与涡喷发动机是一样的水平。但实际上，前风扇双轴涵道发动机的工作质量比最好的涡喷发动机的还要好，这就是当代民用机多以涡扇取代涡喷的原因。

4. 速度特性

在发动机的转速 n 和飞行高度不变时，发动机推力和燃料消耗率随速度的变化规律称为发动机的速度特性。

(1) 推力随速度的变化。

为分析问题方便，常将式 (1-11) 中速度差与重力加速度的比值，称为单位推力 T_d，即单位质量的空气所产生的推力为

$$T_{dI}=\frac{V_J-V}{g},\qquad T_{dII}=\frac{V_F-V}{g} \tag{1-11}$$

式中，T_{dI} 为外涵道单位推力，T_{dII} 为内涵道单位推力。则 $T=W_I T_{dI}+W_{II} T_{dII}$（因为发动机本身的喷流产生的推力较小，所以，略去了式 (1-8) 中的第三项）。

理论和实验表明，随着飞行速度的增加，喷气速度增加得慢些，使得单位推力下降。在很大的某个速度上，可能喷气速度等于飞行速度，致使单位推力为零，如图 1-24 所示。但外涵道的单位推力在大速度时降低得要慢一些。

随着飞行速度的增加，内外涵的空气质量流量都是增加的。但因涵道比也有所增加，所以，外涵道空气流量增加得多一些，如图 1-25 所示。

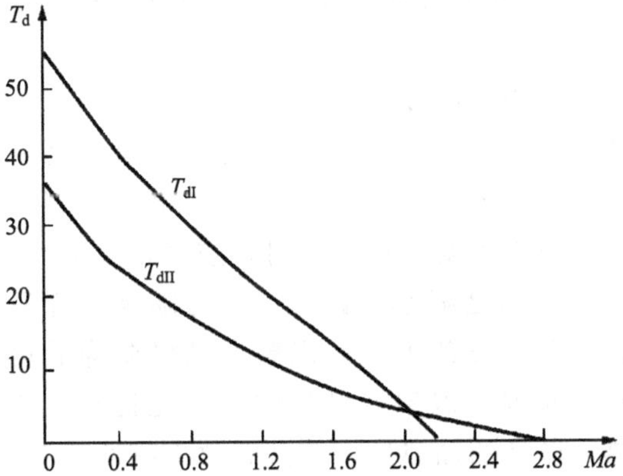

图 1-24　单位推力随速度的变化

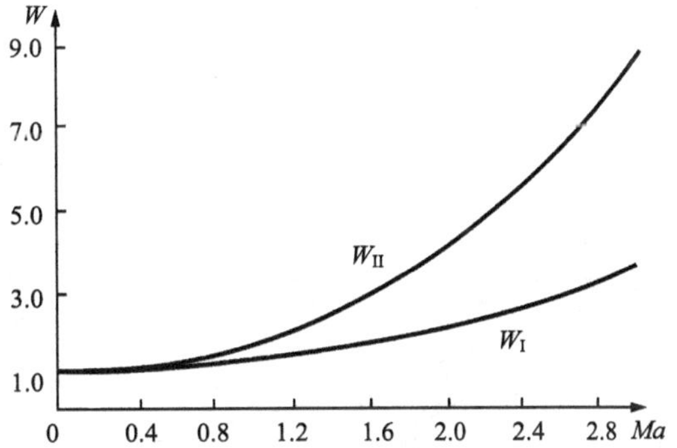

图 1-25　空气流量随速度的变化

根据式 (1-11)、图 1-24 和图 1-25 的曲线走向，便可得内外涵道和飞机的推力，如图 1-26所示。值得注意的是：随着速度增加，由于外涵的质量流量增加得多，使外涵的推力在跨音速段有所增加，导致整个飞机的推力在跨音速时降低得缓慢，而后迅速减小。

(2) 燃料消耗率随速度的变化。

涡喷和涡扇发动机的燃料消耗率，都与飞行速度成正比，而与发动机的总效率成反比。在亚音速时，随着速度的增加，总效率增加得缓慢，所以，燃料消耗率是随速度增加的；而在超音速时，进入燃烧室的空气温度升高，对每千克空气的加热量不断减小，循环

功急剧减小，则使有效效率降低，总效率降低（总效率等于有效效率与推进效率的乘积），燃料消耗率急剧增加，如图 1-27 所示。该图还表明：涡扇发动机在亚、跨音速时优于涡喷发动机；而超音速后则相反，涡扇失去了它的优越性。还应该指出，这种差别随着涵道比增加而变得更加明显，所以亚音速用涡扇发动机是比较经济的。

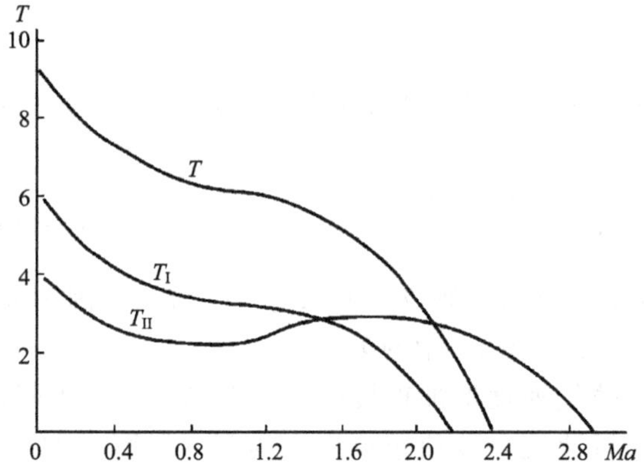

图 1-26　双涵道发动机推力的速度特性

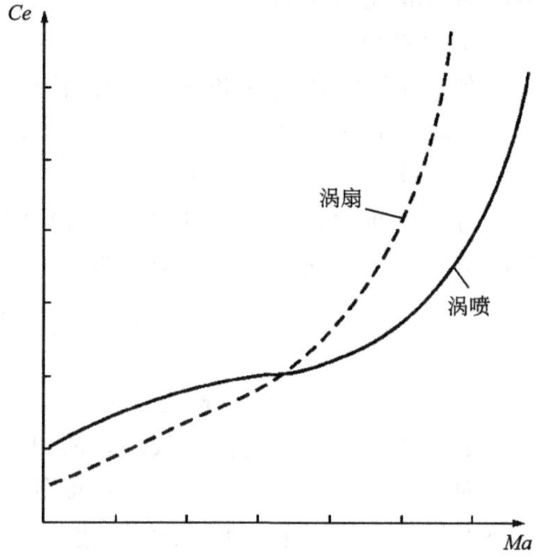

图 1-27　燃油消耗率速度特性

5. 高度特性

在飞行速度和发动机工作状态一定时，推力和燃料消耗率随高度的变化规律，称为发动机的高度特性。

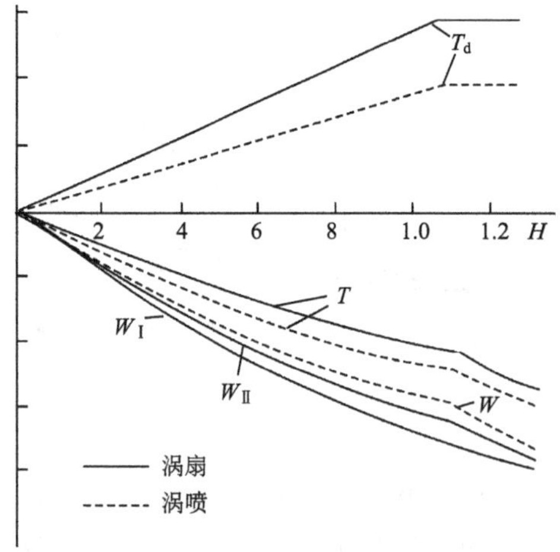

图 1-28　发动机推力的高度特性

（1）推力随高度的变化。

从图 1-28 可知，Ma 不变时，气温随高度而降低，空气易于压缩，发动机的增压比有所增加，单位推力要增加，同时，空气密度减小，进气流量也随之减小，因此，推力随高度降低而降低，但从量值上看，涡扇发动机要降低得慢一些。原因是涡扇发动机因压力比提高，增加了热力循环的加热比，使其总效率有所改善，单位推力比涡喷发动机增加得多些，所以总推力随高度而降低的幅度要少些。

（2）燃料消耗率随高度的变化。

涡喷和涡扇发动机的燃料消耗率，都会因高度升高而减小，外界气温降低，空气容易被压缩，改善了热能的利用，而使燃料消耗率减小，如图 1-29 所示。

6. 不同发动机特性比较

在海平面上，涡喷、涡扇和涡桨发动机的特性比较如图 1-30 和图 1-31 所示。三种类型的发动机推力随着速度的增大而减小，涡桨发动机的推力最大，涡扇发动机次之，涡喷

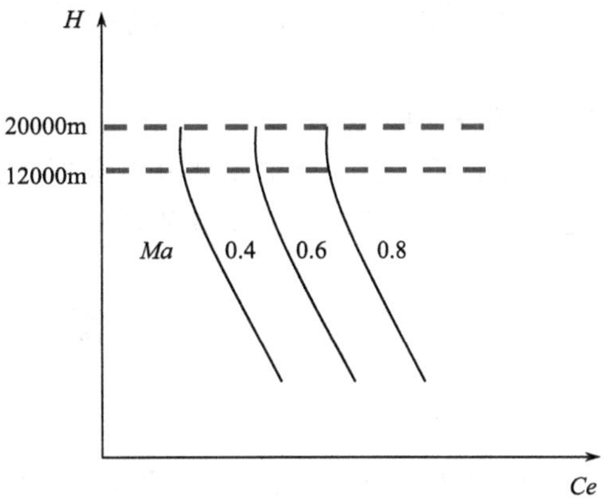

图 1-29 燃油消耗率的高度特性

发动机最小。然而，燃料消耗率方面，涡喷发动机最高，涡扇仍介于二者之间，涡桨则最经济。由于空气压缩性的影响，螺旋桨在大速度时，桨尖的局部速度会达到音速而产生激波，导致效率急剧下降，图 1-30 中显示螺旋桨的限制空速是 400kn。当今能源形势紧张，螺旋桨省油的优点很具诱惑力。早在 20 世纪 70 年代末，National Aeronantiss and Space Administration（NASA）刘易斯研究中心就在研究一种先进的涡桨设计。这种螺旋桨的桨叶很薄，采用跨音速翼剖面，做成具有八个叶片的马刀形桨叶，它的叶尖速度可以达到 243.0m/s，巡航马赫数可达到 0.8。在高度 10.7km（35000ft）、巡航马赫数小于 0.7 时，效率可达 85%；巡航马赫数大于 0.7 后，效率明显降低，其值还在 80%左右。80 年代中期，波音和麦道公司都曾打算应用这种先进的螺旋桨，可能在不久的将来就会有这样的飞机问世。

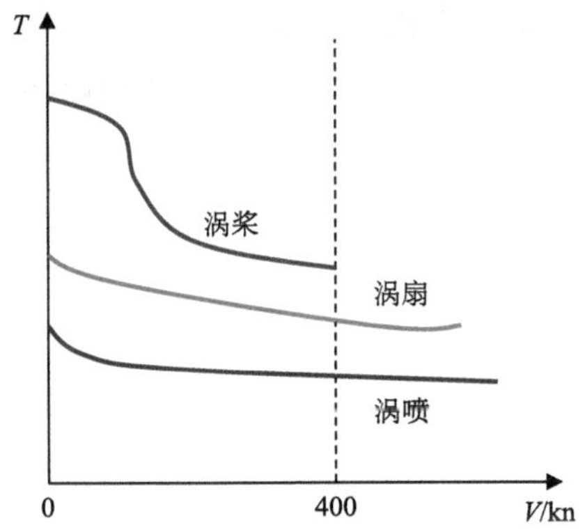

图 1-30 不同类型发动机的推力

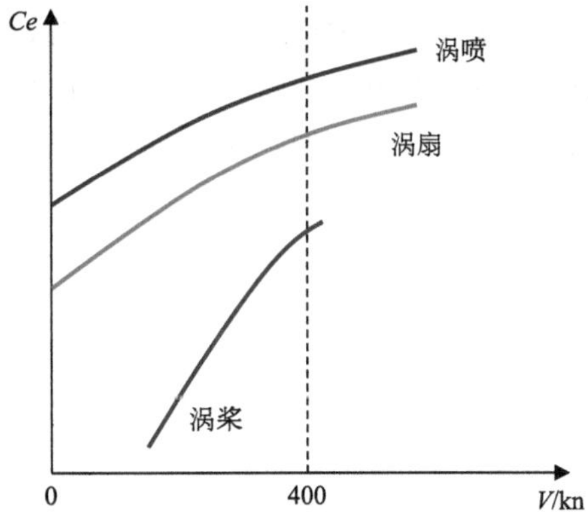

图 1-31 不同类型发动机的燃油消耗率

7. *发动机的可用推力*

前述的发动机推力特性，是发动机厂家在台架上实验得出来的，也称台架推力。把它安装在飞机上，推力特性就会有些变化。这是因为安装在飞机上后，还存在安装损失，它包括如下内容。

（1）进气道中的总压损失。

（2）喷管中的总压损失。

（3）需要放气的损失。

（4）需要防冰和空调的损失。

（5）带动其他附件工作的损失。

在做性能计算时，扣除了这些损失之后，实际用于飞行的可用推力用 T_{AV} 表示。将上

述那些损失归结为一个修正系数 η，则可用推力为

$$T_{AV}=i\eta T \tag{1-12}$$

式中，i 为发动机台数。

飞机除了上述五个主要部分，根据飞行操纵和执行任务的需要，还装有各种仪表、通信设备、领航设备、安全设备和其他设备。

1.3 操纵飞机的基本方法

1. 操纵系统

飞机操纵系统分为主操纵系统和辅助操纵系统。主操纵系统包括升降舵、方向舵和副翼。辅助操纵系统包括增升装置（襟翼、缝翼）、减速装置（扰流板）、调整片等，如图 1-3 所示。

2. 操纵方法

飞行员操纵驾驶盘（或驾驶杆）、脚蹬板，使升降舵、副翼和方向舵偏转，能使飞机向各个方向转动。

例如，后拉驾驶盘（或驾驶杆），升降舵上偏，机头上仰；前推驾驶盘（或驾驶杆），则升降舵下偏，机头下俯。

向左压驾驶盘（或驾驶杆），左边副翼上偏，右边副翼下偏，飞机向左滚转；反之，向右压驾驶盘（或驾驶杆），右副翼上偏，左副翼下偏，飞机向右滚转。

向前蹬左脚蹬板（即蹬左舵），方向舵左偏，机身向左偏转；反之，向前蹬右脚蹬板（即蹬右舵），方向舵右偏，机头向右偏转。

第2章 大气概述

2.1 气体状态方程

飞机是在大气中航行的航空器。飞机所受空气动力的大小、发动机工作的好坏、机上人员的生活都与大气有密切关系，因此，有必要对大气有基本的了解。

飞行所处的大气是环绕地球并贴近其表面的一层空气包层。它是地球相当重要的一个组成部分，就像海洋或陆地一样。然而，空气不同于陆地和水是因为它是多种气体的混合物，具有质量、重量和不确定的形状。

包围在地球外部的大气主要有三种成分：由多种气体混合而成的纯干空气、水蒸气以及尘埃颗粒。纯干空气含有78%的氮气和21%的氧气，余下的1%由其他各种气体组成。水蒸气在气象中扮演了一个重要的角色，大气中水蒸气的比例决定了云的形成及其规模。它在大气中的比例随地点和时间的变化而变化，例如，在非常温暖潮湿的热带地区，大气中水蒸气的含量就比寒冷干燥的极地地区空气中的水蒸气含量高得多。大气中的尘埃是数量巨大的悬浮颗粒，大部分来自地球表面，如沙漠中的沙砾、海水中的盐粒、花粉、烟尘、汽车尾气等。

2.1.1 大气分层

大气层的底界为地面，而顶界则是模糊的。因为大气之外，还有极其稀薄的星际气体，大气的密度随着高度的增大而减小，最后就和星际气体连接起来，两者之间并不存在一个明显的界限。

如果以空气的密度接近于星际气体密度的高度来估计大气的顶界，按人造卫星探测到的资料推算，这一高度为2000～3000km。若以气温变化为基准，则可将大气分为对流层、平流层、中间层、热层（电离层）和散逸层五层（图2-1）。

1. 对流层（变温层）

对流层是大气最底层，底界为地面，顶界则随纬度、季节等变化，离地面的平均高度，在地球中纬度地区约11km，在地球赤道较高，约17km，在两极较低，为7～8km。例如，我国北京地区对流层的高度约11km，广州地区对流层高度升高到约16km，东北地区对流层高度则下降到约10km。季节不同，同一地区对流层的高度也不同。例如，夏季就比冬季高。甚至同一地区同一天，对流层高度也会随早、中、晚的变化而变化。

对流层中空气温度随高度的升高而降低，平均每升高1000m，空气温度下降6.5℃；由于含有大量的水蒸气及其他微粒，因此，有雨、雾、雪等天气现象。地形、地貌的不同，气温、气压发生变化，造成空气在垂直方向和水平方向产生强烈对流。

对流层中空气的上述特点会给飞机飞行带来很大的影响。例如，高空飞行，气温低，易引起飞机积冰。空气的水平方向对流，会使飞机的飞行方向和飞行距离发生变化。空气的上下对流会使飞机产生颠簸，给飞行操纵带来困难。雨、雾、雪等也会给飞行带来新的

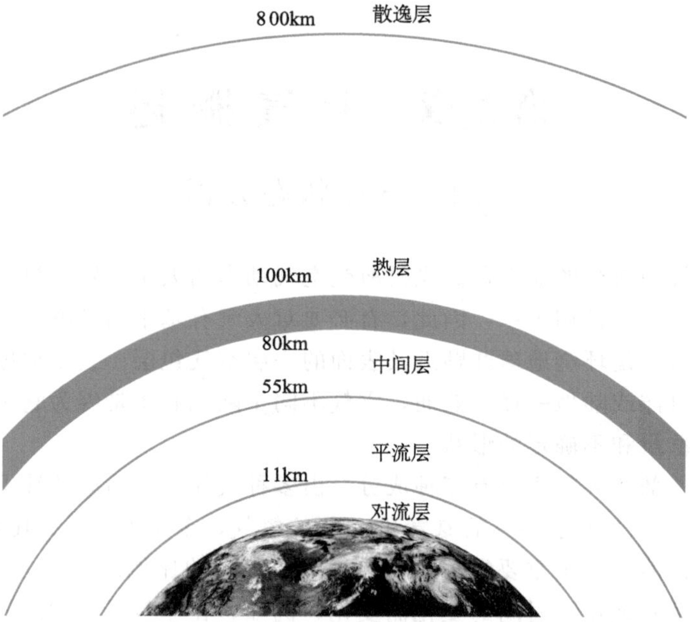

图 2-1 大气分层示意图

问题。

2. 平流层（同温层）

平流层位于对流层之上，顶端离地面大约 55km。平流层温度大体不变，平均在 −56.5℃左右；几乎不存在水蒸气，所以没有雨、雾、雪等天气现象；只有水平方向的风，没有空气的上下对流。平流层的底部是飞机飞行比较理想的空间。

3. 中间层

中间层在平流层之上，顶端离地面为 80～100km。

4. 热层（电离层）

中间层之上是电离层，从中间层的顶端大约到 140km 是第一电离层，其上是第二电离层，整个电离层顶端大约达到 800km。

5. 散逸层

大气层之最外层，就是散逸层。该层内常有一些气体向星际空间散逸，故称散逸层。

中间层、电离层和散逸层的高度均超过民用飞机的正常飞行极限，因此，这些层对于民用航空活动，就显得不重要了。一般情况主要考虑民用飞机在对流层和平流层活动时的飞行性能。

2.1.2 空气的密度、温度和压强

空气的密度、温度和压强，是确定空气状态的三个主要参数。飞机飞行中空气动力的大小和飞行性能的好坏，都与这些参数有关。

1. 空气密度

空气密度是指单位体积内的空气质量。质量为 m 的空气，如果其体积为 v，则密度

$\rho=\dfrac{m}{v}$。

空气和其他物质一样，是由分子组成的。空气的密度大，说明单位体积内的空气分子多，比较稠密；反之，空气密度小，说明单位体积内的空气分子少，比较稀薄。

2. 空气温度

空气温度（或称气温）是指空气的冷热程度。空气温度的高低，实质上表明了空气分子做不规则热运动的平均速度大小。空气分子得到能量，分子运动的平均速度增大，即分子的平均动能增大，则空气温度升高；空气分子失去能量，分子运动的平均速度减小，即分子的平均动能减小，则空气温度降低。

3. 空气压强

空气压强（或称气压）是指物体单位面积上所承受的空气的垂直作用力。

按照气体分子运动理论，大量高速运动着的分子，连续不断地撞击物体表面，这种空气分子对物体的撞击作用即表现为大气对该物体表面所施加的压力。

在空气密度大、分子平均运动速度大的地方，这种撞击作用就大，气压也就大。反之，在空气密度小、分子平均运动速度小的地方，这种撞击作用就小，气压也就小。又由于在每一团空气中，空气分子都是向四面八方做不规则运动的，因此，空气压力也是向四面八方作用的，而且是相等的。

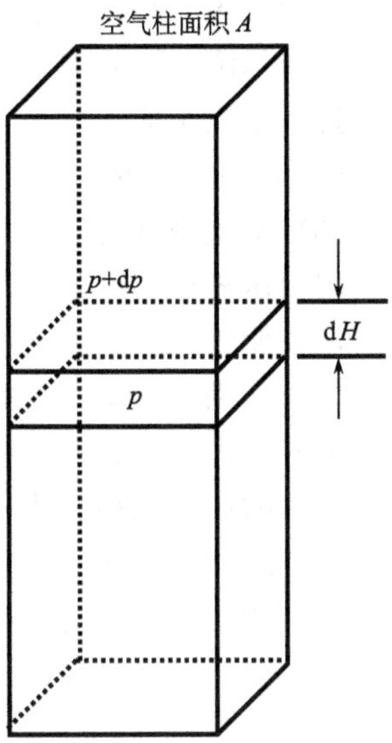

图 2-2　气压示意图

气象学中把静止大气的气压定义为在单位截面上垂直空气柱的重量。如图 2-2 所示，随着高度的改变，气压的变化量可用流体静力学方程表示。

$$\mathrm{d}p=-\rho g\,\mathrm{d}H \text{①} \tag{2-1}$$

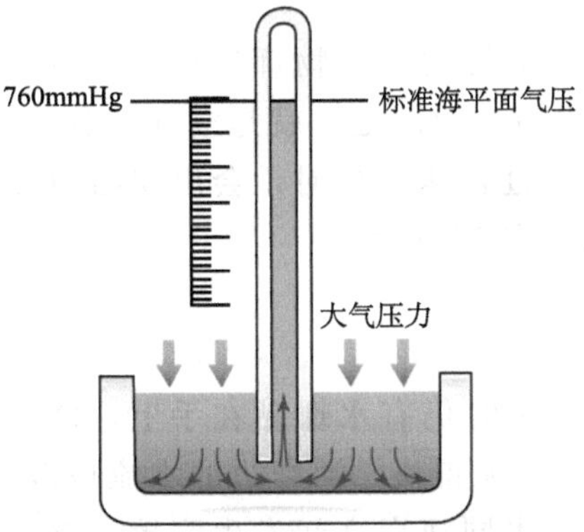

图 2-3　测量气压的水银柱

在海平面每平方米面积上所承受的大气柱质量约有 10332kg，但为什么人又感受不到负担这样巨大的力量呢？这正是因为空气压力是以同样大小向四面八方作用的，人的外部和内部都受到这种力量的作用，彼此抵消，所以，人感受不到这种压力的存在。

气压的大小可通过各类仪表进行测量。当气温为 15℃ 时，在海平面一个大气压相当于 760mmHg（图 2-3）。

4. 相互关系

一切客观事物本来是互相联系且具有内部规律的，空气的密度、温度、压力之间也是互相联系且具有一定规律的。

① $pA=(p+\mathrm{d}p)\times A+(\rho A\times \mathrm{d}H)\times g\Rightarrow \mathrm{d}p=-\rho g\,\mathrm{d}H$。

(1) 空气密度与温度的关系。

瘪了的乒乓球放在热水里一烫，又会鼓起来。这表明一定质量的空气，如果保持压力不变，当温度增高时，会引起空气膨胀，体积变大，密度减小；相反，温度降低时，空气体积变小，密度增大。

把一定质量的气体在一定压力下，升高单位温度所需的能量用参数 C_p 表示，$C_p=6006\text{ft}\cdot\text{lb}/(\text{slug}\cdot\text{R})=1004.3\text{J}/(\text{kg}\cdot\text{K})$。

(2) 空气压力和温度的关系。

一定质量的气体，如果保持体积（或密度）不变，温度升高时，压力会增大。例如，在炎热的夏天，打足气的自行车胎容易爆胎；又例如，外场规定，冷气瓶充满压缩空气后，不能暴晒，以防爆炸。

把一定质量的气体在一定体积下，升高单位温度所需要的能量用参数 C_v 表示，$C_v=4290\text{ft}\cdot\text{lb}/(\text{slug}\cdot\text{R})=717.4\text{J}/(\text{kg}\cdot\text{K})$。对于空气，通常 $C_p/C_v=1.4$。

(3) 空气密度与压力的关系。

用力压皮球，皮球会瘪下去。这表明一定质量的空气，如果保持温度不变，当压力增大时，会使体积缩小，密度增大；相反，当压力减小时，密度也随之减小。

以上分别表明了空气的三个参数，当其中一个不变时，另外两个之间的变化关系。而事实上气体的压力、密度和温度三个量是会同时发生变化的。例如，一小团空气由地面上升时，它的压力减小、体积增大和温度降低是同时发生的。

5. 气体状态方程

空气的压力、密度和温度三个参数之间的变化关系可用气体状态方程来表示：

$$p=\rho RT \tag{2-2}$$

式中，p 为空气压强；ρ 为空气密度；R 为气体常数，$R=C_p-C_v=287.06\text{N}\cdot\text{m}/(\text{kg}\cdot\text{K})=1716\text{ft}\cdot\text{lb}/(\text{slug}\cdot\text{R})$；$T$ 为空气温度。

2.1.3 空气的黏性和压缩性

黏性和压缩性，是空气的两种物理性质。在飞行中，飞机会受到空气阻力的原因之一就是空气有黏性。而飞机以接近音速或超过音速飞行时，会出现阻力突增等现象，则与空气的压缩性有关。

1. 空气的黏性

(1) 黏性力。

把手浸入水中，抽出时仍有水珠黏在手上，这表明水有黏性。河中间的水流得快，河岸边的水流得慢，这也是因为具有黏性的水同河岸之间发生摩擦。空气与水一样，也有黏性，空气的黏性与水的黏性相比要小得多，因此不易察觉。空气的黏性可以通过图 2-4 的实验证明。

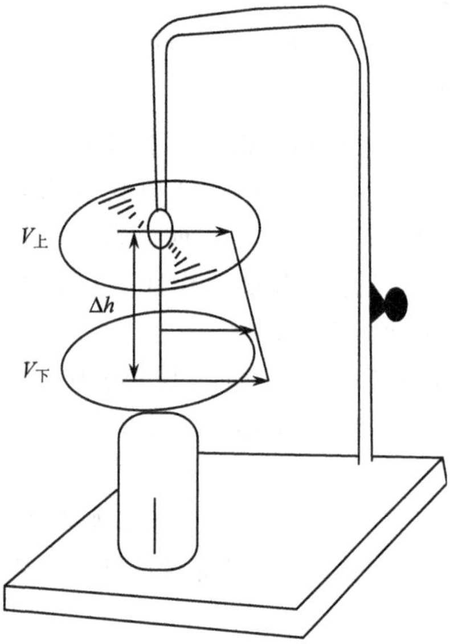

图 2-4 空气黏柱实验模型

上、下两个圆盘，让它们彼此靠近，但不接触，当开动电机使下圆盘转动一段时间后，上圆盘也就会慢慢地跟着下圆盘朝同一方向转动起来。为什么下圆盘会带着上圆盘转动呢？这是因为空气有黏性，下圆盘转动时，黏附在其表面的一层空气也跟着转动，这一层空气又会牵动和它邻近的外层空气转动。这样，一层牵动一层，最后黏附在上圆盘的一层空气和上圆盘也就被带动转起来了。空气之间的这种相互黏滞或牵扯的特性，就是空气的黏性。同时，还可发现这两个圆盘的转速并不相同，被带动的上圆盘的转速要比下圆盘的转速小。如果将两圆盘之间的空气分成许多层，从下圆盘起，通过中间的空气层到上圆盘时，放置速度必然在逐次减小。

从图 2-4 还可以看出，流动空气的层与层之间的速度不同，从下圆盘到上圆盘各空气层的速度是在不断改变的。速度改变的快慢，可用所谓速度梯度来表示。

上、下两层空气的速度之差为 ΔV，两层相距 Δh，速度之差和距离之比 $\frac{\Delta V}{\Delta h}$ 为速度梯度。

空气分子的不规则运动，是造成空气黏性的主要原因。相邻两层空气之间有相对运动时，会产生相互牵扯的作用力，这种作用力称为空气的黏性力，或称空气的内摩擦力。空气流过物体所产生的摩擦力，就与空气黏性力的大小有关。

根据大量实验和研究，得出黏性力大小可用式（2-3）计算：

$$F=\mu \frac{\Delta V}{\Delta h}S \tag{2-3}$$

式中，F 为空气黏性力（kg）；$\frac{\Delta V}{\Delta h}$ 为相邻两流动空气层的速度梯度（s^{-1}）；S 为相邻两流动空气层的接触面积（m^2）；μ 为空气的黏性系数（$kg \cdot s/m^2$），其大小与气温有关。气温高，空气的黏性系数就大。例如，气温等于 15℃时，空气的黏性系数为 $1.82\times10^{-6}\ kg \cdot s/m^2$；气温等于 0℃时，空气的黏性系数为 $1.745\times10^{-8}\ kg \cdot s/m^2$。

理论和实践证明，空气流过物体表面时，黏性的影响只有在靠近物体表面很近的一层空气（附面层）中才比较显著，而离物体表面越远影响越小。因此，在研究问题时，附面层内的气流要考虑黏性影响，当成黏性气流①；附面层层外的气流，就不考虑黏性的影响，当成理想气流。

（2）雷诺数。

流体力学中，雷诺数是用来表征流体流动情况的无量纲数，是流体惯性力与黏性力比值的量度，用 Re 来表示。

$$Re=\frac{\rho V l}{\mu} \tag{2-4}$$

式中，ρ 为空气密度；V 为流体速度；l 为特征长度，若流体流过圆形管道，则 l 为管道直径；μ 为黏性系数，表示流体的动力黏度。

雷诺数较小时，黏性力对流场的影响大于惯性力，流场中流速的扰动会因黏性力而衰减，流体流动稳定，为层流；反之，若雷诺数较大，惯性力对流场的影响大于黏性力，流

①自然界中的实际流体都具有黏性，所以，实际流体又称黏性流体。与其相对的是理想流体。

体流动较不稳定，流速的微小变化容易发展、增强，形成紊乱、不规则的紊流流场。一般雷诺数 $Re<2300$ 为层流状态，$Re>4000$ 为紊流状态，$2300<Re<4000$ 为过渡状态。因此，可根据雷诺数的大小区分流体的流动是层流或紊流。

此外，外部条件几何相似时（流体流过几何相似的物体等），若雷诺数相等，则流体流动状态也是几何相似的，也就是流体动力学相似。

2. 空气的压缩性

空气的压缩性就是指一定质量的空气，当其压强或温度改变时，其密度或体积也要发生相应变化的物理性质。

当空气流过物体（如飞机）时，在物体周围各处气流速度会有增大或减小的变化，气压就会有相应的下降或上升的变化，因此，气流密度也会有减小或增大的变化，这就是空气具有压缩性的表现。但是，当空气的流动速度不很大时，即低速时，空气的压力变化一般不大，空气密度的变化很小，空气的压缩性对飞机的飞行影响很小。所以，在研究低速气流流动的规律时，就可以略去气流密度的变化而不计，即不考虑空气的压缩性，认为密度是一个不变的数值，把气流当成不可压缩的气流。但是，当气流速度较高时，即高速时，由于速度变化所引起的压力变化较大，因此而产生的气流密度的改变就不可不计了，这时就必须考虑空气的压缩性，即必须把气流当作可压缩的气流。生活现象表明，一定质量的空气的体积是可以改变的。例如，用力压皮球，就可以将它压瘪；对皮球加热，就会使它膨胀。空气质量一定，其体积改变，密度也自然随之发生改变。空气具有的因压力飞源度等条件改变而引起辛苦度变化的性质，称为空气压缩性。

空气具有压缩性，说明其密度可以改变。至于是否容易压缩，这就要看在同样大小的压力变化下，空气密度的变化是多还是少。密度改变多的就容易压缩，密度改变少的就不容易压缩。而空气是否容易压缩则取决于空气本身温度的高低。例如，两个相同的皮球充满相同质量的空气，一个经太阳晒过，温度较高，一个没有晒过，温度较低。在皮球上施加同样大的压力，就会发现，晒过的皮球，不容易变形，体积减小得少，球内空气密度增加得少，说明空气不容易压缩；没有晒过的皮球，容易变形，体积减小得多，球内空气密度增加得多，说明空气容易压缩。

无论是低速飞行还是高速飞行，空气流过机翼和尾翼等飞机部件各处的速度和压力发生了变化，密度也就要发生变化，气流特性随之发生变化，但是是否考虑压缩性的影响，则取决于空气密度变化的百分比的大小，即空气密度变化量（$\Delta\rho$）与原来空气密度（ρ）的比值（$\Delta\rho/\rho$）的大小而定。低速飞行中，空气流过机翼和尾翼等飞机部件各处所引起的速度和压力的变化量不大，空气密度的变化也不大，所以，空气密度的变化可忽略不计，即把气流看成不可压缩的；而在高速飞行中，空气流过 L 翼和尾翼等飞机部件各处所引起的速度和压力的变化量大，空气密度的变化也大，当飞行速度接近音速时，空气密度的变化十分显著。因此，高速飞行时必须把气流当成可压缩气流来研究。

例如，在标准大气海平面条件下，300km/h 的气流速度时，如果空气流过机翼上表面的流速增加 10％（30km/h），那么，空气密度减小 0.6％；600km/h 的气流速度时，如果空气流过机翼上表面的流速增加 10％（60km/h），那么，空气密度减小 2.4％；1200km/h 的气流速度时，如果空气流过机翼上表面的流速增加 10％（120km/h），那么，空气密度减小 9.5％。

2.2 国际标准大气

飞机及发动机的性能取决于气体的气压、密度和气温，飞机的最大速度、爬升率和升限等都会随着气压、密度和温度发生改变，并且随着高度层和时间的不同而不同。而在大气中，空气的温度、气压、密度都经常随着季节、日夜时间、地理位置、高度等的不同而变化。大气状态的变化，会使飞机上产生的空气动力发生变化，从而使飞机的飞行性能也随之变化。因此，同一架飞机在不同地点做飞行试验，所得出的飞行性能就会不同。也就是同一架飞机，在同一地点同一高度试飞，只要季节或时间不同，所得出的飞行性能也会不同。为了便于比较飞机的飞行性能，就必须以一定的大气状态作为衡量的标准。

国际民航组织（ICAO）的《ICAO 标准大气手册》被批准作为国际标准化组织（ISO）的 ISO 标准大气。所谓国际标准大气（International Standard Atmosphere，ISA），就是人为地规定一个不变的大气环境，包括大气温度、密度、气压等随高度变化的关系，得出统一的数据，作为计算和试验飞机的统一标准，以便比较。

2.2.1 国际标准大气参数

国际标准大气模型是以人类聚居的北半球中纬度（35°～60°）地区的平均大气物理属性测量数据为依据建立起来的国际公认的大气标准模型。该模型将大气视为理想气体，满足理想气体状态方程。

根据该国际标准大气模型，海平面的标准大气参数如下。

（1）海平面上：高度为0，这一海平面成为 ISA 标准海平面。

（2）空气温度：$T_0=288.15\text{K}$（$t_0=15℃$或59℉）。

（3）大气压强：$p_0=1013.25\text{hPa}$（760mmHg 或 29.92inHg）。

（4）空气密度：$\rho_0=1.225\text{kg/m}^3$（$0.002377\text{lbf}\cdot\text{s}^2/\text{ft}^4$）。

（5）音速：$c_0=340\text{m/s}$（661kn）。

目前民用飞机主要是在接近地面的对流层和平流层内飞行，所以主要介绍这两层大气的基本规律。如图 2-5 所示。

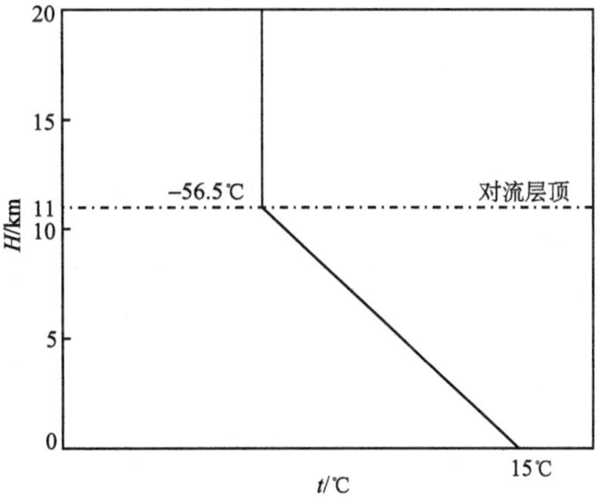

图 2-5 温度随着高度的变化

（1）对流层内。0～11km，气温随高度增加而直线下降：每升高 1km 下降 6.5℃①。

$$T_H=288.15-0.0065\times H \tag{2-5}$$

（2）平流层内。11～20km，气温不变（同温层），为−56.5℃或 216.65K。

$$T_H=216.65=\text{常数} \tag{2-6}$$

①每增加 1000ft 温度递减 2℃。

在确定了标准大气模型的温度变化规律后，就可以相应地确定标准大气模型的压强和密度的变化规律，见表 2-1，其中 $p_{11}=22631.8\text{N/m}^2$，$\rho_{11}=0.36392\text{kg/m}^3$。

表 2-1 对流层和平流层中的压强和密度

高度	p	ρ
对流层（0～11km）	$p_0\left[\left(\frac{T_H}{T_0}\right)_{\text{ISA}}\right]^{5.2588}$	$\rho_0\left[\left(\frac{T_H}{T_0}\right)_{\text{ISA}}\right]^{4.2588}$
平流层（11～20km）	$p_{11}\text{e}^{-\frac{H-11000}{6341.62}}$	$\rho_{11}\text{e}^{-\frac{H-11000}{6341.62}}$

2.2.2 国际标准大气表

随着高度的变化，国际标准大气的参数可预先计算出来形成国际标准大气数据表，见表 2-2。为计算方便引用下列符号：

$$\delta=\frac{p}{p_0}=\frac{p}{101325} \tag{2-7}$$

$$\sigma=\frac{\rho}{\rho_0}=\frac{\rho}{1.225} \tag{2-8}$$

$$\theta=\frac{T}{T_0}=\frac{T}{288.15} \tag{2-9}$$

按式（2-1）的气体状态方程，可得上述三个比值的关系为

$$\delta=\sigma\theta \tag{2-10}$$

表 2-2 国际标准大气数据表

H/ft	T/℃	p		$\frac{p}{p_0}=\delta$	$\frac{\rho}{\rho_0}=\sigma$	c/kn	H/m
		/inHg	/hPa				
0	15.0	29.92	1013	1.0000	1.0000	661	0
1000	13.0	28.86	977	0.9644	0.9711	659	305
2000	11.0	27.82	942	0.9298	0.9428	656	610
3000	9.1	26.82	908	0.8962	0.9151	654	914
4000	7.1	25.84	875	0.8637	0.8881	652	1219
5000	5.1	24.90	843	0.8320	0.8617	650	1524
6000	3.1	23.98	812	0.8014	0.8359	647	1829
7000	+1.1	23.09	782	0.7716	0.8106	645	2134
8000	−0.8	22.22	753	0.7428	0.7860	643	2438
9000	−2.8	21.39	724	0.7148	0.7620	640	2743
10000	−4.8	20.58	697	0.6877	0.7385	638	3048

续表

H/ft	T/℃	p		$\frac{p}{p_0}=\delta$	$\frac{\rho}{\rho_0}=\sigma$	c/kn	H/m
		/inHg	/hPa				
11000	−6.8	19.79	670	0.6614	0.7156	636	3353
12000	−8.8	19.03	644	0.6360	0.6932	633	3658
13000	−10.8	18.29	619	0.6113	0.6713	631	3962
14000	−12.7	17.58	595	0.5875	0.6500	628	4267
15000	−14.7	16.89	572	0.5643	0.6292	626	4572
16000	−16.7	16.22	549	0.5420	0.6090	624	4877
17000	−18.7	15.57	527	0.5203	0.5892	621	5182
18000	−20.7	14.94	506	0.4994	0.5699	619	5406
19000	−22.6	14.34	485	0.4791	0.5511	616	5791
20000	−24.6	13.75	466	0.4595	0.5328	614	6096
21000	−26.6	13.18	446	0.4406	0.5150	611	6401
22000	−28.6	12.64	428	0.4223	0.4976	609	6706
23000	−30.6	12.11	410	0.4046	0.4806	607	7010
24000	−32.5	11.60	393	0.3876	0.4642	604	7315
25000	−34.5	11.10	376	0.3711	0.4481	602	7620
26000	−36.5	10.63	360	0.3552	0.4325	599	7925
27000	−38.5	10.17	344	0.3398	0.4173	597	8230
28000	−40.5	9.73	329	0.3250	0.4025	594	8534
29000	−42.5	9.30	315	0.3107	0.3881	591	8839
30000	−44.4	8.89	301	0.2970	0.3741	589	9144
31000	−46.4	8.49	287	0.2837	0.3605	586	9449
32000	−48.4	8.11	274	0.2709	0.3473	584	9754
33000	−50.4	7.74	262	0.2586	0.3345	581	40058
34000	−52.4	7.38	250	0.2467	0.3220	579	10363
35000	−54.3	7.04	238	0.2353	0.3099	576	10668
36000	−56.3	6.71	227	0.2243	0.2981	573	10973
37000	−56.5	6.40	217	0.2138	0.2844	573	11278
38000	−56.5	6.10	206	0.2038	0.2710	573	11582
39000	−56.5	5.81	197	0.1942	0.2583	573	11887
40000	−56.5	5.54	188	0.1851	0.2462	573	12192

2.2.3 非标准大气

1. 非标准大气参数

实际大气条件不可能都是标准的，有些大气参数也难以直接测量。利用国际标准大气

参数表和式 (2-10)，只要已知其中任意两个参数，就可确定第三个参数的数值。

例如，已知气压高度 $H=4000\text{m}$，环境温度为 10℃，求当地大气密度。

查表 2-2 得，$H=4000\text{m}$ 高度上的标准大气的 $\delta=0.608$，$\theta=\dfrac{T}{T_0}=\dfrac{273.15+10}{288.15}=0.982$。

根据式 (2-10)，计算得 $\sigma=0.61914$，大气密度 $\rho=0.75845\text{kg/m}^3$。

表 2-2 中 $H=4000\text{m}$ 的标准大气密度 $\rho=0.81857\text{kg/m}^3$。由于当地气温为 10℃，比标准−11℃高，因此，密度要比标准大气密度低。

2. ISA 偏差

大气实际温度通常都不会与国际标准大气温度完全一致，当某处实际温度与 ISA 标准温度出现差值时，一般用 ISA 偏差表示该处的温度。在飞机的使用手册中也经常用 ISA 偏差（ISA+ΔISA）来区分不同的性能图表。

例如，已知某机场 OAT 为 20℃，机场气压高度为 2000ft。求机场高度处 ISA 偏差。

在压力高度为 2000ft 的机场处，ISA 标准温度应为 11℃，而实际温度为 20℃，所以，ISA 偏差即温度差为 ISA 偏差＝20℃－11℃＝9℃，表示为 ISA＋9。

第3章　空气动力学

3.1　空 气 流 动

在研究飞机空气动力的产生及变化之前，必须先研究空气流动的特性，即空气流动的基本规律。

3.1.1　气流和相对气流

空气的流动就是气流。有风时，会感到有空气的力量作用在身上；无风时，如果骑自行车飞跑，或乘敞篷汽车奔驰，同样会感到有空气的力量作用在身上。

前一种情况是空气流动，物体不动；后一种情况是空气静止，物体运动。但实践证明，只要空气与物体之间具有相对运动，也就是只要有空气相对于物体的流动，就会有空气动力产生。空气相对于物体的流动就是相对气流，并且只要空气与物体之间的相对速度相同，即相对气流速度相同，所产生的空气动力也就相同。

根据这个道理，在研究飞机空气动力的产生及变化时，就可以把飞机看成不动，让空气以等于飞机的运动速度迎面流过飞机。尽管这与飞机在静止空气中运动现象上有所不同，但空气动力的产生和变化却完全一样。这样给研究问题带来很大方便。风洞实验就是根据该原理建立的。

3.1.2　流线和流线谱

空气流过物体时，要产生空气动力，流过物体时的情形不同，所产生的空气动力也就不同。可利用风洞进行相关实验来研究流线和流线谱。

图 3-1 所示为烟风洞。当启动电机后，一根根烟流连续不断地流过物体，将空气流过物体的情况形象地显示出来。烟流就显示了气体微团流动的路线。因此，所谓流线，就是空气微团流动的路线。由许多流线所组成的流动图形称为流线谱。

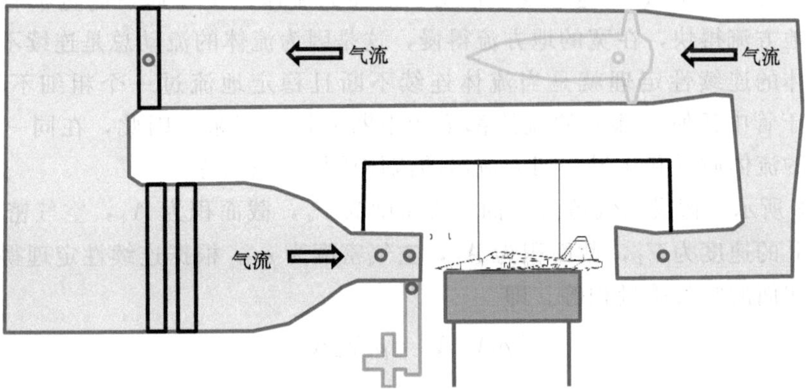

图 3-1　风洞实验示意图

空气是沿着流线流动的，因此，空气不会从流线一边跑到另一边。空气在两根流线间的流动，就像在管子中流动一样。由流线组成的管子称为流管。两条流线间的距离缩小，可看成流管收缩或变细；两条流线间的距离扩大，可看成流管扩张或变粗。图 3-2 是几个典型形状物体在烟风洞实验中显示出的流线谱。

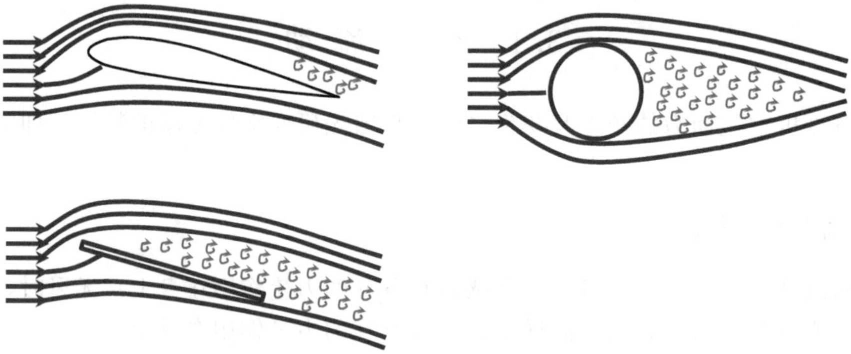

图 3-2 流线谱

空气流过物体的情况不同，流线谱就不同，产生的空气动力也就不同。比较图 3-2 中的几种流线谱，可以得出以下结论。

(1) 物体的形状不同，空气流过物体的流线谱就不同。

(2) 即使物体的形状相同，只要空气流向物体的相对关系位置不同，流线谱也就不同。

(3) 凡是空气流向物体受到阻挡时，流管就要扩张变粗，凡是空气流过物体外凸地方时，流管就要收缩变细。

(4) 空气流过物体时，在物体的后部都要形成一定的涡流区。

3.1.3 连续性定理

站在河岸观察河水流动时，会发现河水在浅而窄的地方流得快，在宽而深的地方流得慢。在山区还可看到，山谷中的风经常要比平原开阔的地方大。夏天乘凉时，两座房屋之间的过道中常有“穿堂风”。这些现象说明了流体的流速快慢与通道的宽窄有关。流体之所以在窄的地方流得快，在宽的地方流得慢，这是因为流体的流动总是连续不断的。

所谓流体的连续性定理就是当流体连续不断且稳定地流过一个粗细不等的管子时(图 3-3)，由于管中任何一部分的流体都不能中断或挤压起来，因此，在同一时间内，流进任一切面的流体质量和从另一切面流出的流体质量应该相等。

如图 3-3 所示，假设空气流过切面Ⅰ的速度为 V_1，截面积为 A_1，空气密度为 ρ_1；空气流过切面Ⅱ的速度为 V_2，截面积为 A_2，空气密度为 ρ_2。根据连续性定理得，单位时间内流过任意切面的空气质量相等。即

$$\rho_1 V_1 A_1 = \rho_2 V_2 A_2 \tag{3-1}$$

或

$$\rho V A = 常量 \tag{3-2}$$

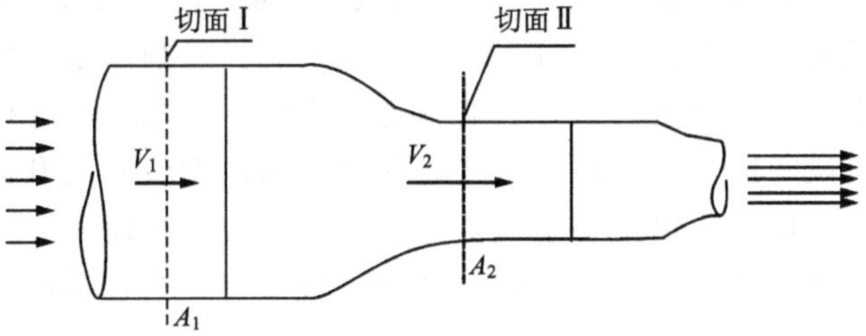

图 3-3　流体连续性定理

式中，ρ 为空气密度；A 为所取切面的截面积。

式（3-1）和式（3-2）是连续性定理的数学表达式，或称为连续性方程。空气低速流动时，可以不考虑空气压缩性，也就是空气密度 ρ 为常数，则

$$V_1A_1 = V_2A_2 \tag{3-3}$$

或

$$VA = \text{常量} \tag{3-4}$$

由式（3-3）和式（3-4）可以看出，空气稳定地在流管中流动时，在流管粗的地方流速必然慢，在流管细的地方流速必然快，也就是说，空气流速的快慢与管道的截面积成反比。这就是空气在低速流动中流速与管道切面之间的关系。

连续性定理是流体流动很重要的基本规律之一，它是“质量守恒定律”的具体应用。

3.1.4　伯努利定理

连续性定理阐述了流体在流动中流速和管道切面之间的关系。流体在流动中，不仅流速和管道切面之间互相联系，而且流速和压力之间也是互相联系的。伯努利定理就是阐述流体在流动中流速和压力之间的关系的，它是流体流动的另一个很重要的基本规律。

先来做一个小实验，如图 3-4 所示。当向两张纸片间吹气时，两张纸片不是互相分开，而是互相靠拢。这说明在吹气时，两张纸片间的压力低于纸片外的大气压力，在内外压力差的作用下，两纸片互相靠拢。也就是说，向纸片间吹气形成气流时，纸片间的压力降低了。

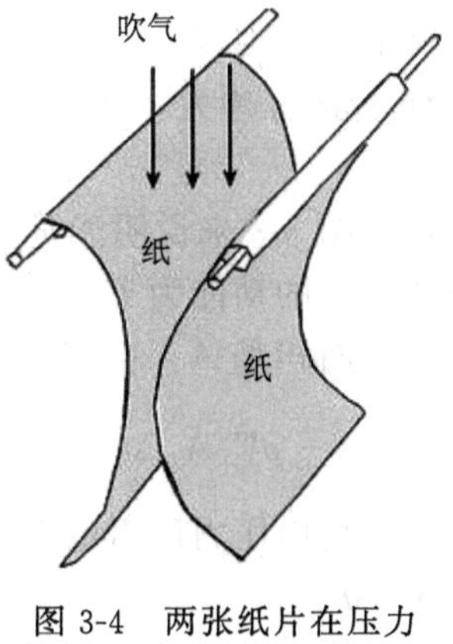

图 3-4　两张纸片在压力差作用下互相靠拢

再看一个例子，如图 3-5 所示，河中两只并排行驶的船，当它们靠近到一定距离时，两只船就会自动靠拢，而引起两船相撞的事故。两船自动靠拢，是因为两船间水的压力小于两船外侧水的压力，在内外压力差的作用下，使两船靠拢。进一步观察发现，原来船舷是呈弧形的，这样在两船之间就构成了一个两头粗中间细的管道。由连续性定理知，船间水的流速必然比船外侧的大。由此可见：凡是流速大的地方，压力小；流速小的地方，压力大。

进一步做实验，如图 3-6 所示。空气静止时，管内各切面空气流速均为零，左边三根玻璃管的液面同右边容器的液面一样高，这说明管中各切面的空气压力是相等的，而且等

于大气压。但当空气稳定地流过实验管时，情况就不同了，三根玻璃管的液面都升高了，这显然是由于空气流动后，管内的空气压力降低造成的。仔细观察还可发现，三根玻璃管液面升高的高度并不一致，这就是说，实验管各切面的空气压力不一样大。实验管最细的地方液面上升最高，说明这里空气压力最小，而管粗的地方液面上升低一些，说明这里空气压力要大。根据连续性定理可知，空气流过管子细的地方流速大，流过管子粗的地方流速小。因此，通过这个实验可以得出这样的结论：流体在一个管道中流动时，流速大的地方，压力小；流速小的地方，压力大。这就是伯努利定理的基本内容，也是对伯努利定理的粗略理解。

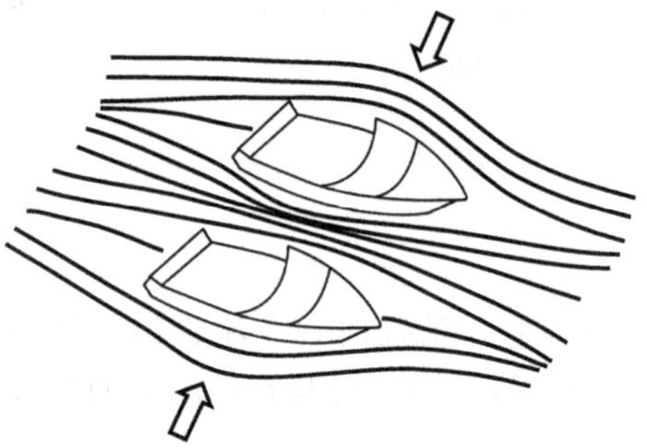

图 3-5 并行两船自动靠拢

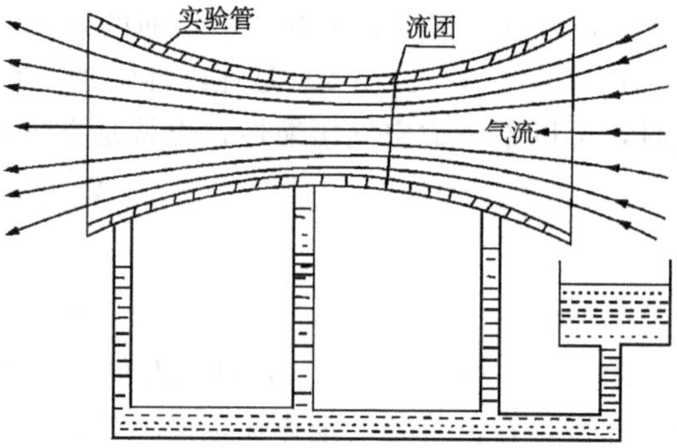

图 3-6 伯努利定理实验

能量守恒定律表明：能量既不会无中生有，也不会自行消失，它只能从一种形式转化为另一种形式，或从一个物体转移到另一个物体，在转移或转化过程中其总量保持不变。在流动的空气中，主要有四种能量：动能、热能、压力能和重力势能。当空气低速流动时，可以认为没有热量产生。流管的高度变化很小，可认为重力势能为常量。空气低速流动时，参与转换的能量只有两种：动能和压力能。一定质量的空气，具有一定的压力即静压，能推动其他部分的空气或物体而做功，可见静压是一种能量，称为压力能，它是势能的一种。静压越大，压力能就越大。此外，流动空气还具有动能，流速越大，动能也越大。

现用图 3-3 来说明能量的转换。假设流过切面Ⅰ的气体动能为 $E_{动1}$，压力能为 $E_{压1}$；流过切面Ⅱ的动能为 $E_{动2}$，压力能为 $E_{压2}$。

若截面积是 A，空气密度为 ρ，则在 Δt 时间内流过任一切面的质量 $m=\rho VA\Delta t$，因此，$E_{动1}=\frac{1}{2}\rho V_1 A_1 \Delta t V_1^2$，$E_{动2}=\frac{1}{2}\rho V_2 A_2 \Delta t V_2^2$。

任一切面压力所做的功，即压力能，$E_{压}=pAV\Delta t$，因此，$E_{压1}=p_1 A_1 V_1 \Delta t$，$E_{压2}=p_2 A_2 V_2 \Delta t$。

空气稳定地流动，不考虑空气压缩性和其他方面能量损耗，能量不增也不减，按能量守恒定律可得：$E_{动1}+E_{压1}=E_{动2}+E_{压2}$。

若取单位体积（$VA\Delta t$）的空气来讨论，能量守恒定律表达转变为

$$\frac{1}{2}\rho V_1^2 + p_1 = \frac{1}{2}\rho V_2^2 + p_2 \tag{3-5}$$

即对于任意切面来说，有

$$\frac{1}{2}\rho V^2 + p = q + p = 常量 \tag{3-6}$$

式（3-5）和式（3-6）是伯努利定理的数学表达式，或称为伯努利方程。式中，p 为静压（静压力），单位体积内空气所具有的压力能，在静止空气中其大小等于当地的大气压力；q 为动压（动压力），单位体积内空气所具有的动能，$q=\frac{1}{2}\rho V^2$，这是一种附加的压力，是空气在流动中受到阻挡流速降低时产生的压力，通常把空气流速降到零时，静压所能增加的数量，称为动压力，简称动压；p_t 为全压（总压），动压和静压之和称为全压，$p_t=p+q$。

通过以上分析，伯努利定理可以更确切地表达为稳定气流中，在同一流管的各切面上，空气的静压和动压之和保持不变，也就是全压保持不变。由此可见，动压大，则静压小；动压小，则静压大。即流速大，压力小；流速小，压力大。伯努利定理实质上是能量守恒定律在流体运动中的具体运用。

严格来说，伯努利定理在下述条件下才适用。

（1）气流是连续、稳定的。

（2）流动中的空气与外界没有能量交换，即空气是绝热的。

（3）空气没有黏性，即空气为理想流体，不考虑气流中的摩擦。

（4）空气是不可压缩的，即空气为不可压流，密度是不变的。

（5）在同一条流线或同一根流管上。

3.2 高度和速度

飞行速度和高度是决定飞机空气动力和发动机推力的重要参数，有时也是性能求解的目标。本节介绍高度和速度的测量原理，以及不同的高度和速度的含义。

3.2.1 全、静压系统

飞机上的全、静压系统是由全、静压测量管（又称皮托管，或 Pitot Tube）和相应指示器（空速表和气压高度表）组成的。全、静压管是伯努利定理的一个应用实例，如图 3-7 所示。前端的孔接受全（总）压，称为全压孔；侧壁上有一排互通的孔接受静压，称为静压孔。静压孔的位置选在皮托管头部（降低静压）与管座（增大静压）的影响正好相互抵消的地方（通常是在离前端三倍管径长处）。

把静压引进装有真空膜盒的表室内，则真空膜盒只感受静压。压力不同，通过真空膜盒的变形带动指针转动指示气压高度；把全压引进膜盒的内腔，而将静压引进膜盒外的表室，则膜盒感受的是全、静压之差，即动压。膜盒随着动压的变化而变形，从而带动指针指示飞机的空速。

皮托管一般用支架支撑，安装在附面层之外，位于机头或机翼两端前方，使探头与飞行方向一致，略微离开飞机表面，应尽量使其不受到飞机对气流扰动的影响，便于测量正确的静压。

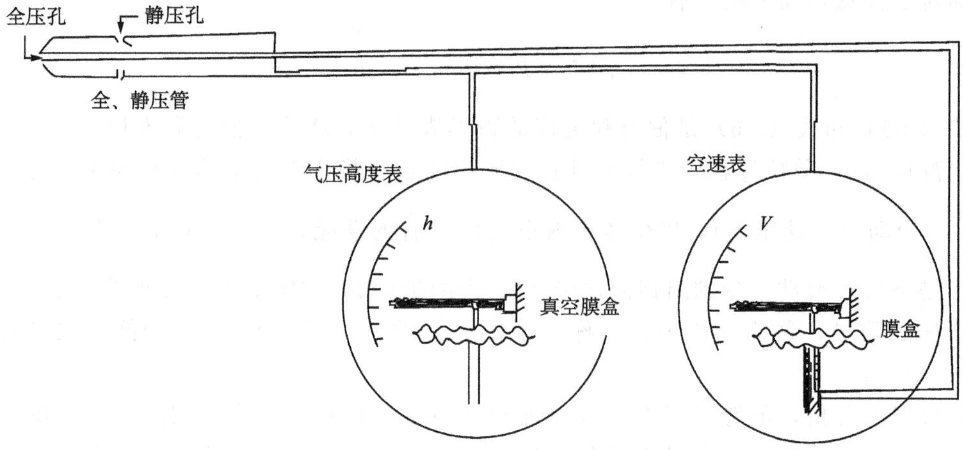

图 3-7 全、静压系统

3.2.2 高度

1. 高度定义

(1) 指示高度（Indicated Altitude，IA）。

指示高度（气压高度 H_p）是经过了仪表指示误差和静压源位置误差修正之后的高度表测得的压强与标准大气压强相等时所对应的高度，即

$$IA = p_h - p_r \tag{3-7}$$

式中，p_h 为测量环境压力的气压面，也就是飞行的实际位置；p_r 为基准气压面，对应的是由飞行员通过高度表的压力调定旋钮所选择的设定。

IA 为按照大气压力来表示的飞行高度，按大气的实际密度和温度值，从标准大气表中也可查到的对应高度，可以分别称为密度高度和温度高度。

(2) 场面气压高度（H_{QFE}）。

以起飞机场或着陆机场的场面气压（Query Field Elevation，QFE）为基准面的气压高度，称为场面气压高度。场面气压是机场场面的大气压强，即航空器着陆区域最高点的气压。若为标准大气，气压高度表指示飞机高出机场平面的高度。若此时飞机在机场上，指示高度为零。

(3) 标准气压高度（H_{QNE}）。

以标准海平面气压（Query Normal Elevation，QNE）为基准面的气压高度，称为标准气压高度。标准大气压是标准大气条件下的平均海平面气压，其值为 1013.2hPa（或 760mmHg 或 29.92inHg）。飞机起飞后，穿越过渡高度的基准高度后选择的标准调定值。

(4) 修正海平面气压高度（H_{QNH}）。

以修正海平面气压（Query Normal Height，QNH）为基准面的气压高度，称为修正海平面气压高度。修正海平面气压是指将观测到的场面气压，按照标准大气条件修正到平均海平面的气压。若为标准大气，气压高度表指示飞机高出平均海平面的高度。若此时飞机在机场上，指示高度为机场标高。

(5) 标高 (elevation)(H)。

指机场跑道着陆区内最高点距离平均海平面的垂直距离。

(6) 高 (height)。

指飞机到某一特定基准面的垂直距离。

(7) 高度 (altitude)。

指飞机到平均海平面的垂直距离。

(8) 飞行高度层 (flight level)。

以标准大气下的平均海平面为基准，按照规定的高度差给出的一系列飞行高度。可从图 3-8 看出各高度的关系。

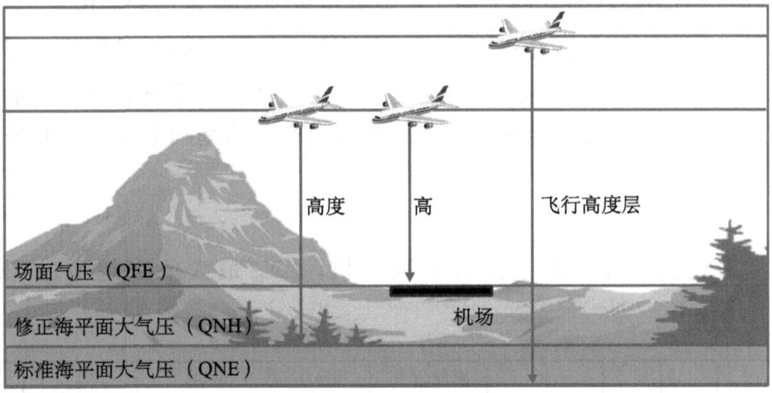

图 3-8　不同高度的定义

2. 温度对高度的影响

当温度升高时，分子运动变得更加频繁，气压会增加，IA 比实际飞行高度 (TA) 要低，当温度降低时，IA 比实际飞行高度要高，如图 3-9 所示。

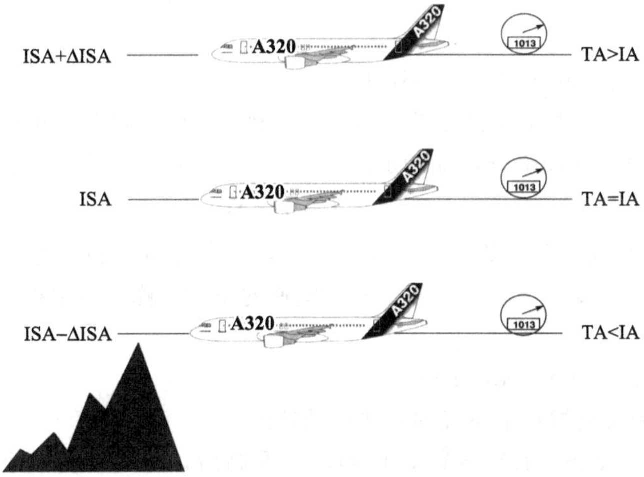

图 3-9　温度对高度的影响

当温度不是 ISA 时，飞机的实际飞行高度与指示高度之间有误差，飞机的 FCOM[①]中会提供此类的数据修正图表。

3.2.3 速度

速度为单位时间内飞机经过的距离。

1. 指示空速（Indicated Air Speed，IAS）

指示空速(V_i）又称表速，只做了仪表误差修正的速度，也是飞机上空速表的读数，一般飞机上安装的速度仪表已经作了仪表误差修正。

2. 校准空速（Calibrated Air Speed，CAS）

校准空速(V_c）为指示空速基础上做了空速管位置误差修正后的速度。

通常运输机的空速管都安装在机翼前方的机身侧壁上，压强会受机翼的影响，使静压孔接受的静压并不等于环境压力。虽然在空速管的位置选择上已经考虑到该因素，把其置于静压受影响的位置，但还是存在一定的误差。故在指示空速的基础上还应加上静压的位置误差修正量 ΔV_p。

$$\mathrm{CAS} = \mathrm{IAS} + \Delta V_p \tag{3-8}$$

式中，ΔV_p 为空速位置误差，对于波音系列飞机，ΔV_p 最大值也超不过 2kn，如图 3-10 所示。

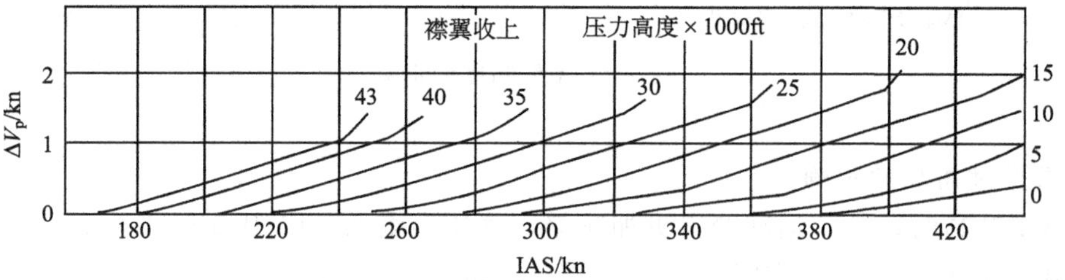

图 3-10 B757-200 的空速位置误差

3. 当量空速（Equivalent Air Speed，EAS）

当量空速(V_{eq}）为校准空速再做具体高度的绝热可压缩性误差修正后的速度。

因受空气压缩性影响而额外增加的那部分速度增量 ΔV_c，称为压缩性修正量，即

$$\mathrm{EAS} = \mathrm{CAS} - \Delta V_c \tag{3-9}$$

图 3-11 为根据空气动力学的关系推导出来的，与具体的飞机型号无关，因此，该图适用于任何机型。由图可知，当马赫数较小时，空速的压缩性修正量也很小，故对低速飞机常可忽略不计。

4. 真空速（True Air Speed，TAS）

真空速(V_T）为飞机相对于空气的真实运动速度。

在标准海平面上 TAS＝EAS＝V_0，但当高度升高后，空气密度减小，当量空速就不等于真空速。设海平面上的当量空速为 EAS，则真空速也为 TAS；若高度升高后仍保持当量

①FCOM：飞行机组操作手册。

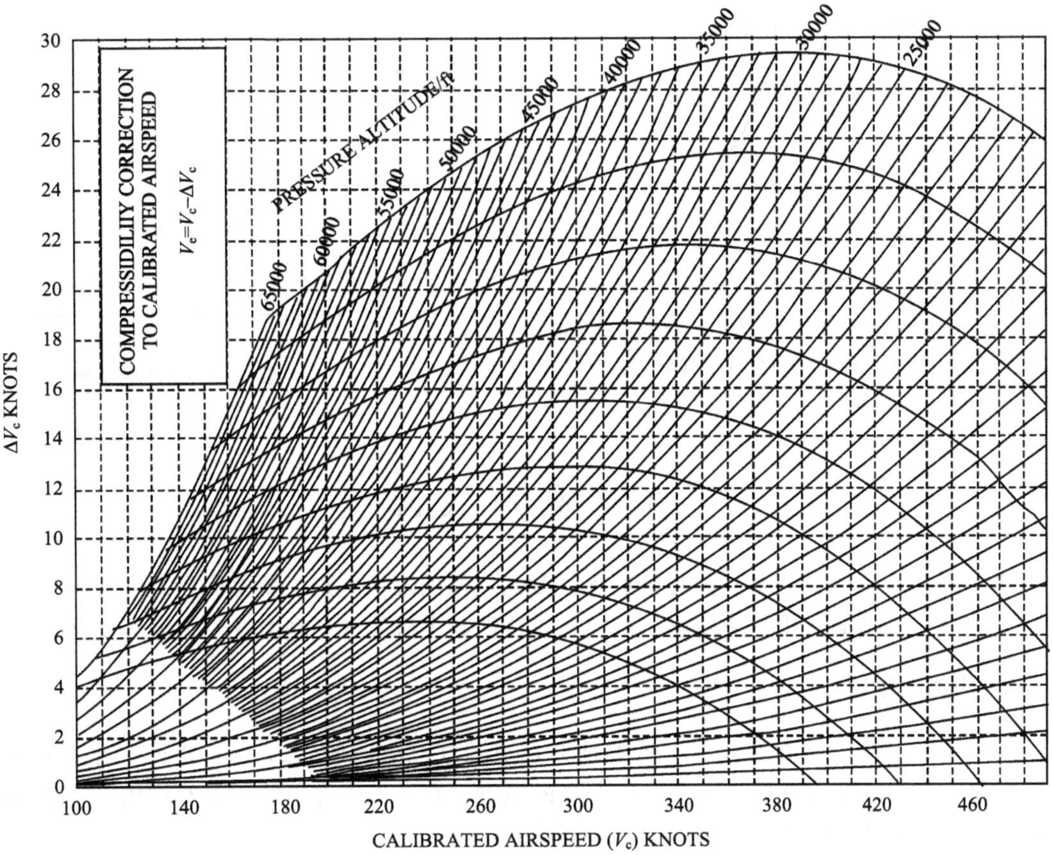

图 3-11 空速的压缩性修正量

空速不变，则真空速变成 V。因为当量空速不变，动压是相等的，即

$$\frac{1}{2}\rho_0 \mathrm{EAS}^2 = \frac{1}{2}\rho_{\mathrm{H}} V^2$$

则得

$$V = \mathrm{EAS}\sqrt{\frac{\rho_0}{\rho_H}} = \mathrm{EAS}\frac{1}{\sqrt{\sigma}} \tag{3-10}$$

式中，σ 为密度比，可见，任一高度上的真空速都是当量空速的 $1/\sqrt{\sigma}$ 倍，图 3-12 为 TAS 随高度变化的规律图。

5. **地速**（Ground Speed，GS）

飞机相对于地面的运动速度。在地面坐标系中，地速为真空速和风速（空气相对于地面的运动速度）的矢量和，如图 3-13 所示。

6. **马赫数**（mach number）

马赫数(Ma) 为飞机的真空速和飞机所处飞行高度的音速的比值。Ma 随高度变化的规律如图 3-12 所示。

$$Ma = \frac{\mathrm{TAS}}{c} \tag{3-11}$$

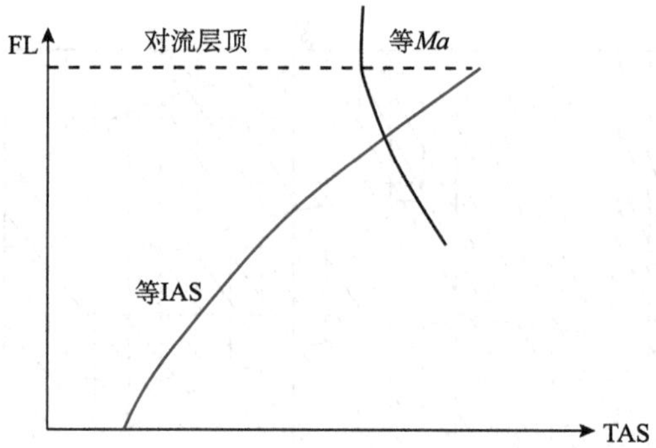

图 3-12 等 IAS 和等 Ma 下，TAS 随着高度变化的规律

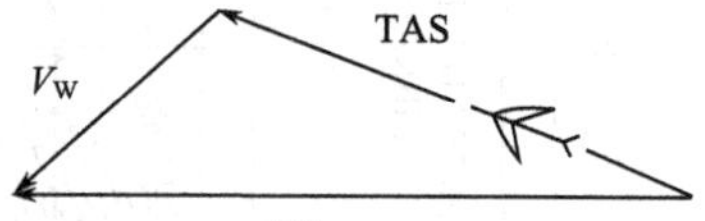

图 3-13 地速矢量图

3.3 高速气流

飞机高速飞行时会遇到某些与低速飞行截然不同的现象。这主要是因为高速飞行时，空气密度随飞行速度的变化，使高速飞行中气流特性和飞机的空气动力发生了显著变化。

3.3.1 伯努利定理

空气由压力高的地方流向压力低的地方，在顺气流方向的压力差作用下，流速必然加快。反之，空气由压力低的地方流向压力高的地方，在逆气流方向的压力差作用下，流速必然减慢。这是低速气流和高速气流的共同规律。

在低速气流中，尽管流速和压力发生了变化，但空气的密度和温度却基本不变，所以，研究飞机在低速飞行中空气动力的变化规律时，把空气看成不可压缩的。伯努利定理表述为低速气流流速和压力之间的变化关系，即流速加快，压力减小；流速减慢，压力增大。

而在高速气流中，随着流速的改变，空气的压缩和膨胀的变化越来越显著，不仅压力发生变化，而且密度和温度也发生明显变化。例如，空气由压力高的地方流向压力低的地方，在流速加快、压力降低的同时，体积还要膨胀。体积膨胀，不仅导致空气密度减小，而且因推动周围空气而做功，消耗了空气本身的分子热运动的能量，使空气分子热运动速度减慢。于是，空气温度随之降低。反之，空气由压力低的地方流向压力高的地方，在流速减慢、压力升高的同时，体积要受压缩，空气密度还要增大，且因空气分子受到推动，其热运动速度加快，空气温度也随之升高。归纳起来，高速气流的规律就是：流速加快，压力、密度、温度都同时降低；流速减慢，压力、密度、温度都同时升高。

高速气流中，空气压力、密度和温度随速度的变化规律，也可用能量定理来解释。

在绝热而又无摩擦损失的气流中，空气压力、密度、温度与速度之间的变化关系，遵循能量守恒定律。在低速气流（即非压缩性气流）中，由于速度变化，密度与温度基本不变，在这种情况下，只存在压力能和动能之间的转换，此时伯努利方程表示为式（3-6）。

在高速气流（即可压缩性气流）中，当速度和压力发生变化时，空气的压缩和膨胀现象显著，导致空气的密度和温度发生变化。由热力学可知，空气温度降低，将使空气内能减小；空气温度升高，将使空气内能增大。因此，在这种情况下，流动空气就存在三种互相转换的能量，即动能、压力能和内能。

单位质量空气所具有的动能为$\frac{V^2}{2}$，单位质量空气所具有的压力能为$\frac{p}{\rho}$，单位质量空气所具有的内能，由热力学可知为$\frac{p}{(K-1)\rho}$。

根据能量守恒定律，在绝热而又无摩擦损失的气流中，单位质量空气所具有的总能量应保持不变。故得能量方程为

$$\frac{p}{\rho}+\frac{1}{K-1}\frac{p}{\rho}+\frac{V^2}{2}=\text{常量} \tag{3-12}$$

合并同类项得

$$\frac{K}{K-1}\frac{p}{\rho}+\frac{V^2}{2}=\text{常量} \tag{3-13}$$

因空气的 $K=1.4$，故能量方程可写成

$$3.5\frac{p}{\rho}+\frac{V^2}{2}=\text{常量} \tag{3-14}$$

式（3-14）和式（3-15）为考虑空气压缩性影响的伯努利方程。方程的第一项表示压力能和空气内能的和，第二项表示动能。考虑空气压缩性影响的伯努利方程从能量守恒定律的观点中表述为：在同一流管的各切面上，空气的压力能、内能和动能之和保持不变，即总能量为一个常数。由此可见，空气沿流管从一个切面流到另一个切面，如果动能增加，则压力能与内能之和必然减少；如果动能减少，则压力能与内能之和必然增加。

3.3.2　连续性定理

根据空气流动的连续性原理，在同一流管中，空气每秒内流过各切面的质量应保持不变，即 $\rho VA=$常数。

表 3-1 给出了在流量一定时，气流速度、空气密度和流管截面积三者在不同 Ma 下变化的百分比（表内正值表示增大，负值表示减小）。

表 3-1　气流参数增量随 Ma 的变化

气流 Ma	0.2	0.4	0.6	0.8	1.0	1.2	1.4	1.6
$\Delta V/V$	1%							
$\Delta\rho/\rho$	−0.04%	−0.16%	−0.36%	−0.64%	−1%	−1.44%	−1.96%	−2.56%
$\Delta A/A$	−0.95%	−0.83%	−0.64%	−0.35%	0	0.46%	0.99%	1.61%

从表中可以清楚地看出，在气流 $Ma<1$ 的情况下，流速增大的百分比总是大于密度减小的百分比，流量要保持一定，流管截面积就必然要减小。例如，当气流 Ma 为 0.8 时，流速增大 1%，密度只减小 0.64%，要保持流量一定，流管截面积就必然要减小 0.36%。在气流 $Ma=1$ 时，流速增大的百分比与密度减小的百分比相当，这时流管的截面积减小到最小。当气流 $Ma>1$ 时，流速增大的百分比总是小于密度减小的百分比，要保持流量一定，流管截面积就必然要增大。例如，当气流 $Ma=1.4$ 时，流速增大 1%，密度减小 1.96%，要保

持流量一定，流管截面积就必然要增大0.96%。

在低速气流中，流速改变，空气密度不变。为保持空气流量一定，流速快的地方，流管截面积必然减小；流速慢的地方，流管截面积必然增大。

在高速气流中，流速改变，空气密度同时发生变化。例如，流速加快，在压力降低的同时，空气密度也要减小。但只要气流速度还小于音速（即 $Ma<1$），总是流速增加得快而密度减小得慢，即流速增大的百分比总是大于密度减小的百分比。在这种情况下，速度变化的影响居于主导地位，为保持空气流量一定，流管的截面积必然减小，如图3-14（a）所示。

在超音速气流（即 $Ma>1$）中，流速增加得慢而密度减小得快，即流速增大的百分比总是小于密度减小的百分比。在这种情况下，密度变化的影响居于主导地位，为保持空气流量一定，流速加快，流管截面积必然要增大。这就是说，在超音速气流中，流速在加快的同时，空气必然要剧烈膨胀而占据更大的体积，故流管切面扩大，如图3-14（b）所示。假如流管切面不扩大，空气就无从膨胀，流速也无从加快。

因此，在亚音速气流中，流速随着流管截面积的增大而减小；在超音速气流中，流速随着流管截面积的增大反而增大。

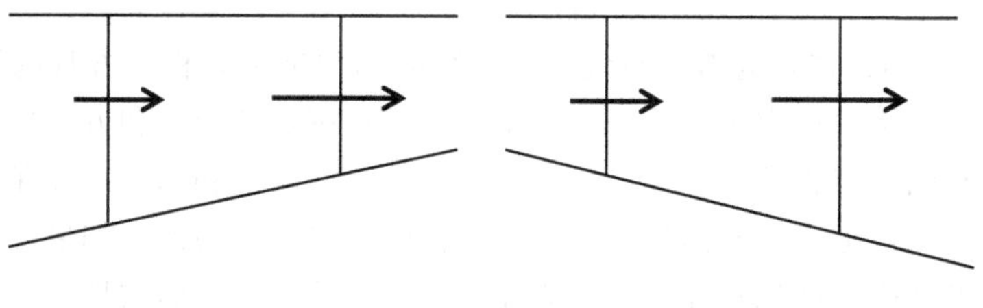

图3-14 亚音速和超音速气流中，流管截面积随流速的变化

3.4 升力和阻力

飞机在空气中运动或空气流过飞机时，就会产生作用于飞机的空气动力，飞机各部分所受到的空气动力总和，称为总空气动力，用 R 表示（图3-15）。通常这个力的方向是向上并向后倾斜的，因此，可将它分解为垂直于相对气流方向和平行于相对气流方向的两个分力。垂直于相对气流方向的力称为升力，用 L（lift）表示。升力通常是起支撑飞机的作用。平行于相对气流方向的力阻碍飞机前进的，称为阻力，用 D（drag）表示。

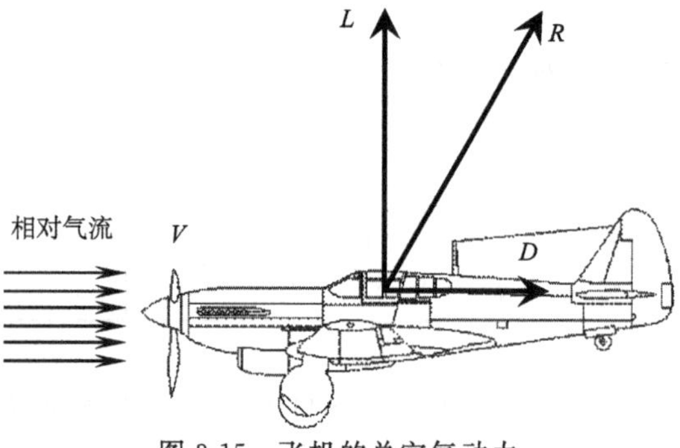

图3-15 飞机的总空气动力

3.4.1 亚音速阶段

1. *升力*

飞机的升力包括机翼、机身、尾翼等部位产生的升力的总和。但机翼的升力占主要部

分，飞机其他部分产生的升力较小，所以，近似地以机翼的升力代替飞机的升力。

相对气流流过翼剖面时，在机翼前缘分成上、下两股，分别沿机翼上、下表面流过，并在机翼后缘重新汇合向后流去，如图 3-16所示。其中沿上表面的气流因上表面比较凸出，流管变细，流速加快，压力降低；沿下表面的气流流管变粗，流速减慢，压力增大。于是，机翼上、下表面就产生了压力差，在垂直于相对气流方向的压力差总和就是机翼的升力。

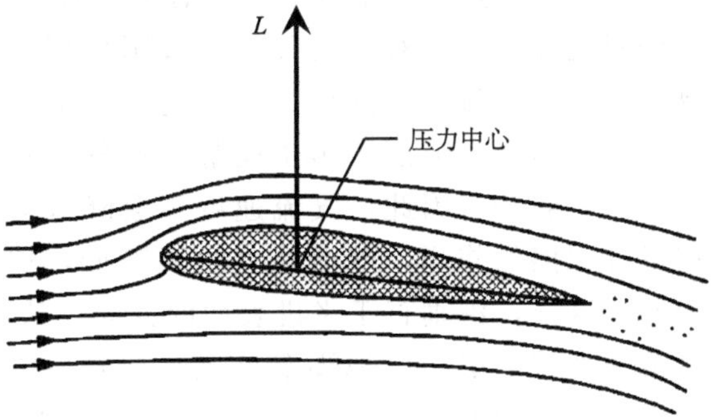

图 3-16　机翼产生的升力

机翼升力的着力点，即升力作用线和翼弦的交点，称为压力中心。通过实验来测定机翼各部位升力的大小，从而得到机翼表面各点的压力与大气压力之差，即剩余压力。凡是比大气压力低的称为吸力（负压力），凡是比大气压力高的称为压力（正压力）。机翼表面各点的吸力和正压力都可用矢量表示。矢量的长短表示吸力或正压力的大小。矢量的方向同机翼表面垂直，箭头方向朝外，表示吸力；箭头指向机翼表面，表示正压力。将各个矢量的外端用平滑的曲线连接起来。这就是用矢量表示的机翼压力分布图（图 3-17）。图上压力最低（即吸力最大）的一点，称为最低压力点，如图 3-17 所示 *A* 点。在前缘附近，流速最小，压力最高的一点，称为驻点，如图 3-17 所示 *B* 点。

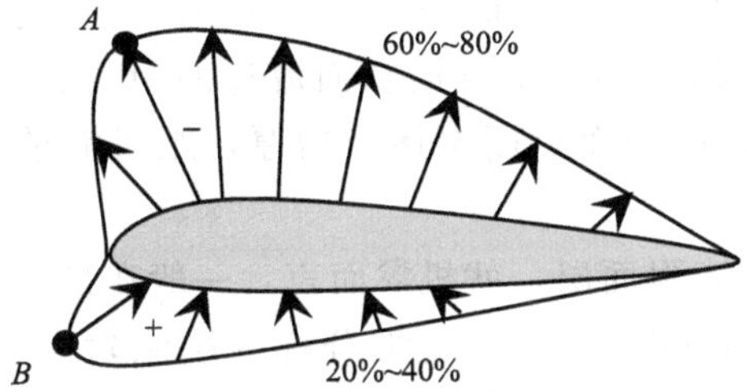

图 3-17　用向量法表示的机翼压力分布

机翼压力分布并不是一成不变的。如果机翼在相对气流中的位置改变了，流线谱就会改变，机翼的压力分布就随之而变。

图 3-17 表明，机翼升力的产生主要是靠表面吸力的作用，而不是主要靠下表面正压力的作用。实验指出，即使是在机翼下表面的压力高于大气压的情况下，由上表面吸力所形成的升力，一般占总升力的 60%～80%，而下表面的正压力所形成的升力只不过占总升力的 20%～40%。如果下表面的压力也低于大气压力产生向下的吸力，则机翼总升力就等于上表面吸力减去下表面的吸力。在此情况下，机翼升力就完全由上表面吸力所形成。

2. 阻力

阻力是与飞机运动方向相反的空气动力，起着阻碍飞机前进的作用，飞机亚音速飞行时按其产生的原因可分为摩擦阻力、压差阻力、诱导阻力和干扰阻力，其中摩擦阻力、压差阻力和干扰阻力合称为废阻力或寄生阻力。

1）附面层

所谓附面层，就是指空气流过飞机时，贴近飞机表面、气流速度由层外主流速度逐渐降低为零的那一层空气流动层（图 3-18）。

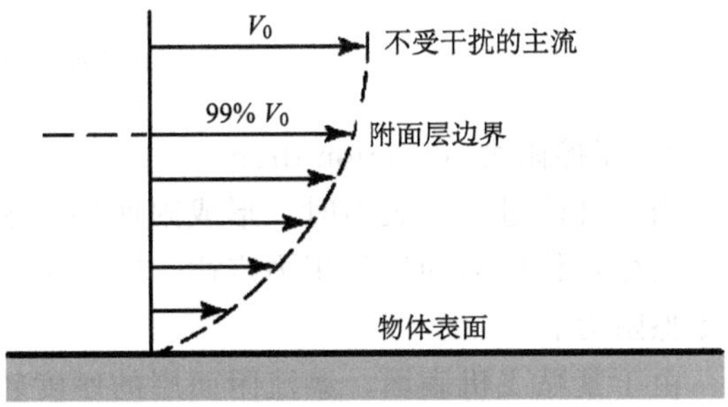

图 3-18　附面层

飞机的废阻力与空气的黏性有关，有黏性的空气流过物体表面时，由于物体表面不是绝对光滑的，且对空气分子有吸附作用，紧贴飞机表面的一层空气与飞机表面发生黏性摩擦，气流速度降低为零，这一层空气完全黏附在飞机表面上。紧靠该静止空气层的外面第二气流层，由于受静止空气层黏性摩擦的作用，气流速度也要降低，但这种作用要弱些，因此，气流速度不会降低为零。再往外，第三气流层又要受第二气流层黏性摩擦的作用，气流速度也要降低，这种作用更弱些，因此，气流速度降低就更少些。这样，沿垂直于飞机表面的方向，从飞机表面向外，由于黏性摩擦作用的减弱，气流速度就一层一层地逐渐增大，到附面层边界，就和主流速度相等了。这层气流速度由零逐渐增大到主流速度的空气层，就是附面层。

附面层在沿着物体表面流动时具备以下特点。

(1) 附面层内沿物面法线方向压强不变且等于法线主流压强。

通过实验观察沿物面法线方向的静压变化，实验结果发现沿着法向方向的静压大小保持不变，因此，只要测出附面层边界主流的静压，便可得物面上各相应点的静压。

(2) 附面层的厚度随气流流经物面距离的增长而增厚。

由物面沿法向到附面层边界的距离为附面层的厚度。附面层厚度随空气流经物面的距离的增长而增厚。这是因为，空气沿物面流动时，紧贴附面层的一层空气要不断受到附面层内空气黏性的影响，逐渐减速变为附面层内的气流，因而空气沿物面流过的距离越长，附面层也就越厚。对飞机而言，从机翼前缘开始，翼剖面附面层逐渐增厚，距机翼前缘1～2m处的附面层厚度从数毫米到数十毫米。

附面层按其性质不同，可分为层流附面层和紊流附面层。就机翼而言，一般在最大厚度以前，附面层的气流各层不相混杂而分层的流动（图 3-19），这部分称为层流附面层。在这之后，气流除了沿着机翼表面向后流动，还有明显地沿机翼法向上下乱动的现象，这部分称为紊流附面层，紊流附面层的各层之间有强烈的混合，形成紊乱的流动。层流向紊流过渡的区域称为转捩点。因紊流附面层中存在气流微团上下乱动，故紊流附面层比层流附面层要厚。

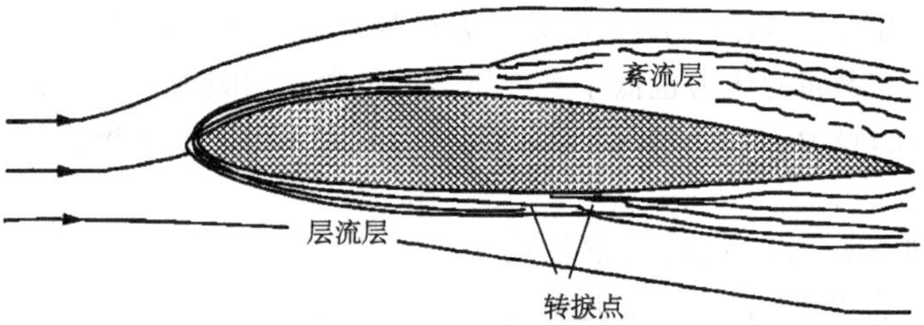

图 3-19 层流附面层和紊流附面层

2) 摩擦阻力（friction drag）

当空气流过飞机表面时，形成附面层，这层空气受到飞机的作用力被减速，根据牛顿第三定律：作用力和反作用力定律，空气也必然要给飞机一个反作用力，这个反作用力就是摩擦阻力。

由于紧贴飞机表面，紊流附面层的厚度较大，速度梯度也比层流附面层大，空气受到飞机的阻力大，因此，紊流附面层比层流附面层的摩擦阻力要大。

除此之外，摩擦阻力的大小还取决于空气的黏性、飞机表面的状况以及同空气相接触的飞机的表面积。空气黏性越大，飞机表面越粗糙，飞机表面积越大，摩擦阻力就越大。

3）压差阻力（pressure drag）

由于机翼表面是弯曲的曲面，在机翼表面各位置的压力大小不同，如图 3-20 所示，从前缘到图中 A 点位置，机翼上表面的压力逐渐减小，气流流过该区域，也就是从高压区流向低压区，即形成顺压，在顺压的作用下，气流速度是不断增大的。附面层内的气流虽受黏性摩擦的阻滞作用，但在顺气压的推动下，气流仍能加速向后流动。

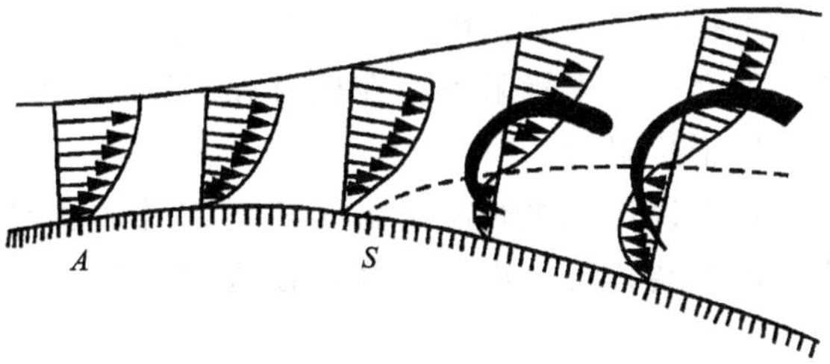

图 3-20 气流分离

在最低压力点（A）之后情况就不同了，从 A 点到后缘，机翼上表面的压力逐渐增大，这时气流是从低压区流向高压区，沿途压力越来越大，即形成逆压，在逆压的作用下，气流速度是不断减小的。附面层内的气流除了要克服黏性摩擦的阻滞作用，还要克服逆压的作用，因此，气流速度迅速减小，到达某一位置（图 3-20 中的 S 点），附面层底层空气就会完全停止下来，速度降低为零，空气再不能向后流动。在 S 点之后，附面层底层空气在反压作用下开始向前倒流。于是，附面层中逆流而上的空气与顺流而下的空气相遇，就使附面层气流脱离机翼表面，而卷进主流，从而形成旋涡出现气流分离现象。这些旋涡一方面被相对气流吹离机翼，一方面又连续不断地在机翼表面产生，如此周而复始地变化着，这样就在分离点之后形成了涡流区。

附面层发生气流分离的点（S 点），称为分离点。涡流区中的旋涡运动的周期性，是引起飞机机翼、尾翼和其他部分产生振动的重要原因之一。

如果空气流过机翼上下表面不产生气流分离，则在机翼后部，上下表面气流重新汇合，流速和压力都会恢复到与机翼前部相等。这样，机翼前、后不会出现压力差而形成压差阻力。但是，当空气流到机翼后部会产生气流分离而形成涡流区。涡流区中，由于产生了旋涡，空气迅速转动，一部分动能因摩擦而损耗，即使流速可以恢复到与机翼前部的流速相等，但压力却恢复不到原来的大小，比机翼前部的压力要小。飞机前后的压力大小出现差值，形成了压差阻力。

根据实验的结果，涡流区内各处的气压几乎是相等的，且等于分离点的气压。也就是分离点靠机翼后缘越近，涡流区的压力越大；分离点离机翼后缘越远，涡流区的压力就越小。可见，分离点在机翼表面的前后位置，可以表明压差阻力的大小。

综上所述，压差阻力与物体的迎风面积、形状和物体在气流中的相对位置有很大关系。迎风面积越大，压差阻力越大。像水滴那样的，前端圆钝、后面尖细的流线型物体，压差阻力最小。物体与气流的相对角度越大，压差阻力越大。

4）干扰阻力（interference drag）

飞机由机翼、机身、尾翼等部件组成，每个部件单独放在气流中所产生的阻力总和要比组合成整体时所产生的阻力小，这是由于组合后各部件上的气流相互干扰引起附加阻力，这个附加阻力就是所谓的干扰阻力。

以机翼和机身为例，气流流过机翼和机身的连接处，在机翼和机身结合的中部，由于机翼表面和机身表面都向外凸出，流管收缩，流速迅速加快，压力很快降低。而在后部由于机翼表面和机身表面都向内弯曲，流管扩张，流速减慢，压力很快增高。这种压力的变化，促使气流分离点前移，并使机身和机翼结合处后部涡流区扩大，从而产生了额外的阻力。这一阻力是因气流的干扰而产生的，因此，称为干扰阻力。

除了机翼和机身结合处会产生干扰阻力，在机身和尾翼、机翼和发动机短舱、机翼和副油箱等结合处都可能产生干扰阻力。

为了减小干扰阻力，除了设计飞机时需考虑飞机各部件的相对位置，在机翼与机身、机身与尾翼等结合部位，可安装整流蒙皮。这样可使连接较为圆滑，流管不致过分扩张，而产生气流分离。

5）诱导阻力（induced drag）

机翼上除了产生摩擦阻力、压差阻力和干扰阻力，由于升力的产生，还要产生一种附加的阻力。不论空气是否有黏性，只要产生升力就会有这种阻力的存在，这种由于产生升力而诱导出来的附加阻力称为诱导阻力。可以说，诱导阻力是为产生升力而付出的一种“代价”。

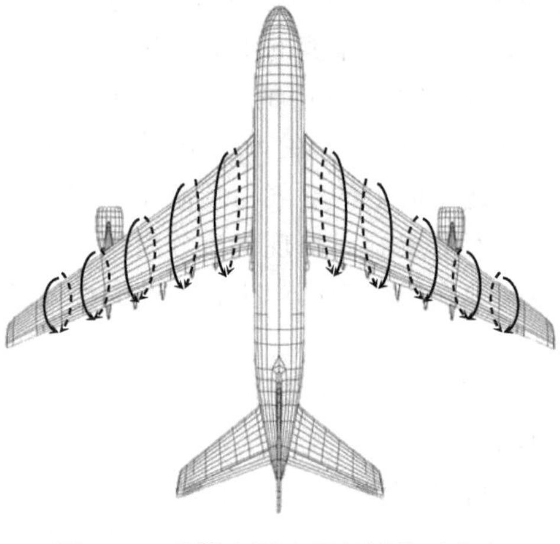

图 3-21　机翼上下表面气流流动方向

（1）下洗气流。

当机翼产生升力时，机翼下表面的压力比上表面的大，而机翼翼展又是有限的，所以，下表面的高压气流会绕过两端翼尖，力图流向上表面的低压区。当气流绕过翼尖时，在翼尖部分形成旋涡，这种旋涡不断产生又向后流去，就形成了翼尖涡流（图 3-21）。翼尖涡流使流过机翼的空气产生下洗速度（V_x），而向下倾斜形成下洗流，如图 3-22 所示。气流方向向下倾斜的角度，称为下洗角（ε）。

不同机翼平面形状形成的下洗气流的下洗速度大小不同，如图 3-23 所示。

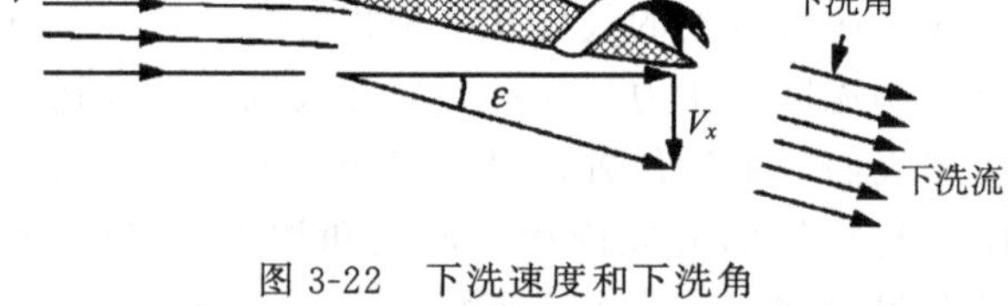

图 3-22　下洗速度和下洗角

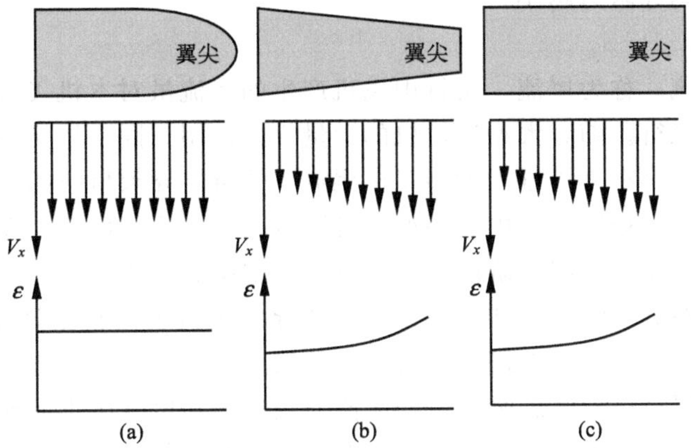

图 3-23　下洗速度和下洗角

由翼尖涡流产生的下洗速度，在两翼尖处最大，向对称面逐渐减小，在对称面处最小。这是因为空气有黏性，翼尖旋涡会带动它周围的空气一起旋转，越靠内圈，旋转越快，越靠外圈，旋转越慢。所以，离翼尖越远，气流下选速度越小。

在日常生活中，也可观察到翼尖涡流的现象。例如，大雁南飞，常排成人字或斜一字形，领队的大雁排在中间，而幼弱的小雁通常排在外侧。这样使得后雁处于前雁翅梢处所产生的翼尖涡流之中。翼尖涡流中气流的旋转是有规律的，靠翼尖内侧，气流向下，靠翼尖外侧，气流是向上的即上升气流。这样后雁就处在前雁翼尖涡流的上升气流之中，有利于长途飞行(图 3-24)。

图 3-24　排成人字形的雁群

飞行中，有时从飞机翼尖的凝结云也可看到翼尖涡流。因为翼尖涡流的范围内压力很低，如果空气中所含水蒸气因膨胀冷却而凝结成水珠，便会看到由翼尖向后的两道白雾状的涡流索。

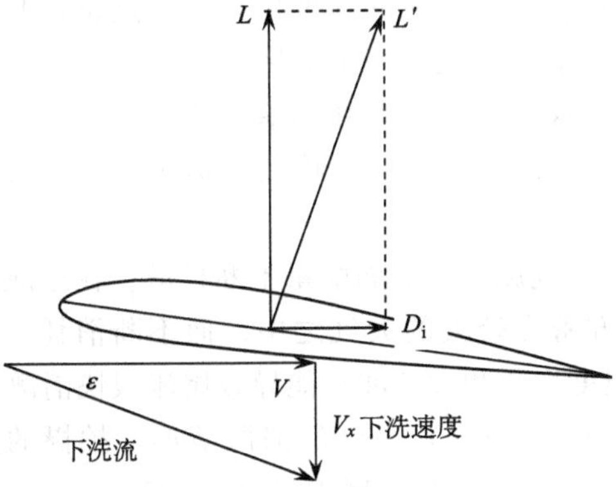

图 3-25　诱导阻力

升力是和相对气流方向垂直的。既然流过机翼的空气因下洗的作用而向下倾斜，实际升力（图 3-25 中的 L'）与下洗流方向垂直，则机翼的升力也应随之向后倾斜。把实际升力（L'）分解成垂直于飞行速度方向和平行于飞行速度方向的两个分力。垂直于飞行速度的分力（L）为飞机的升力。平行于飞行速度方向的分力为阻碍飞机向前飞行的附加阻力。该附加阻力，是同升力的存在分不开的，因此，这一部分附加阻力称为诱导阻力（D_i）。

实践表明，诱导阻力的大小与机翼的升力和展弦比有很大关系。升力越大，诱导阻力越大。展弦比越大，诱导阻力越小。

（2）飞机尾流。

飞机尾后的气流，称为尾流。飞行中飞机产生的尾流虽对本机飞行没有影响，然而却影响着尾随飞机的飞行。随着大型运输机的大量投入使用，同一机场各型飞机起落日趋频繁，这就出现了中、小型飞机进入大型飞机尾流，并可能导致事故的问题，也就是习惯上说的“吃气流”问题。据统计，中、小型飞机因进入大型飞机尾流而发生的事故，半数发生在着陆阶段，30%发生在起飞阶段，20%发生在空中。进入前机尾流的危险性，就在于尾流是看不见的，但其气流速度却很强，这就会导致飞机不由自主地剧烈改变飞行状态。世界上不少国家对这一问题都在进一步研究，并采取相应的安全措施。

飞机飞行中的尾流包括螺旋桨产生的滑流、放襟翼和机身产生的紊流、喷气发动机排出废气后形成的喷流以及翼尖涡流，这些都在不同程度上影响着尾随飞机的飞行，其中对尾随飞机影响最大的就是翼尖涡流形成的尾流。所以，有时尾流又专指翼尖涡流。当然，进入大型飞机的喷流，例如，距离过近，有可能引起发动机工作不正常，甚至停车。据测定，波音 747 飞机起飞时，在发动机的后面 20m 处，喷流速度高达 150m/s，温度为 80℃，因此，可能摧毁或烧毁跑道灯等地面设施。这里着重说明翼尖涡流所形成的尾流及其物理性质。

飞机飞过天空之后会留下两条旋转的翼尖涡流，通常翼尖涡流会保持一段时间，由于黏性作用，气团的旋转越来越弱并向外扩散，最后消失。也就是飞机产生的翼尖涡流会向后流动并保持一段距离，之后逐渐减弱，最后消失在远处，因此，也常称翼尖涡流为尾涡。

两条集中尾涡的间隔通常小于翼展（b）。在中等迎角下，多数机翼两条集中尾涡的间隔约为 $0.8b$；后掠翼、三角翼和平直翼在大迎角下以及增升装置放下时，一般为 $(0.72\sim0.75)b$。对于不同的飞机，在一定飞行状态下，尾涡的强度与飞机重量成正比，与翼展成反比。飞机越大越重，所产生的翼尖涡流越强，影响范围越大越远。一般来说，重型、小翼展的高速飞机的尾涡强度比轻型、大翼展的低速飞机的强得多。

尾涡内部，空气绕中心线旋转，旋转的切线速度可达 15～18m/s。根据对 C-5A 飞机的测定，在飞机后面 2.4km 处，或飞机通过 30s 之后，旋转切线速度最大可达 3600ft/min（18.3m/s）。这个旋转切线速度，与飞机重量成正比，而与翼展、空气密度和飞行速度成反比。可见，起飞着陆时，由于速度比较小，涡流的强度比较强，这也是起降时，特别是后随飞机的速度比较小时，要防止进入前机尾流的一个原因。

尾流形成后，两股尾涡受对方的影响而要向下移动。据美国用波音 747、波音 707 等运输机所做的飞行试验，大型机尾流以 2.0～2.5m/s 的速度向下移动。但下降到 210～270m 就趋于水平，尚未发现尾流下降超过 280m 的情形。

尾涡外缘的切线速度很大，带动大气中的静止空气旋转，因而能量不断扩散。在巡航高度上，尾涡带动静止空气运动，其能量被卷进下方密度较大的大气之中，而不断消耗，所以，向下移动的速度逐渐减慢。此外，大幅度的温度变化和大气波动能导致尾流很快消散。

美国曾在地面拍摄波音 747 飞机尾流在 4900ft（1500m）高度的消散情形。拍摄的照片表明，飞机起后 10s，两条尾涡看得很清晰；90～100s，两条尾涡已开始消散；130s 之后，两条尾涡完全消散。若放襟翼或大气比较紊乱，尾涡消散更快。离地 5000ft

(1500m) 以下，尾涡寿命直接由风速决定，风速越大，消散越快。

如果后面的飞机正好在两个翼尖涡流之间的下洗区内，则后机的有效迎角减小、升力减小，飞机会掉高度，对于起飞来说，后机就会晚离地、可能造成冲出跑道或越障高度偏低的结果。如果后面的飞机在一侧的翼尖涡流附近，则后机的一个机翼由于受到上洗气流作用升力增大，而另一个机翼由于受到下洗作用升力减小，造成急剧滚转，小飞机误入大飞机的尾流区尤其危险。

为保证安全，要求前后机之间保持一定的距离间隔，起飞着陆时保持一定的时间间隔，一般要求间隔 2min（或 8km），最好先放行小飞机再放行大飞机，因为小飞机尾流弱，对大飞机的影响小，可以缩短间隔 (4.8km)。飞机飞行的高度差也需要至少保持 1000ft (300m)。要注意有侧风时，尾流会顺风漂移，如果是平行跑道，尾流可能会影响另一条跑道上的飞机。

(3) 飞机进入前机尾涡的危害。

在飞行过程中，飞机进入前机的尾涡的情况大致可以分为几种情况，如图 3-26 所示。

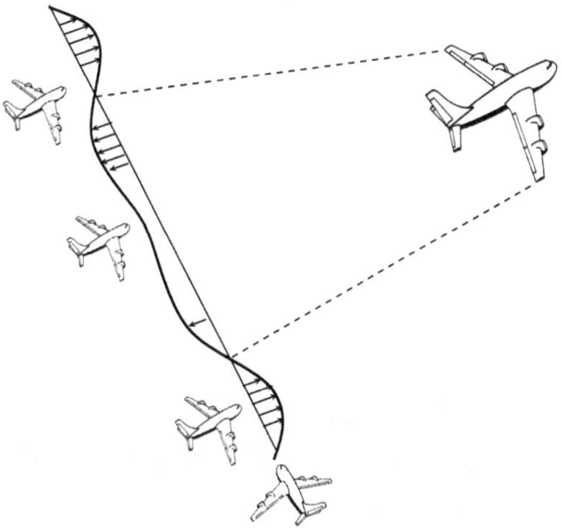

图 3-26 前机进入候机尾流的情况

以上介绍了低速飞机所产生的四种阻力——摩擦阻力、压差阻力、诱导阻力和干扰阻力。高速飞机除了也有这些阻力，还将会产生波阻，在后面的章节中会进一步介绍。

3. 影响升力和阻力的因素

升力和阻力是在飞机与空气之间的相对运动中产生的。影响升力和阻力的基本因素有机翼与气流的相对位置、气流的速度和空气密度以及飞机本身的特点。飞行员通过改变这些因素来改变飞机的升力和阻力。

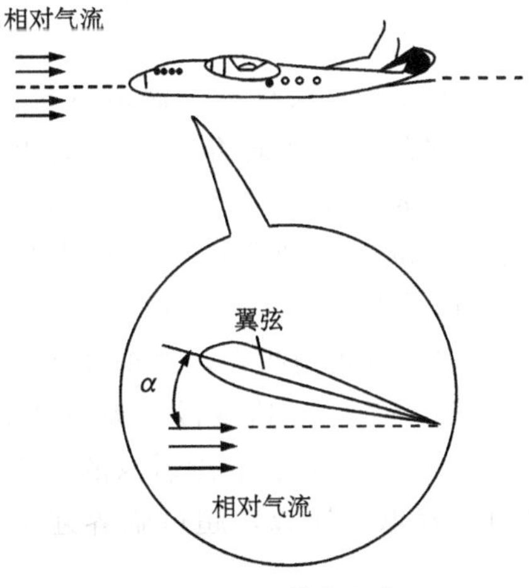

图 3-27 机翼的迎角

1) 迎角

迎角为相对气流方向（飞机运动方向）与翼弦的夹角，也称攻角 (attack)，用 α 表示(图 3-27)。相对气流方向指向机翼下表面，为正迎角；相对气流方向指向机翼上表面，为负迎角。飞行中，飞行员可通过前后移动驾驶盘来改变迎角的大小或正负。飞行中经常使用的是正迎角。

飞行状态不同，迎角的正、负、大、小一般也不同。在水平飞行中，飞行员可根据机头的高低来判断迎角的大小，如图 3-28 (a) 所示，飞机机头高，迎角大；飞机机头低，迎角小。其他飞行状态，无法根据机头的高低来判断迎角的大小和正负，只有根据迎角定义去判断。例如，飞机俯冲（俯冲角小于 90°）中，机头虽然很低，但迎角并非是负的，气流仍从下表面吹向机翼，因此，迎角是正的

（图 3-28（b））。又例如，在上升中，机头虽然比较高，但迎角却不一定很大，在改出上升时，若推杆过猛，也可能会出现负迎角（图 3-28（c））。

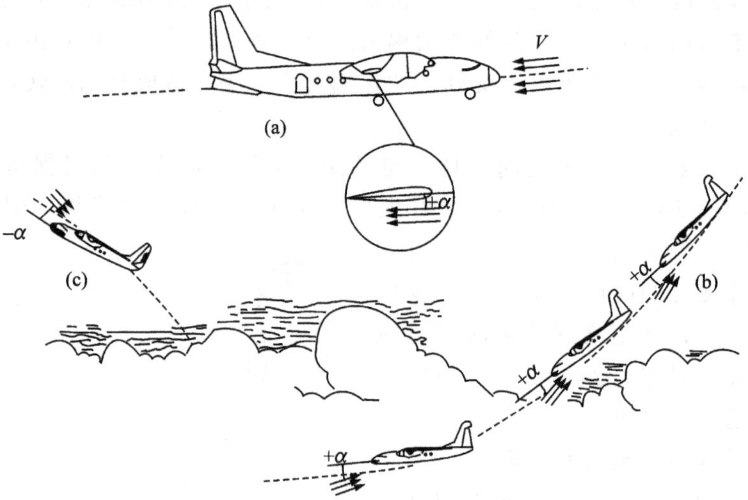

图 3-28 飞机在不同飞行状态下的迎角

（1）对升力的影响。

在飞行速度等其他条件相同的情况下，升力最大时的迎角，称为临界迎角（α_{cr}）。在小于临界迎角的范围内增大迎角，升力增大；超过临界迎角后，再增大迎角，升力反而减小。

这是因为，迎角增大时，一方面在机翼上表面前部，流线更为弯曲，流管变细，流速加快，压力降低，吸力增大。与此同时，在机翼下表面，气流受到阻挡，流管变粗，流速减慢，压力增大，要使升力增大。但是，另一方面迎角增大时，机翼上表面最低压力点的压力降低。因此，后缘部分的压力比最低压力点的压力大得更多，于是在上表面后部的附面层中，空气向前倒流的趋势增强，气流分离点向前移动，涡流区扩大，就会破坏空气的平顺流动，从而使升力降低。在中、小迎角，增大迎角时，分离点前移缓慢，涡流区只占机翼后部的不大一段范围，这对机翼表面空气的平顺流动影响不大，前一方面起着主要作用，因此，在小于临界迎角的范围内，迎角增大，升力是增大的（图 3-29(a) 和图 3-29(b)）。到临界迎角，升力达到最大（图 3-29(c)）。

超过临界迎角后，迎角再增大，则分离点迅速前移，涡流区迅速扩大，严重破坏空气的平顺流动，由图 3-29（d）可见，机翼上表面前段，流管变粗，流速减慢，吸力降低。从分离点到机翼后缘的涡流区内，压力大致相同，比大气压力稍小。在靠近后缘的一段范围内，吸力虽稍有增加，但很有限，补偿不了前段吸力的降低。所以，超过临界迎角以后，迎角再增大，升力反而减小。

改变迎角，不仅升力大小要发生变化，而且压力中心也要发生前后移动。从图 3-30 所示的双凸型机翼的压力分布图看出：迎角由小逐渐增大时，由于机翼上表面前段吸力增大，压力中心前移。超过临界迎角以后，机翼前段和中段吸力减小，而机翼后段吸力稍有增加，因此，压力中心后移。

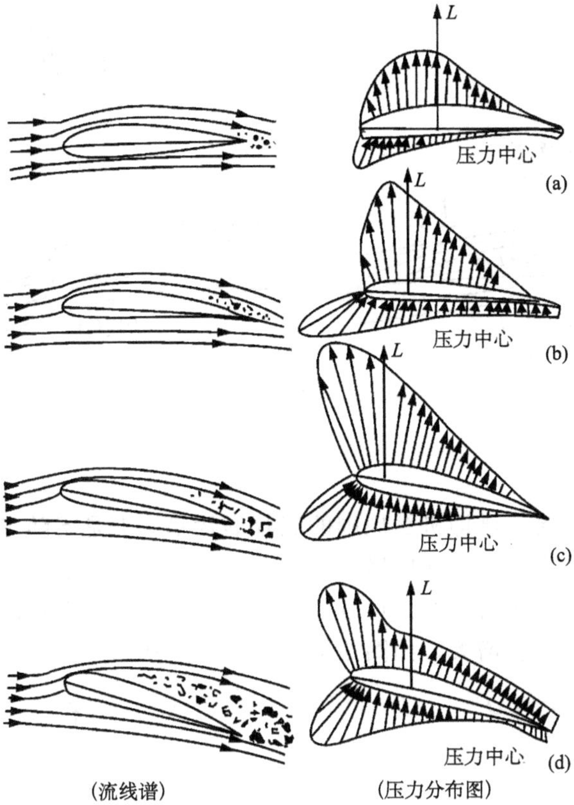

图 3-29　不同迎角下的机翼升力

（2）对阻力的影响。

实验表明，迎角增大，摩擦阻力一般变化不大。

迎角增大，分离点前移，机翼后部的涡流区扩大，压力减小，机翼前后的压力差增加，故压差阻力增加。迎角增大到超过临界迎角后，由于分离点迅速前移，涡流区迅速扩大，因此，压差阻力急剧增加。

小于临界迎角，迎角增大时，由于机翼上、下表面的压力差增大，使翼尖涡流的作用更强，下洗角增大，导致实际升力更向后倾斜，因此，诱导阻力增大（图 3-30）。超过临界迎角，迎角增大，由于升力降低，因此，诱导阻力随之减小。

综上所述，在小迎角的情况下增加迎角时，由于升力的增加和涡流区的扩大都很慢，因此，压差阻力和诱导阻力增加都很少，这时机翼的阻力主要是摩擦阻力，因此，整个机翼阻力增加不多。当迎角逐渐变大以后，再增大迎角时，由于机翼升力的增加和涡流区的扩大都加快，因此，压差阻力和诱导阻力的增加也随之加快。特别是诱导阻力，在大迎角时，随着迎角的增大而增加更快。因此，整个机翼的阻力随着迎角的增大而增加较快，这时，诱导阻力是机翼阻力的主要部分。超过临界迎角以后，虽然诱导阻力要随着升力的降低而减小，但由于压差阻力的急剧增加，结果使整个机翼阻力增加更快。

简单地说：迎角增大，阻力增大；迎角越大，阻力增加越多；超过临界迎角，阻力急剧增大。

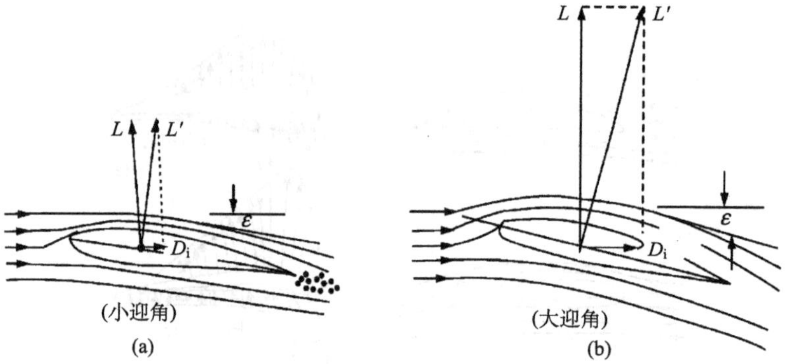

图 3-30 不同迎角下的诱导阻力

2）飞行速度

同一迎角下，机翼流线谱即机翼周围的流管形状基本上是不随飞行速度而改变的。飞行速度越大，机翼上表面的气流速度增大得越多，压力降低越多。与此同时，机翼下表面的气流速度减小得越多，压力也增大得越多。于是，机翼上、下表面的压力差越加相应增大，升力和阻力也更加相应增大，如图 3-31 所示（$V_2>V_1$）。

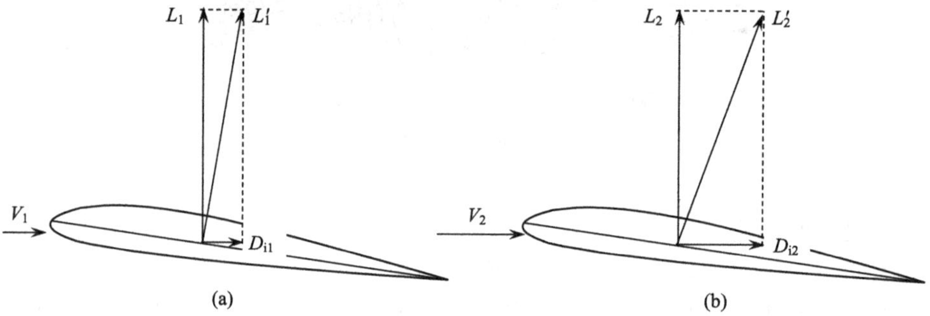

图 3-31 不同速度的机翼升、阻力

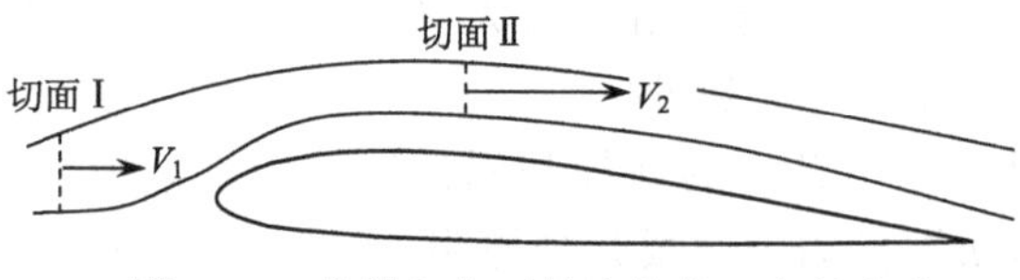

图 3-32 机翼上表面的流管截面积的变化

如图 3-32 所示，假定在相对气流中机翼远前方，在流管切面Ⅰ处，空气的流速（即飞行速度）、压力和密度分别为 V_1、p_1 和 ρ；在流管切面Ⅱ处，空气的流速、压力和密度分别为 V_2、p_2 和 ρ。根据伯努利定理，可得

$$\frac{1}{2}\rho V_1^2+p_1=\frac{1}{2}\rho V_2^2+p_2 \tag{3-15}$$

$$\Delta p=p_2-p_1=\frac{1}{2}\rho V_1^2-\frac{1}{2}\rho V_2^2 \tag{3-16}$$

$$\Delta p=\frac{1}{2}\rho V_1^2\left[1-\left(\frac{V_2}{V_1}\right)^2\right] \tag{3-17}$$

机翼上表面某一点的气流速度（V_2）与飞行速度（V_1）之比，只取决于流管截面积的变化。在迎角不变、流线谱不变化的条件下，V_2 与 V_1 之比就保持不变，即 V_2/V_1 为常数。由式（3-17）可得速度增大为原来的两倍，升力和阻力增大为原来的四倍；速度增大为原来的三倍，升力和阻力增大为原来的九倍。即升力、阻力与飞行速度的平方成正比。

3）空气密度

由式（3-17）可得，空气密度增大为原来的两倍，升力和阻力也增大为原来的两倍，即升力和阻力与空气密度成正比。空气密度越大，空气动力越大，升力和阻力自然也越大。由于飞行高度和气温升高时，空气密度会减小，升力和阻力也就会减小。

综上所述，空气动力（升力、阻力）与空气密度（ρ）成正比，与飞行速度的平方（V^2）成正比，也就是说，空气动力（升力、阻力）与相对气流中的空气动压（$\frac{1}{2}\rho V^2$）成正比。

4）机翼

（1）机翼面积。

机翼面积增大，飞机与气流的接触面积增加，相互之间作用的空气动力也会增大，升力和阻力会相应增大。因此，升力和阻力都与机翼面积的大小成正比。

（2）机翼形状。

就机翼剖面形状来说，相对厚度大，机翼的升力和阻力也大。这是因为，相对厚度大，机翼上表面的弯曲程度也大，一方面，使空气流过机翼上表面流速增快得多，压力也降低得多，升力大。另一方面，最低压力点的压力大，分离点靠前，涡流区变大，压差阻力大。实验表明，相对厚度为9%～12%的翼剖面，其升力比较大，相对厚度若超过14%，不仅阻力过大，而且升力会因上表面涡流区的扩大而减小。

最大厚度位置，对升阻力也有影响。最大厚度位置靠前，机翼前缘势必弯曲得更厉害，导致流管在前缘变细，流速加快，吸力增大，升力较大。但因后缘涡流区大，阻力也较大。最大厚度位置靠近翼弦中央，升力较小，但其阻力也较小。因为最大厚度位置靠后，最低压力点、转捩点均向后移，层流附面层加长，紊流附面层减短，使摩擦阻力减小，所以，阻力较小。

在相对厚度相同的情况下，中弧曲度大，表明上表面弯曲比较厉害，流速大，压力低，所以，升力比较大。平凸型机翼比双凸型机翼的升力大，对称型机翼升力最小。中弧曲度大，涡流区大，故阻力也大。

机翼平面形状对升阻力也有影响。实验表明，椭圆形机翼诱导阻力最小，而矩形机翼和菱形机翼诱导阻力最大。展弦比越大，诱导阻力越小。

放下襟翼或前缘缝翼，会改变机翼的切面形状，从而会改变机翼的升力和阻力。例如，机翼结冰，会破坏机翼流线型外形，从而使升力降低，阻力增大。

5）飞机表面质量

飞机表面光滑程度对摩擦阻力影响很大。飞机表面越粗糙，附面层越厚，转捩点越靠前，层流段缩短，紊流段增长，黏性摩擦加剧，摩擦阻力越大。因此，保持飞机表面光滑，就能减小飞机阻力。

6）升力和阻力公式

升力和阻力的大小，取决于动压（$\frac{1}{2}\rho V^2$）、机翼面积（S）、迎角（α）、机翼形状、飞机表面质量等因素。归纳起来，其变化规律可分别用如下公式表示：

$$L=C_L\frac{1}{2}\rho V^2 S \tag{3-18}$$

$$D=C_D\frac{1}{2}\rho V^2 S \tag{3-19}$$

式（3-18）为升力公式，式（3-19）为阻力公式。式中，L、D 的单位为 lb；C_L 为升力系数；C_D 为阻力系数；ρ 为空气密度（slugs/ft^3）；V 为飞行速度；S 为机翼面积（ft^2）。

当已知不同速度时，C_L 和 C_D 的表达式为

$$\begin{gathered}C_L=295.369L/\sigma \mathrm{TAS}^2 S\\ C_L=295.369L/\mathrm{EAS}^2 S\\ C_L=L/1481.4Ma^2\delta S\end{gathered} \tag{3-20}$$

$$\begin{gathered}C_D=295.369D/\sigma \mathrm{TAS}^2 S\\ C_D=295.369D/\mathrm{EAS}^2 S\\ C_D=L/1481.4Ma^2\delta S\end{gathered} \tag{3-21}$$

升力系数和阻力系数是没有单位的系数，分别代表迎角、机翼形状和飞机表面质量等因素对升力和阻力的综合影响。在飞行中，机翼形状和飞机表面质量一般是不变的。这时，升力系数和阻力系数主要由迎角的大小来确定。

通过风洞实验可以测定升力系数和阻力系数。如图 3-33 所示，将飞机模型以一定的迎角放在实验段，用空气动力天秤测出这时的升力和阻力，用空速表测出空气流速，用温度表量得温度，用气压表测出气压。根据得到的温度和气压可算出空气密度。根据已知的空气密度（ρ）、风速（V）、飞机模型的翼面积（S）和各迎角下的升力、阻力大小，运用升、阻力公式可算出各迎角下的升力系数（C_L）和阻力系数（C_D）。

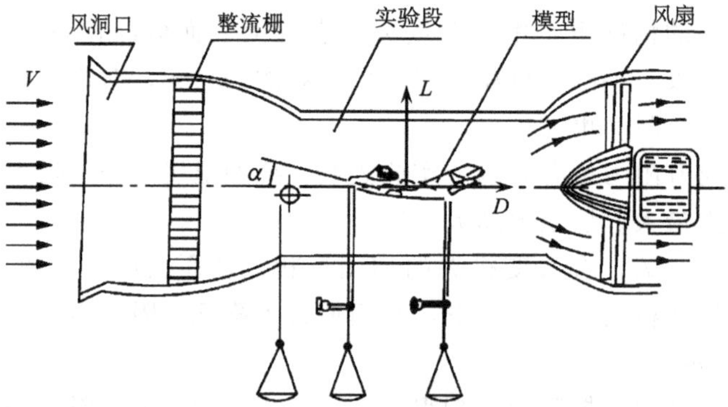

图 3-33　风洞实验示意图

例如，已知某飞机模型的机翼面积为0.24m²，风洞风速为20m/s，空气密度为0.125kg·s²/m⁴，测得在10°迎角下的升力为6.6kg，阻力为0.612kg。可得

升力系数：$$C_L=\frac{2L}{\rho V^2 S}=\frac{2\times 6.6}{0.125\times 20^2\times 0.24}=1.1$$

阻力系数：$$C_D=\frac{2D}{\rho V^2 S}=\frac{2\times 0.612}{0.125\times 20^2\times 0.24}=0.102$$

应注意升力系数或阻力系数并不就是升力或阻力，而是影响升力或阻力的因素之一。确定升、阻力的大小，不仅要看升力系数、阻力系数的大小，而且还要看影响升、阻力大小的其他因素，如空气密度、飞行速度和机翼面积的变化等。因此，不能把升力系数同升力、阻力系数同阻力混为一谈。

4. 空气动力性能系数

飞机的空气动力性能是决定飞机飞行性能的一个重要因素。飞行员既要熟悉飞机空气动力的产生和变化，同时也要清楚飞机空气动力性能的基本数据。这对于更好地认识飞机的飞行性能，以及正确处理飞行中遇到的有关问题，非常重要。

飞机空气动力性能的基本数据主要包括飞机的最大升力系数、最小阻力系数和最大升阻力等。

1）升力系数曲线

升力系数受到机翼的形状、迎角和马赫数的影响，其中最主要的因素是迎角。从风洞实验中，可测出飞机在各个不同迎角下的升力系数，见表3-2。

表3-2 不同迎角下的升力系数

α/(°)	−1.5	0	2	4	6	8	10	12	14	16	17
C_L	0	0.17	0.36	0.57	0.79	1.02	1.2	1.36	1.49	1.57	1.6

为了便于形象地看出升力系数随迎角连续变化的趋势，可将表3-2中的数值绘成升力系数曲线，如图3-34所示。横坐标表示迎角的大小，纵坐标表示升力系数的大小。升力系数曲线表示了升力系数随迎角的变化规律。

从图3-34中可以看出，曲线与横坐标轴交点的升力系数为零，所对应的迎角称为无升力迎角（零升迎角，α_0）。翼剖面不同，无升力迎角的大小也不同。对称翼剖面的无升力迎角为0°，非对称翼剖面的无升力迎角一般为负值（图3-34中为$\alpha_0=-1.5°$）。迎角从无升力迎角减小，升力系数将变为负值，也就是升力变成负升力了。

从无升力迎角开始，升力系数随着迎角增加而增加，升力系数与迎角呈线性关系，升力系数可以表示为$C_L=(\alpha-\alpha_0)C_{L\alpha}$。当迎角增大到一定值时，升力系数与迎角开始失去比例关系（图3-34中A点），气流出现分离，涡流区出现导致飞机发生抖动，即所谓抖动现象，该迎角称为抖动迎角（$\alpha_{抖动}$），对应的升力系数为抖动升力系数（$C_{L抖动}$）。继续增大迎角，升力系数曲线开始弯曲，直到最大升力系数（图3-34中为1.6），该迎角为临界迎角α_{cr}（图3-34中B点，迎角为17°）。超过临界迎角，迎角再增加，升力系数将急剧降低。实际上，允许使用稍大于抖动迎角，即许用迎角（α_{max}），对应的升力系数为许用

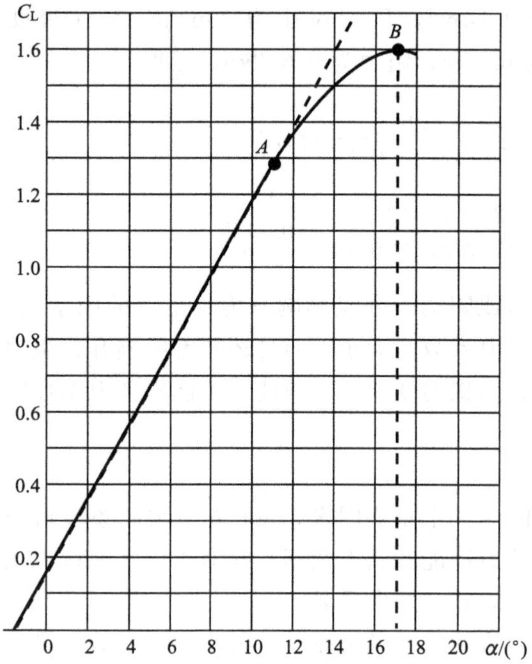

图 3-34 升力系数曲线

升力系数。

2）阻力系数曲线

飞机的阻力系数 C_D 由以下四个部分组成：

$$C_D = C_{Dp} + C_{Di} + C_{Dw} + \Delta C_D \tag{3-22}$$

式中，C_{Dp}为废阻力系数，包括压差阻力、表面摩擦阻力以及飞机机翼、机身及各部件之间的干扰阻力，其大小与飞机速度的平方成正比；C_{Di}为升致阻力系数或诱导阻力系数，$C_{Di}=A_iC_L^2$；C_{Dw}主要是高速飞行时产生的激波阻力系数；ΔC_D为附加阻力系数，由于起落架放下增加的阻力、一台发动机停车引起的风车阻力以及使用扰流板时的附加阻力。

从风洞实验中，可测定出飞机在各个不同迎角下的阻力系数，见表 3-3。

表 3-3 不同迎角下的阻力系数

α/(°)	−1.5	0	2	4	6	8	10	12	14	16	17
C_D	0.023	0.021	0.023	0.032	0.047	0.071	0.095	0.123	0.155	0.186	0.218

由表 3-3 可以描绘出如图 3-35 所示的阻力系数曲线。从阻力系数曲线可看出，阻力系数随迎角的增加而一直增加，近似于抛物线规律。小迎角范围内时，迎角增加，阻力系数增加缓慢；迎角比较大时，迎角增加，阻力系数增加较快；接近或超过临界迎角时，迎角增加，阻力系数急剧增加。应当注意，阻力系数永远不会为零，也就是说飞机的阻力是始终存在的。但阻力系数有一个最小值，即最小阻力系数（C_{Dmin}），图 3-35 中当 α 为 0°时，C_{Dmin}为 0.021。

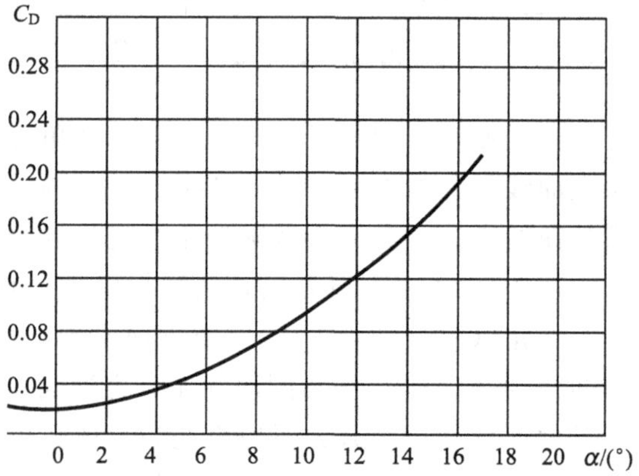

图 3-35 阻力系数曲线

3）升阻比曲线

衡量一架飞机的空气动力性能，不能单从升力或阻力一个方面来看，必须把两者结合起来，分析升力和阻力之间的对比关系。

所谓升阻比（K），就是在同一迎角下升力与阻力之比。可用式（3-23）表示：

$$K = \frac{L}{D} \tag{3-23}$$

或

$$K=\frac{L}{D}=\frac{C_L\frac{1}{2}\rho V^2 S}{C_D\frac{1}{2}\rho V^2 S}=\frac{C_L}{C_D} \tag{3-24}$$

从式（3-24）看出，升阻比也是同一迎角下升力系数与阻力系数之比。由于升力系数和阻力系数的大小主要随迎角而变，因此，升阻比的大小也主要随迎角而变。也就是说，升阻比与空气密度、飞行速度、机翼面积的大小无关。升阻比越大，说明在取得同一升力的情况下的阻力越小，飞机的空气动力性能越好，对飞行越有利。

由表 3-2 和表 3-3 可得表 3-4 中升阻比随着迎角变化的数据。

表 3-4　不同迎角下的升阻比

$\alpha/(°)$	−1.5	0	2	4	6	8	10	12	14	16	17
C_L	0	0.17	0.36	0.57	0.79	1.02	1.2	1.36	1.49	1.57	1.6
C_D	0.023	0.021	0.023	0.032	0.047	0.071	0.095	0.123	0.155	0.186	0.218
K	0	8.1	15.6	17.8	16.8	14.36	12.63	11.05	9.61	8.44	7.34

图 3-36 是根据表 3-4 中的数据描绘出的升阻比曲线。横坐标表示迎角，纵坐标表示升阻比。升阻比曲线表达了升阻比随迎角的变化规律。从曲线上看出，曲线与横坐标的交点升阻比为零，此时迎角是无升力迎角。升阻比有一个最大值，称为最大升阻比（$K_{\max}$），最大升阻比所对应的迎角称为有利迎角。图中 K 最大为 18，对应的有利迎角为 4°。从无升力迎角开始，迎角增加，因为升力系数比阻力系数增加的倍数多，所以，升阻比是增大的，到有利迎角时，升阻比达到最大值。超过有利迎角，再增大迎角，因为升力系数比阻力系数增加的倍数少，所以，升阻比减小。飞机在有利迎角下飞行是有利的，故一般飞机飞行的迎角都不大。

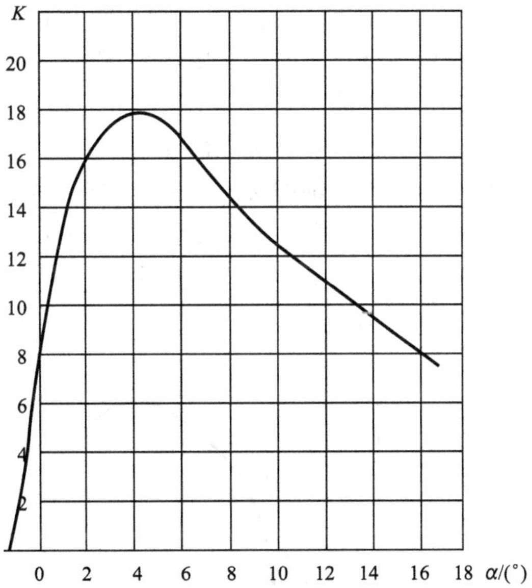

图 3-36　升阻比曲线

4）飞机极曲线

由于飞机的阻力中，诱导阻力占一部分比例，可以把飞机的总阻系数表示与升力系数相关的形式：

$$C_D=C_{D0}+C_{Di}=C_{D0}+A_i C_L^2 \tag{3-25}$$

式中，C_{D0} 为与升力无关的其他阻力系数；A_i 为诱导阻力因子，与机翼形状、马赫数等相关。每个迎角有相对应的升力系数和阻力系数。将飞机的升力系数和阻力系数随迎角而变化的关系，用一条曲线综合地画出来，这条曲线就是飞机极曲线，如图 3-37 所示。横坐标代表阻力系数，纵坐标代表升力系数，曲线上每一点代表一个迎角，由图 3-37 可以看出，飞机的极曲线基本上是一条抛物线。

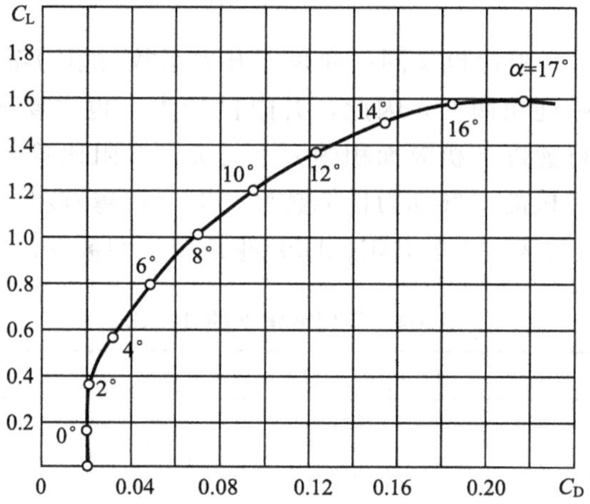

图 3-37　飞机极曲线

由于 C_L 值比 C_D 值大，一般将横坐标代表的 C_D 值放大几倍（图 3-37），也就是说，两个坐标的比例尺不一样。图 3-37 的横坐标 C_D 值就放大了十倍。

从飞机极曲线上可查出各 α 的 C_L 值和 C_D 值。由曲线上的某点向两个坐标轴分别作垂线，纵坐标为该点所对应的 α 的 C_L 值，横坐标为该点所对应的 α 的 C_D 值。

曲线与横坐标轴的交点所对应的迎角，为无升力迎角（图 3-37 中为－1.5°）。曲线最高点的纵坐标，为最大升力系数（图 3-37 中 C_{Lmax} 为 1.6），此点所对应的迎角，为临界迎角（$\alpha_{cr}=17°$）。纵坐标轴的平行线与曲线左端切点的阻力系数，是最小阻力系数（图 3-37 中 C_{Dmin} 为 0.021）。

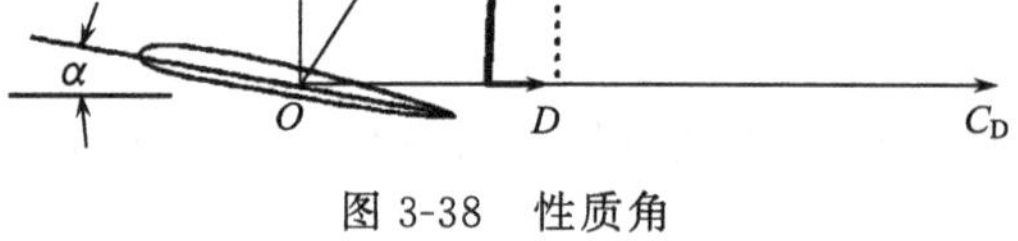

图 3-38　性质角

从飞机极曲线上还可得出各迎角下的升阻比，以及最大升阻比和有利迎角。各迎角下的升阻比，可以由飞机极曲线上查出的升力系数和阻力系数计算出来，也可以从飞机极曲线上量得的性质角计算出来。所谓性质角，就是飞机的总空气动力与飞机升力之间的夹角（图 3-38 中 θ）。性质角的大小，表明总空气动力（R）向后倾斜的程度。性质角小，说明总空气动力向后倾斜得少，阻力小。可见，性质角的大小，表明了升阻比的大小。

如果飞机极曲线的坐标 C_D 和 C_L 的比例尺相同，将坐标原点和飞机极曲线上任一点相连，连线长短以 C_R 表示。由图 3-38 可看出 $C_R=\sqrt{C_L^2+C_D^2}$。

而总气动力 R，是升力和阻力的合力。即

$$R=\sqrt{L^2+D^2}=\sqrt{C_L^2\left(\frac{1}{2}\rho V^2 S\right)^2+C_D^2\left(\frac{1}{2}\rho V^2 S\right)^2}$$

$$=\sqrt{C_L^2+C_D^2}\ \frac{1}{2}\rho V^2 S=C_R\ \frac{1}{2}\rho V^2 S \tag{3-26}$$

式中，C_R 为总空气动力系数。式（3-26）是总空气动力公式。由图 3-38 可知，C_R 的方向即连线的方向，也就是总空气动力的方向，因此，连线与纵坐标 C_L 之间的夹角 θ 就是性质角。由图 3-38 可知，升阻比和性质角有如下关系，即

$$\tan\theta=\frac{D}{L}=\frac{C_D}{C_L}=\frac{1}{K} \tag{3-27}$$

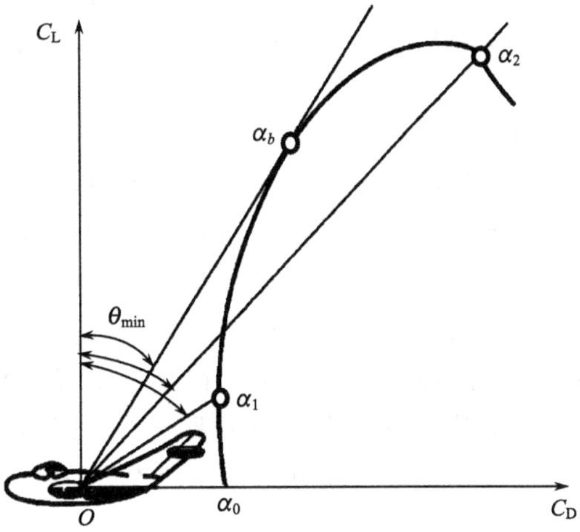

图 3-39　性质角随迎角的变化规律

由飞机极曲线量出 θ 值后，可按式(3-27)算出升阻比。由图 3-39 看出：迎角由无升力迎角（α_0）逐渐增大时，性质角减小，升阻比增大。性质角最小时所对应的迎角为有利迎角（α_b），此时升阻比最大。图中由原点向曲线作切线，切点所对应的迎角就是有利迎角。大于有利迎角之后（图 3-39 中 α_2），随着迎角增大，性质角变大，升阻比又减小。

以上讲述了升力系数、阻力系数、升阻比和极曲线四条曲线，这些曲线从各个不同的方面用不同的方法表示了飞机的空气动力性能的各有关数据。前三条曲线形象地表达了升力系数、阻力系数和升阻比随迎角的变化规律，而极曲线则综合地表达了三者随迎角的变化规律。这些曲线在飞机技术说明书或有关资料中可以查到，是分析和计算飞行性能的主要依据。

机型不同，其空气动力系数曲线不同。就是同一架飞机在不同的飞行条件下，其空气动力系数曲线也有所不同。例如，飞机放起落架后，同一迎角下的阻力系数增大，而升力系数变化不大，因而性质角变大，升阻比减小，曲线向右平移（图 3-40）显然有利迎角也变大了。

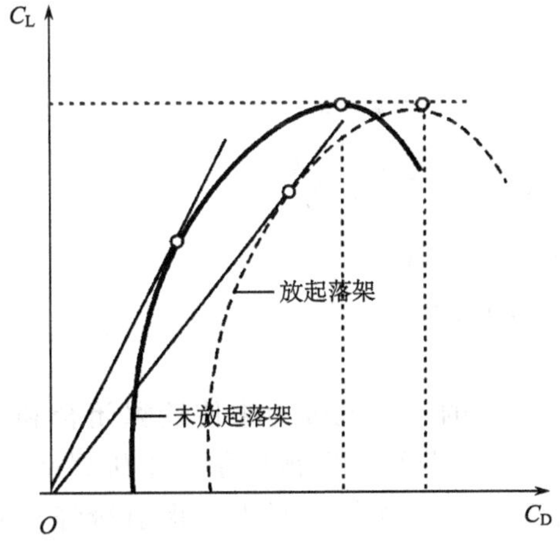

图 3-40　放起落架的飞机极曲线

5. 增升装置

对于同一飞机，其升力大小主要随飞行速度和迎角而变。飞机以大速度飞行时，即使迎角很小，机翼也能产生足够的升力，以克服重量而维持飞行。如果以小速度飞行，则必须配合大迎角，机翼才能产生足够的升力来维持飞行。但用增大迎角的方法来减小飞行速度是有限的。因为当迎角增大到临界角时，再增大迎角，升力反而降低。但是为了保证飞机能在速度更小（如起飞和着陆）时，仍能产生足够的升力，就有必要在

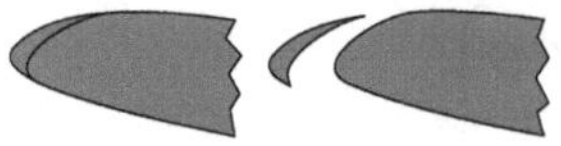
图 3-41 前缘缝翼

机翼上装设增加升力的装置。目前使用较广泛的有前缘缝翼、后缘襟翼、前缘襟翼等。其工作原理分述如下。

1）前缘缝翼

为了延缓机翼的气流分离现象，以提高临界迎角和最大升力系数，有的飞机装有前缘缝翼（图 3-41）。

前缘缝翼位于机翼前缘，打开时与机翼形成一条缝隙（图 3-42）。一方面空气会从压力较大的下表面通过前缘缝隙流向上表面，减小上、下表面的压力差，而具有减小升力系数的作用。另一方面，空气通过缝隙加速后，贴近上表面流动，能够增大上表面附面层中的空气动能，以延迟气流分离的产生，又具有增大升力系数的作用。

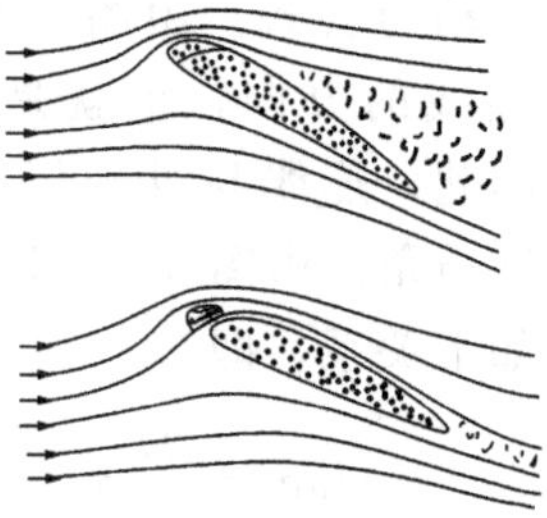
图 3-42 前缘缝翼打开延缓气流分离

两方面的结合对飞机的升力系数是增大还是减小，主要由飞机的迎角大小而定。在接近临界迎角时，上表面气流分离是升力系数降低的主要原因，因而在此迎角下，利用前缘缝翼延缓气流分离，就能提高临界迎角和升力系数。在中小迎角下，机翼上表面气流分离本来就很微弱，故在这些迎角下，打开前缘缝翼不仅不能提高升力系数，反而会使机翼上、下表面的压力差减小而降低升力系数（图 3-43）。可见，前缘缝翼增大升力的作用是有条件的。只有当迎角接近或超过临界迎角，即在机翼上表面气流分离现象严重时，前缘缝翼才起增大升力的作用。

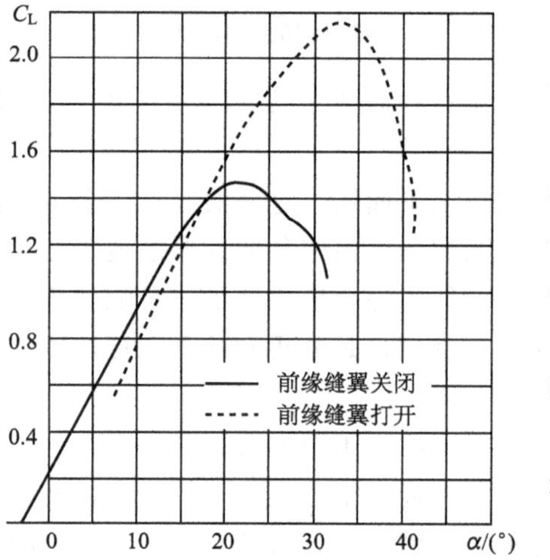

图 3-43 小迎角前缘缝翼打开时的升力系数

从构造上看，前缘缝翼有固定式和自动式两种，如图 3-44 所示。固定式前缘缝翼，其缝隙是固定的，不能随迎角的改变而开闭。它的优点是构造简单，但在大速度时，阻力增加较多，所以，目前应用不多，只有个别的低速飞机上才使用。

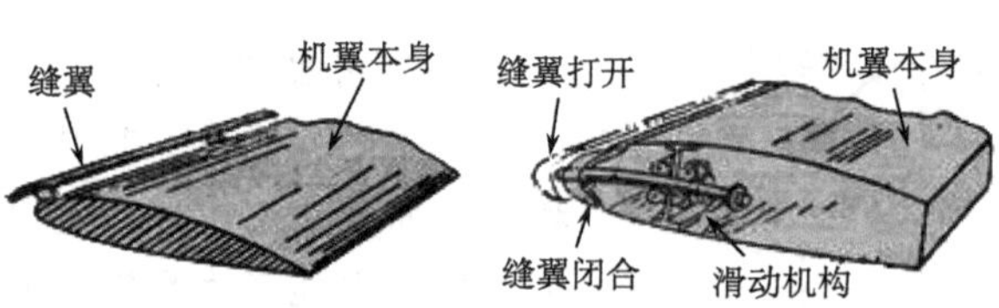

图 3-44 固定式和自动式前缘缝翼

自动式前缘缝翼有专门机构与机翼相连，依靠空气的压力或吸力来使缝翼闭合和张开。当飞机在小迎角下飞行时，机翼前缘承受空气压力，前缘缝翼被压紧贴于机翼前缘，而处于闭合状态（图 3-45）。在大迎角下飞行，机翼前缘承受很大吸力，将前缘缝翼吸开。这种前缘缝翼能充分发挥大迎角下提高升力的作用，而又不致在小迎角（大速度）下增加很大阻力，故被大多数飞机所采用。

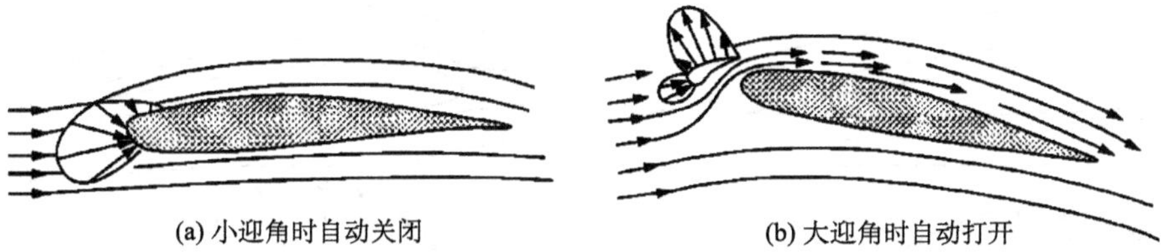

图 3-45　自动式前缘缝翼的工作原理

目前有的飞机只在靠近翼尖位于副翼之前设有缝翼，称为翼尖前缘缝翼。它的主要作用是在大迎角下延缓翼尖部分的气流分离，从而提高副翼的效能，改善飞机的横侧稳定性和操纵性。

2）后缘襟翼

位于机翼后缘的襟翼，称为后缘襟翼。它的种类很多，较常用的有分裂襟翼、简单襟翼、开缝襟翼、后退襟翼、后退开缝襟翼等。放下襟翼可提高升力，同时也增大阻力，所以，多用于着陆。有的飞机为了缩短起飞滑跑距离，起飞时也放襟翼，但放下角度较小。

（1）分裂襟翼。

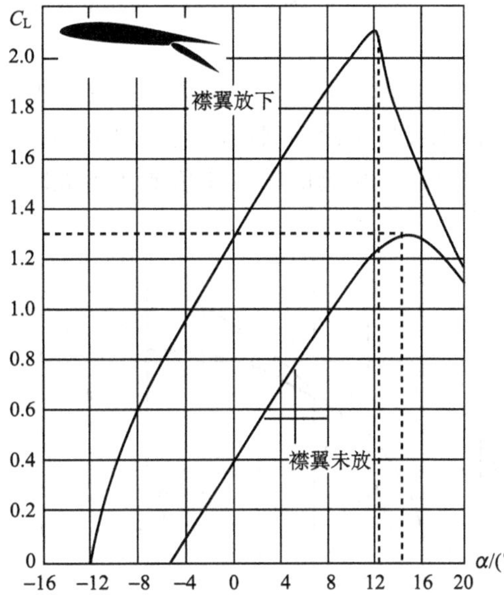

图 3-46　分裂襟翼的增升作用

分裂襟翼（图 3-46），在后缘和机翼之间，形成涡流区，压力降低，对机翼上表面的气流有吸引作用，使其流速增大，上下压差增大，既增大了升力，同时又延缓了气流分离。另一方面，放下襟翼，机翼翼剖面变得更弯曲，使上、下表面压力差增大，升力增大。由于以上原因，放下分裂襟翼的增升效果相当好，一般最大升力系数可增大 75%～85%。但在大迎角时放下分裂襟翼，上表面的最低压力点的压力更小，使气流更易提前分离，故会减小临界迎角。

（2）简单襟翼。

简单襟翼与副翼形状相似，放下简单襟翼，相当于改变了机翼的切面形状，使机翼更加弯曲（图 3-47）。

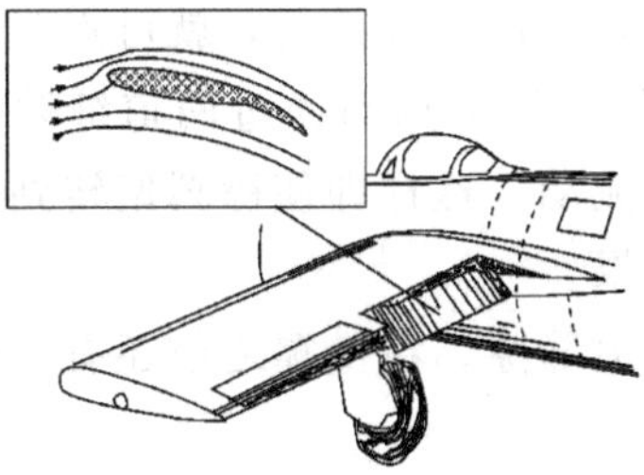

图 3-47　简单襟翼及流线谱

这样，空气流过机翼上表面，流速加快，压力降低；而流过机翼下表面，流速减慢，压力提高。因此，机翼上、下压力差增大，升力增大。可是，襟翼放下之后，机翼后缘涡流区扩大，机翼前后压力差增大，故阻力同时增大。襟翼放下角度越大，升力和阻力也增大得越多（图 3-48）。

放下襟翼，升力和阻力虽然同时增大，但通常阻力要比升力增大的百分比更大，所以，升阻比是降低的。

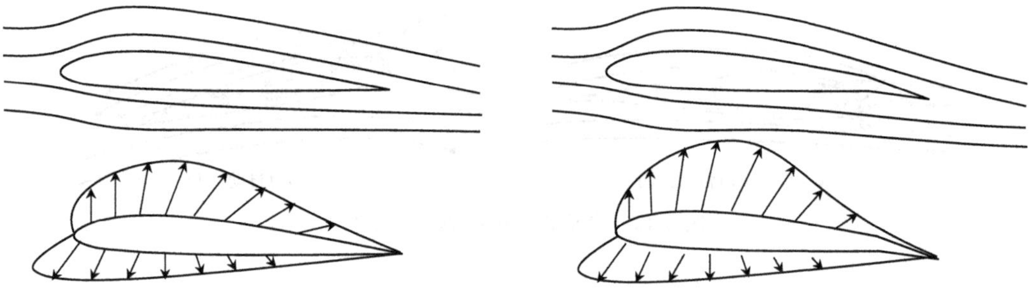

图 3-48 放襟翼和不放襟翼两种情况下的流线谱和压力分布

在大迎角下放襟翼，机翼上表面最低压力点的压力，比后缘部分的压力小得更多。这更促使机翼后部附面层中的空气向前倒流，迫使气流提早分离，而使涡流区扩大。因此，放下襟翼后，机翼的临界迎角要比不放时小些。

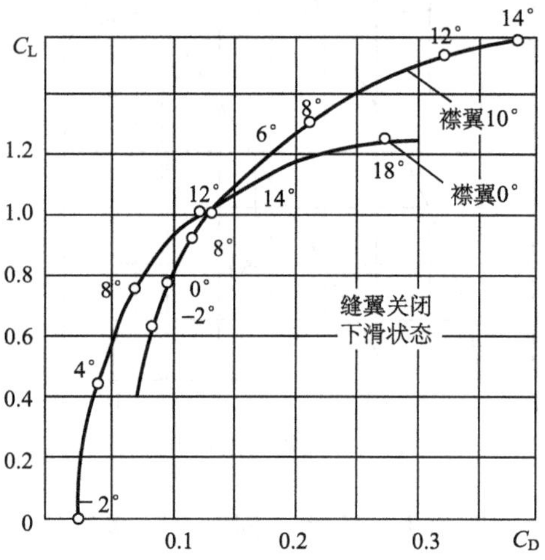

图 3-49 飞机放下简单襟翼后的极曲线

图 3-49 是某飞机放下襟翼和未放下襟翼两种情况下的飞机极曲线。由曲线看出，放下襟翼后的升力系数和阻力系数普遍增大，最大升力系数增大，临界迎角减小，升阻比降低。

由于这种襟翼的增升效果不是很好，因此，一般多用于低速飞机，高速飞机很少单独使用。

（3）开缝襟翼。

开缝襟翼是在简单襟翼的基础上改进而成的（图 3-50）。放下开缝襟翼，一方面襟翼前缘和机翼后缘之间形成缝隙，下表面高压气流通过缝隙高速流向上表面后缘，使上表面附面层中空气流速加大，延缓了气流的分离，提高最大升力系数。另一方面，放下开缝襟翼，使机翼更加弯曲，也有提高升力的作用。所以，开缝襟翼的增升效果比较好，最大升力系数一般可增大 85%～95%，而临界迎角降低不多。因此，它是中、小型飞机主要采用的类型。

开缝襟翼是利用气流通过缝隙来延缓气流的分离，但有一定限度。当襟翼的角度增大到一定时，机翼后缘仍会产生气流分离，使增升效果降低。若采用双缝襟翼，就可克服这个缺点。如图 3-51 所示，用双开缝襟翼，将有更多的高速气流从下翼面通过两道缝隙流向上翼面后缘，吹除涡流，促使气流仍然能贴着弯曲的翼面流动。这样即使襟翼偏转到相当大的角度，也不至于发生气流分离，因此，能提高增升效果。

双开缝后缘襟翼与单开缝后缘襟翼构造相似，只是有两道缝隙。在襟翼之前还有一小块翼面，因此，放下时与机翼后缘构成两道缝隙。

若采用三开缝和多开缝襟翼，增升效果会更好，但构造复杂，故目前采用双开缝襟翼较为普遍。

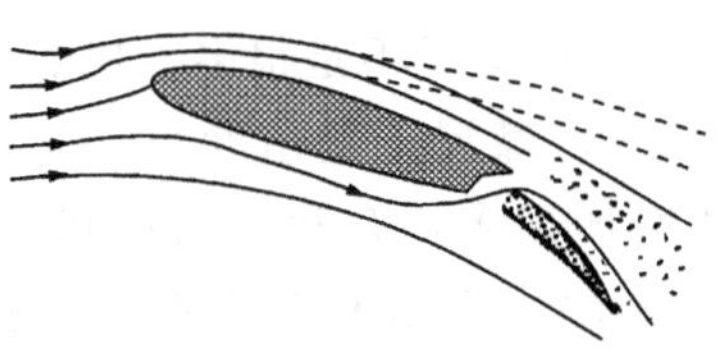

图 3-50 开缝襟翼流线谱图

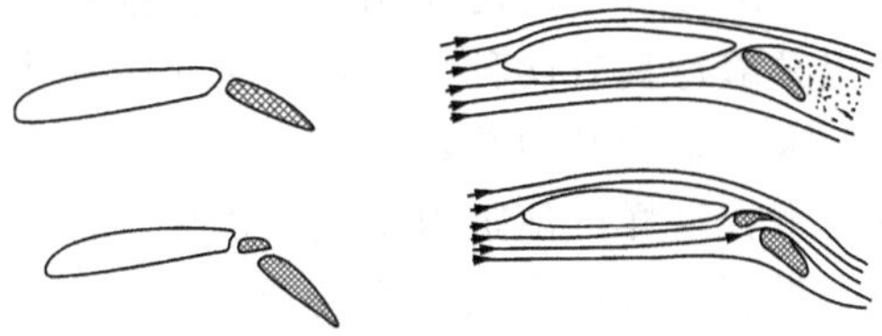

图 3-51 双开缝襟翼的增升原理

（4）喷气襟翼。

放下襟翼时，用高能气体从机翼后部向后下方喷出射流，所喷出的高能气体一般来自发动机的压气机，如图 3-52 所示。它不仅可以吹掉后缘的涡流而增大升力，而且还可以从射流的推力中获得一部分升力。这时最大升力系数提高很多，而临界迎角降低较少。目前，已在某些高速喷气式飞机的薄机翼上采用这种襟翼。

（5）后退襟翼。

放下后退襟翼（图 3-53），不仅能增大机翼剖面的弯曲度，而且还能增大机翼面积，故增升效果好。高速飞机采用较多。

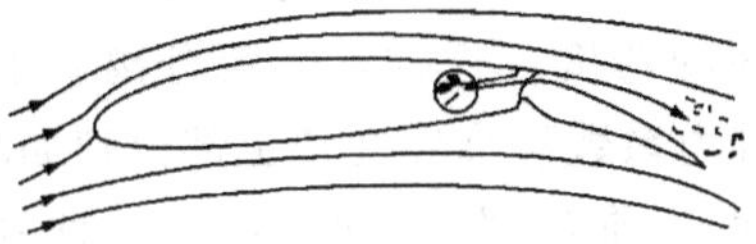

图 3-52 吹气襟翼工作原理

图 3-53 后退襟翼工作原理

图 3-54 是某飞机在放下后退襟翼情况下的升力系数曲线和飞机极曲线。其最大升力系数由 1.15 增为 1.46，临界迎角由 17°减为 16°。

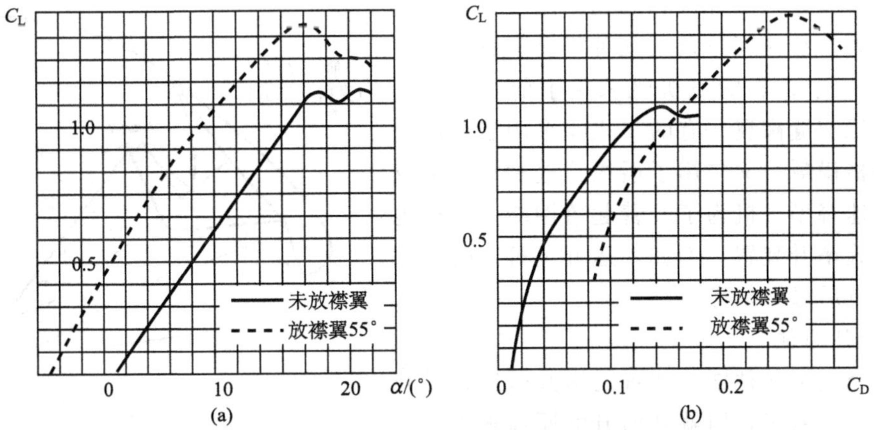

图 3-54 某飞机放后退式襟翼后的升力系数曲线和极曲线

（6）后退开缝襟翼。

后退开缝襟翼和后退襟翼相似，也可后退。同时又和开缝襟翼相似，当襟翼处于后退位置时，它的前缘和机翼后缘形成一条缝隙。所以，它兼有后退襟翼和开缝襟翼二者的优点，增升效果很好，广泛应用于现代高速和重型飞机。

后退开缝襟翼有两种型号：一种是查格襟翼。这种襟翼后退量不是很多，机翼面积增加不是很大，最大升力系数可增大110%～115%。起飞时，襟翼下偏角度小，与机翼形成的缝隙大，这样可使阻力系数增加少，而升力系数却增加很多，有利于缩短起飞距离。着陆时，襟翼下偏角度大，而与机翼形成的缝隙小，这样阻力系数和升力系数都提高较多，有利于缩短着陆距离。另一种是富勒（Fowler）襟翼。这种襟翼的后退量和机翼面积的增加都比查格襟翼多，而且退到相当后的位置，与机翼形成的缝隙也更大，增升效果更好。其最大升力系数可增大110%～140%，但在襟翼下偏过程中，机翼压力中心后移很多，操纵结构也更复杂，这是它的缺点。

3）前缘襟翼

位于机翼前缘的襟翼称为前缘襟翼。这种襟翼广泛用于超音速飞机上。因为超音速飞机一般采用前缘尖削、相对厚度小的薄机翼。对于大迎角飞行，机翼上表面前缘就开始产生气流分离（图3-55(a)），最大升力系数大大降低。大迎角飞行时，放下前缘襟翼（图3-55(b)），一方面可减小前缘与相对气流之间的角度，使气流能够平顺地沿上翼面流过。另一方面，也增大了翼剖面的弯度。这样，气流分离就能延缓，而且最大升力系数和临界迎角也都得到提高。

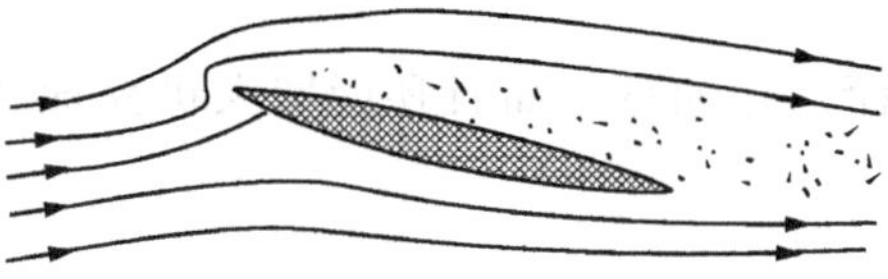
(a)

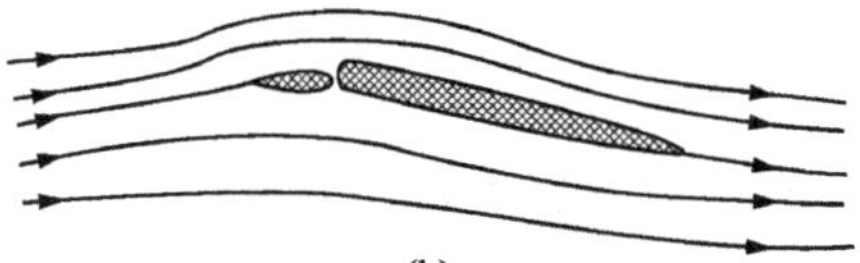
(b)

图3-55　前缘襟翼

属于前缘襟翼的还有一种称为克鲁格（Krueger）襟翼，装在前缘下部向前下方翻转（图3-56），既增大机翼面积，又增大翼剖面的弯度，所以，具有很好的增升效果，构造也很简单。这是最新研制的一种增升装置。波音喷气客机都使用了此种襟翼。

现代中型或大型客机和高速军用飞机，为提高增升效果，往往同时采用几种增升装置（称组合式增升装置）。有的飞机既采用了前缘襟翼又采用了后缘双缝襟翼。有的飞机既采用了前缘缝翼和克鲁格襟翼，又采用了后缘三缝襟翼。不仅如此，低速轻型飞机为了改善起落性能，往往也采用组合式增升装置。例如，运五飞机，既有前缘缝翼又有后缘简单襟翼。

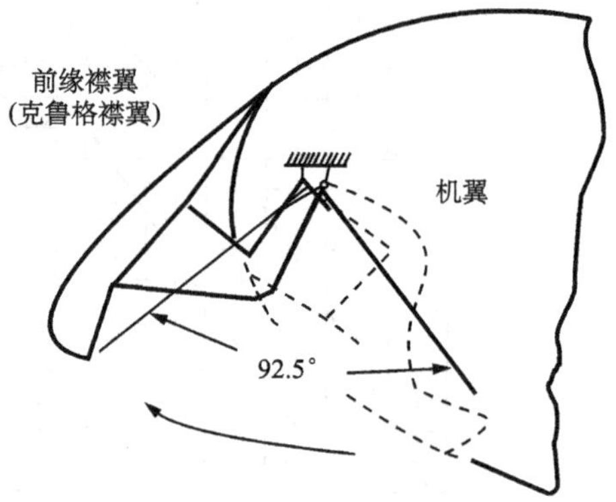

图3-56　克鲁格襟翼

4）增升原理

以上介绍了各种增升装置的增升原理。增升装置虽然种类繁多，但就其增升的原理来讲，不外乎是从下面三个方面来达到增升的目的：一是，改变机翼的切面形状，增加机翼剖面的弯曲度，提高机翼上下表面的压力差；二是，延迟机翼上表面的气流分离，提高临界迎角和最大升力系数；三是，增加机翼面积。

3.4.2 跨音速阶段

1. 扰动的传播

1）扰动

空间某一处空气受到外力作用时，其压力密度和温度等参数都会发生变化的现象称为扰动。例如，炸药爆炸时，周围空气受到剧烈压缩，压力和密度迅速增大，温度相应地升高；击鼓时，鼓膜振动，周围空气的压力和密度等参数也要发生变化。扰动的来源，称为扰动源，例如，炸药的爆炸、鼓膜的振动等。

空气的扰动还会波及周围很远的空气，使其压力和密度等参数也随即发生相应变化，这就是扰动的传播。炸药的爆炸声、鼓声能传播很远，就是扰动的传播例子。扰动的传播是以“波”的形式向四面八方传播出去的。在扰动的传播过程中，受到扰动与尚未受到扰动的空气之间有一个分界面？分界面两边的空气压力、密度等参数的数值是不相同的，这个分界面通常称为扰动波。

扰动有强有弱，扰动波也有强有弱。波面前后空气参数差别非常微小的，称为弱扰动波，例如，击鼓时形成的扰动波。波面前后空气参数有显著差别的，称为强扰动波，也称激波，例如，炸药爆炸时形成的扰动波。弱扰动后空气的压力和密度略为增大，湿度略为升高，这种扰动称为弱压缩扰动，其扰动波称为弱压缩波。弱扰动后空气的压力和密度略为减小，温度略为降低，这种扰动称为弱膨胀扰动，其扰动波称为弱膨胀波。

飞机在空气中飞行，飞机表面的每一点都是一个扰动源，也会使其周围空气的压力、密度等参数发生变化而扰动，并向外传播。

2）音速

不论是哪一种弱扰动，其传播速度就是音速，即音波的传播速度。由物理学可知，音速在不同介质中的快慢是不同的。音速在海平面标准大气状态下的空气中约为 341m/s (1227km/h)，而在水中则可达 1450m/s (5235km/h)，可见水中的音速比空气中的音速要大得多，这是因为水的压力和密度比空气大得多，也难于压缩得多。由此可知，传播介质越难压缩，音速就越大。

声音在空气中的传播速度取决于空气是否容易压缩。容易压缩的空气受到撞击，体积缩小得比较多（密度增加得比较多）时，压力才会升高，所以，压力升高较慢，不能立即挤压邻近的空气，以致扰动向外传播比较慢。反之，不容易压缩的空气受到撞击，体积缩小很小（密度增加较少）时，压力就能升高较多，所以，压力升高得较快，能立即挤压邻近的空气，致使扰动向外传播得比较快。空气是否容易压缩又取决于空气温度，所以，音速在空气中的快慢最终取决于空气温度的高低。气温低时，空气容易压缩，音速慢；反之，空气不容易压缩，音速快。

音速和气湿的关系可用音速公式表示为

$$c = 20 \times (273.15 + T)^{0.5} = 661.478618 \times \theta^{0.5} \tag{3-28}$$

音速取决于空气温度，而空气温度又是随着飞行高度的不同而不同，所以，音速也就随飞行高度的不同而不同。飞行高度在 11km 以下，高度升高，空气温度降低，音速也随之降低。例如，在海平面空气温度为 15℃ ，音速值为 341m/s。飞行高度在 11km 以上，标准大气条件下空气温度为－56.5℃，音速值为 296m/s。

2. 激波和膨胀波

1）激波

（1）激波的定义。

飞机或其他飞行器以超音速飞行时，沿途的空气来不及“让开”，物体与空气骤然相遇，空气突然遭受强烈压缩，形成强烈的扰动。强扰动在向四周传播的过程中，受扰动的空气与尚未受扰动的空气之间，有一个压力、密度、温度等参数都相差很大的分界面，这个分界面称为激波。激波是受到强烈压缩的一层薄薄的空气。空气受到强烈压缩，使激波前后空气的物理特性发生突变。实验和理论证明，气流通过激波后，压力突然加大，密度、温度也都突然升高，而气流速度却大大降低，如图 3-57 所示。图中 P_1、ρ_1、T_1 和 V_1 代表激波前的气流压力、密度、温度和速度，P_2、ρ_2、T_2 和 V_2 代表激波后的气流压力、密度、温度和速度。

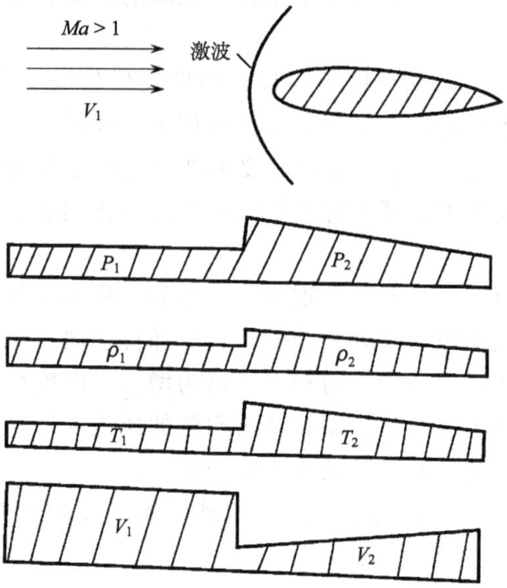

图 3-57 激波前后气流参数的变化

激波前后压力差越大，激波强度就越强。由强扰动造成的激波与弱扰动造成的弱扰动波一样，也要向外传播，因激波波面前后具有一定压力差，所以，激波的传播速度总是比弱扰动波的传播速度（音速）快。且激波越强，传播速度也就越快。随着传播距离的增长，激波强度也就逐渐减弱，最后变成弱扰动波。

同样，在管道中的超音速气流，当其受到物体阻挡时，也会形成激波。

在空气中，如果某处的压力突然升高，也会形成激波，并以激波的形式将高压向外传播。原子弹或氢弹爆炸时，就会产生很强的激波，也就是通常所说的冲击波。

（2）激波的种类。

激波分为正激波和斜激波。

波面与气流方向垂直的激波，称为正激波。空气流过正激波，压力、密度和温度都突然升高，流速由超音速降为亚音速，但气流方向不变。在同一 Ma 下，正激波是最强的激波。

波面沿气流方向倾斜的激波，称为斜激波。空气通过斜激波，压力、密度和温度也要突然升高，但不像通过正激波那样强烈，流速降低，可能降为亚音速，也可能仍为超音速。通过斜激波后气流方向要向外转折，如图 3-58 所示。

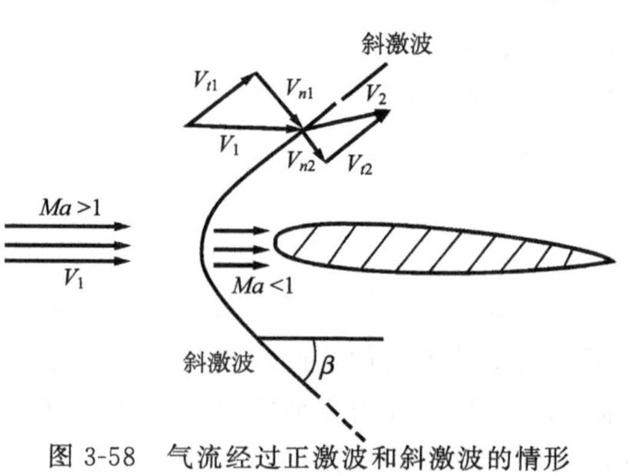

图 3-58 气流经过正激波和斜激波的情形

在机翼正前方产生正激波，在正前方上、下两侧离机翼稍远的地方，激波向后倾斜，产生斜激波。现将斜激波前的速度

V_1 分解成平行于激波方向的分速 V_{t1} 和垂直于激波方向的分速 V_{n1}。由于沿激波的方向上，不论波前或波后都没有压力差，因此，平行于斜激波方向的分速在激波的前后是不变的，即 $V_{t1}=V_{t2}$。而垂直于斜激波的方向上，波前后有压力差，故垂直于斜激波方向的分速，将因通过激波受到阻滞而减慢，即 $V_{n2}<V_{n1}$。经过斜激波后的合速度 V_2 也就向外转折，当然 V_2 也比 V_1 小。由于上述原因，通过正激波的空气压缩得最厉害，流速减慢得多，压力、密度和温度升得最高，激波的强度也就最大。而通过斜激波的空气，气流受到的阻滞较小，空气压缩得不那么厉害，流速减小得不多，压力、密度和温度升高得不多。

斜激波倾斜的程度以激波角（β）来表示。β 越小，即斜激波倾斜得越厉害，与波面垂直的分速 V_n 越小，气流参数的变化也相应越小，即激波越弱。

（3）局部激波的形成和发展。

飞行中，空气流过机翼上表面的突起部分，由于流管收缩，局部流速加快，压力减小。这样随着飞行速度的逐步增大，在上表面最低压力点的气流速度也不断加快，于是局部流速与局部音速逐渐接近直至相等。当飞行速度增大到一定程度时，机翼表面最低压力点的气流速度等于该点的音速，此时的飞行速度就称为临界飞行速度（图 3-59），简称临界速度（关键速度，V_{cr}）。而临界速度与该飞行高度的音速（c）之比，就称为临界飞行 Ma，简称临界马赫数（Ma_{cr}），即 $Ma_{cr}=\dfrac{V_{cr}}{c}$。

图 3-59　临界飞行速度

飞行 Ma 小于 Ma_{cr}，机翼表面各点的气流速度都低于音速，气流特性没有质的变化。而当飞行 Ma 超过 Ma_{cr} 后，机翼表面才有可能出现局部超音速气流和局部激波，气流特性将产生质的变化，因而空气动力特性将发生显著变化。所以，Ma_{cr} 的高低，可以用来说明机翼上出现局部超音速气流时机的早晚。

如果飞机的飞行速度超过临界速度，即飞行 Ma 超过了 Ma_{cr}，那么，在机翼上表面等音速点的后面，流管变粗，空气膨胀加速，首先出现一个局部超音速区。在这个超音速区内，压力不断降低，比大气压力小得多，但机翼后边的压力却仍接近于大气压力。机翼表面前后压力差必然从机翼表面的后部以压力波的形式逆气流向前传播。该压力波（强扰动波）是以比音速更快的速度向前传播，而稳定在压力波传播速度等于气流速度的地方，在压力波停滞不前的地方，就形成了一道压力突增的分界面，这就是局部激波（图 3-60）。在局部激波的前面是局部超音速区，后面是亚音速区。

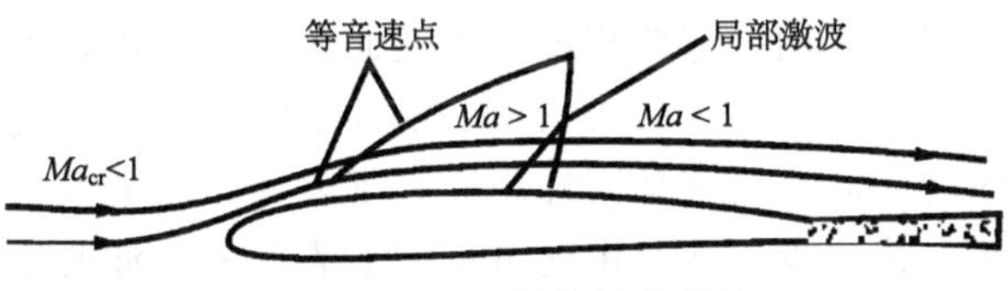

图 3-60　机翼的局部激波

机翼局部激波，有的是一道正激波，也有的在正激波的前面出现若干道斜激波，其形状很像希腊字母“λ”，所以，也称为 λ 激波，如图 3-61 所示。

飞行 Ma 小于 Ma_{cr}，机翼上、下表面的气流全部为亚音速。随着 Ma 增大至接近 Ma_{cr}，机翼上表面最低压力点的流速也逐渐接近该点的音速。

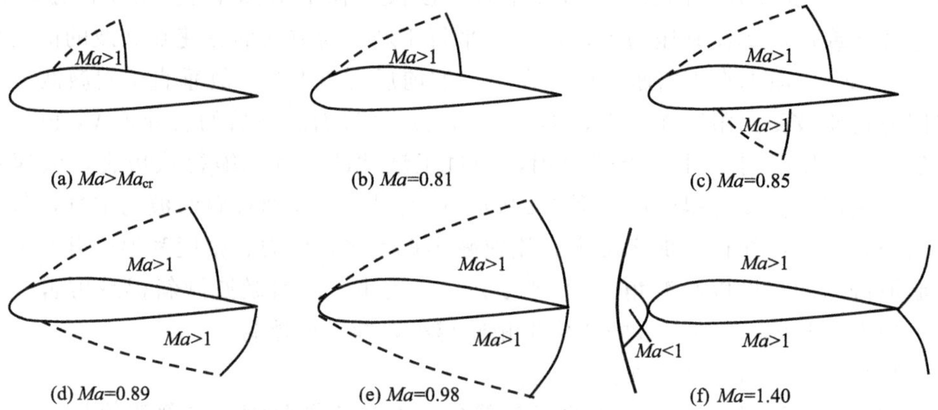

图 3-61 机翼局部激波的发展

当飞行 Ma 超过 Ma_{cr} 后，机翼上表面首先出现超音速区和局部激波。此时，局部超音速区的范围还很小，激波强度也比较弱，如图 3-61（a）所示。

飞行 Ma 再增大，如增大至图 3-61（b）中的 0.81，在机翼上表面激波前面各点的气流速度都普遍加快，原来没有达到音速的，也增加到了音速，等音速点向前移动。同时，飞行 Ma 增大，局部超音速区的气流速度也随之加快，大于激波向前的传播速度，迫使激波后移。等音速点前移和局部激波后移，都会使超音速区扩大。激波后移，超音速区扩大，使激波前的压力更为降低，引起激波前后的压力差增大，激波增强，激波传播速度随之加快。当激波传播速度增加到与激波前的气流速度相等时，激波位置就不再向后移动了。至于机翼下表面，最低压力点的局部流速也加快而接近音速。

飞行 Ma 继续增大，超过 0.81 以后，机翼下表面的气流也加快到局部音速，机翼下表面也出现局部超音速区和局部激波。由于翼型接近对称形，且迎角为正，因此，下表面等音速点的位置比上表面靠后一些，局部超音速区和局部激波的位置也比较靠后一些（图 3-61（c））。

飞行 Ma 进一步增大，机翼上、下表面的局部激波强度也不断增强，等音速点继续前移，局部激波继续后移，超音速区范围也不断扩大。就下表面与上表面相比较而言，下表面的激波后移得更快些，局部超音速扩大得更快一些（图 3-61（d））。可这样解释：接近对称形的翼型，处于正迎角下，气流流过机翼上表面，弯曲程度比下表面要大，所以，上表面的流管沿途扩张得比下表面快些，如图 3-62 所示，压力沿翼弦方向的变化也大些。在飞行 Ma 增大的过程中，假如上、下表面的激波向后移动同样距离，下表面激波的前后压力差增大得少一些，激波传播速度也自然加快得少一些，由此可见，下表面的激波要比上表面的激波向后移动更远的距离才能停下来。所以说，在飞行 Ma 增大的过程中，机翼下表面的局部激波比上表面的局部激波向后移动得更快一些。

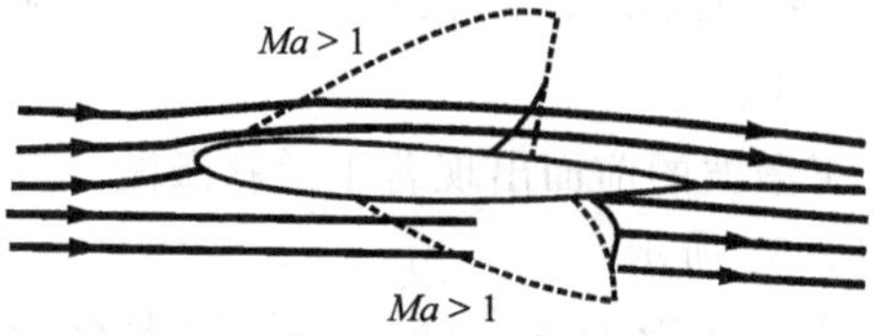

图 3-62 机翼上、下表面的激波位置

如果飞行 Ma 再进一步增大，直到飞行 Ma 接近 1，下表面和上表面的局部激波相继移至后缘（图 3-61（e）），此时，上、下表面几乎全部是超音速气流。

在飞行 Ma 大于 1 以后的超音速阶段，例如，Ma 等于 1.4（图 3-61（f）），机翼上、下表面局部激波仍处于后缘，机翼前缘则已出现了头部激波。

由以上分析可知，在飞行速度由小变大，以至接近或超过音速的过程中，机翼表面的气流情况将在不同阶段中呈现明显的变化，为便于说明在飞行速度范围内空气动力变化的特点，可将飞行速度分成亚音速、跨音速和超音速等三个阶段，来研究机翼的空气动力特性。

飞行速度小于临界速度（$V<V_{cr}$或 $Ma<Ma_{cr}$）时，机翼表面的局部气流速度低于该点的音速，即机翼表面不会出现局部超音速区和局部激波，通常把这种飞行速度称为亚音速。在亚音速飞行中，飞行速度越接近临界速度或飞行 Ma 越接近 Ma_{cr}，空气压缩性的影响也越来越明显。

飞行速度超过临界速度后，机翼上、下表面出现局部超音速区和局部激波，即出现了超音速气流，同时还有亚音速气流。具有这种混合气流的飞行速度，称为跨音速。

飞行速度增大到一定程度后，机翼表面的气流速度都超过音速。机翼空气动力按超音速气流的规律变化，这种情况下的飞行速度称为超音速。

2）膨胀波

超音速气流减速，由于空气受到阻滞，压力突然升高，就会产生激波。那么超音速气流加速的情况又怎样呢？超音速气流加速，由于空气逐步发生膨胀，压力逐渐降低，会产生膨胀波。膨胀波是一种弱扰动波。超音速气流通过膨胀波后，速度增大，压力、密度和温度相应降低。下面就来说明膨胀波是如何形成的。

如图 3-63 所示，空气以超音速流过一个表面向外转折的菱形翼剖面，超音速气流先是以 V_1 速度沿表面 AO 段平行流动，当流到转折点 O 时，因表面转折，流动空间扩大，气流必然膨胀加速，而引起压力降低。这种压力降低在 O 点而引起的扰动，是弱扰动。根据弱扰动在超音速气流中传播的原理可知，气流流过 O 点时，将产生一道弱扰动边界波 $O1$，扰动的传播范围局限于弱扰动边界波 $O1$ 的后面。

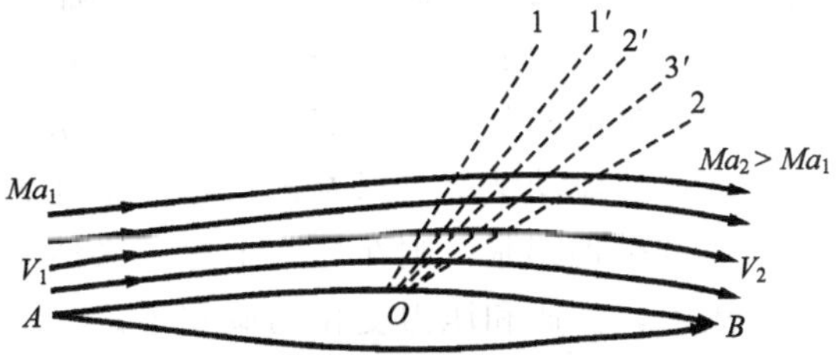

图 3-63 超音速气流流经菱形翼剖面时的膨胀波

实际上 O 点可看成一个长度极短、有很多转折点的弯曲面。超音速气流每经过一个转折点，就要出现一道弱扰动边界波，如图中 $O1'$、$O2'$、$O3'$等，气流每经过一道弱扰动边界波，其速度都有增大，压力、密度和温度都稍有降低，气流方向也逐渐转至 OB 表面，及至气流通过弱扰动边界波 $O2$ 后，气流方向与 OB 表面平行，不再偏转，于是空气以超音速 V_2 沿表面 OB 段平行流动。由此可见，超音速气流的膨胀加速是一个渐变的过程；即在弱扰动边界波 $O1$ 和 $O2$ 之间所夹的扇形区域，就是超音速气流不断膨胀加速的范围。超音速气流通过这个范围内的许多弱扰动边界波逐步膨胀加速，这些弱扰动边界波也就称为膨胀波。

3）超音速气流中机翼上的激波和膨胀波

在超音速气流中，机翼上不仅有激波产生，还会有膨胀波产生。

在小迎角情况下，超音速气流流过前、后缘都尖锐的超音速翼剖面（图 3-64（a））时，在机翼前缘上、下产生斜激波。如果迎角是正的，气流在下表面的转折角大一些，而在上表面的转折角小一些，下表面的激波也就比上表面的强一些。通过斜激波以后，气流沿机翼上、下表面的流动就类似流过向外转折的弯曲表面，因此产生膨胀波，不断加速。在机翼后缘，上、下表面的气流重新汇合向后流去。当其汇合时，气流方向发生偏转，这相当于流过内凹角的气流，故在后缘上、下表面又有斜激波产生。

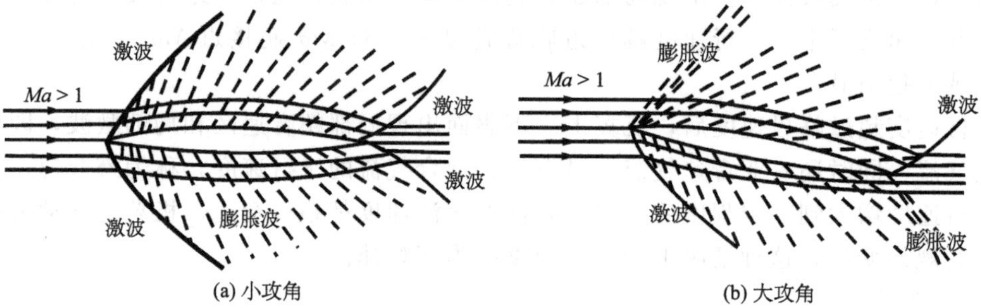

图 3-64　机翼表面不同迎角下的激波和膨胀波

在大迎角情况下，超音速气流流过此翼面（图 3-64（b）），在机翼前缘的下面，空气遭受强烈阻滞而产生激波；而在前缘的上面，空气膨胀而产生膨胀波。随后，气流沿上、下表面均不断膨胀加速而产生一系列的膨胀波。最后，气流在机翼后缘重新汇合而向后流去。此时，下表面的气流相当于流过外凸角，因而膨胀加速，产生膨胀波；上表面的气流则相当于流过的凹角，受阻滞减速而产生激波。

根据上述流动情况可以看出，在一个地方呈现压缩，则在另一个地方必然呈现膨胀；在一个地方呈现膨胀，则在另一个地方必然呈现压缩。据此，就不难理解在机翼上、下表面的气流中，流速和压力变化的概貌了。

3. 升力系数及升力

1）升力系数

在跨音速阶段，升力系数首先是增大，随后减小，接着又增大（图 3-65 中曲线 *ABCD* 段）。

飞行 Ma 超过 Ma_{cr} 后，机翼上表面首先出现超音速区。在超音速区内，空气膨胀，速度继续增大，压力继续减小。附加吸力更大，促使机翼上、下表面的压力差即升力增长得更多，其增长程度大于与飞行速度的平方比例。这样，机翼上、下各点的压力系数发生变化，而出现附加压力差，引起升力系数增大。飞行 Ma 进一步

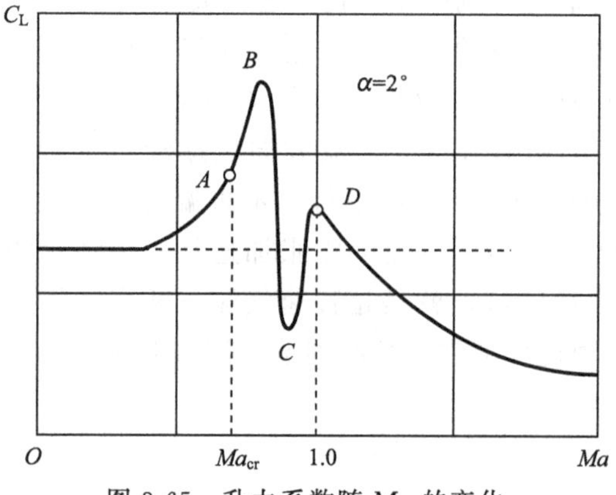

图 3-65　升力系数随 Ma 的变化

增大，机翼上表面的局部超音速区进一步扩大，升力系数继续增大。飞行 Ma 增大到某一值，升力系数增加到最大（图 3-65 中曲线 AB 段）。

飞行 Ma 增大到一定程度，机翼下表面也出现超音速区，而且下表面的超音速区比上表面向后扩展得快。于是机翼下表面产生较大的附加吸力，使升力系数随 Ma 的增大而减小（图 3-65 中曲线 BC 段）。

飞行 Ma 再继续增大，机翼下表面的超音速区已扩展到后缘，而上表面的超音速区随着 Ma 的增大，仍在继续向后扩展，上表面的附加吸力仍不断增大，于是引起机翼上、下表面的附加压力差再次增大，所以，升力系数又重新增大（图 3-65 中曲线 CD 段）。

从以上分析不难看出，由局部超音速区扩大而引起的附加吸力，是导致升力系数发生变化的决定因素。

2）升力

在低速（不考虑空气压缩性影响）飞行中，因 C_L 不随飞行 Ma 变化，所以，升力与飞行 Ma 的平方成正比例地变化，如图 3-66 中虚线所示的抛物线。

在高速（考虑空气压缩性影响）飞行中，升力系数将随飞行 Ma 而变化。也就是说，升力既随飞行 Ma 的平方成正比例地变化，又随升力系数成正比例地变化。

随着飞行 Ma 的增大，到接近 Ma_{cr} 时，因升力系数增加，所以，升力迅速增大。飞行 Ma 超过 Ma_{cr} 后，由于升力系数显著增加，因此，升力增加更为迅速。

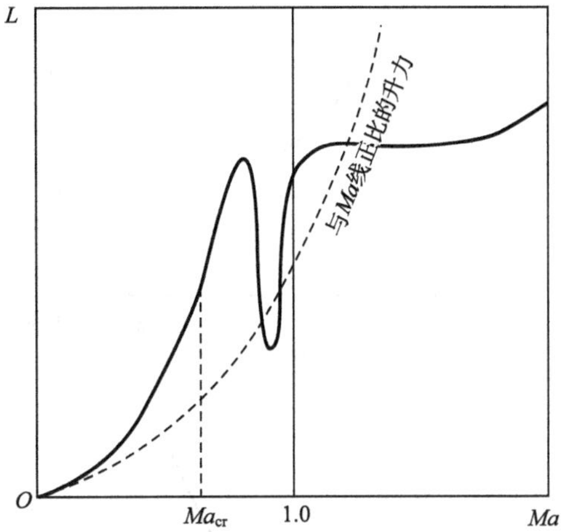

图 3-66　同一迎角下，升力随飞行 Ma 变化的趋势

4. 阻力系数及阻力

1）波阻

在高速飞行时，当飞行 Ma 超过 Ma_{cr} 后，机翼表面出现了局部超音速区和局部激波导致飞机阻力增大，如图 3-67 所示。这种由于出现激波后额外增加的阻力，称为波阻。

飞行 Ma 超过 Ma_{cr} 后，机翼表面出现了局部超音速区和局部激波，局部超音速区内吸力增大。由于吸力增大的地方大部分位于机翼中、后段表面，在正迎角下机翼中、后段表面向后倾斜，因此，吸力方向也向后倾斜（图 3-68）。吸力增大且又向后倾斜，使得机翼前后的压力差额外增加，这就是波阻。

同时，机翼局部激波发展到一定程度会引起气流分离，在分离点后面的涡流区内，吸力增大，又使得机翼前后的压力差增加更多，导致波阻增大。

由上述分析可知，波阻来自机翼前后的压力差，所以，波阻实际上是一种压差阻力。

2）阻力系数

飞行 Ma 大于 Ma_{cr} 后，由于机翼出现局部超音速区和局部激波而引起的机翼前后压力差（波阻），因此，阻力系数急剧增大。当飞行 Ma 增大到 1 附近时，由于气流分离更为显著，机翼上、下表面激波都移至后缘，阻力系数达到最大，如图 3-69（a）所示。

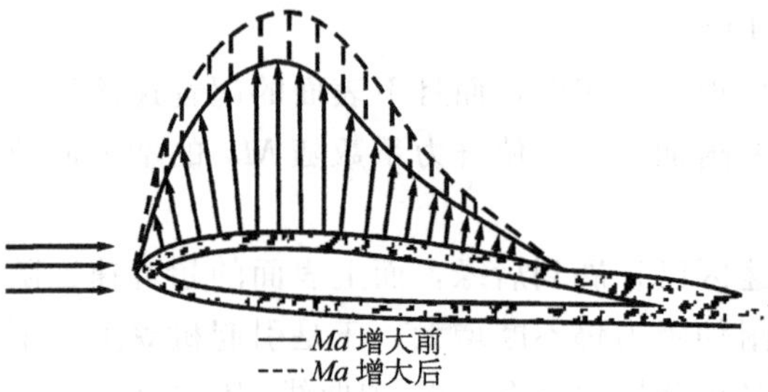

图 3-67 Ma 增大前、后的压力分布

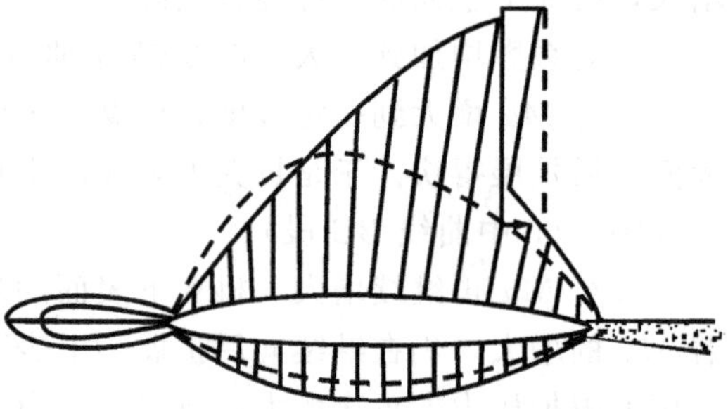

图 3-68 机翼上表面有了超音速区的压力分布

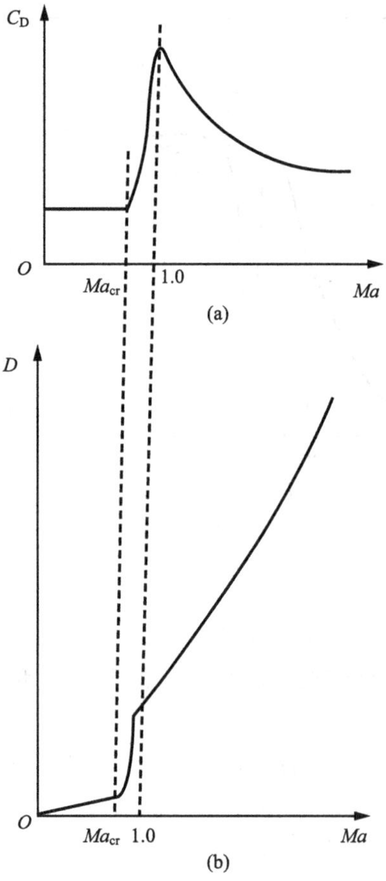

图 3-69 阻力系数、阻力随 Ma 的变化

3）阻力

在低速飞行中，阻力系数 C_D 不随飞行 Ma 变化，阻力与飞行 Ma 的平方成正比例地变化。

而高速飞行中，从 Ma_{cr} 到 $Ma=1.0$ 的阶段，由于阻力系数的迅速增大，导致阻力随 Ma 的增大而增大得更为迅速，大约与 Ma 的五次方成正比，图 3-69(b) 中，由 Ma_{cr} 到 $Ma=1.0$ 这段曲线表明了这一变化趋势。

5. 飞机极曲线

飞行 Ma 较小时（图 3-70 中 $Ma<0.76$ 之前），空气压缩性对机翼压力分布实际上无影响，对于任何迎角，升力系数和阻力系数均不随飞行 Ma 而变化，升阻比的大小也基本保持不变，如图 3-71 中的 AB 段所示。因此，在低速飞行中，各 Ma 下的飞机极曲线基本重合。

增大飞行 Ma，由于空气压缩性的影响，同一迎角在不同飞行 Ma 下有不同的升力系数和阻力系数，因此，就有不同的飞机极曲线，并且随着迎角和飞行 Ma 的增大，各极曲线之间的差别也越大。随着飞行 Ma 的增大，机翼首先在大迎角下达到 Ma_{cr}，空气压缩性影响明显。而在超过 Ma_{cr} 后，产生波阻，阻力系数增大，临界迎角和最大升力系数降低，故极曲线向右分开并变平。在小迎角下，机翼没有达到 Ma_{cr}，空气压缩性影响不明显，同一迎角下的升力系数和阻力系数随飞行 Ma 的变化不大，所以，极曲线在小迎角范围内仍然重合。随着飞行 Ma 的增大，到达 Ma_{cr} 的迎角越来越小，极曲线在各 Ma 下重合的部分也越来越少。如图 3-70 中 Ma 为 0.76～0.86 的曲线所示。

飞行 Ma 进一步增大，以至超过了无升力迎角下的 Ma_{cr}。此时，不论在哪个迎角下，都存在波阻。因此，各迎角下的阻力系数普遍增大，整个极曲线向右移。大迎角下，临界迎角和最大升力系数降低，升阻比下降，极曲线同时向下移。特别是当飞行 Ma 超过阻力发散 Ma（Ma_D）后，由于阻力系数剧增，升阻比急剧减小，飞行性能变差，如图 3-71 中的 BC 段所示，极曲线向右下方移动就特别明显。Ma_D 是随迎角变化的，迎角增大，出现局部激波的时机提早，Ma_D 降低。

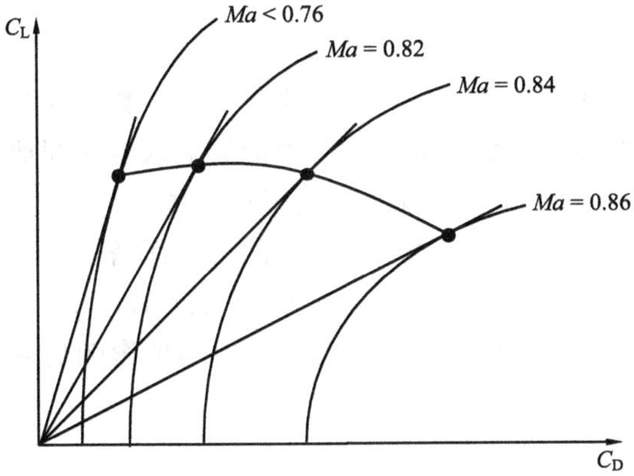

图 3-70　高速飞机不同 Ma 下的极曲线图

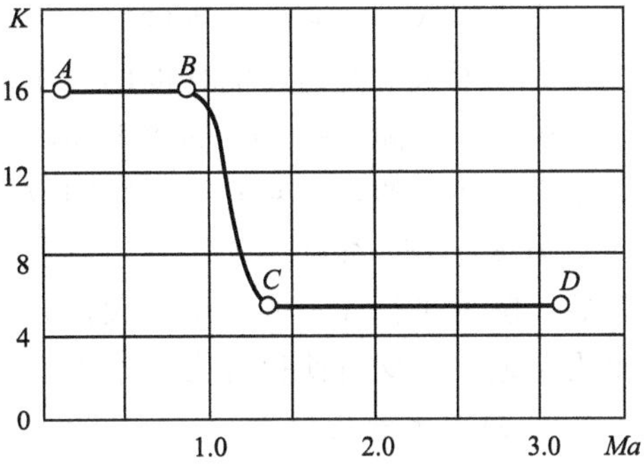

图 3-71　升阻比随飞行 Ma 的变化

3.4.3　超音速阶段

1. 升力系数及升力

1) 升力系数

在超音速阶段，升力系数随飞行 Ma 的逐步增大而不断下降。如图 3-65 中在飞行 Ma 大于 1 以后的曲线段（D 点之后曲线段）所示。

为减小阻力，超音速飞机翼剖面通常都采用尖前缘的薄翼剖面。图 3-72 以薄平板机翼在小迎角时为例，可以看出，在超音速气流中，上表面前缘产生膨胀波（相当于空气流过外凸角），下表面前缘产生斜激波（相当于空气流过内凹角）。空气流过上表面膨胀以后，速度加快，压力降低。空气流过下表面斜激波以后，流速减慢，压力升高。机翼上、下表面形成压力差，在垂直于气流方向的分量为升力。

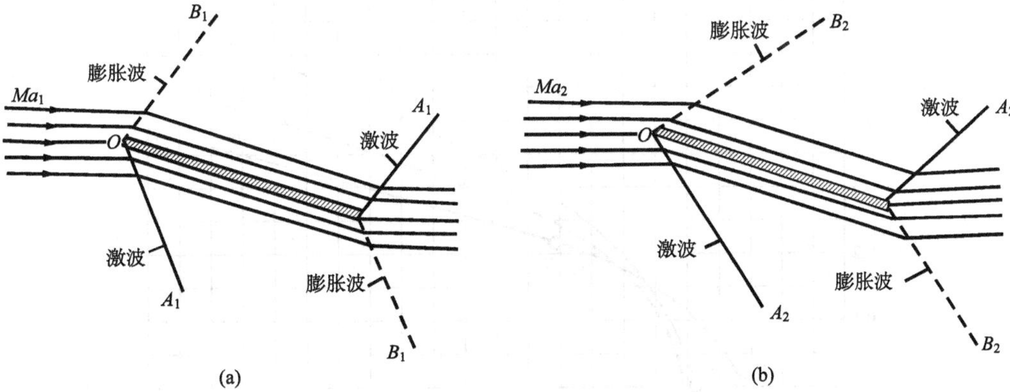

图 3-72　不同 Ma 下的超音速气流流过薄平板机翼的情况

飞行 Ma 继续增大，由 Ma_1 增至 Ma_2，机翼上、下表面压力差增加，升力也相应增大。但飞行 Ma 的增大，形成的膨胀波和斜激波都更加向后倾斜（膨胀波由 OB_1 变至 OB_2 位置；斜激波由 OA_1 变至 OA_2 位置），使得上表面膨胀后的压力降低得少一些（同膨胀波位置没变的情况相比），下表面激波后的压力升高得少一些（同激波角不变的情况相比），导致升力系数降低。

2）升力

当飞行 Ma 增到一定程度、升力系数开始下降时，升力的增减取决于升力系数下降与飞行 Ma 增大对升力影响程度的大小而定。如果升力系数的下降对升力的影响取得支配地位，则升力将随飞行 Ma 的增大而减小，图 3-67 中曲线下降段就表明了这一情况。反之，如果飞行 Ma 的增大对升力的影响取得支配地位，升力则将随飞行 Ma 的增大而增大。

当飞行 Ma 继续增大、升力系数再次增大时，升力又迅速增大起来。飞行 Ma 大于 1 以后，随着飞行 Ma 的逐步增大，升力系数不断降低，但飞行 Ma 增大对升力的影响仍取得支配地位，这就使得升力的增大变得缓慢下来。

2. 阻力系数及阻力

1）阻力系数

飞行 Ma 大于 1 以后，阻力系数开始随着 Ma 的增大而逐渐减小。其原因是，Ma 大于 1 后，随着 Ma 的增大，机翼前缘的斜激波和膨胀波都要更加向后倾斜，机翼前后压力差因此而有所减小。于是，机翼前后压力差随飞行速度的增长程度小于其平方比例，所以，阻力系数减小，如图 3-69（a）所示。

2）阻力

飞行 Ma 大于 1 以后，随着 Ma 的增大，阻力系数减小，使得阻力增大变得缓慢一些，图 3-69（b）中，Ma 大于 1 以后的曲线段表明了这一变化趋势。

3. 飞机极曲线

整个机翼表面的气流都为超音速气流后，飞行 Ma 增大，升力系数和阻力系数几乎按同一比例减小。因此，升阻比基本上又不随飞行 Ma 改变了。如图 3-71 中曲线 CD 段所示。

在超音速阶段，由于升力系数和阻力系数都随飞行 Ma 增大而降低，因此，极曲线上迎角相同的各点都向左下方移动，不同 Ma 下的极曲线如图 3-73 所示。

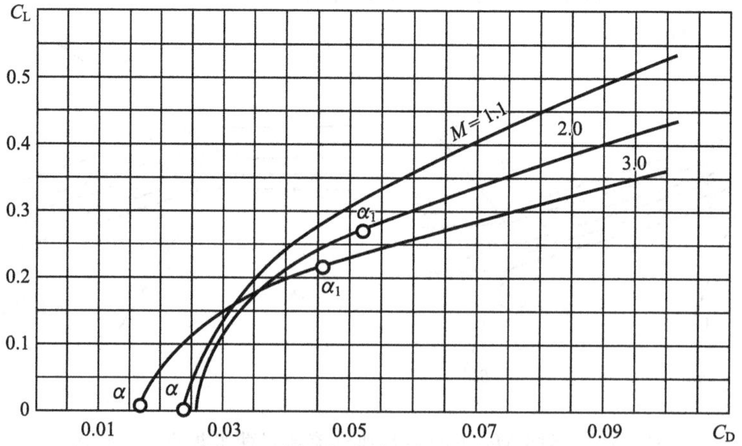

图 3-73　超音速阶段的极曲线图

3.4.4 后掠翼的空气动力特性

为获得更好的高速飞行性能，目前的跨音速和超音速飞机多采用后掠翼。

1. 有效分速

空气由前向后流过后掠翼，其流速（V）与机翼前缘不垂直，可以分解成两个分速。一个是垂直分速（V_n），与前缘垂直；另一个是平行分速（V_t），与前缘平行，如图 3-74所示。由于机翼表面沿平行于前缘的方向没有弯曲，因此，在空气流过机翼表面的过程中 V_t 沿机翼表面不发生变化，对机翼压力分布也没有影响。而 V_n 则不断改变，空气以 V_n 沿翼弦方向流过机翼，与气流流过平直翼类似，会使机翼沿翼弦方向的压力分布发生变化。也就是只有 V_n 才对机翼的压力分布起决定性的影响，故 V_n 又称为有效分速。此外，机翼后掠角越大，V_n 越小。

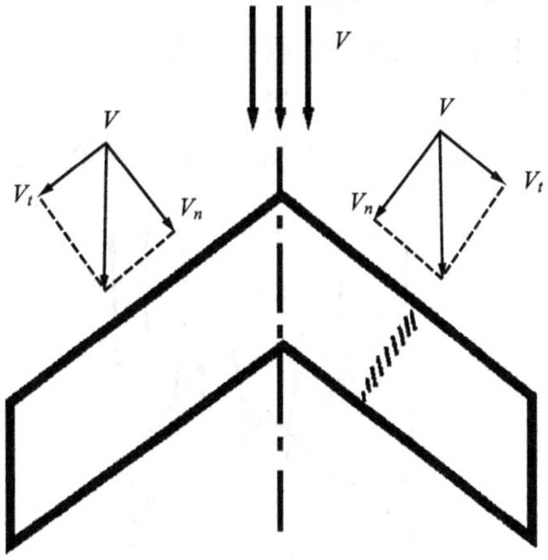

图 3-74 空气流过后掠翼的速度分解

$$V_n = V\cos\Lambda_W \tag{3-29}$$

式中，V 为飞行速度；Λ_W 为机翼后掠角。

2. 中间效应和翼尖效应

空气流过后掠翼，由于 V_t 不变，而 V_n 不断变化，因此，不会像流过平直机翼那样径直向后流去，其流线会左右偏斜，如图 3-75 所示。空气流过机翼前缘，其垂直分速由于受到阻滞而越来越慢（图中的 $V_{nA} < V_n$），平行分速则不受影响，保持不变（$V_{tA} = V_t$）。因此，越接近前缘，气流速度不仅越来越慢，而且方向也越来越向翼尖方向偏斜。经过前缘以后，空气沿上表面流向最低压力点（图中 C 点）的过程中，垂直分速又逐渐加快（$V_{nC} > V_{nB}$），而平行分速仍然保持不变（$V_{tC} = V_{tB}$），所以，局部气流速度又逐渐加快，其方向则转向翼根。之后，又因垂直分速逐渐减慢，气流方向也就转向原来的方向。

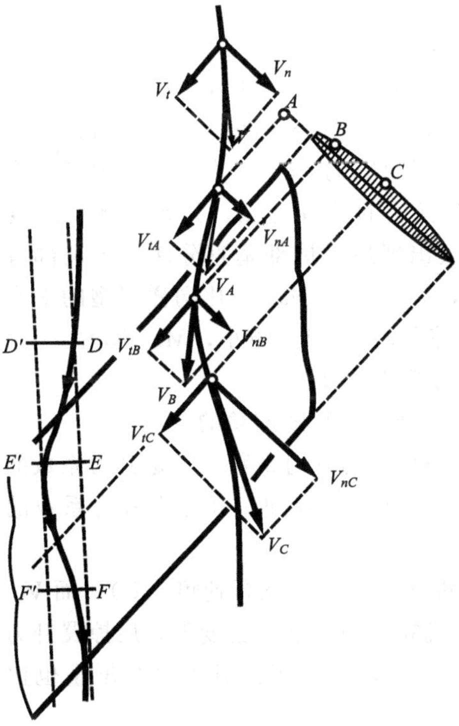

图 3-75 空气流过后掠翼的流线形状

后掠翼由于流线左右偏斜的结果，引起所谓“中间效应”和“翼尖效应”。如图 3-76 所示，在翼根部分的上表面前段，流线偏离对称面，流管扩张变粗；而在后段，流线向内偏斜，流管收敛变细。在亚音速气流条件下，前段流管变粗，流速减慢，压力升高；后段流管变细，流速加快，压力降低（即吸力增大）。与此同时，因流管最细的位置后移，故最低压力点向后移动，这种现象称为中间效应。

至于翼尖部分，情况则相反。因翼尖外侧气流径直向后，而翼尖部分上表面前段流线向外偏斜，故流管收敛变细，流速加快，压力降低；而在后段，因流线向里偏斜，故流管扩张变粗，流速减慢，压力升高。与此同时，因流管最细的位置前移，故最低压力点向前移动，如图 3-77 所示。这种现象称为翼尖效应。

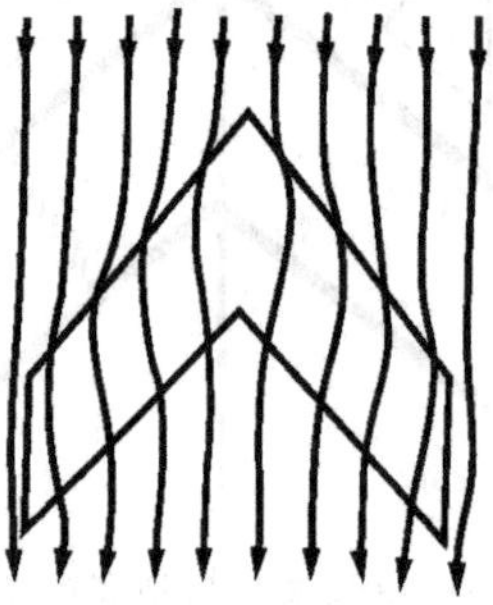

图 3-76　空气流过后掠翼的流动情形

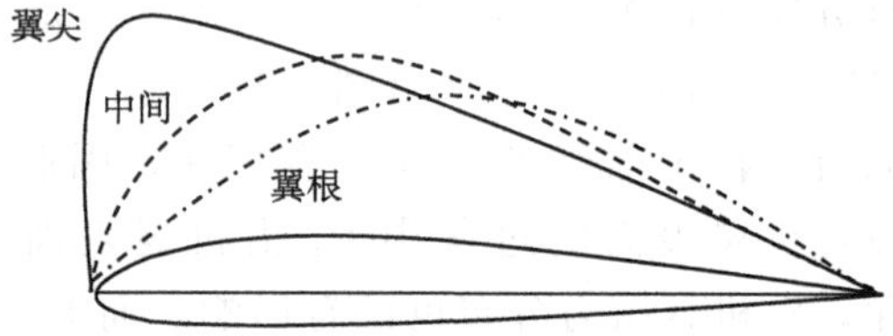

图 3-77　中间效应和翼尖效应的升力矢量分布图

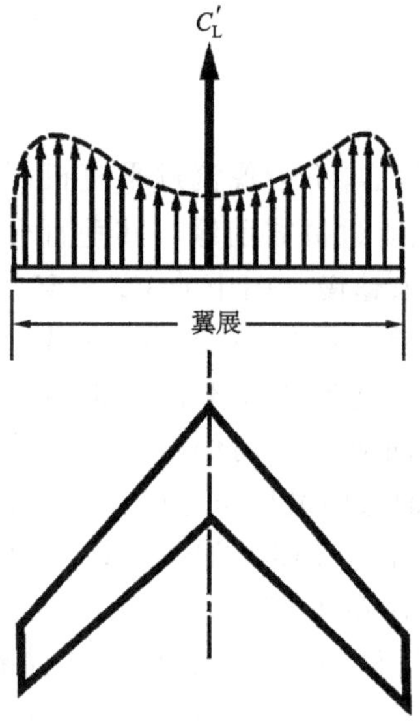

图 3-78　后掠翼各切面的升力系数分布

中间效应和翼尖效应引起沿翼弦方向的压力发生变化，但在上表面前段的变化比较多。所以，中间效应使得翼根部分上表面的平均吸力减小，升力降低；翼尖效应则使得翼尖部分上表面的平均吸力增大，升力提高。后掠翼各切面的升力系数 C_L' 沿翼展方向的分布，如图 3-78 所示。

3. 后掠翼的 Ma_{cr}

对于流过后掠翼的空气，其流速和压力的变化主要取决于 V_n。而 V_n 总是小于飞行速度，所以，尽管飞行速度增大到平直翼的 Ma_{cr}，在后掠翼上还不会出现 V_n 等于局部音速的等音速点。只有当飞行速度增至更大时，才会出现最大局部垂直分速等于局部音速的情况。因此，后掠翼的 Ma_{cr} 总比同样翼型的平直翼的 Ma_{cr} 大。后掠角越大，V_n 越小，Ma_{cr} 越大。

4. 后掠翼的升力特性

1）后掠翼的升力系数随迎角的变化

在亚音速气流中，与平直翼相比，无论是同一迎角下的升力系数，还是升力系数曲线斜率、临界迎角和最大升力系数都比较小（图 3-79），随着临界迎角和最大升力系数的减小，抖动迎角和抖动升力系数也相应减小。

这是因为后掠翼的升力取决于 V_n，而平直翼的升力取决于飞行速度（V）。而 V_n 总是小于飞行速度，所以，在同样飞行速度、迎角、机翼面积和空气密度下，后掠翼升力比较小，升力系数自然也就比较小。同样，增大相同迎角，后掠翼的升力系数增量也比较小，升力系数曲线斜率也就比较小。

对于后掠翼，其有效分速垂直前缘所构成的迎角（α_n），总是大于相对气流速度与顺气流方向的翼弦所构成的迎角（α）。这是因为在翼弦前端高度相同的情况下，顺气流方向的翼弦较长，垂直于前缘的翼弦较短。因此，当 α_n 增至与平直翼的临界迎角同一大小时，后掠翼就开始出现气流分离，故按 α 计算，后掠翼的临界迎角就比平直翼的临界迎角小。因为有效分速小于飞行速度，所以，当后掠翼达到临界迎角时，其最大升力系数就小于平直翼的最大升力系数。

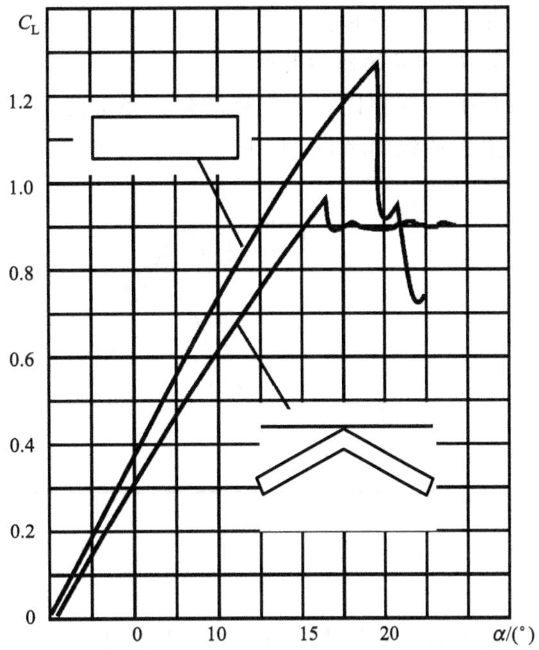

图 3-79 后掠翼的升力系数随迎角的变化

后掠翼的气流分离首先从翼尖开始，然后随着迎角的增大，向翼根部分发展。超过临界迎角后，虽然机翼大部分区域已产生气流分离，其升力已开始下降，但翼根部分还没有发生气流分离，其升力仍在随迎角的增大而增大，使得整个机翼的升力系数，在超过临界迎角以后下降不明显。

2）后掠翼升力系数随飞行 Ma 的变化

与平直翼相比，后掠翼的升力系数随飞行 Ma 的变化比较缓和，后掠翼的后掠角越大，升力系数随飞行 Ma 的变化就越缓和（图 3-80）。

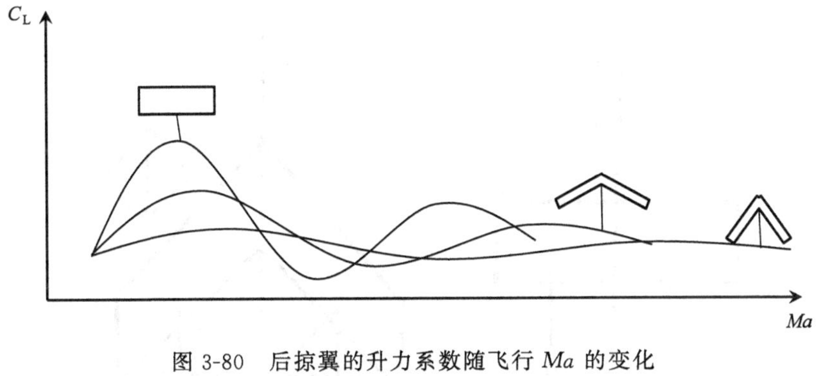

图 3-80 后掠翼的升力系数随飞行 Ma 的变化

由于后掠翼提高了 Ma_{cr}，局部超音速区和局部激波要在更大的飞行 Ma 下才开始出现，因此，升力系数要在比较大的飞行 Ma 下才开始增大。

因平直翼的升力特性取决于飞行 Ma 的大小，而后掠翼的升力特性取决于 V_n 所对应的 Ma_n 的大小。既然有效分速小于飞行速度，并在飞行 Ma 增大的过程中，两者差别越来越大，两者所对应的 Ma 相差也越来越大。所以，后掠翼的升力系数要在更大的飞行 Ma 下，才会发生起伏变化。随着飞行 Ma 的增大，升力系数的增减比较缓和。后掠角越大，Ma_{cr}提高越多，有效分速所对应的 Ma 与飞行 Ma 相关也越多，升力系数随飞行 Ma 的变化也就越缓和。

5. 后掠翼的阻力特性

与平直翼相比，后掠翼的阻力系数随飞行 Ma 的变化比较缓和，且后掠翼的后掠角越大，阻力系数随飞行 Ma 的变化就更加缓和，如图 3-81 所示。现具体说明如下。

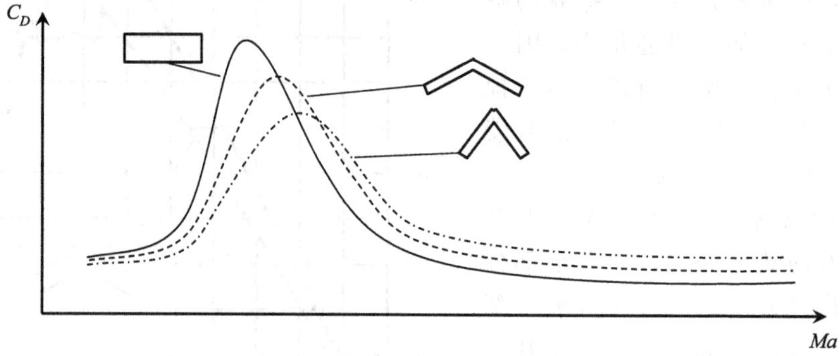

图 3-81 后掠翼的阻力系数随飞行 Ma 的变化

由于后掠翼提高了 Ma_{cr}，局部超音速区和局部激波要在更大的飞行 Ma 下才出现，因此，阻力系数要在比较大的飞行 Ma 下才开始增大。

因后掠翼的空气动力特性是由有效分速（V_n）的大小决定的，且 V_n 所产生的阻力（D_n）的方向与 V_n 方向一致（图 3-82）。而真正阻碍飞机前进的阻力应与飞行方向平行。即 D_n 在飞行方向的分力（D），为后掠翼阻力。由此可见，在同一飞行速度下，后掠翼的阻力比平直翼的阻力小。

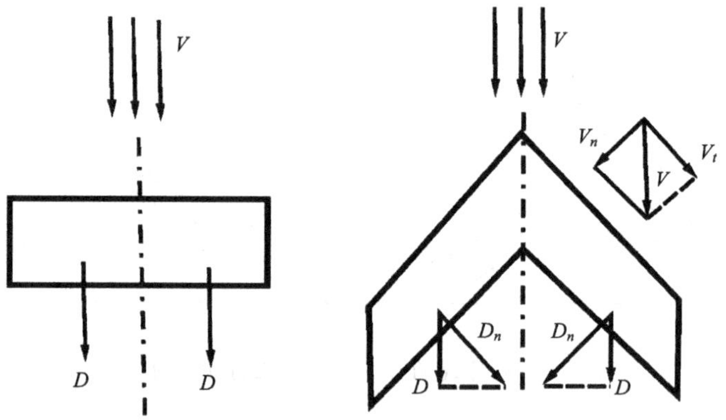

图 3-82 后掠翼与平直机翼的阻力

随着飞行 Ma 的增大，有效分速与飞行速度之间的差别越来越大。两者对应的 Ma 的差别也越来越大。同平直翼相比，后掠翼 V_n 所对应的 Ma 比较小，所以，阻力在更大的飞行 Ma 下才会急剧增大，即阻力系数的增长趋势比较缓和。

同理，后掠翼的后掠角越大，Ma_{cr}提高越多，V_n 所对应的 Ma 与飞行 Ma 相差越多，使得阻力系数随飞行 Ma 的变化更加缓和。

6. 后掠翼的翼尖失速

后掠翼虽然有提高 Ma_{cr} 和减小波阻从而提高巡航 Ma 的优点，但却存在翼尖失速等缺点。

后掠翼的气流分离，首先从翼尖部分开始，然后随着迎角的增大，向翼根部分发展。其原因有两个方面：一方面，翼根部分因中间效应，平均吸力较小，翼尖部分因翼尖效应，平均吸力较大。于是，从翼根到翼尖，沿翼展方向存在压力差，促使附面层气流向翼尖流动，致使翼尖部分的附面层加厚，容易形成气流分离。另一方面，由于翼尖效应，在翼尖上表面前段，流管变细，吸力增大；而在翼尖上表面后段，流管变粗，吸力减小。于是，翼尖的后缘部分与最低压力点之间的压力差增大，加强了空气向前倒流的作用，也容易形成气流分离。所以，后掠翼当迎角增加到一定程度时，翼尖部分就会首先产生气流分离而形成翼尖失速。

后掠翼的翼尖失速，会削弱飞机在大迎角下的迎角稳定性。因为后掠翼的翼尖部分，位于飞机重心后面。当飞机受到扰动而增大迎角时，如果产生了翼尖失速，翼尖部分的升力系数减小。这相当于在翼尖部分出现了一个向下的附加升力（$\Delta L_{翼尖}$）。这一附加升力对飞机重心形成一个上仰力矩（图 3-83），迫使飞机进一步增大迎角。

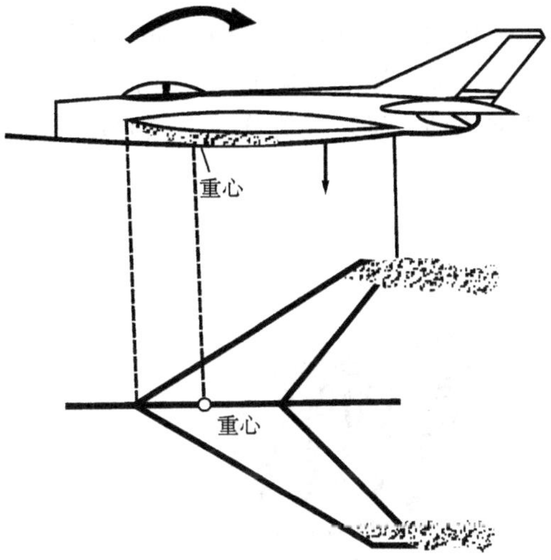

图 3-83　后掠翼飞机的翼尖失速削弱飞机迎角稳定性

后掠翼在迎角增大的过程中，由于气流分离首先从翼尖开始，然后逐渐蔓延到整个机翼。与普通平直翼飞机相比，后掠翼飞机在达到临界迎角以前，更早地出现抖动。即后掠翼飞机的抖动升力系数比普通平直翼飞机的低。此外，翼尖失速还会引起副翼效用降低。

为了延缓后掠翼的翼尖失速，现代飞机上采取了下列措施。

（1）机翼带有扭转，使翼尖部分的迎角减小，以免过早到达临界迎角。

机翼各剖面迎角不同称为扭转。从翼根到翼尖方向迎角逐渐增加的扭转称为正扭转，从翼根到翼尖方向迎角逐步减小的扭转称为负扭转。各翼剖面由于安装角不同而形成的扭转称为几何扭转，几何扭转的大小用翼根与翼尖剖面安装角之差来表示。例如，某飞机翼根切面安装角为 3°，翼尖切面安装角为 −1°，该飞机机翼负扭转 4°。

机翼除几何扭转，还有一种由于各翼剖面的零升力迎角不同而形成的扭转称为气动力扭转，简称气动扭转。

（2）翼尖部分采用临界迎角和最大升力系数比较大的翼剖面。例如，适当增大翼尖切面的厚弦比，就可提高临界迎角和最大升力系数，从而可延缓翼尖失速。

（3）机翼上表面装置翼刀（图 3-84）。这样可防止附面层气流的横向流动，得以延缓

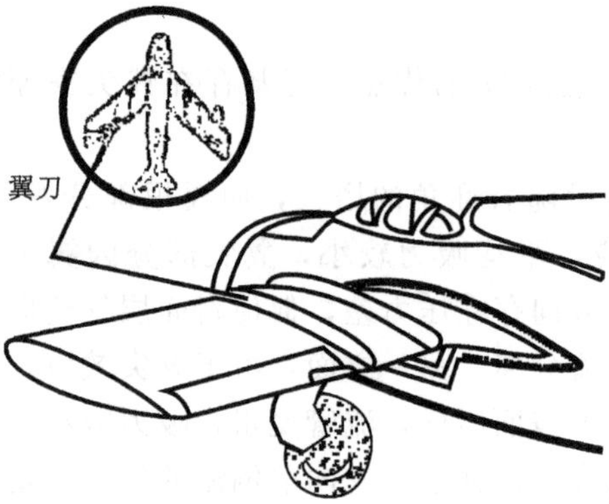

图 3-84 翼刀

翼尖失速的发生。有了翼刀，可限制气流首先从翼刀内侧开始，这就可减轻由于翼尖失速而引起的削弱迎角稳定性的现象。

（4）机翼翼尖部分设置前缘缝翼。在大迎角下，打开前缘缝翼，利用通过前缘缝翼与机翼表面之间的气流，增大附面层内空气的动能，从而延缓翼尖失速的发生。

（5）装置旋涡发生器。在机翼上表面安装一些小片，由它们造成纵向涡卷流(图 3-85),不断给附面层吹进新的气流，补充进能量，结果增加了附面层空气的动能，延缓了气流分离。

（6）机翼前缘设置犬齿（锯齿）和锯口。犬齿就是机翼的外翼部分前缘突出，和内翼形成一个台阶（图 3-86（a））。锯口就是机翼前缘做成像锯锯成的切口（图 3-86（b））。空气流过犬齿或锯口处产生旋涡，把附面层外能量大的气流不断卷入附面层，使附面层内的气流能量增加，起着翼刀的作用，防止附面层的横向流动，延缓气流分离。同时还具有在高速时比翼刀阻力小的优点。

图 3-85 旋涡发生器

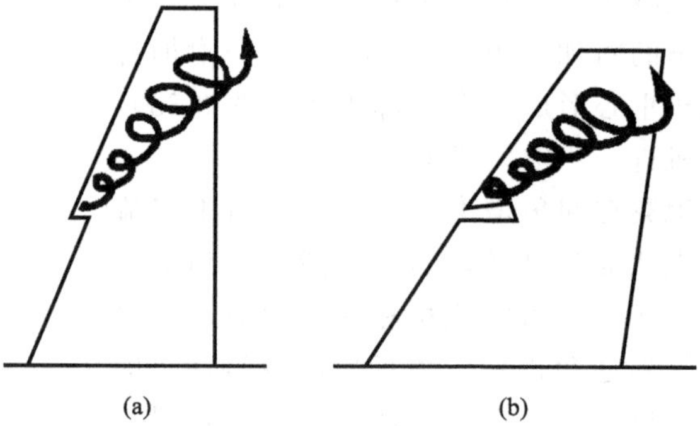

图 3-86 犬齿与锯口

第 4 章　螺旋桨的空气动力

螺旋桨的拉力是活塞式飞机和涡轮螺旋桨飞机前进的动力，拉力的大小直接关系着飞机的性能。因此本章将着重研究螺旋桨拉力的产生及其变化规律，同时简要分析有关螺旋桨的功率、效率等问题。

4.1　螺旋桨的结构

螺旋桨的运动特点和桨叶迎角的变化情况，是分析螺旋桨拉力的产生和变化规律的基础。

4.1.1　螺旋桨简介

螺旋桨主要由桨叶、桨毂等部分组成。其各部分名称如图 4-1 所示。

螺旋桨桨叶的切面形状与机翼的翼剖面很相似，前桨面较弯曲，后桨面较平直，相当于机翼的上表面和下表面。

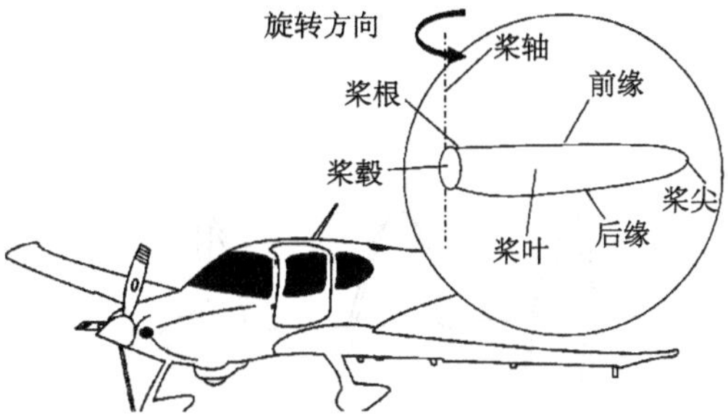

图 4-1　螺旋桨组成部分

桨叶切面的前缘和后缘的连线，称为桨弦。螺旋桨旋转时，所画出的平面称为旋转面，它与桨轴垂直。桨尖所画圆的直径，称为螺旋桨直径，该圆的半径为螺旋桨的半径。桨弦与旋转面之间的夹角，称为桨叶角，用 φ 表示，如图 4-2 所示。

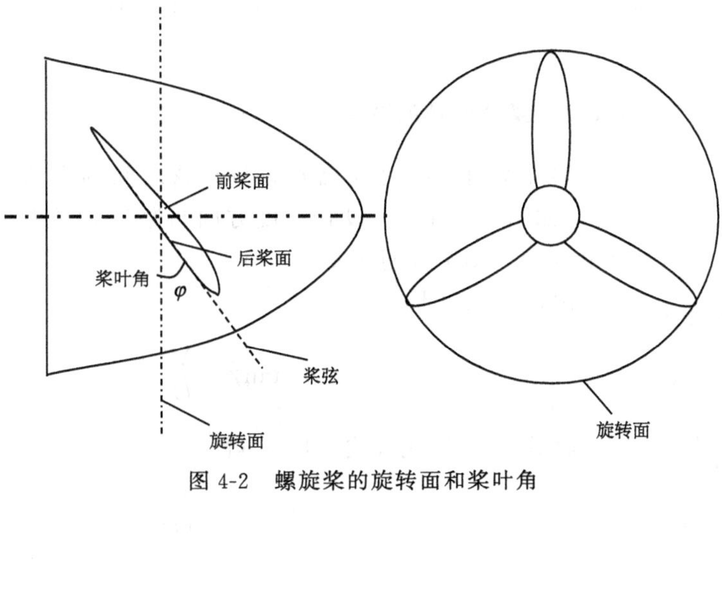

图 4-2　螺旋桨的旋转面和桨叶角

4.1.2 螺旋桨的运动

有人把螺旋桨比拟为“空中螺丝钉”。例如，用力拧螺丝钉，每旋转一圈，螺丝钉都要前进一段距离。这时螺纹上的每一点，沿一条螺旋线运动。在飞行中，螺旋桨的运动也具有这种一面旋转、一面前进的特点。桨叶切面上各点的运动轨迹，也是一条螺旋线，如图 4-3 所示。

由于螺旋桨是一面旋转、一面前进，因此，桨叶各切面都具有两种速度。一种是前进速度 V，即飞机的飞行速度。另一种是因旋转而产生的圆周运动速度 U，或称切向速度，其大小取决于螺旋桨的转数 n 和各切面离桨轴的距离 r。转速越大，桨叶切面离桨轴越远，切向速度也就越大。桨叶各切面的切向速度，可用式（4-1）计算，即

$$U=2\pi rn \tag{4-1}$$

切向速度与前进速度所合成的速度，称为桨叶切面的合速度 W，如图 4-4 所示。也就是说，桨叶各切面实际上是沿着合速度方向运动的。因此，桨叶切面的相对气流速度，必然与合速度的大小相等，而方向相反。

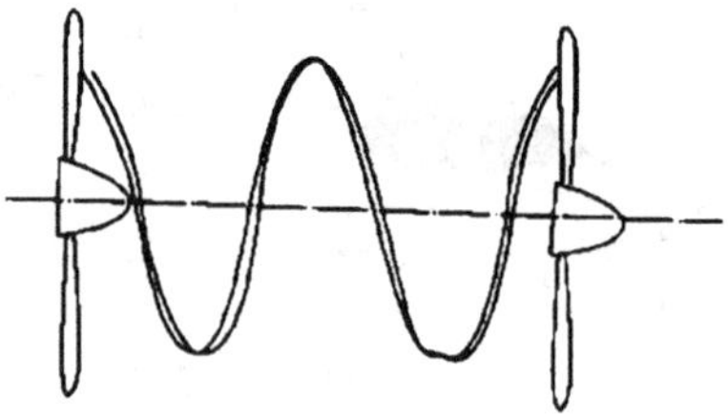

图 4-3 桨叶切面上某一点的运动

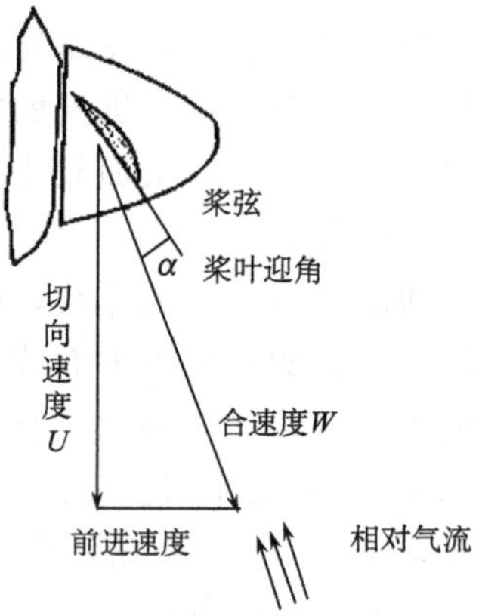

图 4-4 桨叶切面的合速度和相对气流

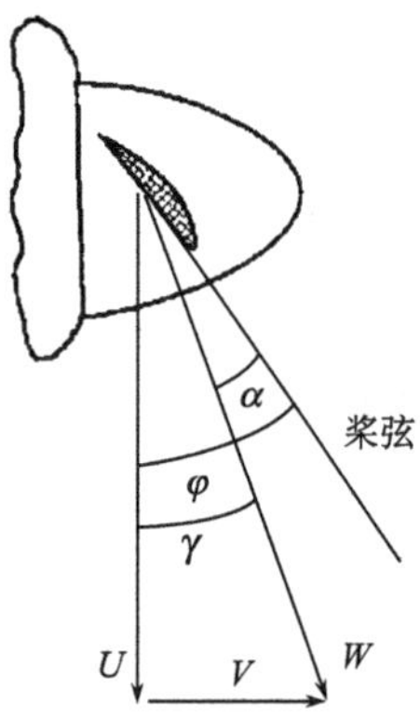

图 4-5 桨叶迎角

4.1.3 桨叶迎角的变化

桨叶切面的相对气流方向与桨弦之间的夹角，称为桨叶迎角（α），如图 4-5 所示。设合速度方向与桨叶旋转面之间的夹角为入流角（γ），则桨叶迎角 $\alpha=\varphi-\gamma$。

由速度三角形得

$$\tan\gamma=\frac{V}{U} \tag{4-2}$$

将式（4-1）代入式（4-2）得

$$\tan\gamma=\frac{V}{2\pi rn} \tag{4-3}$$

根据桨叶迎角和桨叶角以及入流角的关系，可得

$$\alpha = \varphi - \arctan\left(\frac{V}{2\pi rn}\right) \tag{4-4}$$

由此可知，桨叶迎角随桨叶角、飞行速度和切向速度（螺旋桨的转速和桨叶切面离桨轴的距离）的改变而改变。

1. 桨叶迎角随桨叶角的变化

如图 4-6 所示，当螺旋桨的桨叶切向速度和飞行速度都不变时，桨叶角增大，桨叶迎角随之增大；桨叶角减小，桨叶迎角也随之减小。

2. 桨叶迎角随飞行速度的变化

在桨叶角和切向速度不变的情况下，飞行速度增大，合速度方向偏离旋转面越远，即 γ 角越大，故桨叶迎角减小。速度增大到一定时，桨叶迎角还可能变为零甚至负值，如图 4-7 所示。同理，飞行速度减小，桨叶迎角增大。飞行速度为零时，桨叶迎角就等于桨叶角，即 $\alpha=\varphi$。

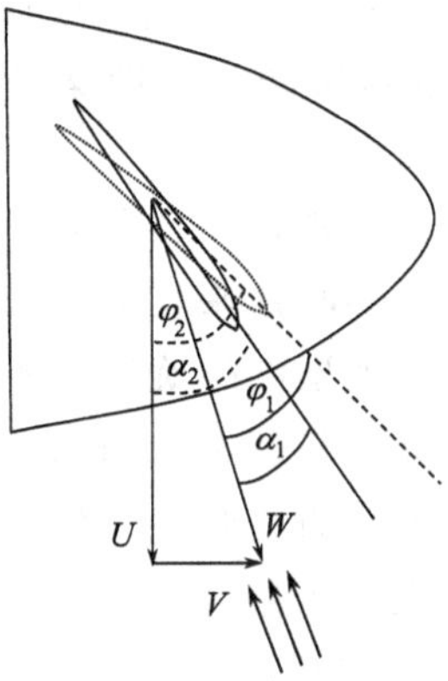

图 4-6　桨叶迎角随桨叶角的变化

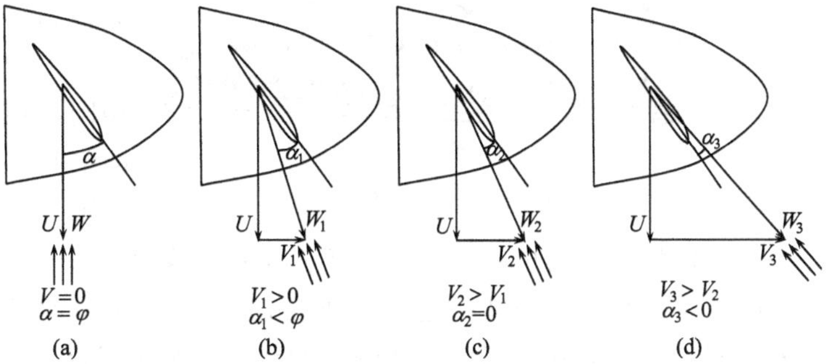

图 4-7　桨叶迎角随飞行速度的变化

3. 桨叶迎角随切向速度的变化

在桨叶角与飞行速度不变的情况下，如果转速增加，那么，切向速度增大，即合速度的方向靠近旋转面，故桨叶迎角增大（图 4-8）。同理，转速减小，则桨叶迎角也随着减小。

此外，即使桨叶角、飞行速度和螺旋桨转速都相同，同一桨叶的各不同切面，由于距桨轴的距离（r）不同，桨叶迎角也不同。从图 4-9 看出，桨叶切面离桨轴越近，即 r 越小，切向速度（U）越小，合速度偏离旋转面的角度（γ）越大。同理，桨叶切面越接近桨尖，则 γ 角越小。如果桨叶各切面的桨叶角（φ）是一样的，显然，越接近桨尖的切面，桨叶迎角越大；越接近桨根的切面，桨叶迎角越小。

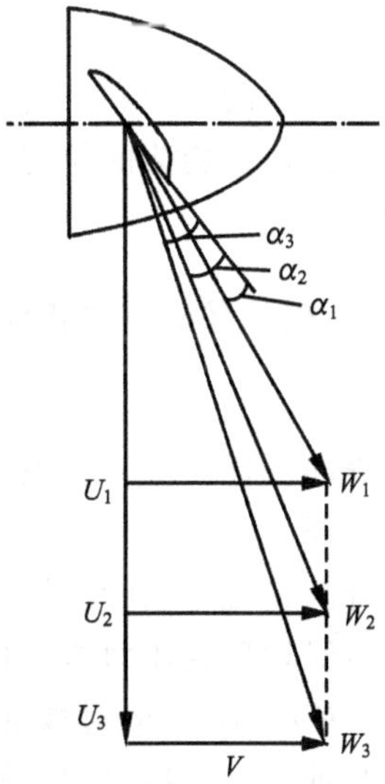

图 4-8　桨叶迎角随切向速度的变化

桨叶切面的工作与机翼剖面相似，也都有一个有利状态。为了使桨叶各切面都能在有利状态下工作，即要使桨叶各切面的迎角大致相同，各切面的桨叶角就不应该一样

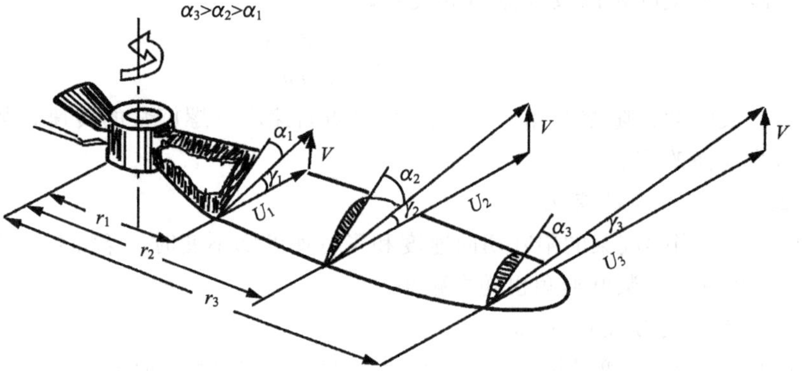

图 4-9 桨叶各切面的合速度和桨叶迎角

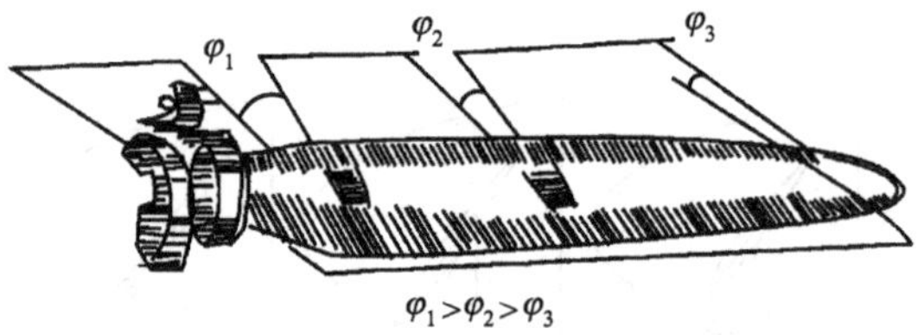

图 4-10 桨叶的扭转

大。也就是说，桨叶不能做成平板形，应做成如图 4-10 那样扭转的，即桨叶角从桨根到桨尖是逐渐减小的。

由于桨叶扭转，各切面的桨叶角各不相同，到底以哪个桨叶角来代表整个桨叶的桨叶角呢？不同类型的螺旋桨有不同的规定，这在各型螺旋桨技术说明书中可以查到。例如，有的规定离桨轴的距离为螺旋桨半径的 75%处的切面的桨叶角，代表整个桨叶的桨叶角；有的又规定离桨轴 1m 远处的切面的桨叶角，代表整个桨叶的桨叶角。一般在螺旋桨的桨叶上都用特殊颜色的线条，画出了这一切面的所在位置。

4.2 拉力和旋转阻力

螺旋桨的拉力和旋转阻力都是螺旋桨的空气动力。因为桨叶的切面形状与机翼的相似，所以，螺旋桨的拉力和旋转阻力的产生和变化，与机翼的升力和阻力的产生和变化基本相同。

4.2.1 螺旋桨的拉力和旋转阻力

如图 4-11 所示，空气以一定的桨叶迎角流向桨叶时，流过桨叶前桨面，就像流过机翼上表面一样，流管变细，流速加快，压力降低；空气流过桨叶后桨面，就像流过机翼下表面一样，流管变粗，流速减慢，压力升高。流过桨叶前缘，气流受到阻挡，流速减慢，压力升高；流过桨叶后缘，气流分离，形成涡流区，压力降低。这样，在桨叶的前后桨面和前后缘均形成压力差。再加之气流作用于桨叶上的摩擦阻力，就构成了桨叶上的总空气动力（R）。根据 R 对螺旋桨运动所起的作用，可将它分解成两个分力（图 4-11）。一个是与桨轴平行、拉着螺旋桨和飞机前进的拉力（P）。另一个是与桨轴垂直、阻碍螺旋桨旋转的旋转阻力（Q）。

各桨叶的拉力方向都相同，合起来就是整个螺旋桨的拉力，如图 4-12 所示。

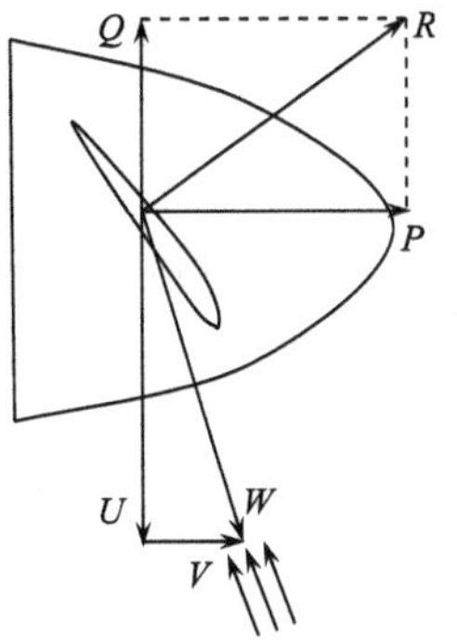

图 4-11　拉力与旋转阻力

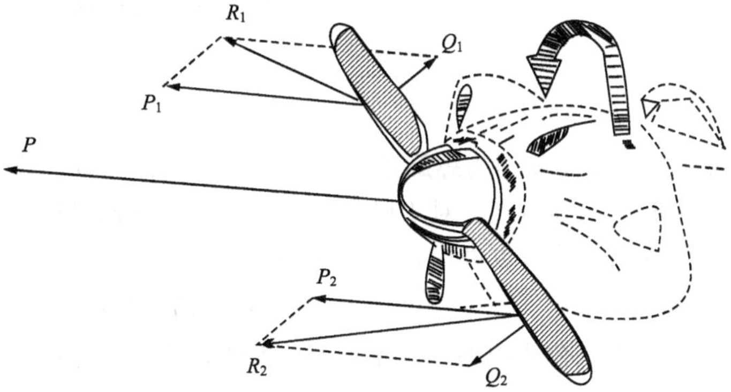

图 4-12　各桨叶的拉力和旋转阻力

至于各桨叶的旋转阻力，其合力虽为零，但因离桨轴都有一段距离，其方向又都与桨叶的旋转方向相反，故形成阻碍螺旋桨旋转的力矩，称为旋转阻力矩（$M_{阻}$）。这个力矩通常由发动机曲轴产生的旋转力矩（$M_{扭}$）来平衡。

（1）当 $M_{扭}<M_{阻}$ 时，螺旋桨转速降低。

（2）当 $M_{扭}>M_{阻}$ 时，螺旋桨转速增加。

（3）当 $M_{扭}=M_{阻}$ 时，螺旋桨转速保持不变。

4.2.2　影响螺旋桨的拉力和旋转阻力的因素

影响螺旋桨的拉力和旋转阻力的因素与影响机翼的升力和阻力的因素非常类似，如桨叶迎角、桨叶切面合速度、空气密度、螺旋桨直径、桨叶数目、桨叶切面形状等。

与机翼迎角对升、阻力的影响相似，在一定的桨叶迎角范围内，桨叶迎角增大，螺旋桨的拉力和旋转阻力增大；超过某一迎角（相当于机翼上的临界迎角）后，迎角增大，拉力减小，而旋转阻力继续增加。

同飞行速度和空气密度对机翼升、阻力的影响一样，桨叶切面的合速度和空气密度增大，桨叶总空气动力增大，故拉力和旋转阻力增大；反之，则减小。

螺旋桨直径增大，一方面，相当于增大了桨叶面积；另一方面，还引起桨尖切向速度增大，而使合速度增大，故拉力和旋转阻力都将增大。但是，不能认为螺旋桨的直径越大越好，直径太大，导致桨尖速度接近音速，产生激波，不仅拉力不一定增大，而且旋转阻力会急剧增加。

桨叶数目增多，桨叶总面积增大，故拉力和旋转阻力增大。但桨叶数目过多，各桨叶之间干扰加剧，会使旋转阻力增加的倍数大大超过拉力增加的倍数，这对螺旋桨的工作是很不利的。与机翼一样，在一定范围内增大桨叶切面的厚弦比和中弧曲度，也可使拉力和旋转阻力增加。

由于桨叶的相对气流速度很大，若使用和维护不当，桨叶稍有变形和伤痕，都会使螺旋桨的空气动力性能显著降低，旋转阻力显著增加而拉力减小。因此，在维护使用中，保持好桨叶的外形，就显得更为重要。

螺旋桨总拉力和旋转阻力分别用公式表示为

$$P = C_P \frac{1}{2}\rho W^2 S \tag{4-5}$$

$$Q = C_Q \frac{1}{2}\rho W^2 S \tag{4-6}$$

式中，C_P、C_Q 分别为螺旋桨的拉力系数和旋转阻力系数，其值取决于桨叶迎角、桨叶数目、桨叶形状等因素。对于已定型的螺旋桨，它们只取决于桨叶迎角的大小。

螺旋桨的拉力也可用式（4-7）表示：

$$P = C'_P \rho n^2 D^4 \tag{4-7}$$

式中，C'_P 为该公式中的拉力系数；n 为螺旋桨的转速；D 为螺旋桨的直径。

4.3 螺旋桨拉力在飞行中的变化

从拉力的产生可知，拉力是总空气动力的一个分力。拉力的大小不仅取决于空气动力的大小，而且还取决于总空气动力的方向。总空气动力的大小又取决于桨叶迎角和桨叶切面合速度的大小；而总空气动力的方向则取决于合速度的方向。这就是说，桨叶迎角的大小、合速度的大小和方向都将会影响拉力的大小。

飞行中，发动机的油门位置和转速的变化、飞行速度和高度的变化，都将会引起桨叶迎角、合速度的大小和方向的变化，从而使拉力变化。本节就是分析拉力随上述四种因素而变化的规律。

1. 螺旋桨的变距

桨叶角固定不变的螺旋桨，称为定距螺旋桨。桨叶角可以改变的螺旋桨，称为变距螺旋桨。现代的活塞式飞机和涡轮螺旋桨式飞机，所使用的螺旋桨，基本上都是变距螺旋桨。增大桨叶角，称为变大距（或变高距）；减小桨叶角，称为变小距（或变低距）。

现代飞机所采用的变距螺旋桨，主要有气动式、液压式和电动式三种类型。

气动式变距螺旋桨，一般用于发动机功率较小的轻型飞机，它没有专门的变距操纵机构，主要靠桨叶的空气动力和配重的惯性离心力来改变桨叶角。空气动力力矩使桨叶变低距，配重的惯性离心力矩使桨叶变高距，前者大于后者，桨叶角减小；后者大于前者，桨叶角增大，其转速大小取决于油门位置。油门加大，转速增加；油门减小，转速降低。油门一定，转速基本不变。

液压式和电动式变距螺旋桨，一般用于功率比较大的飞机。它们主要靠液压和电动力来改变桨叶角。由专门的变距操纵机构（称为调速器）来控制。它可以通过人工变距和自动变距来改变并保持发动机和螺旋桨的转速。例如，前推变距杆，桨叶角减小，桨叶迎角和旋转阻力减小，转速增大；后拉变距杆，桨叶角增大，桨叶迎角和旋转阻力增大，转速减小。不动变距杆时，调速器能自动保持发动机和螺旋桨的转速不变。例如，油门位置、飞行速度或高度改变时，桨叶角会自动改变，以使旋转阻力不变，从而保持转速不变。

涡轮螺旋桨发动机只有一个工作转速，因此，没有人工变距。

2. 拉力随油门位置的变化

加大油门，发动机功率增加，传给螺旋桨轴的扭力矩增大，螺旋桨有欲增大转速的趋势。为保持转速不变，螺旋桨调速器会自动使螺旋桨变大距。桨叶角增大，旋转阻力增大，直到增大后的旋转阻力所形成的旋转阻力矩与桨轴的扭力矩重新平衡。这样，由于桨叶角增大，桨叶迎角增大，总空气动力增大，因此，拉力增大（图 4-13）。反之，油门减小，拉力减小。

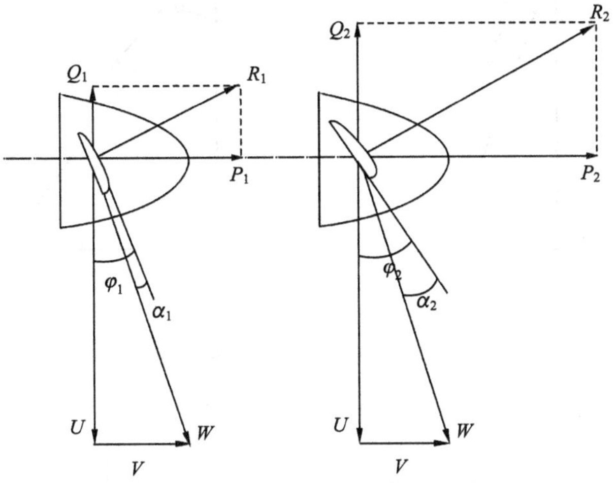

图 4-13　拉力随油门位置的变化

3. 拉力随飞行速度的变化

在油门位置和飞行高度不变的情况下，不论是涡轮螺旋桨飞机，还是活塞式飞机，随着飞行速度的增大，螺旋桨拉力都要逐渐减小。

这是因为，飞行速度增大，桨叶迎角减小，旋转阻力减小，螺旋桨转速要增大。为了保持转速不变，调速器自动使螺旋桨变大距，增大桨叶角。当桨叶角增大到旋转阻力与原来的相等时，转速恢复到原来的转速，桨叶角停止增加。此时，合速度方向改变得多，而桨叶角增加得少，结果桨叶迎角要变小，总空气动力减小。所以，拉力减小（图 4-14（a）和（b））。相反，速度减小时，拉力要增大。

图 4-15 是伊尔-14 飞机在油门位置和高度一定的情况下，拉力随飞行速度而变化的曲线。

4. 拉力随飞行高度的变化

拉力随飞行高度的变化主要取决于发动机的有效功率随高度的变化。在保持油门位置和转速不变的情况下，如果随着高度的升高，发动机的有效功率增大，这与加油门的情况相似，螺旋桨的拉力随之增大。相反，若发动机的有效功率减小，则拉力随之减小。

对于装有带增压器的活塞式发动机的飞机，在额定高度以下，高度升高，发动机有效功率增大，故拉力增大。在额定高度以上，高度升高，发动机有效功率减小，故拉力减小。在额定高度上，拉力最大。图 4-16 就是此种飞机的拉力随高度的变化曲线。

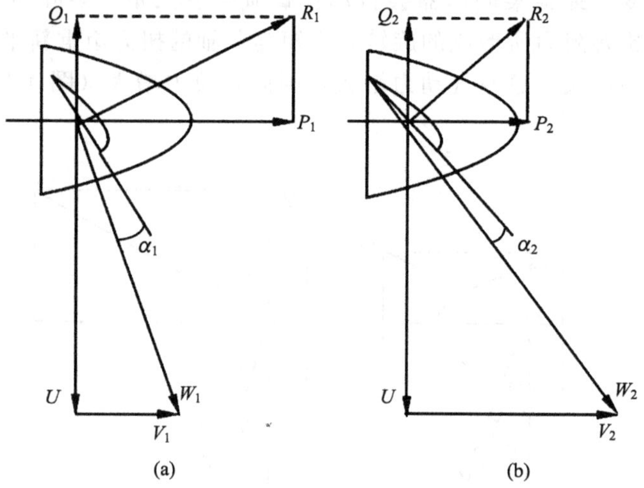

图 4-14　拉力随飞行速度的变化

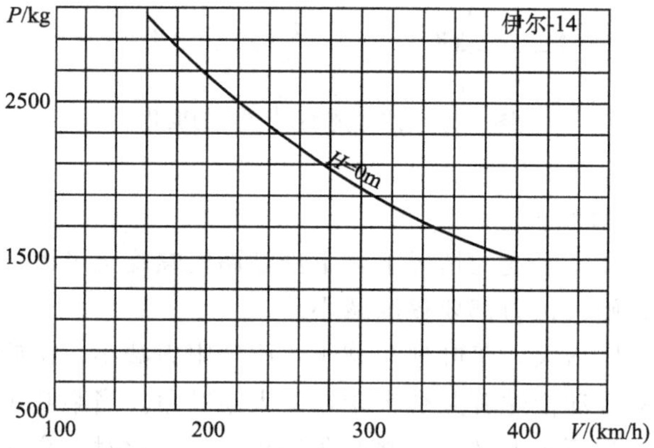

图 4-15　伊尔-14 飞机的拉力随飞行速度的变化曲线

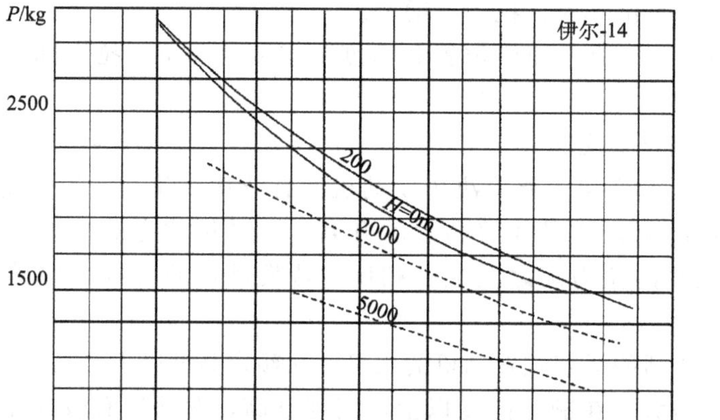

图 4-16　伊尔-14 飞机的拉力随高度的变化曲线

4.4　螺旋桨的负拉力

一般情况下，螺旋桨是在正拉力状态下工作的，即产生使飞机前进的拉力。但在某些特殊情况下，螺旋桨会产生负拉力，阻碍飞机前进。特别是涡轮螺旋桨发动机，产生的负拉力往往很大，这给飞行操纵带来很大困难，甚至危及飞行安全。因此，一般应极力避免负拉力的产生。但负拉力并不都是对飞行有害的，例如，涡轮螺旋桨式飞机，在紧急下降和着陆滑跑时，就要人为地使螺旋桨产生负拉力来减速，避免下滑速度过大和缩短着陆滑跑距离。所以，了解螺旋桨负拉力的产生及其变化，对正确使用动力装置、保证飞行安全有着重要意义。

4.4.1　飞行速度过大而油门较小时负拉力的产生

4.3 节分析了拉力随飞行速度的变化。在油门和转速不变的情况下，当飞行速度增大时，桨叶虽能自动变大距调整桨叶角，以保持旋转阻力和转速不变，但由于桨叶迎角减小，总空气动力减小，且更偏向旋转面，故拉力减小。反之，飞行速度减小，拉力增大。如图 4-17（b）所示，这是螺旋桨的正常工作状态（又称推进工作状态）。

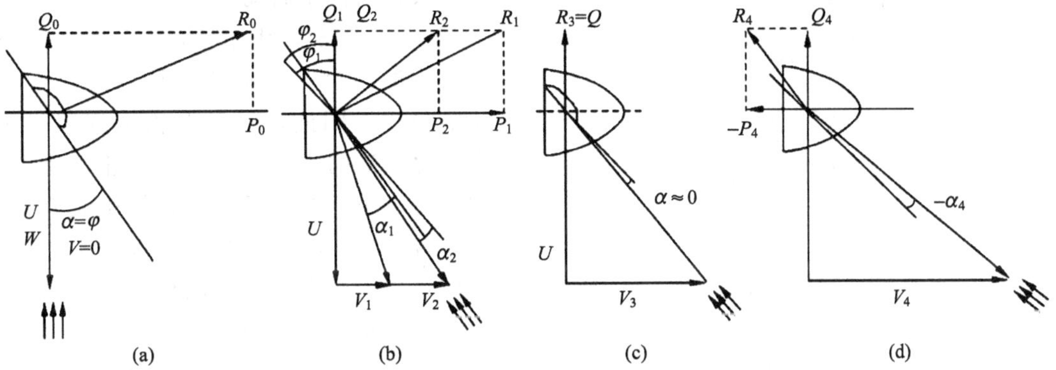

图 4-17　飞行速度过大而油门比较小时产生的负拉力

当继续增大飞行速度时，总空气动力就要继续减小并更靠近旋转面，速度增大到某一数值（图 4-17（c）中 V_3），就可能使桨叶总空气动力完全和旋转面重合，此时 $R=Q$，拉力等于零，桨叶迎角接近为零，如图 4-17（c）所示。这种工作状态称为螺旋桨的零拉力工作状态。

若再继续增大飞行速度，相对气流就会指向桨叶前桨面，形成负迎角，如图 4-17（d）所示。这样，前桨面的空气压力就会大于后桨面的空气压力，总空气动力 R 指向后上方，其中一个分力 Q_4，仍是阻止螺旋桨旋转的旋转阻力，另一个分力 P_4 就是阻止飞机前进的负拉力。这种工作状态称为螺旋桨的制动工作状态。

涡轮螺旋桨飞机在紧急下降时，为避免速度过大以至超过最大允许速度，可收小油门，使螺旋桨产生负拉力来减小速度。

如图 4-17（a）所示为飞行速度等于零时的螺旋桨工作状态，称为悬停工作状态。此时桨叶迎角最大，且等于桨叶角，即 $\alpha=\varphi$。总空气动力 R 最大，且偏向桨轴最近，故拉力最大。

4.4.2 飞行速度不太大而油门过小时负拉力的产生

根据 4.3 节分析可知，收小油门，发动机的有效功率减小，所能提供给螺旋桨的旋转力矩减小，要保持转速不变，这时桨叶会自动变低距来减小桨叶迎角，因而总空气动力减小，且方向偏向旋转面，故拉力减小。如图 4-18 所示，总空气动力从 R_1 减为 R_2，拉力从 P_1 减为 P_2。

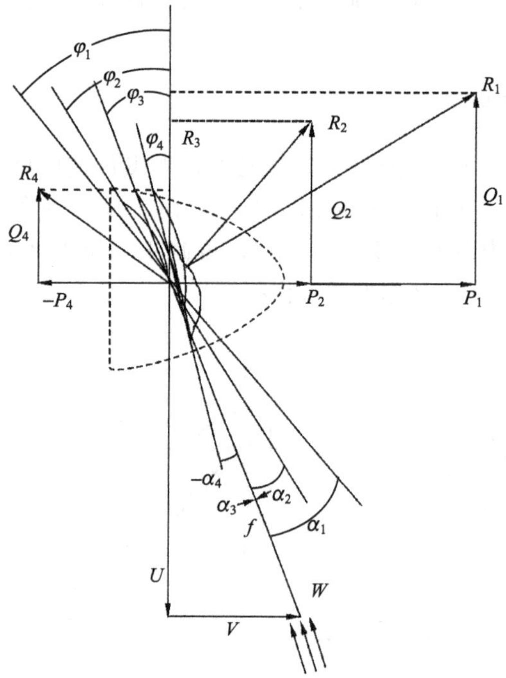

图 4-18 飞行速度不太大而油门过小时产生的负拉力

若再继续收小油门，桨叶继续变低距减小桨叶迎角，就会使桨叶处于零度迎角下工作。如图 4-18 中 φ_3 对应的 α_3 近似零度，这时空气动力 R_3 与旋转面完全重合，拉力为零。油门收得过小，桨叶就处于负迎角下工作，如图 4-18 中的 α_4，这时桨叶总空气动力指向后上方，产生负拉力 P_4。

由于带动涡轮螺旋桨发动机旋转所需的功率很大，为便于启动，最小桨叶角都很小（An-24 飞机为 8°，伊尔-18 飞机为 0°），这样，若收油门过多，桨叶很易出现负迎角，产生负拉力。因此，对于涡轮螺旋桨飞机，空中不允许油门收得过小。为防止不小心把油门收得过小，在油门操纵系统中装有锁键限动装置，将油门限制在一定度数上，这个油门位置称为空中最小油门位置，只要飞行员收油门不超过这一限动位置，螺旋桨就不会产生负拉力（An-24 飞机空中油门限动在 16°）。另外，涡轮螺旋桨飞机，桨叶角也有一个中间限动角度，如 An-24 飞机，螺旋桨处在限动位置，桨叶角最小只能变到 19°，解除限动后，桨叶角才能变到最小 8°，这也有助于防止和减小负拉力。

至于活塞式飞机，由于变距范围小，桨叶最低距的角度都比较大。如伊尔-14 飞机，桨叶最大距可变到 46°，最小距是 22°。也就是说，油门减小时，桨叶角最小只能变到 22°。再要减小油门时，桨叶角就不能再减小了，转速就会下降。因此，不会出现负迎角和产生负拉力。但若收油门过猛，桨叶角减小过快，而速度又来不及变化，有可能出现负迎角和产生负拉力。因此，飞行中收油门动作要柔和。

4.4.3 发动机空中停车时负拉力的产生

不论是活塞式飞机还是涡轮螺旋桨飞机，发动机在空中停车后，螺旋桨都会像风车一样继续沿原来方向旋转，这种现象称为螺旋桨的自转。螺旋桨的这种工作状态称为自转工作状态或风车工作状态。

发动机一旦空中停车，功率很快消失，螺旋桨转速就要减小。为保持转速不变，调速器就促使螺旋桨变低距，桨叶角和桨叶迎角迅速减小，形成较大的负迎角，如图 4-19 所示。桨叶总空气动力（R）指向后下方，其中，一个分力（Q）与螺旋桨的旋转方向相同，不再是阻碍螺旋桨转动的阻力，而成为推动螺旋桨转动的动力，带动螺旋桨和发动机按原来的方向继续旋转；另一个分力（P）与拉力方向相反，即负拉力。由以上可知，发动机停车、螺旋桨自转时，螺旋桨不是由发动机带动旋转的，螺旋桨和发动机是在相对气流的推动下旋转的。因此，螺旋桨非但不产生拉力，反而增加了飞机的阻力，同时加剧了发动机的磨损。

为避免发动机停车后的自转状态，现代活塞式螺旋桨飞机和涡轮螺旋桨飞机的发动机上一般都装有顺桨机构。发动机一旦空中停车，可自动或人工进行顺桨。所谓顺桨就是把桨叶角变到 90°左右，如图 4-20 所示。此时桨叶几乎与飞行方向平行，桨叶是顺着气流方向的。这样不仅螺旋桨不会再旋转，避免了发动机的磨损，而且消除了负拉力，这时螺旋桨只有不大的阻力。

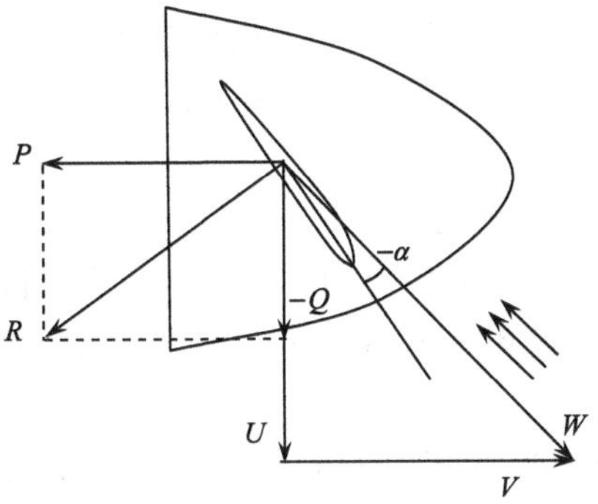

图 4-19　自转时桨叶的空气动力

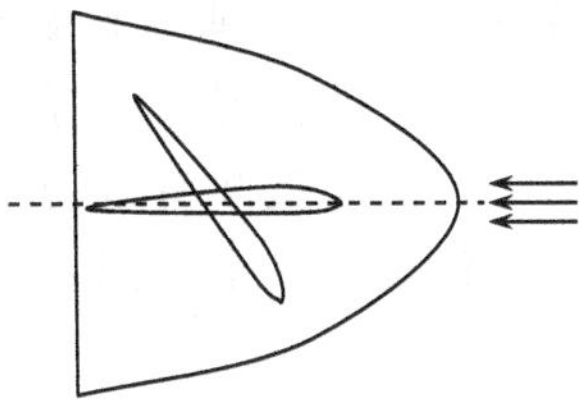

图 4-20　螺旋桨的顺桨

对于没有顺桨机构的活塞式螺旋桨飞机，例如，运五，在发动机停车后，可把变距杆拉向最后，使桨叶角增大，以减小负拉力和减轻发动机的磨损。

4.5　螺旋桨的有效功率和效率

4.5.1　螺旋桨的有效功率

螺旋桨飞机的飞行性能直接与螺旋桨的有效功率有关。因此，需要了解螺旋桨的有效功率，以及螺旋桨的有效功率在飞行中的变化。

1. 螺旋桨的有效功率

螺旋桨产生拉力拉着飞机前进，对飞机做功。每秒钟内螺旋桨对飞机所做的功，就是螺旋桨的有效功率（$N_{桨}$）：

$$N_{桨}=PV \tag{4-8}$$

式中，P 为螺旋桨拉力；V 为飞行速度。

由式（4-8）看出，螺旋桨的有效功率取决于拉力和飞行速度，拉力和飞行速度改变，螺旋桨的有效功率也将改变。

2. 螺旋桨有效功率随飞行速度的变化

当油门位置、发动机转速和飞行高度一定时，飞行速度改变，螺旋桨拉力随之改变，螺旋桨有效功率也就随之改变。螺旋桨有效功率随飞行速度的变化规律是：在小于某一飞行速度的范围内，螺旋桨有效功率随飞行速度增大而增大；在大于某一飞行速度的范围内，螺旋桨有效功率则随飞行速度的增大而减小，如图 4-21 所示。

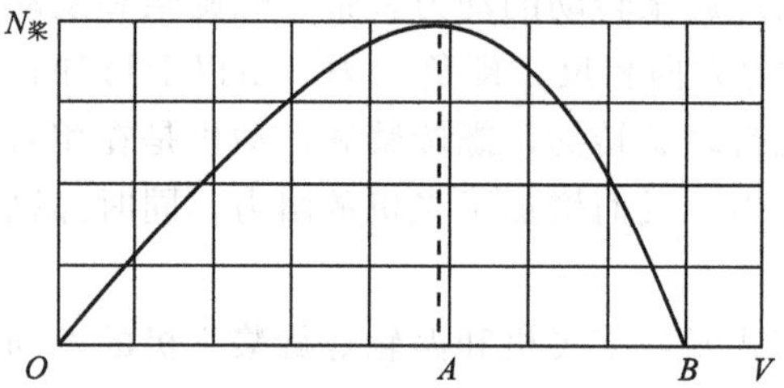

图 4-21 螺旋桨有效功率随飞行速度的变化

图 4-21 中原点相当于地面试车情况，此时，拉力虽然很大，但因飞机速度为零，拉力没有对飞机做功，故螺旋桨有效功率等于零。随着飞行速度增大，拉力逐渐减小。但当速度还不是很大时，速度增大的百分比大，而拉力减小的百分比小，故在此段（*OA*）范围内，速度增大，螺旋桨有效功率增大。速度增大到某一速度（*A* 点），螺旋桨有效功率增至最大。超过这一速度，速度再增大，由于速度增大的百分比小。而拉力减小的百分比大，因此，速度增大，螺旋桨有效功率减小（*AB* 段）。速度大到一定值（*B* 点），拉力减小到零，螺旋桨有效功率也就等于零。

3. 螺旋桨有效功率随油门位置和飞行高度的变化

在飞行速度不变的情况下，螺旋桨有效功率仅随拉力而变化，而拉力又随油门位置和飞行高度而变化，故螺旋桨有效功率随油门位置和飞行高度的变化规律与拉力随油门位置和飞行高度的变化规律完全相同。

图 4-22 是某飞机在飞行高度和转速不变的情况下，不同油门位置螺旋桨的有效功率曲线。由图 4-22 可看出，油门位置越大，发动机有效功率越大，螺旋桨拉力也就越大，所以，螺旋桨有效功率也就越大。

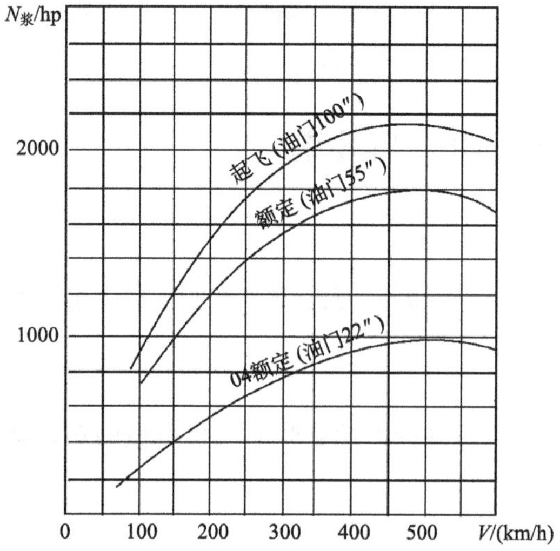

图 4-22 某飞机在不同油门位置螺旋桨的有效功率

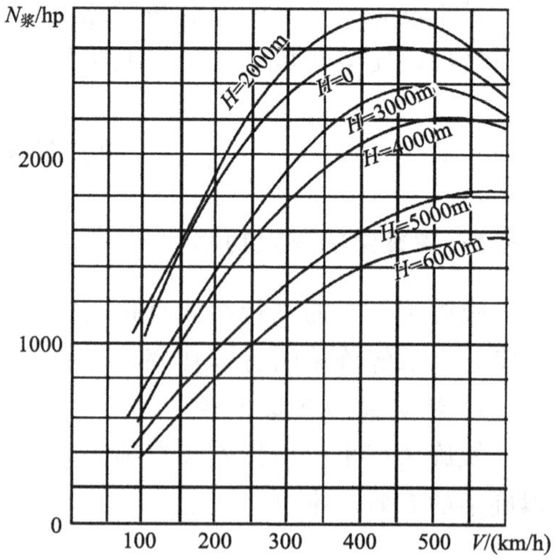

图 4-23 某飞机在不同高度上的螺旋桨的有效功率

图 4-23 是某飞机在不同高度上的螺旋桨的有效功率曲线。从图 4-23 得知，在额定高度 2000m 以下，高度升高，由于发动机有效功率增大，故螺旋桨有效功率增大；在额定高度 2000m 以上，高度升高，由于发动机有效功率减小，故螺旋桨有效功率减小。

4.5.2　螺旋桨的效率

螺旋桨同其他机器一样，也可用效率来估计其工作的好坏。螺旋桨效率的高低，就表明了螺旋桨性能的好坏。

1. 螺旋桨的效率

螺旋桨是由发动机带动旋转的。螺旋桨的作用就是把发动机传给桨轴的功率（轴功率或发动机的有效功率，$N_{有效}$）转变成拉动飞机前进的功率（即螺旋桨有效功率，$N_{桨}$）。但是，螺旋桨并不能把发动机传给桨轴的功率百分之百地转变成拉动飞机前进的功率。因为螺旋桨工作时，要向后推动空气和扭转空气，要克服空气与桨叶之间的摩擦和涡轮所形成的阻力；螺旋桨的转速和飞行速度都很大时，桨尖切面的合速度还可能接近或超过音速，从而产生激波阻力，这都要消耗一部分发动机的有效功率。所以，$N_{桨}$ 总是小于 $N_{有效}$。

螺旋桨有效功率与发动机有效功率之比，称为螺旋桨的效率。即

$$\eta=\frac{N_{桨}}{N_{有效}} \tag{4-9}$$

螺旋桨效率越高，表明在相同发动机有效功率下，螺旋桨有效功率越大，即发动机有效功率损失越少，螺旋桨的性能越好。反之，螺旋桨的性能就越差。一切使螺旋桨拉力减小而旋转阻力增大的因素，都将会使螺旋桨有效功率减小，从而降低螺旋桨的效率。因此，要提高螺旋桨的效率，就应尽量减少螺旋桨的各种阻力，以增大螺旋桨的有效功率。

2. 飞行中螺旋桨效率的变化

飞行中，螺旋桨效率主要随前进比和桨叶角而变化。

飞行速度同螺旋桨的转速与直径的乘积之比为前进比（λ），$\lambda-\dfrac{V}{nD}$。前进比的大小表示出了桨叶切面合速度的方向。根据式（4-3)可知，前进比越大，合速度方向偏离旋转面越远；前进比越小，合速度方向靠向旋转面越近。

在桨叶角一定的条件下，螺旋桨效率随前进比的变化如图 4-24 所示。在桨叶角一定的条件下，只有某个前进比对应螺旋桨效率才最高，该前进比称为有利前进比（$\lambda_{有利}$）。前进比过大或过小，螺旋桨效率都很低。

对应一个桨叶迎角，螺旋桨效率可达到最大值。这与机翼的有利迎角对应的升阻比最大相似。只有这个桨叶迎角，螺旋桨产生的拉力才比较大，而旋转阻力又比较小，螺旋桨效率才最高。桨叶角一定，有利前进比对应的就是这个迎角，所以，螺旋桨效率最高。前进比过大或过小都将使螺旋桨迎角过大或过小，故螺旋桨效率都很低。

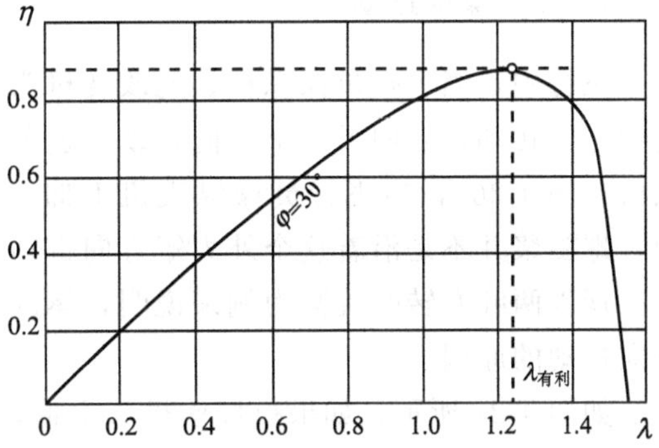

图 4-24　螺旋桨效率曲线

在前进比一定的条件下，桨叶角过大或

过小，同样会使桨叶迎角过大或过小，使螺旋桨效率很低。只有一个桨叶角，螺旋桨效率最高，这个桨叶角称为有利桨叶角。显然，桨叶角的变化会引起螺旋桨最高效率位置的变化，即桨叶角增大，其位置向高前进比方向移动，桨叶角减小，其位置向低前进比方向移动。这就是说，随着前进比的增减，若能相应地增减桨叶角，就能保持较高的螺旋桨效率。图 4-25 是在不同桨叶角下的螺旋桨效率曲线。

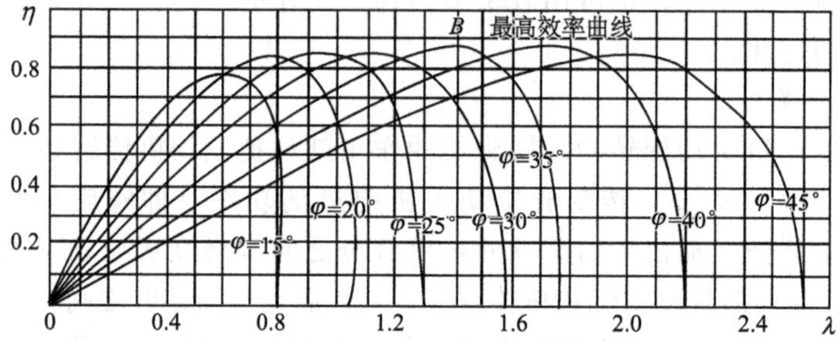

图 4-25　不同桨叶角的螺旋桨效率曲线

飞行中，螺旋桨使用的转速不同，与之相适应的前进比和桨叶角也不同，因此，螺旋桨的效率也各不同。一般螺旋桨飞机在使用额定转速和额定油门做最大速度平飞时，螺旋桨效率最高。因此，活塞式螺旋桨飞机在飞行中为了能保持较高的螺旋桨效率，在减小飞行速度时，除收小油门、减小进气压力，还应拉变距杆，相应地减小转速，以保持前进比不变。反之，在增大飞行速度时，不仅应加油门、增大进气压力，还应前推变距杆，相应地增大转速。

至于涡轮螺旋桨飞机，因螺旋桨只有一个工作转速，故螺旋桨效率只能随飞行速度而变化。

4.6　螺旋桨的副作用

螺旋桨在其工作过程中，一方面能产生拉力，拉着飞机前进；另一方面还会产生一些副作用，给正常飞行带来不利的影响。这些副作用包括螺旋桨的进动、反作用力矩和滑流的扭转作用。

4.6.1　螺旋桨的进动

飞行中，当飞行员操纵杆、舵改变机头方向时，高速旋转的螺旋桨将使机头不能按预定的方向转动，而向另一个方向转动，这种现象称为螺旋桨的进动。例如，右转螺旋桨的飞机（图 4-26），当飞行员操纵飞机上仰（绕横轴旋转）时，飞机给螺旋桨一个上仰力矩，螺旋桨并不是沿着这个外力矩方向带动飞机向上转动，而是带着飞机向右偏转。

现以两叶右转螺旋桨为例来说明，螺旋桨受到改变转轴方向的外力矩以后却向另一个方向进动的原因。

如图 4-27 所示，如果拉杆使机头上仰，飞机给螺旋桨一个上仰力矩。当螺旋桨叶转到垂直位置时，上面的桨叶 A 受到一个向后的作用力 F，产生了向后的加速度；而下面

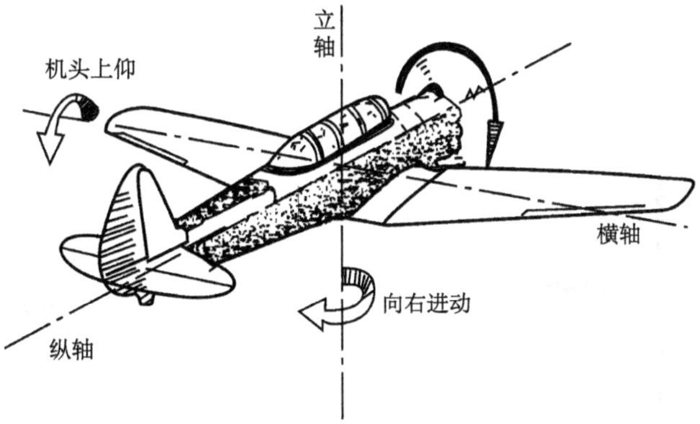

图 4-26　螺旋桨的进动

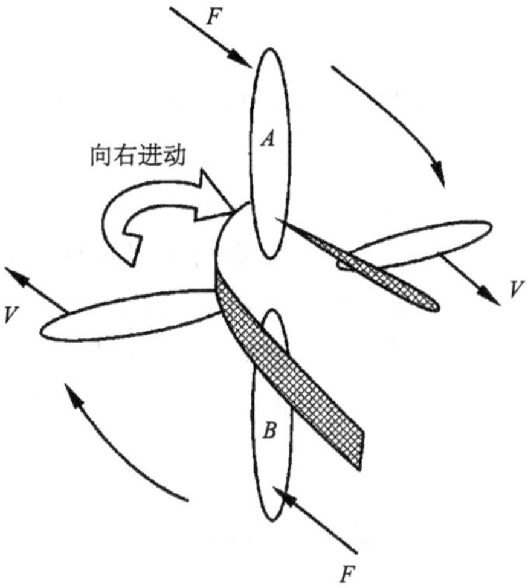

图 4 27　螺旋桨产生进动的原因

的桨叶 B 受到一个向前的作用力 F，产生了向前的加速度。有了加速度，经过一段时间后，原来在上面的桨叶 A 当转到右边时，就出现了向后的速度 V；原来在下面的桨叶 B 当转到左边时，也会出现向前的速度 V。于是螺旋桨向右进动，并带动飞机向右偏转。

由以上可知，飞行中飞行员向后拉杆使飞机上仰时，右转螺旋桨向右进动，飞机即向右偏转；若飞行员向前推杆使飞机下俯时，右转螺旋桨向左进动，飞机就向左偏转。同样，若飞行员操纵飞机向左（或向右）偏转时，右转螺旋桨就要向上（或向下）进动，飞机就会向上（或向下）转动。由此可见，飞行中螺旋桨的进动作用会改变飞机的姿态，给飞行带来影响。为此，飞行员必须学会正确判断螺旋桨进动的方向，以便及时操纵飞机来防止螺旋桨进动作用对飞行的不利影响。

螺旋桨进动的方向可用绘图和手示两种方法来判断。图 4-28 是用绘图法判断右转螺旋桨的进动的方向，圆圈上的箭头标明了螺旋桨转动的方向，从圆心画出的粗箭头表示飞行员操纵机头转动的方向，圆上切线方向的细箭头表示螺旋桨进动的方向。

图 4-29 是用右手判断右转螺旋桨的进动方向，图中表明，右转螺旋桨用右手，手心面向自己，以四指代表飞行员操纵机头转动的方向，伸开的大拇指所指的方向，就是螺旋桨进动的方向。

飞行中，螺旋桨产生进动会迫使飞机偏转，飞机偏转的快慢，则取决于螺旋桨进动角速度的大小，而进动角速度的大小，又取决于改变桨轴方向的外力矩的大小和螺旋桨转速的大小。

在转速相同的情况下，飞行员操纵动作越猛，飞行状态变化越剧烈，引起螺旋桨桨轴方向改变的外力矩就越大，因此，各桨叶获得的向前或向后的加速度和速度也就越大。所以，进动角速度也越大。

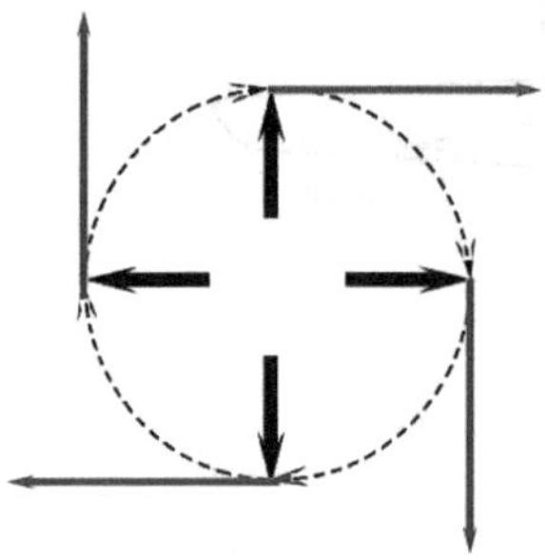

图 4-28 绘图法判断右转螺旋桨的进动方向

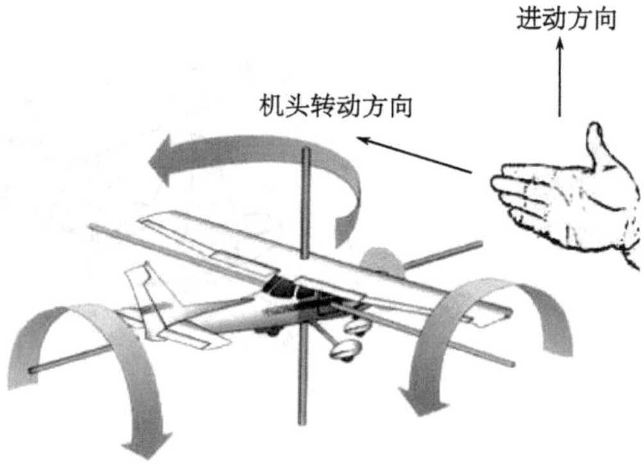

图 4-29 用右手判断右转螺旋桨的进动方向

若作用在桨叶上的外力矩相同，则桨叶所获得的向前和向后的加速度也相同，转速越大，螺旋桨每转一圈所经历的时间就越短，因此，桨叶获得的向前和向后的速度也就越小。所以，进动角速度也越小。

飞行中，飞行员要制止飞机向进动方向的转动，就必须及时地操纵杆舵，利用舵面偏转后所形成的操纵力矩来制止飞机向进动方向的转动。以右转螺旋桨为例，飞行员拉杆抬机头时，右转螺旋桨要向右进动，飞行员应及时蹬左舵，制止飞机向右偏转。同理，飞行员推杆使机头下俯时，右转螺旋桨要向左进动，飞行员就应及时蹬右舵，制止飞机向左偏转。

4.6.2 螺旋桨的反作用力矩

螺旋桨转动时，不断地“拍打”空气，迫使空气沿着螺旋桨转动的方向旋转，根据作用力和反作用力定律，空气也会给螺旋桨一个大小相等、方向相反的反作用力矩，力求阻止螺旋桨转动。这个反作用力矩迫使飞机向螺旋桨转动的反方向倾斜。例如，右转螺旋桨飞机，螺旋桨反作用力矩会使飞机向左倾斜，如图 4-30 所示。

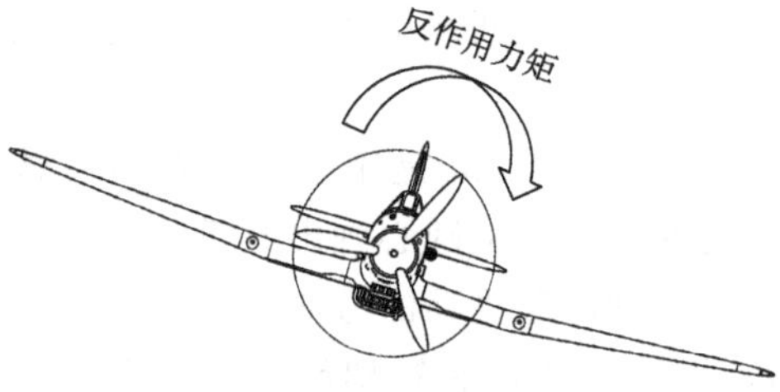

图 4-30 螺旋桨反作用力矩

飞行中，螺旋桨反作用力矩的大小主要随油门位置而变化。油门位置越大，反作用力矩越大。对于恒速螺旋桨飞机，油门加大，桨叶角和桨叶迎角都变大，螺旋桨所受空气的反作用力也增大，故反作用力矩增大。

为了制止反作用力矩对飞机的影响，在加大油门的同时，飞行员向螺旋桨转动的方向压杆。在减小油门的同时，也应及时回杆。

4.6.3　螺旋桨滑流的扭转作用

螺旋桨转动时，桨叶拨动空气，一方面，使之向后加速流动；另一方面，又使之顺着螺旋桨的旋转方向扭转流动，如图 4-31 所示。这种由螺旋桨的作用而向后加速和扭转的气流，称为螺旋桨的滑流。

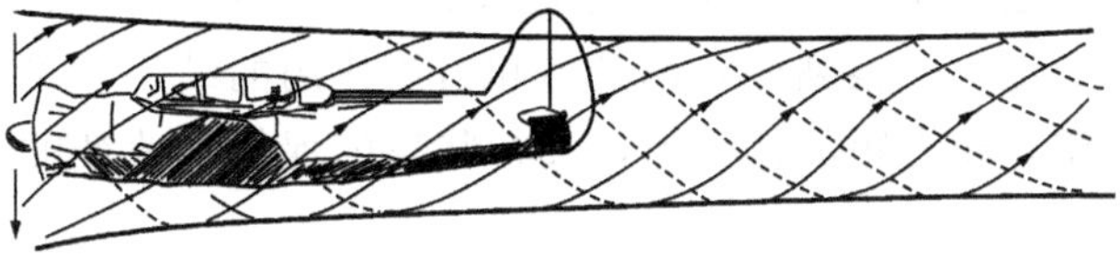

图 4-31　螺旋桨的滑流

螺旋桨的滑流流过机翼时被分成上、下两层。如果螺旋桨是向右旋转的，那么，上层滑流自左向右后方扭转，下层滑流则自右向左后方扭转，如图 4-32 所示。一般情况下机身尾部和垂直尾翼都会受到滑流上层部分的影响，即滑流的上层部分从左方作用于机身尾部和垂直尾翼，产生向右的空气动力（C），对飞机重心形成偏转力矩，使机头向左偏转。

空气动力 C 越大，机头偏转越厉害，为制止飞机偏转所需的蹬舵量就越大。而 C 的大小主要与发动机功率和飞行速度有关。如果飞行速度不变，加油门增大发动机功率，那么，滑流扭转角增大，空气动力 C 也相应增大，为制止飞机偏转，所需蹬舵量增大；减小油门则相反。如果发动机功率不变，当飞行速度增大时，一方面因滑流动压增大，要使空气动力 C 增大；另一方面因滑流扭转角减小，要使空气动力 C 减小，这两种影响互相抵消的结果，可近似认为，空气动力 C 变化不大。但随着飞行速度增大，舵面效用增强，为制止飞机偏转所需的蹬舵量应减小。

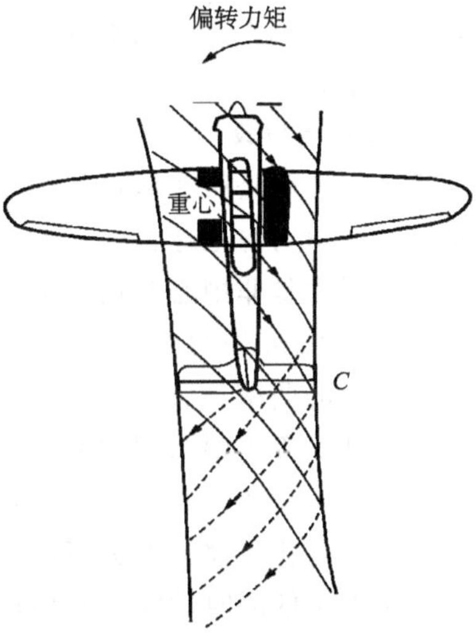

图 4-32　右转螺旋桨的滑流所引起的偏转力矩

以上分别分析了螺旋桨三种副作用对飞行的影响。这三种副作用对飞行的影响，在一定条件下，是相互加强的，而在另一些条件下，是相互抵消的。在这些情况下，某一种副作用的影响是主要的，而在另一些情况下，另一种副作用的影响又是主要的。因此，在研究螺旋桨的副作用对飞行的影响时，应根据当时的具体情况，进行具体分析，全面考虑三种副作用的影响。

第5章 飞机的稳定性与操纵性

作用于飞机上的各空气动力，如果不通过飞机重心，那么，会形成绕飞机重心的力矩。飞机飞行状态的变化，归根到底，都是力和力矩作用的结果。飞机的平衡、稳定性和操纵性就是阐述飞机在力和力矩的作用下，飞行状态的保持和改变的基本原理。

5.1 飞机的重心与坐标轴

5.1.1 飞机的重量

飞机各个组成部件（机翼、机身、尾翼、发动机等）、机舱机组成员、旅客和行李、飞机携带的燃料和货物等重量的总和称为飞机的重量。

飞机重量是性能计算的一个原始数据，它等于飞机的质量乘以重力加速度。性能计算中，有时把飞机重量看成不变的，有时又把它看成一个变量，这要根据所讨论问题的具体情况去确定。

1. 恒重量假设

重力加速度是所在地点的纬度位置与几何高度的函数。这是因为地球表面附近物体的重量是地球引力与地球自转所产生的离心力的矢量和。同时还要考虑地球本身并非匀质球体，它的引力是非中心和均匀的。但对于航空问题，没有必要那样精确地去考虑问题。因为在高度100km处的重力加速度约比地球表面的小3%，而在20km处仅小6‰。所以，可略去地面的曲率，假设地面是一个水平面，它的重力场是均匀分布的，重力加速度是一个常量，其值等于中纬度的9.80665m/s^2。

恒重量假设的另一个含义是：除了投放物资载荷，飞机重量只随燃料的消耗而逐渐减小。但这种变化是缓慢地进行的，在不太长的时间间隔内，重量变化是很微小的，为了比较不同速度下的瞬时性能，常假设重量是不变的。这给讨论问题带来很大的方便。

2. 重量变化率与燃料消耗率

国内航线较长的要飞2～3h，国际航线可达10余小时。在如此长的飞行时间中，航线开始和结束时的重量差别是相当大的。这时必须考虑重量对时间的变化率$\mathrm{d}W/\mathrm{d}t$，这个变化率和燃油随时间的变化率FF是一致的，后者称为燃油流量（或称燃油的小时消耗量）。由式（1-8）的定义得

$$\mathrm{FF}=CeT \tag{5-1}$$

3. 不同重量定义

营运空重（OEW）包括了飞机结构、动力装置、固定设备、不可用燃油、滑油和特种液体（如液压液、防冰液、防雷液和冷却液）等重量之和的厂家空重，在此基础上再加上服务设施、供应品和空勤组等的重量。

业载（PL）为装载在飞机上的乘客、货物、行李和邮件的重量。

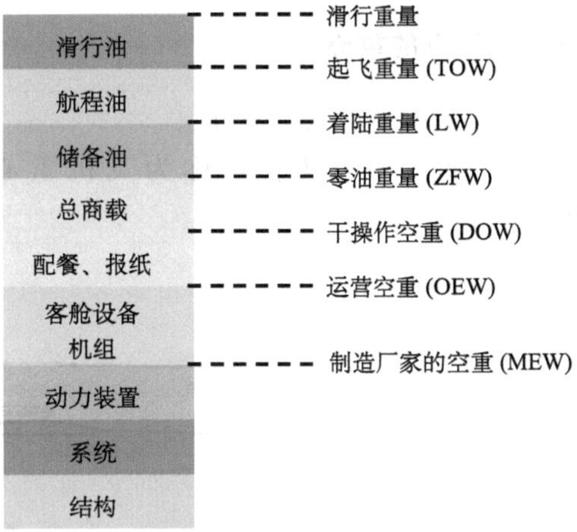

图 5-1　飞机重量的定义

无油重量（ZFW）指营运重量加上业载的重量。

着陆重量（LW）指无油重量加上防止意外情况出现所装载的储备油量。

起飞重量（TOW）指着陆重量加上航程所需油量。

其余重量定义如图 5-1 所示。

最大无燃油重量（MZFW）指受飞机翼身结合处的强度限制，飞机营运空重与业务载重之和不得超过的重量。

最大起飞重量（MTOW）指考虑了场地长度、轮胎速度、刹车能量、上升梯度和结构强度等限制中最严格的一个限制所决定的起飞重量。通常为起飞松刹车开始滑跑时的重量，又称松刹车重量。

最大着陆重量（MLW）指根据起落架和机体结构所能承受着陆撞击载荷和厂家或用户指定而决定的最大允许着陆重量。

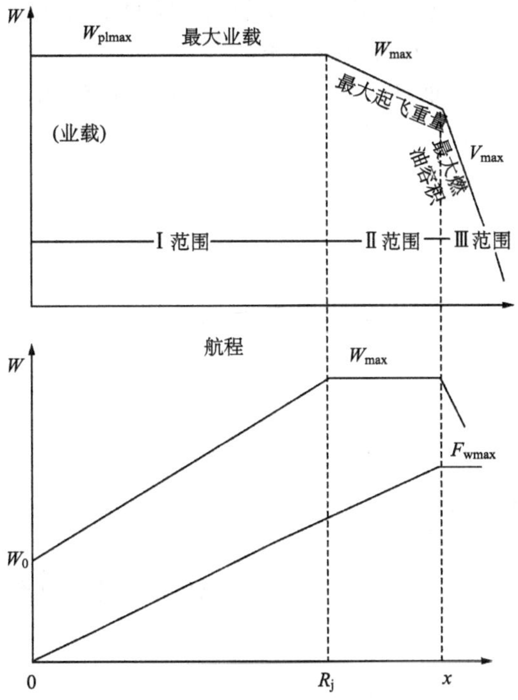

图 5-2　业载-航程图

最大起飞重量与最大无燃油重量之差即飞机的最大可用燃油重量；而最大无燃油重量与营运空重之差即最大结构业载。

飞机飞行过程中可能会受到各限制重量的影响。图 5-2 给出在受到各重量限制时飞机业载随飞行任务航程远近的变化曲线，主要是考虑最大结构业载、最大起飞重量和最大燃油容积等限制确定的，并由此分成三个范围。在最大业载上最远的航程称为经济航程，也就是第 I 和第 II 范围的分界点。通常应尽可能接近经济航程实施营运，这样才能获得最大的经济效益。

在第 I 范围飞行，可以保持最大业载不变，它仅受无燃油重量与营运空重的限制。其飞行距离小于经济航程。随着距离的增加，相应增加载油量，起飞重量也逐渐增大，但仍未超过最大起飞重量。当飞行距离等于经济航程时，起飞重量达到最大允许的起飞重量。

第 II 范围是指距离大于经济航程而保持最大起飞重量不变的距离范围。它的最大特点是随着距离的增加，增大载油的同时相应减小业载以保持最大起飞重量不变。当飞行距离进一步加长，到油箱已全部加满时，必须进一步更多地减小业载，这时称为第 III 范围。这段的载油量达到最大不变，完全是靠减小业载来增加飞行距离的。

5.1.2 飞机的重心

1. 飞机重心位置的表示

飞机重力的着力点，称为飞机重心。重力着力点所在的位置，称为重心位置（图 5-3）。

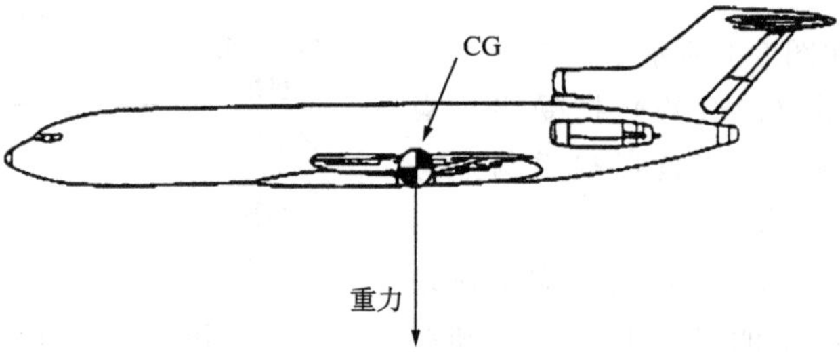

图 5-3 飞机的重心

飞机在空气中的运动，无论怎样错综复杂，总可以分解为：飞机各部分随飞机重心的移动和绕飞机重心的转动。飞行员在空中操纵飞机，不外乎就是运用油门、杆、舵改变作用在飞机上的空气动力和力矩，以保持或改变飞机重心的移动速度和飞机绕重心的转动角速度。可见，飞机的运动和操纵同飞机重心的位置有着密切的关系。

重心的前后位置，常用重心到某一特定翼弦的前端的距离，占该翼弦的百分比来表示，如图 5-4 所示。这一特定翼弦通常采用平均空气动力弦或标准平均弦。

$$\bar{X}_{重}=\frac{X_{重}}{b_{MAC}}\times 100\% \tag{5-2}$$

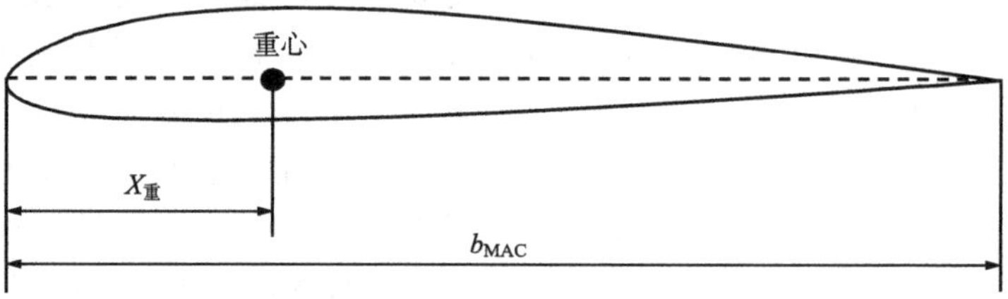

图 5-4 重心位置表示法

例如，伊尔-14 飞机的平均空气动力弦长为 3.412m，若重心到该翼弦前端的距离是 0.614m，则得

$$\bar{X}_{重}=\frac{0.614}{3.412}\times 100\%=18\%$$

飞机重心的上下、左右位置也可用类似方法表示。显然，飞机的重心位置是随着飞机装载的数量和位置的变化而变化的。只要飞机装载的数量和位置不变，无论飞机的运动状态怎样变化，其重心位置总是不变的。

2. 重心位置范围

通常飞机的使用手册中会给出飞机重心的“配平平衡图”（图 5-5），配平平衡是指飞机在不同的飞机重量条件下，其相应的重心位置都能满足飞机的操纵稳定和结构强度等所提出的要求。

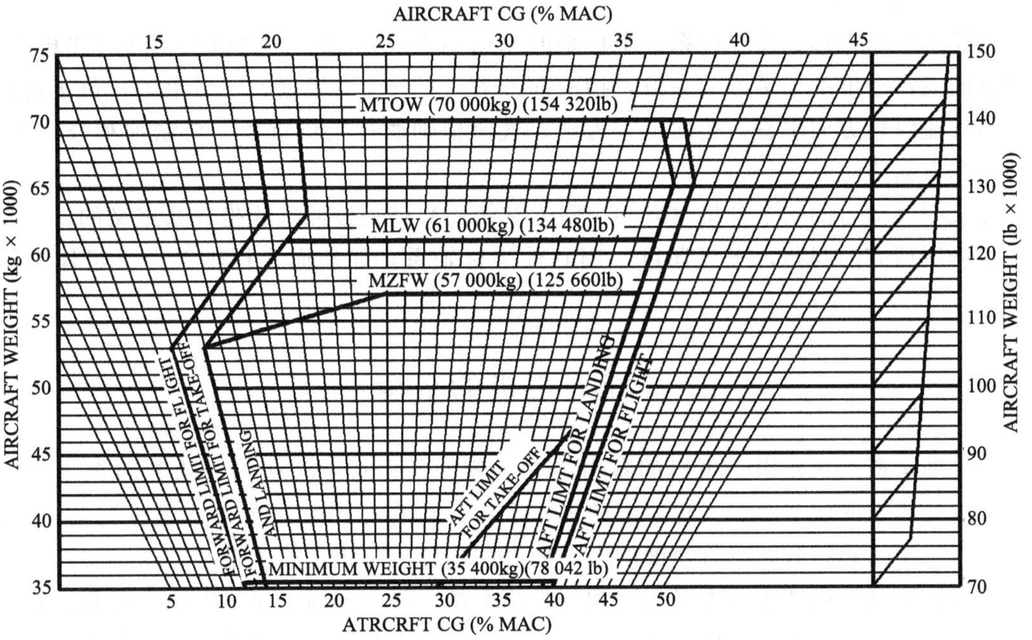

图 5-5　配平平衡图

5.1.3　飞机的坐标轴

自然界中一切物体都在运动着，绝对静止的物体是没有的。然而，要描述一个物体具体的运动，又总是相对于某一个物体来说的。例如，坐在行驶的火车中的人，若以车厢为参照物来描述这个人的运动，这个人相对于车厢是静止的；若以地面为参照物，则这个人相对于地面是运动的。要建立物体运动的具体方程式，就需要在参照物上具体地选择坐标轴系（简称坐标轴）。对飞机运动的描述也是如此，也有必要选用一定的坐标轴系。

1. 机体坐标轴系（机体轴）

一般用机体轴描述飞机各部分围绕重心的转动。机体轴以机体为基准，通过飞机重心的三条互相垂直的坐标轴（图 5-6）。坐标原点 O 固定在飞机的重心。机体纵轴（longitudinal axis）(x) 通过飞机重心，位于飞机对称面内平行于机身轴线，指向机头方向为正；机体横轴（lateral axis）(y) 通过飞机重心，垂直于飞机对称面，指向右翼方向为正；机体立轴（normal axis）(z) 通过飞机重心，位于飞机对称面内，并与纵轴垂直，指向座舱上方为正。

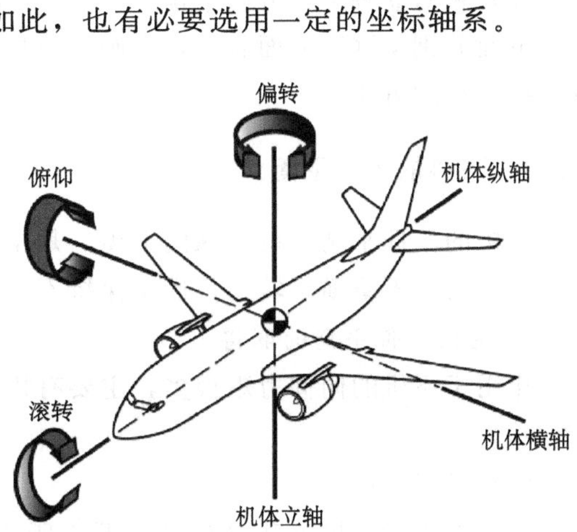

图 5-6　机体轴

飞机绕机体纵轴、机体立轴和机体横轴的转动，分别称为滚转（roll）、偏转（yaw）和俯仰（pitch）转动。

2. 气流坐标系

气流坐标系也称速度坐标系。坐标系的原点 O 与重心重合。气流纵轴通过飞机重心，与飞机的飞行速度的矢量方向一致，指向前方为正；气流立轴通过飞机重心，位于对称面内，与气流纵轴方向垂直，指向上方为正；气流横轴通过飞机重心，与纵轴和竖轴垂直，指向右翼方向为正。

飞机空气动力的三个分量（升力、阻力和侧力）就是按照气流坐标系定义的。

根据所研究的问题，飞机还可采用其他坐标轴系，如地面坐标轴系、半机体坐标轴系等。

5.2 飞机的平衡

飞机的平衡是指作用于飞机的各力之和为零，各力对重心所构成的各力矩之和也为零。飞机处于平衡状态时，飞行速度的大小和方向都保持不变，也不绕重心转动。反之，飞机处于不平衡状态时，飞行速度的大小和方向将发生变化，并绕重心转动。

飞机的平衡包括“作用力平衡”和“力矩平衡”两个方面。飞行中，飞机重心移动速度的变化，直接和作用于飞机的各力是否平衡有关；飞机绕重心转动的角速度的变化，则直接和作用于飞机的各力矩是否平衡有关。

本章节主要讨论力矩平衡问题，飞机能否自动保持平衡状态，是稳定性的问题；如何改变其原有的平衡状态，则是操纵性的问题。所以，研究飞机的平衡，是分析飞机稳定性和操纵性的基础。

在机体轴中，飞机力矩的平衡分为以下三个方面。

（1）相对横轴——俯仰平衡。

（2）相对纵轴——横侧平衡。

（3）相对立轴——方向平衡。

下面分别从这三方面着手，来阐明飞机力矩平衡的客观原理、影响力矩平衡的因素以及保持平衡的方法。

5.2.1 飞机的俯仰平衡

飞机的俯仰平衡，也称纵向平衡，是指作用于飞机的各俯仰力矩之和为零。飞机取得俯仰平衡后，不绕横轴转动，迎角保持不变。

1. 飞机俯仰平衡的取得

作用于飞机的俯仰力矩很多，主要有机翼力矩、水平尾翼力矩及推力（或拉力）力矩（图 5-7）。

（1）机翼力矩。

机翼力矩就是机翼升力对飞机重心所构成的俯仰力矩，用 $M_{翼}$ 表示。机翼力矩的大小，可用式（5-3）计算，即

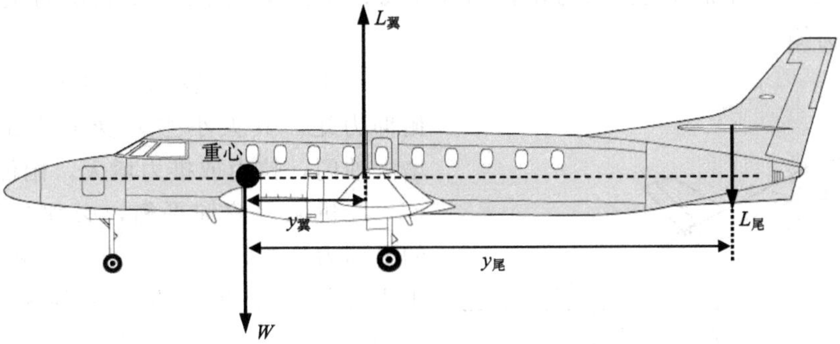

图 5-7　主要的俯仰力矩

$$M_{翼}=L_{翼}\,y_{翼}=(C_L y_{翼})\,\frac{1}{2}\rho V^2 S \tag{5-3}$$

式中，$y_{翼}$为机翼压力中心至飞机重心的距离。

由以上可知，对同一架飞机、在一定高度上以一定的速度飞行（即 ρ、S、V 不变）时，机翼力矩的大小只取决于升力系数 C_L 和压力中心至重心的距离 $y_{翼}$。而升力系数的大小和压力中心的位置又都是随机翼迎角的改变而变化的。所以，机翼力矩的大小，最终只取决于飞机重心位置的前后和迎角的大小。

一般情况，机翼力矩是下俯力矩，如图 5-7 所示。当重心后移较多而迎角又很大时，压力中心可能移至重心之前，机翼力矩变成上仰力矩。

（2）水平尾翼力矩。

水平尾翼力矩是水平尾翼升力对飞机重心所形成的俯仰力矩，用 $M_{尾}$表示。水平尾翼力矩的大小，可用式（5-4）计算，即

$$M_{尾}=L_{尾}\,y_{尾}=C_{L尾}\,\frac{1}{2}\rho V_{尾}^2\,S_{尾}\,y_{尾} \tag{5-4}$$

式中，$C_{L尾}$为水平尾翼升力系数，主要取决于水平尾翼迎角和升降舵偏转角，水平尾翼迎角又取决于机翼迎角、气流流过机翼后的下洗角以及水平尾翼的安装角，升降舵上偏或下偏，能改变水平尾翼的切面形状，从而引起水平尾翼升力系数的变化；$V_{尾}$为流向水平尾翼的气流速度，由于机身机翼的阻滞、螺旋桨滑流等影响，流向水平尾翼的气流速度往往与飞机的飞行速度不同，可能大也可能小，这与机型和飞行状态有关；$S_{尾}$为水平尾翼的面积；$y_{尾}$为水平尾翼升力着力点（即压力中心）到飞机重心的距离，迎角改变，水平尾翼升力着力点也要改变，但其改变量同 $y_{翼}$比较起来，却很微小，故 $y_{尾}$一般可认为不变。

由以上可知，对同一架飞机、在一定高度上飞行（即 ρ、$S_{尾}$、$y_{尾}$不变），若平尾安装角不变，而下洗角又取决于机翼迎角的大小。则飞行中影响水平尾翼力矩变化的主要因素是机翼迎角、升降舵偏转角和流向水平尾翼的气流速度。

在一般飞行情况下，水平尾翼产生负升力，故水平尾翼力矩是上仰力矩，如图 5-7 所示。机翼迎角很大时，也可能会形成下俯力矩。

（3）推力（或拉力）力矩。

喷气发动机的推力或螺旋桨的拉力，其作用线若不通过飞机重心，也就会形成围绕重

心的俯仰力矩，称为推力或拉力力矩，用 $M_{推}$ 或 $M_{拉}$ 表示。图 5-7 中表示的是拉力对重心形成的下俯力矩。

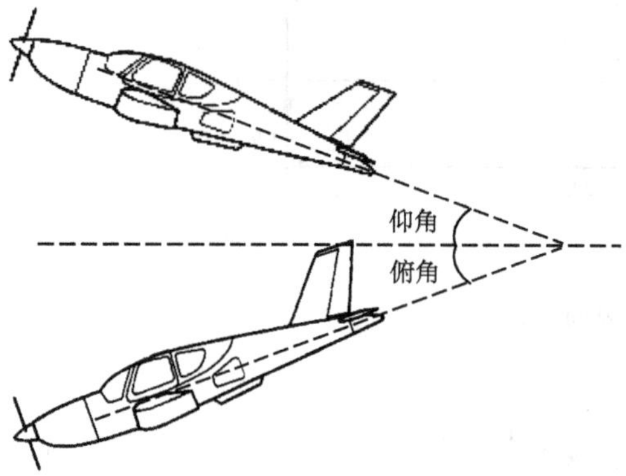

图 5-8 俯角和仰角

对于同一架飞机，拉力或推力所形成的俯仰力矩，其大小主要受油门位置的影响。增大油门，拉力或推力增大，俯仰力矩增大。

飞机取得俯仰平衡，必须是作用于飞机的上仰力矩之和等于下俯力矩之和，即作用于飞机的各俯仰力矩之和为零。用公式表示为

$$\sum M_{上仰} = \sum M_{下俯} \tag{5-5}$$

(4) 俯角和仰角。

机头上仰时，飞机的纵轴与水平面间的夹角称为仰角；机头下俯时，飞机的纵轴与水平面间的夹角称为俯角，如图 5-8 所示。

2. 影响俯仰平衡的因素

影响俯仰平衡的因素很多，主要有加减油门、收放襟翼、收放起落架和重心位置变化。

(1) 加减油门对俯仰平衡的影响。

加减油门会改变推力或拉力的大小，从而改变推力力矩或拉力力矩的大小，影响飞机的俯仰平衡。需要指出的是，加减油门后，飞机是上仰还是下俯，不能单看拉力力矩或推力力矩对俯仰平衡的影响，还需要综合考虑加减油门所引起的机翼、水平尾翼等力矩的变化。

(2) 收放襟翼对俯仰平衡的影响。

收放襟翼会引起飞机升力和俯仰力矩的改变，从而影响俯仰平衡。

放下襟翼，一方面，因机翼升力增大和压力中心后移（因机翼后缘襟翼部分上下压力差增加较多），飞机的下俯力矩增大，力图使机头下俯；另一方面，由于通过机翼的气流下洗角增大，水平尾翼的负迎角增大，负升力增大，飞机上仰力矩增大，力图使机头上仰（图 5-9）。放襟翼后，究竟是下俯力矩大还是上仰力矩大，与襟翼类型、放下的角度以及水平尾翼位置的高低、面积的大小等特点有关。

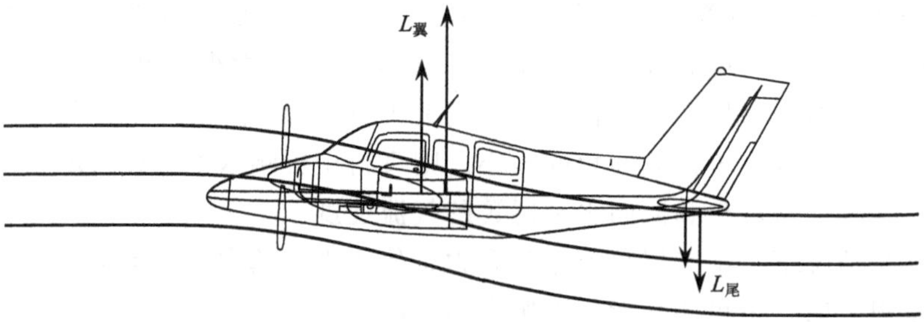

图 5-9 放襟翼对俯仰平衡的影响

为减轻放襟翼对飞机的上述影响，各型飞机对放襟翼时飞机的速度和襟翼放下的角度都有一定的规定。收襟翼，升力减小，飞机会转入向下的曲线飞行而使机头下俯。

(3) 收放起落架对俯仰平衡的影响。

收放起落架，会引起飞机重心位置的前后移动，飞机将产生附加的俯仰力矩。例如，放下起落架，如果重心前移，飞机产生附加的下俯力矩；反之，重心后移，产生附加的上仰力矩。

此外，起落架放下后，在机轮和减振支柱上还会产生阻力，该阻力形成下俯力矩影响飞机的俯仰平衡，如图 5-10 所示。

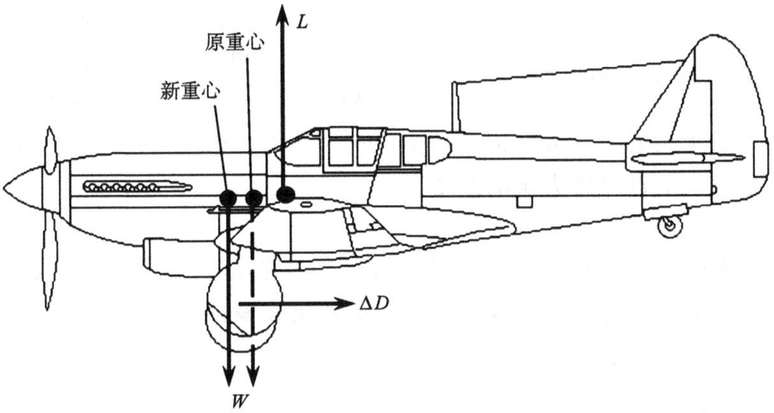

图 5-10　放起落架对俯仰平衡的影响

(4) 重心位置变化对俯仰平衡的影响。

飞行中，人员、货物的移动以及燃料的消耗等都可能会引起飞机重心位置的前后变动。重心位置的改变势必引起各俯仰力矩的改变，其主要是影响机翼力矩的改变。所以，重心前移，下俯力矩增大；反之，重心后移，上仰力矩增大。

3. 保持俯仰平衡的方法

飞行中影响飞机俯仰平衡的因素是经常存在的。为了保持飞机的俯仰平衡，飞行员可前后移动驾驶盘偏转升降舵，产生操纵力矩，来保持力矩的平衡。

5.2.2　飞机的方向平衡

飞机的方向平衡是指作用于飞机的各偏转力矩之和为零。飞机取得方向平衡后，不绕立轴转动，飞机无侧滑或侧滑角不变。

1. 飞机方向平衡的取得

(1) 侧滑。

相对气流方向与飞机对称面不一致的飞行状态称为侧滑。相对气流从左前方吹向飞机，称为左侧滑。相对气流从右前方吹向飞机，称为右侧滑。相对气流方向与飞机对称面之间的夹角称为侧滑角，用 β 表示。

(2) 飞机方向平衡。

作用于飞机的偏转力矩，主要有两翼阻力对重心形成的力矩；垂直尾翼侧力对重心形

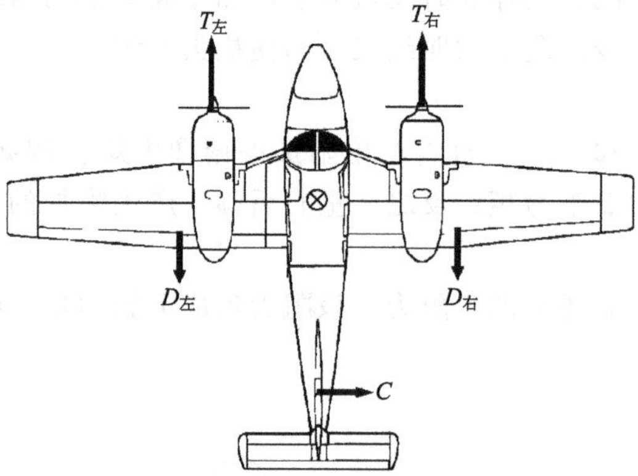

图 5-11 飞机的偏转力矩

成的力矩；双发或多发动机的推力（或拉力）对重心形成的力矩（图 5-11）。

垂直尾翼上侧力，可能因飞机的侧滑、螺旋桨滑流的扭转以及偏转方向舵等产生。

飞机取得方向平衡，必须是作用于飞机的左偏力矩之和等于右偏力矩之和，即作用于飞机的各偏转力矩之和为零。

$$\sum M_{左偏}=\sum M_{右偏} \tag{5-6}$$

2. 影响方向平衡的因素

一边机翼变形（或两边机翼形状不一致），左、右两翼阻力不等；多发飞机左、右两边发动机工作状态不同，或一边发动机停车，从而产生不对称推力；螺旋桨飞机滑流由于油门的变化引起垂直尾翼力矩的改变。

3. 保持方向平衡的方法

飞机的方向平衡受到破坏时，最有效地克服方法就是适当地蹬舵或使用方向舵调整片，利用偏转方向舵产生的方向操纵力矩来平衡使机头偏转的力矩，从而保持飞机的方向平衡。

5.2.3 飞机的横侧平衡

飞机的横侧平衡是指作用于飞机的各滚转力矩之和为零。飞机取得横侧平衡后，不绕纵轴滚转，坡度不变或没有坡度。

1. 飞机横侧平衡的取得

作用于飞机的滚转力矩，主要有两翼升力对重心形成的力矩和螺旋桨旋转时的反作用力矩（图 5-12）。

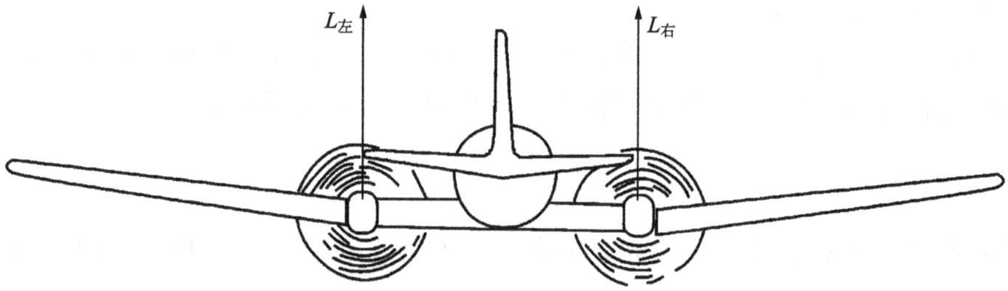

图 5-12 飞机的滚转力矩

要使飞机获得横侧平衡，必须使飞机的左滚力矩之和等于右滚力矩之和，即作用于飞机的各滚转力矩之和为零。

$$\sum M_{左滚}=\sum M_{右滚} \tag{5-7}$$

2. 影响横侧平衡的因素

一边机翼变形（或两边机翼形状不一致），两翼升力不等；螺旋桨发动机油门改变，螺旋桨反作用力矩随之改变；重心左右移动（如两翼油箱的耗油量不均），两翼升力作用点至重心的力臂改变，形成附加滚转力矩。

3. 保持横侧平衡的方法

飞机的横侧平衡受到破坏时，飞行员保持平衡最有效的方法就是适当转动驾驶盘或使用副翼调整片，利用偏转副翼产生的横侧操纵力矩来平衡使飞机滚转的力矩，以保持飞机的横侧平衡。

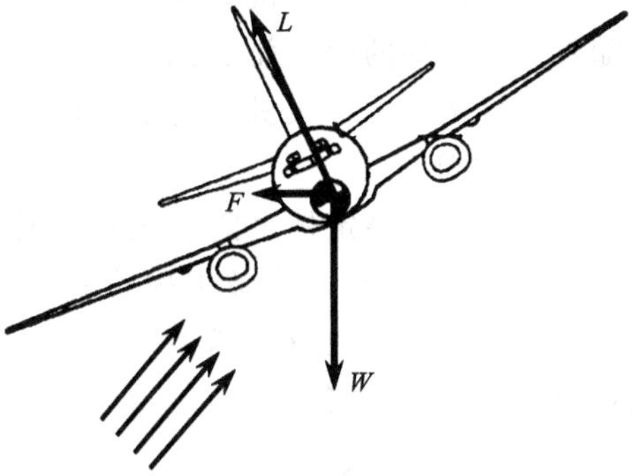

图 5-13　横侧平衡破坏后的飞机状态

5.2.4 侧向平衡

如果横侧平衡受到扰动被破坏，飞机就会产生坡度。这时，升力会随飞机的对称面发生倾斜，而飞机的重力 W 永远垂直于地面，如图 5-13所示。此时，飞机的升力与重力形成合力 F，该力作为飞机运动的向心力，使飞机的运动方向发生了改变而产生侧滑。飞机侧滑后，方向舵上产生的空气动力破坏了飞机的方向平衡。

如果飞机的方向平衡受到扰动被破坏，飞机会发生偏转形成侧滑，如图 5-14 所示。由图可知，外翼的有效分速较大，外翼的升力增大，内翼的有效分速较小，内翼的升力减小，内外翼形成升力差，使得飞机向内翼一侧产生坡度，破坏了飞机的横侧平衡。

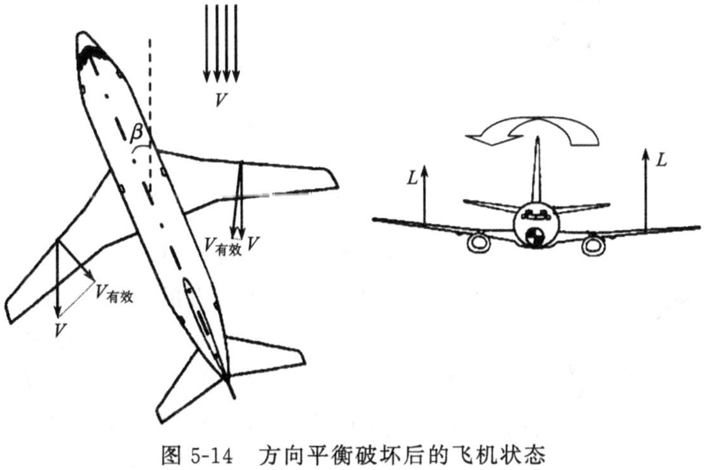

图 5-14　方向平衡破坏后的飞机状态

综上所述，飞机的方向平衡和横侧平衡是相互联系、相互依赖的，方向平衡受到破坏，若不修正就会引起横侧平衡的破坏。反之，如果失去横侧平衡，方向平衡也保持不住。通常将飞机的方向平衡和横侧平衡合起来称为飞机的侧向平衡。

5.3 飞机的稳定性

在飞行中，飞机会经常受到各种扰动（如阵风、发动机工作不均衡、舵面的偶然偏转等）而使飞机偏离原来的平衡状态。若飞机偏离后能自动恢复原来的平衡状态，说明飞机是稳定的，或说飞机具有稳定性。

5.3.1 稳定性定义

飞机的稳定性是飞机本身必须具有的一种特性。但飞机的稳定性不是一成不变的，而是随着飞行条件的改变而变化的。即在一定的飞行条件下，飞机具有足够的稳定性，而在另一些飞行条件下，飞机的稳定性可能减弱，甚至由稳定变成不稳定。

1. 稳定性

在说明飞机稳定性之前，先看一般物体的稳定性。例如，一个悬挂着的、处于平衡状态的摆锤（图 5-15），受微小扰动偏离了平衡位置，在扰动消失后，摆锤在平衡位置附近来回摆动，摆动幅度越来越小，最后停止在原来的平衡位置上，这说明，悬摆是稳定的，或者说悬摆具有稳定性。

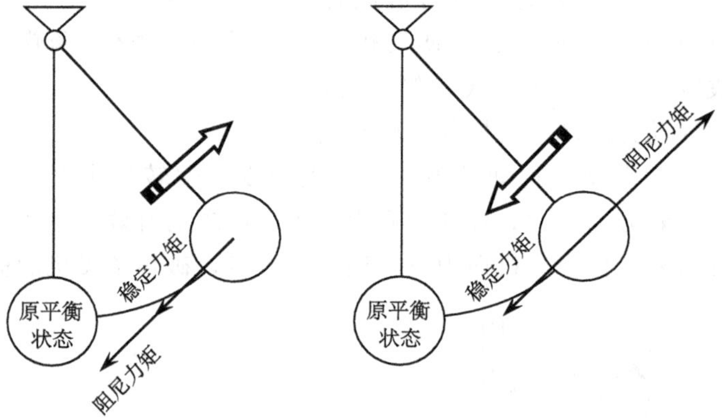

图 5-15　悬摆的稳定性

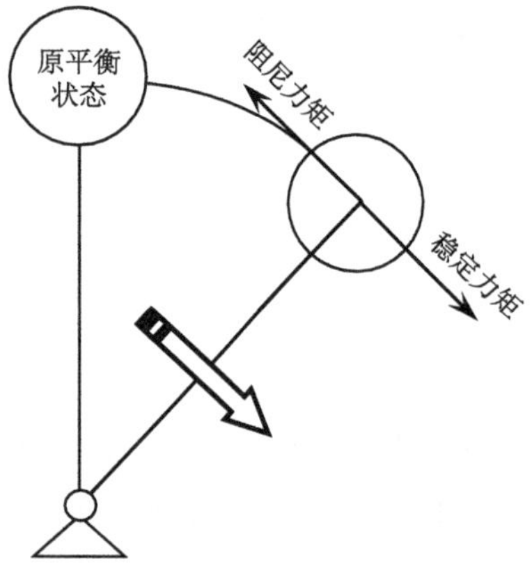

图 5-16　竖摆的不稳定性

悬摆之所以具有稳定性，其原因有两个：一是当摆锤不在平衡位置时，可将摆锤重力分解成同摆杆平行的分力和同摆杆垂直的分力。垂直分力对摆轴构成一个力矩，使摆锤具有自动恢复原来平衡位置的趋势。这个力矩称为稳定力矩。二是摆锤在来回摆动中，作用于摆锤的空气阻力对摆轴也构成一个力矩，阻止摆锤摆动，这个力矩称为阻转力矩。阻转力矩的方向与摆锤摆动的方向始终相反，所以，摆锤摆动的幅度越来越小，最后完全消失，摆锤回到原平衡位置上。

如果没有稳定力矩，如图 5-16 所示的竖摆偏离平衡位置后，垂直分力对摆轴构成的是一个不稳定力矩，使摆锤更加偏离平衡位置，直到倒下，说明竖摆是不稳定的，或者说竖摆没有稳定性。可见，稳定力矩是稳定性的必要条件。但是，只有稳定力矩而没有阻转力矩，如悬摆，摆锤将来回摆动，只有阻转力矩才能使摆锤的摆动停下来。因此，只有在稳定力矩和阻转力矩的共同作用下，才能充分保证悬摆具有稳定性。

2. 飞机的静稳定性和动稳定性

飞机的稳定性原理与悬摆的稳定性原理基本上是一样的，飞机之所以有稳定性，首先是因为飞机偏离原来平衡状态时出现了稳定力矩，使飞机具有自动恢复原来平衡状态的趋势；其次是因为在摆动过程中，又出现了阻转力矩，促使飞机摆动减弱乃至消失。可见，飞机的稳定性就是在飞行中，当飞机受微小扰动而偏离原来的平衡状态，并在扰动消失后，不经飞行员操纵，飞机自动恢复原来平衡状态的特性。

飞机的稳定性又可分为静稳定性和动稳定性两部分。

（1）飞机的静稳定性。

静稳定性研究物体受扰后的最初响应问题。飞机受到扰动后出现稳定力矩，具有回到原平衡状态的趋势，称为飞机是静稳定的，也就是飞机具有正的静稳定性。如果飞机产生的稳定力矩不仅没有使飞机回到原平衡状态的趋势，而且会使飞机远离原来的平衡状态，称飞机具有负的静稳定性（图 5-17）。

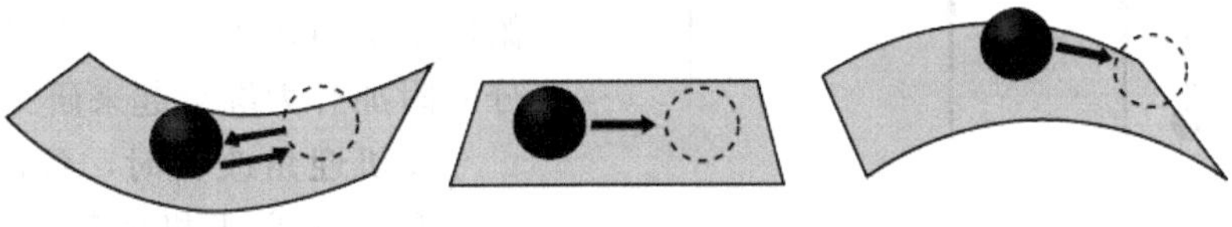
(a) 正的静稳定性　(b) 中立静稳定性　(c) 负的静稳定性

图 5-17　飞机的静稳定性

（2）飞机的动稳定性。

动稳定性研究物体受扰运动的时间响应历程问题。飞机在受扰动后的运动过程中出现阻尼力矩，最终使物体回到原平衡状态，称飞机是动稳定的，也就是飞机具有正的动稳定性。如果飞机在受扰动后的运动过程中不仅没有最终使飞机回到原平衡状态，而且会使飞机不断地远离原来的平衡状态，称飞机具有负的动稳定性。飞机在受扰动后的运动过程中保持等幅振荡，称飞机具有中立动稳定性，如图 5-18 所示。

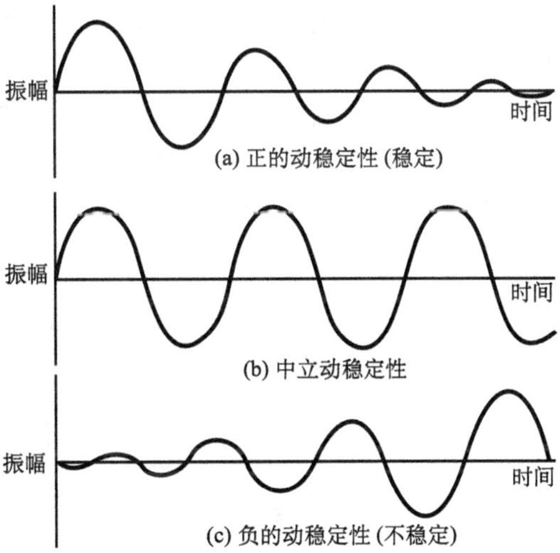

(a) 正的动稳定性 (稳定)

(b) 中立动稳定性

(c) 负的动稳定性 (不稳定)

图 5-18　飞机的动稳定性

5.3.2　飞机的俯仰稳定性

俯仰稳定性是飞行中飞机受微小扰动以致迎角变化时，在扰动消失后，飞机自动趋向恢复原来迎角的特性。飞机具有的俯仰稳定性，是俯仰稳定力矩和俯仰阻转力矩共同作用的结果。

1. 俯仰稳定力矩

飞机的俯仰稳定力矩主要由水平尾翼产生。如图 5-19 所示，当飞机受扰动而机翼迎角增大时，水平尾翼迎角也增大，产生向上的附加升力，对飞机重心形成下俯的稳定力矩，使飞机趋向于恢复原来的迎角。反之，当飞机受扰动而迎角减小时，水平尾翼产生向下的附加升力，对重心形成上仰的稳定力矩，也使飞机趋向于恢复原来的迎角。

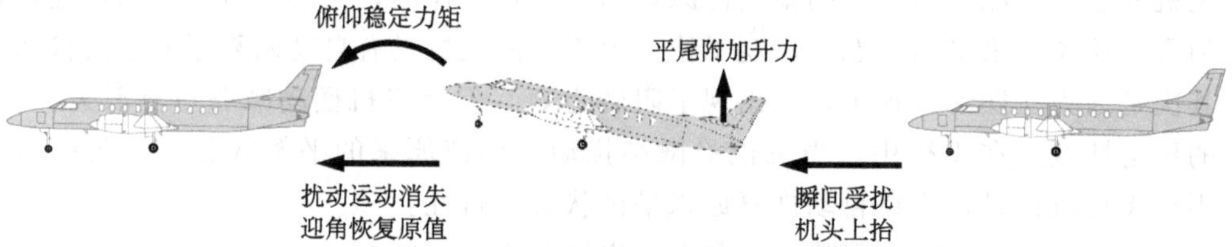

图 5-19 水平尾翼产生的俯仰稳定力矩

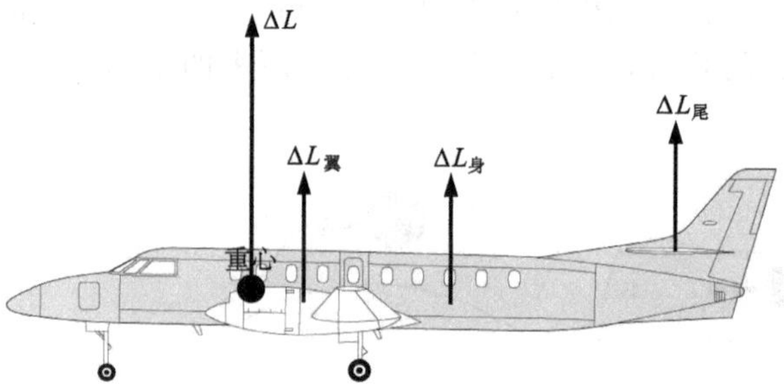

图 5-20 飞机各部分的附加力矩

实际上，当飞机受扰动迎角变化时，除水平尾翼迎角随之变化，机身、机翼、螺旋桨等部分的迎角也要发生变化，同样会产生附加升力（图 5-20）。要弄清俯仰稳定力矩的产生，就需将飞机各部分的附加升力综合起来研究。

飞机迎角改变时，各部分附加升力的总和，称为飞机的附加升力（ΔL）。飞机附加升力的着力点，称为飞机的焦点。飞机的附加升力可以是正，也可以是负。迎角增加，附加升力为正；迎角减少，附加升力为负。实验结果表明，低速飞行时，迎角改变，飞机焦点位置是固定不变的。飞机焦点位置的表示法与重心位置的表示法相同。

飞机焦点位于飞机重心之后，飞机具有俯仰稳定性。因为当飞机受扰动而迎角增大时，飞机附加升力（ΔL）对重心形成下俯的稳定力矩，使飞机具有自动恢复原来迎角的趋势，如图 5-21 所示。反之，迎角减小时，产生上仰的稳定力矩。

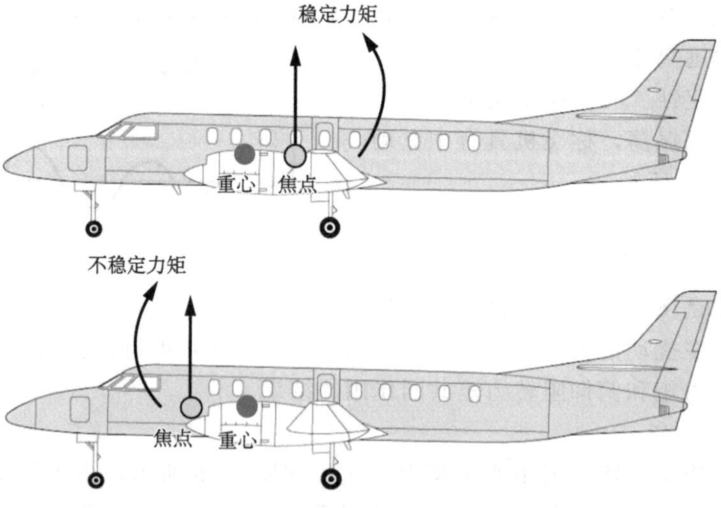

图 5-21 飞机焦点与飞机重心的两种位置关系

飞机焦点位于飞机重心之前，飞机就没有俯仰稳定性。因为当飞机受扰动而迎角增大时，飞机附加升力（ΔL）对重心形成上仰的不稳定力矩，迫使迎角更加增大。反之，当迎角减小时，不稳定力矩则迫使迎角更加减小。

飞机焦点与重心重合，飞机处于中立稳定。因为当飞机受扰动而迎角发生变化时，飞机附加升力（ΔL）正好作用于飞机重心，对重心的力矩等于零，飞机既不自动恢复原来的迎角，也不更加偏离原来迎角。

可见，为保证飞机具有俯仰稳定性，必须使飞机焦点位于飞机重心之后。对一般飞机来说，飞机焦点之所以能在飞机重心之后，是水平尾翼作用的结果。因水平尾翼附加升力距离重心的距离远，由平行力求合力的原理可知，飞机总的附加升力的着力点，即飞机的焦点，大大向后移动。

2. 俯仰阻转力矩

飞行中，仅有俯仰稳定力矩是不足以保证飞机自动恢复到原来迎角的。如图 5-22 所示，例如，飞机原以 4°迎角平飞，受扰动以致迎角增加到 6°时，飞机产生下俯稳定力矩，机头向下转动，减小迎角。当迎角减小到 4°时，由于下俯角速度还未消失，机头继续向下转动，迎角继续减小。当迎角小于 4°时，飞机上产生上仰稳定力矩，阻止机头向下转动，使下俯角速度逐渐减小，迎角减小到 2°时，下俯角速度减小到零，飞机停止向下转动，迎角重新增加到 6°。这样，飞机势必不停地俯仰摆动，不能自动恢复到原来的迎角。

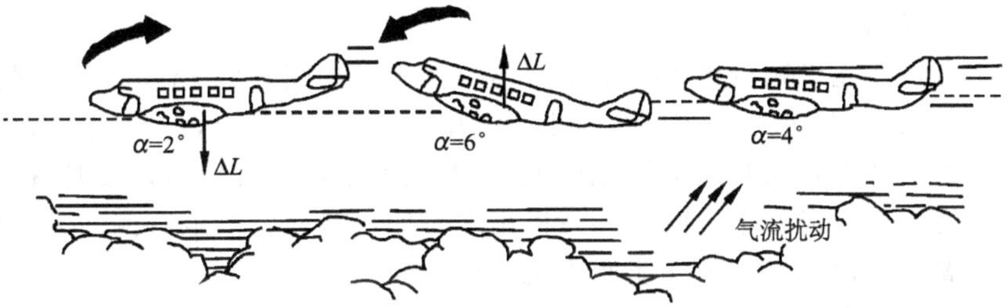

图 5-22　稳定力矩作用下飞机俯仰摆动的情形

要使飞机最后能恢复到原来的迎角，除了要有稳定力矩，使飞机具有自动恢复原来迎角的趋势，还要在飞机俯仰摆动过程中形成阻转力矩，迫使飞机的摆动逐渐减弱乃至消失。

俯仰阻转力矩主要由水平尾翼产生。如图 5-23 所示，当机头向上转动时，水平尾翼向下转动，在水平尾翼上，引起向上的相对气流速度（ΔV）。这时，流向水平尾翼的实际气流速度（$V_{尾}$），等于流向水平尾翼的迎面气流速度（V）和向上的相对气流速度（ΔV）的合速度。因此，水平尾翼迎角增大，在水平尾翼上产生正的附加升力（$\Delta L_{尾}$）对重心

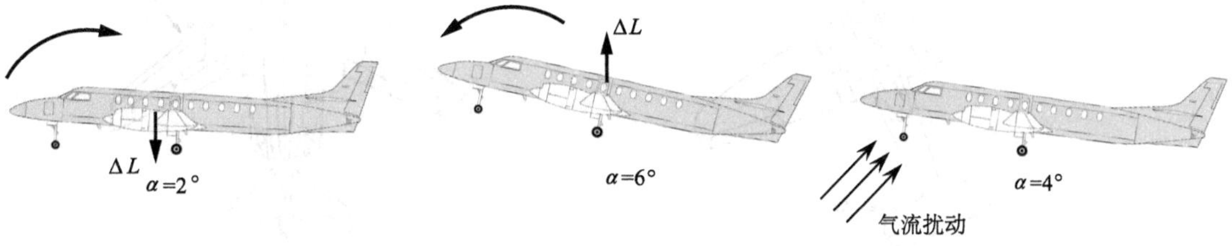

图 5-23　稳定力矩作用下飞机俯仰摆动的情形

形成力矩，阻止机头向上转动。这个力矩就是俯仰阻转力矩。同理，当机头向下转动时，水平尾翼产生向上的阻转力矩。这就是说，飞行中，只要飞机绕横轴转动，就会引起水平尾翼迎角变化，从而产生与机头转动方向始终相反的阻转力矩。

飞机在俯仰稳定力矩和俯仰阻转力矩作用下，可恢复到原来迎角。如图 5-22 所示，飞机原以 4°迎角平飞，当受同样扰动、机头向上转动时，因迎角增大飞机产生向下的稳定力矩，同时，飞机还产生向下的阻转力矩，这就使上仰角速度迅速消失，上仰角速度减小到零，迎角增到最大（但一定比 6°小），下俯稳定力矩达最大值。在下俯稳定力矩作用下，迫使机头向下转动，力图恢复原来迎角。机头向下转动的同时，飞机产生向上的阻转力矩，使得下俯角速度逐渐减小乃至消失。飞行实践证明，在低速飞行中，水平尾翼能够产生很大的阻转力矩，当迎角减小到原来迎角时，下俯角速度基本减小到零，飞机不需要经历明显的俯仰摆动就可以自动恢复原来的迎角。

除水平尾翼产生俯仰阻转力矩，机翼、机身等其他部分也能产生。不过，水平尾翼离飞机重心远、力臂长，产生的阻转力矩比其他部分的大得多。

5.3.3 飞机的方向稳定性

飞行中，飞机受扰动以致方向平衡状态遭到破坏，侧滑角发生改变，而在扰动消失后，飞机自动趋向恢复原来方向平衡状态的特性，称为飞机的方向稳定性。飞机具有的方向稳定性，是方向稳定力矩和方向阻转力矩共同作用的结果。

1. 方向稳定力矩

方向稳定力矩在飞机侧滑中主要由垂直尾翼产生。如图 5-24 所示，飞机受微小扰动，出现左侧滑时，空气从左前方吹向飞机，作用在垂直尾翼上，产生向右的空气动力（$\Delta C_{尾}$），对重心形成左偏力矩，力图消除左侧滑，使飞机自动趋向恢复原来的方向平衡状态。该力矩为方向稳定力矩。同理，飞机出现右侧滑时，会产生右偏的方向稳定力矩。

此外，机翼后掠角、上反角也能使飞机产生方向稳定力矩。

机翼后掠角飞机出现侧滑时，流过机翼表面的相对气流速度可分解成与机翼前缘垂直的分速（有效分速 V_n）以及与机翼前缘平行的分速（V_1）（图 5-25）。空气流过机翼表面

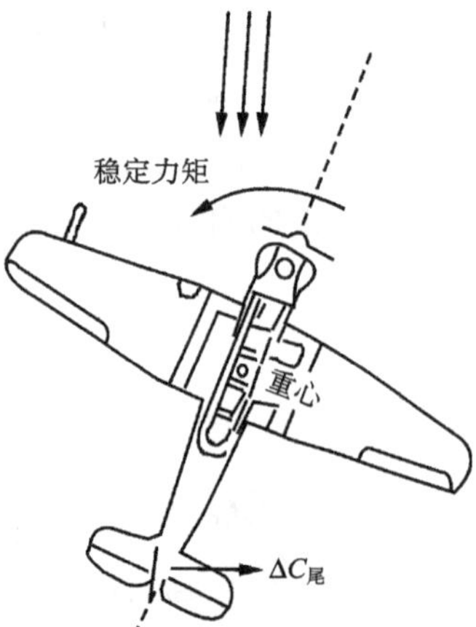

图 5-24 垂直尾翼产生的方向稳定力矩

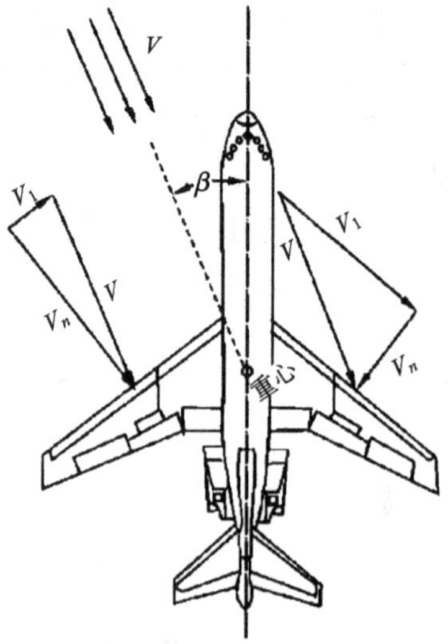

图 5-25 后掠翼产生的稳定力矩

时，只有有效分速才会影响沿翼弦方向的压力分布，形成阻力。在侧滑中，侧滑前翼的垂直分速比侧滑后翼的大，因而侧滑前翼的阻力比侧滑后翼的大，两边机翼阻力之差，形成方向稳定力矩。

上反角之所以能产生方向稳定力矩，是因为在侧滑中侧滑前翼迎角增大，阻力增大，侧滑后翼的迎角减小，阻力减小，如图 5-26 所示。两翼的阻力之差对重心形成方向稳定力矩。

图 5-26　机翼上反角产生的稳定力矩

另外，有的飞机机身上安装有背鳍和腹鳍，相当于增大了垂直尾翼的面积，增强了方向稳定性。垂直尾翼后掠，垂直尾翼侧力（$\Delta C_{尾}$）到重心力臂增长，也能增强方向稳定性。

2. 方向阻转力矩

飞机有方向稳定力矩，只是使飞机具有自动恢复原来方向平衡的趋势，还必须在方向摆动过程中产生阻转力矩，才能使方向摆动逐渐减弱，以至最终消失。

方向阻转力矩，主要由垂直尾翼产生。例如，机头右偏时，垂直尾翼向左运动，在垂直尾翼上产生向右的相对气流速度（ΔV），垂直尾翼的实际气流（$V_{尾}$）从垂直尾翼左前方吹来，在垂直尾翼上形成侧滑角，垂直尾翼上产生向右的附加侧力（$\Delta C_{尾}$）（图 5-27），对重心形成方向阻转力矩，阻止机头向右偏转。同理，机头向左偏转，也要产生阻止机头向左偏转的阻转力矩。

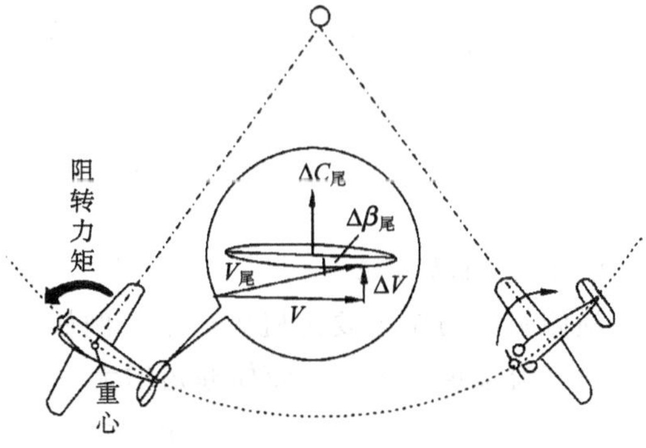

图 5-27　方向阻转力矩

由以上可知，飞行中只要飞机绕立轴偏转，就会引起垂直尾翼上侧滑角发生变化，而产生方向阻转力矩。

5.3.4　飞机的横侧稳定性

飞行中，飞机受扰动以致横侧平衡状态遭到破坏，坡度发生改变，而在扰动消失后，飞机自动趋向恢复原来横侧平衡状态的特性，称为飞机的横侧稳定性。飞机之所以具有横侧稳定性，是横侧稳定力矩和横侧阻转力矩共同作用的结果。

1. 横侧稳定力矩

横侧稳定力矩是侧滑中、主要由机翼上反角和机翼后掠角产生的。例如，平飞中，飞机受微小扰动而带左坡度时，升力和重力的合力 F 形成向心力，使飞机向左侧方做曲线运动（图 5-25），而出现左侧滑。此时，空气从左前方吹来，因上反角的作用，左翼迎角增大，升力增大；右翼迎角减小，升力减小。加之左翼上表面的气流比较平顺，升力也比较大；而右翼上表面可能产生气流分离，升力较小。于是，左右机翼升力之差，形成右滚力矩，力图消除左坡度，进而消除侧滑，而使飞机具有自动恢复原来横侧平衡状态的趋势。该力矩为横侧稳定力矩。显然，下反角将产生不稳定力矩。

机翼后掠角也使飞机产生横侧稳定力矩。当飞机出现侧滑时，侧滑前翼的垂直分速比侧滑后翼大，因此，侧滑前翼的升力比侧滑后翼大，两边机翼升力之差，形成横侧稳定力矩。此外，在侧滑时，垂直尾翼上产生的附加侧力（$\Delta C_{尾}$），其着力点在飞机重心位置之上，也会对重心形成横侧稳定力矩。

另外，机翼的上下位置不同，对飞机的横侧稳定性也有影响。如图 5-28 所示，当飞机受扰动呈现坡度产生侧滑时，对于上单翼飞机，侧滑前翼下表面，气流受到机身阻挡，流速减慢，压力升高，升力增大。于是，形成横侧稳定力矩，增强了横侧稳定性。对于下单翼飞机，侧滑前翼上表面，气流受到机身阻挡，流速减慢，压力升高，升力减小。于是，形成横侧不稳定力矩，削弱了横侧稳定性。对于中单翼飞机，侧滑前翼上下表面，气流均受到机身阻挡，速度均减小，压力均增高，对横侧稳定性影响不大。

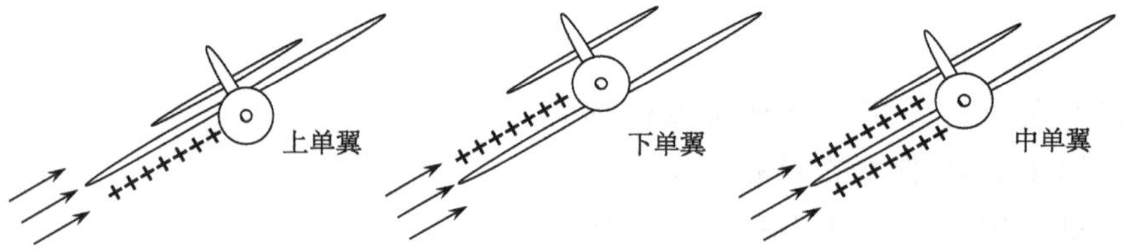

图 5-28　机翼上下位置对横侧稳定性的影响

2. 横侧阻转力矩

横侧阻转力矩主要由机翼产生。例如，飞机向左滚转，左翼下沉，在左翼上引起向上的相对气流速度（ΔV），而使迎角增大（图 5-29），产生正的附加升力（在临界迎角内）。

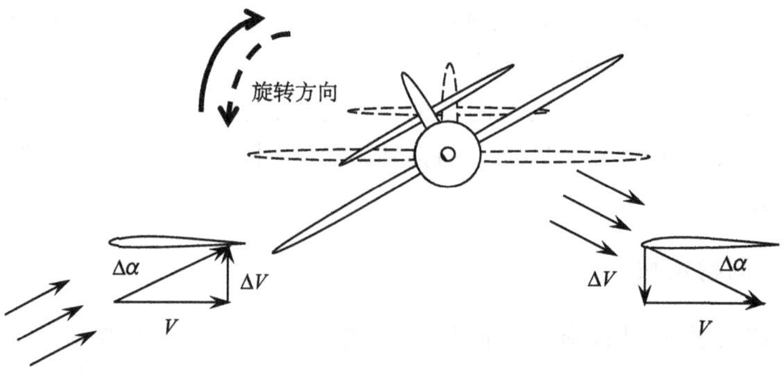

图 5-29　横侧阻转力矩（机翼的起始迎角为零）

右翼上扬，在左翼上引起向下的相对气流速度（ΔV），而使迎角减小，产生负的附加升力。左右机翼升力之差，形成向右的横侧阻转力矩，阻止飞机向左滚转。同理，飞机向右滚转，产生向左的横侧阻转力矩。

飞行中只要飞机绕纵轴滚转，左、右机翼迎角就会有差别，如果迎角不超过临界迎角，就会产生横侧阻转力矩。

5.3.5 侧向稳定性

类似侧向平衡，方向稳定性与横侧稳定性也是互相联系而不能单独存在的。

飞行中飞机若无侧滑，既不会产生方向稳定力矩，也不会产生横侧稳定力矩。如果飞机有侧滑，除产生向侧滑一边偏转的方向稳定力矩，同时还要产生向侧滑反方向滚转的横侧稳定力矩。例如，飞机受扰动出现左侧滑时，飞机除产生方向稳定力矩，使机头左偏，还要产生横侧稳定力矩，使飞机向右滚转。又例如，飞机受扰动向左倾斜时，飞机就要出现左侧滑，除产生横侧稳定力矩，使飞机向右滚转，消除倾斜，同时还产生方向稳定力矩，使飞机向左偏转，消除侧滑。

由此可见，飞机的方向稳定性和横侧稳定性是彼此互相联系的。飞机的方向稳定性和横侧稳定性的总和，称为侧向稳定性。要使飞机侧向具有稳定性，除必须使飞机具有方向稳定性和横侧稳定性，还必须使两者之间保持一定的关系。也就是说，只有当方向稳定性和横侧稳定性配合恰当，才能保证飞机的侧向稳定性。否则，飞机侧向将是不稳定的。

如果飞机的横侧稳定性过强，而方向稳定性过弱，飞机克服倾斜就比克服侧滑要快。例如，当飞机受扰动左侧滑时，飞机向左偏转很慢，向右滚转很快，使飞机向右倾斜，并形成右侧滑。右侧滑使飞机又很快向左滚转，因横侧稳定性过大，飞机又进入左倾斜，结果使飞机连续产生左右摆动。这种由于横侧稳定性强于方向稳定性所造成的既偏航又滚转的横航向耦合运动，又称荷兰滚。飞机的这种不稳定性，称为飘摆不稳定性。

如果飞机的方向稳定性过强，当飞机受扰动出现侧滑时，飞机向侧滑方向偏转很快，而向侧滑反方向滚转很慢，由于偏转而引起两翼速度差，飞机经常处于倾斜状态之中，产生长时间的侧滑，飞机不断向侧滑方向偏转，结果飞机进入缓慢地沿螺旋线的下降运动。飞机的这种不稳定性，称为螺旋不稳定性。

5.3.6 影响飞机稳定性的因素

飞机稳定性的强弱，主要取决于飞机重心位置、飞行速度、飞行高度和迎角的变化。

1. 重心位置

飞机重心位置越靠前，重心到飞机焦点的距离越远，飞机受扰动后，迎角变化所产生的稳定力矩就越大，俯仰稳定性就越强。飞机在同样的扰动下，俯仰摆动的幅度比较小。

重心位置越靠前，方向稳定性增强，但不显著。因为重心到垂尾侧力着力点的距离，比重心到飞机焦点的距离大得多，所以，重心移动对方向稳定性影响小。

重心前后移动，不影响横侧稳定性。这是因为重心前后移动不影响滚转力矩的大小。

2. 速度变化对飞机稳定性的影响

飞机摆动衰减时间的长短，主要取决于阻转力矩的大小。阻转力矩越大，摆动消失越快，飞机恢复原来的平衡状态就越迅速。实践表明，在同一高度上，飞机所产生的阻转力矩与速度的平方成正比。速度越大，阻转力矩越大，迫使飞机摆动迅速消失，飞机稳定性越强。反之，速度越小，飞机稳定性越弱。

3. 高度变化对飞机稳定性的影响

高度升高，阻转力矩减小，飞机摆动的衰减时间增长，稳定性减弱。

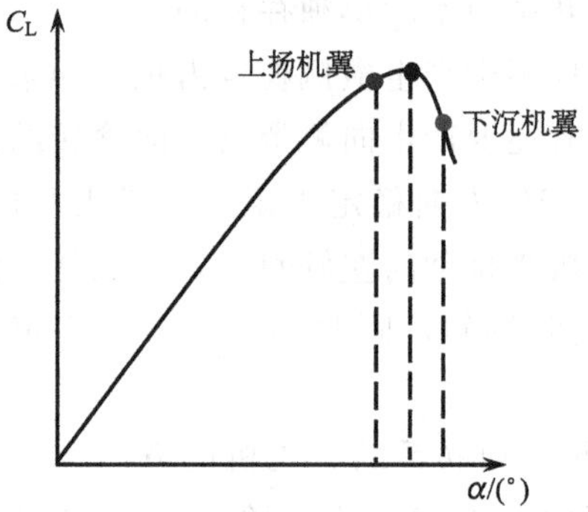

图 5-30 大迎角对飞机稳定性的影响

4. 大迎角飞行对飞机稳定性的影响

在接近临界迎角的大迎角下飞行，因横侧阻转力矩的方向可能发生变化，所以飞机可能失去横侧稳定性。

例如，飞机受扰动以致向左倾斜时，左翼下沉，迎角增大，右翼上扬，迎角减小，如图 5-30 所示。如果超过临界迎角，迎角大的左翼升力反而小，迎角小的右翼升力反而大。这样，两翼升力之差形成的横侧阻转力矩就改变了方向，不仅不能阻止飞机滚转，反而使滚转加快，而失去横侧稳定性。

5.4 飞机的操纵性

飞机的稳定性是飞机本身应具有的一种特性。在飞行中，飞机的稳定性能帮助飞行员保持飞机的平衡状态。但是，飞机的稳定性是相对的、有条件的。对于同一机型，飞行速度、飞行高度、飞机迎角、重心位置等飞行条件发生了变化，飞机的稳定性也会随之发生变化。例如，小速度飞行，稳定性较差；迎角超过临界迎角，由于没有横侧阻转力矩，飞机会丧失侧向稳定性；当飞机重心后移至飞机焦点之后时，由于飞机附加升力对重心形成不稳定力矩，飞机会丧失俯仰稳定性。在某些情况下，飞机受扰动偏离原来平衡状态时，只能自动恢复原来的力和力矩的平衡，而不能自动恢复原来的飞行状态。例如，在平飞中，飞机受扰动发生倾斜和侧滑时，在升力和重力的合力作用上，飞机向侧下方运动，具有侧向稳定性的飞机，此时虽能自动消除倾斜和侧滑，迫使飞机恢复原来的平衡状态，但却不能恢复原来的飞行状态，因飞行高度和飞行方向都已改变。而且，飞机受扰动作用越强，或扰动作用的时间越长，飞机偏离平衡状态越多，飞行状态改变越显著。因此，要想飞机完全恢复原来的飞行状态，飞行员就不能完全依赖飞机的稳定性，而必须主动地、及时地对飞机实施操纵才行。

飞机除应具有必要的稳定性，还应具有良好的操纵性。以保证飞行员实现有意识的飞行。所谓飞机的操纵性，通常是指飞机在飞行员操纵升降舵、方向舵和副翼下改变其飞行状态的特性。操纵动作简单、省力，飞机反应快，操纵性是好的，或者说操纵是灵敏的。反之，操纵动作复杂、笨重，飞机反应慢，操纵性是不好的，或者说操纵是不灵敏的。若操纵后，飞机根本没有反应，或反应是错误的，则飞机是不能操纵的。不能操纵的飞机，是不能上天飞行的。

研究飞机的操纵性，是要研究飞机飞行状态的改变与杆舵行程（即舵面偏转角）和杆舵力大小之间的基本关系、飞机反应快慢以及影响因素等。下面分别按俯仰、方向和横侧三方面来分析飞机的操纵性。

5.4.1　飞机的俯仰操纵性

飞机的俯仰操纵性，是指飞行员操纵驾驶盘偏转升降舵之后，飞机绕横轴转动而改变其迎角等飞行状态的特性。

1. 直线飞行中改变迎角的基本原理

在直线飞行中，若飞行员向后拉一点驾驶盘，升降舵就向上偏转一个角度。于是水平尾翼上产生向下的附加升力（$\Delta L_{尾}$），对飞机重心形成俯仰操纵力矩，如图 5-31 所示，迫使机头上仰，迎角增大。由于迎角增大，引起飞机产生向上的附加升力（ΔL），其着力点是飞机的焦点。具有稳定性的飞机，焦点在重心后面。因此，飞机附加升力对重心形成俯仰稳定力矩，其方向同操纵力矩的方向相反。迎角增大，飞机附加升力和它所形成的稳定力矩也逐渐增大。直至迎角增大到一定程度，稳定力矩与操纵力矩相等，飞机俯仰力矩重新取得平衡，飞机停止转动，保持较大迎角飞行。此时，力矩的平衡关系是

$$俯仰操纵力矩=俯仰稳定力矩$$

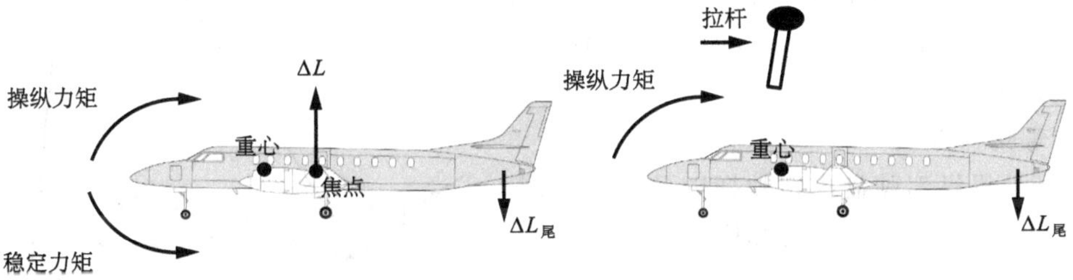

图 5-31　飞行员操纵升降舵后飞机俯仰力矩的变化

如果飞行员再向后拉一点驾驶盘，增大一些上仰操纵力矩，迎角就会再增大一点，下俯稳定力矩也相应增大一些，直至上仰操纵力矩同下俯稳定力矩重新平衡时，飞机就保持更大的迎角飞行。相反，飞行员向前推一点驾驶盘，飞机就会保持较小的迎角飞行。

由此可见，在直线飞行中，驾驶盘前后的每一个位置（或升降舵偏转角）对应着一个迎角。驾驶盘位置越靠后，升降舵上偏角越大，对应的迎角也越大。反之，驾驶盘位置越靠前，升降舵下偏角越大，对应的迎角也越小。

直线飞行中，飞机升力与重力有一定的关系。例如，平飞时，飞机升力与重力必须相等，用不同的速度平飞，就需相应地采用不同的迎角才能保持飞机升力不变。这就是说，一个平飞速度对应着一个迎角。

综上所述，在直线飞行中，驾驶盘前后的每一个位置，都对应着一个迎角或飞行速度。

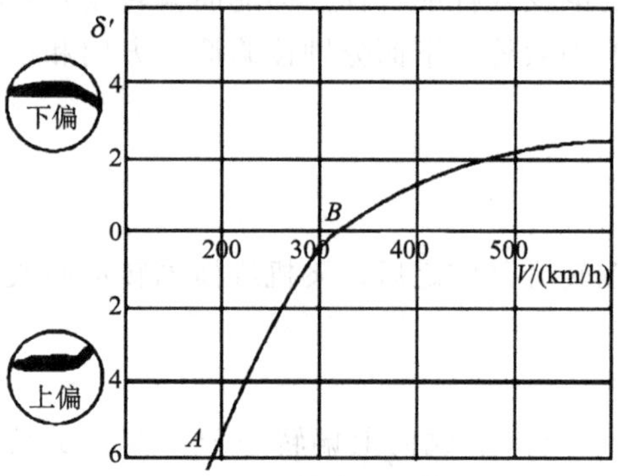

图 5-32 平飞中升降舵偏转角与飞行速度的关系曲线

图 5-32 是飞机在平飞中，升降舵偏转角与平飞速度的变化关系曲线。从曲线看出，小速度时，升降舵上偏，随着速度的增大，升降舵上偏角逐渐减小到零，再继续增大速度，升降舵转为下偏，并逐渐增大下偏角。

2. 曲线飞行中改变迎角的基本原理

图 5-33 中飞机作曲线飞行，轨迹向上弯曲。飞机在从 A 点转至 B 点的过程中，速度方向不断变化，具有俯仰稳定性的飞机，要力图保持迎角不变，机头不断地绕横轴做上仰转动。此时，由升降舵产生的操纵力矩，不仅要克服由迎角增大而产生的稳定力矩，还要克服由飞机绕横轴转动所产生的阻转力矩。当转动角速度一定时，飞机俯仰力矩的平衡关系是

俯仰操纵力矩＝俯仰稳定力矩＋俯仰阻转力矩

一部分操纵力矩与稳定力矩平衡，以保持飞机迎角不变。而另一部分则与阻转力矩平衡，以保持飞机绕横轴做等角速度转动。

由此可知，曲线飞行和直线飞行相比，飞行员移动同样多的驾驶盘行程，改变的迎角要小一些；或者说，改变同样多的迎角，驾驶盘行程要大些。

3. 驾驶杆力

飞行员操纵驾驶盘或驾驶杆以及脚蹬板时，要施加一定的力，这个力简称杆力。

(1) 杆力的产生和影响因素。

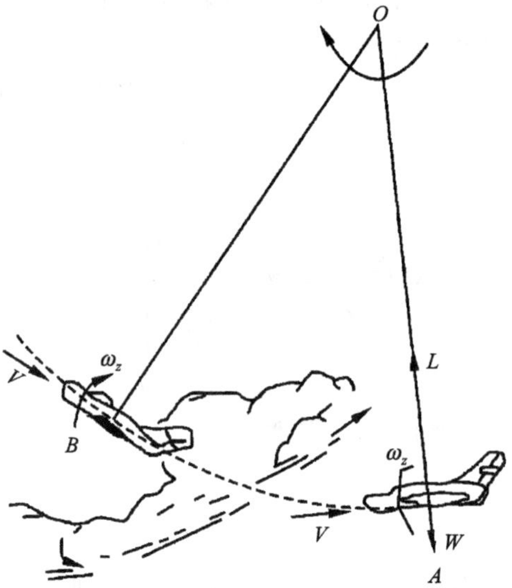

图 5-33 曲线飞行中迎角的改变

如图 5-34 所示，当飞行员向前推驾驶盘，升降舵下偏一个角度（δ）时，升降舵上产生一个向上的空气动力（$L_{轴}$），对升降舵枢轴形成一个力矩（称为枢轴力矩，又称铰链力矩），这个力矩迫使升降舵和驾驶盘返回中立位置，为保持升降舵偏角不变，即保持驾驶盘位置不变，飞行员必须用一定的力推驾驶盘，以平衡枢轴力矩的作用。反之，为了保持升降舵处于一定的上偏角，飞行员就必须用一定的力拉驾驶盘。

飞行中，升降舵偏转角越大，气流动压越大，升降舵上的空气动力也就越大，从而枢轴力矩也就越大，所需杆力也就越大。

平飞中，升降舵偏转角与速度之间有一定的关系，而要保持一定的升降舵偏转角又必须对驾驶盘施加一定的力。因此，杆力和平飞速度也就必然存在一定的关系。平飞中，杆力与速度的关系可用图 5-35 所示的曲线表示，此曲线称为杆力曲线或平衡曲线。

从图 5-35 中可以看出，小速度平飞，升降舵需要向上偏转，故飞行员施加于驾驶盘上的是拉杆力。速度逐渐增大，升降舵逐渐由上偏转为下偏，杆力由拉杆力慢慢转变成推

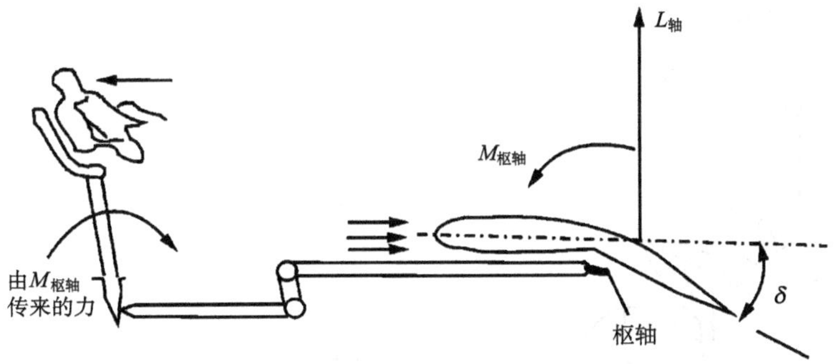

图 5-34　升降舵枢轴力矩所引起的杆力

杆力，速度越大，推杆力越大。

（2）调整片的作用。

飞行中使用调整片可减小和消除杆力。

例如，当升降舵下偏时，飞行员必须对驾驶盘施加推杆力。在这种情况下，若将升降舵调整片向上偏转（图 5-36），调整片上产生向下的空气动力（$L_{调}$），对升降舵枢轴形成力矩（$L_{调} \cdot y_1$），抵消了一部分升降舵枢轴力矩，从而减小了杆力。当调整片向上偏转到一定角度，调整片产生的枢轴力矩同升降舵产生的枢轴力矩取得平衡（$L_{调} \cdot y_1 = L_{舵} \cdot y_2$）时，升降舵就能保持下偏角不变，此时，杆力为零。

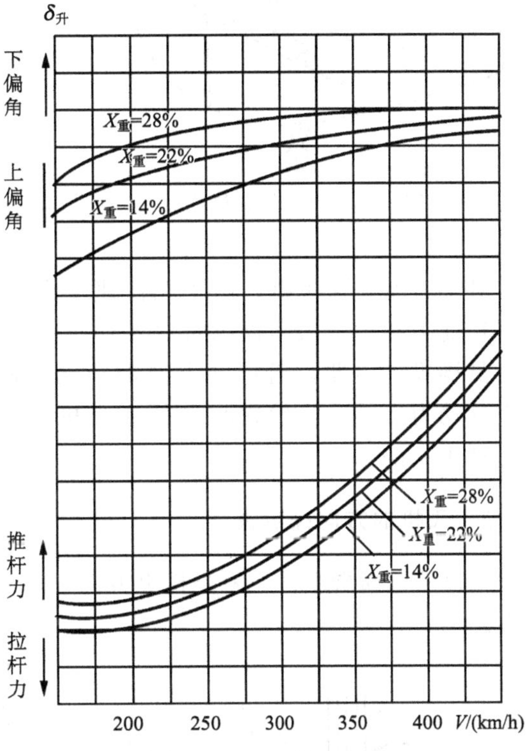

图 5-35　平飞杆力曲线

调整片的使用对各个速度下杆力的影响，如图 5-37 所示。曲线 a 为调整片中立情况下的平飞杆力曲线。曲线 b 是调整片向下偏转时的平飞杆力曲线，与曲线 a 比较可得，各个速度下都增加了额外的推杆力。这是因为调整片向下偏，要产生一个使升降舵向上转动的枢轴力矩，飞行员要保持驾驶盘位置仍不变，就必须对驾驶盘施加额外的推杆力。由于调整片引起的力矩与速度平方成正比，因此，飞行速度越大，推杆力增加也就越多。情况相反，调整片向下偏，将使各个速度上增加额外的拉杆力，如图 5-37 中曲线 c 所示。如果飞行员使用调整片把杆为零的速度调到小速度上，则在大速度飞行时，推杆力将显著增大。

此外，为减轻飞行员操纵杆舵的力量，在飞机构造上采取了改变舵面气动力着力点和枢轴的相对位置，以减小枢轴力矩的措施，这些措施称为气动补偿。在操纵系统中加装弹簧和配重也能改善杆舵力。

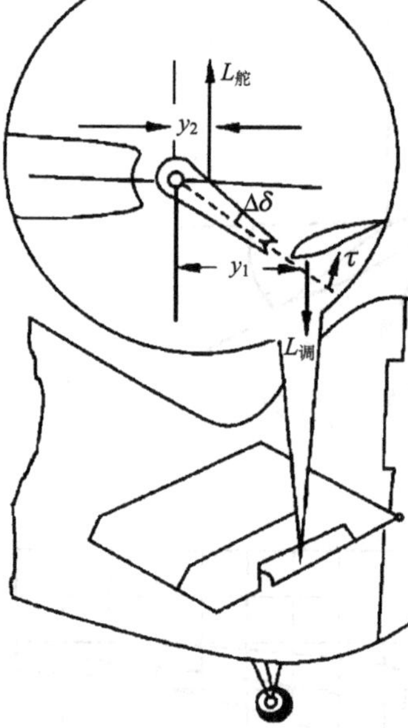

图 5-36 升降舵调整片

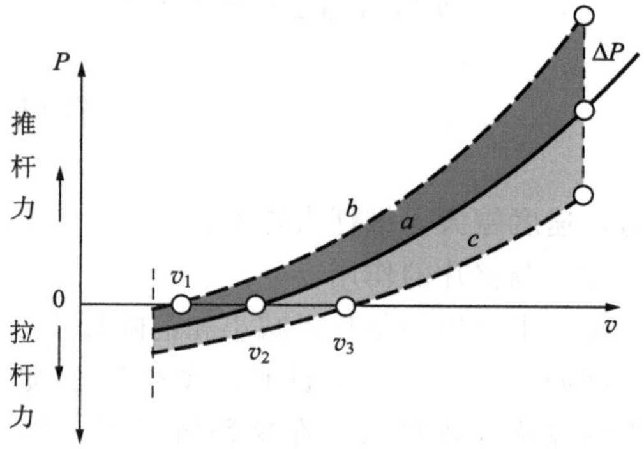

图 5-37 调整片对平飞杆力的影响

对于大型高速飞机，由于飞行速度大，舵面面积也大，枢轴力矩变得很大，因此，所需杆舵力很大，人力操纵难以胜任，一般都用以液压或电力为动力的助力操纵系统。飞行员操纵助力器，通过助力器带动舵面偏转。而杆力完全来自杆力模拟机构，与舵面空气动力无关。显然在小型低速飞机上用调整片减轻或消除杆力的办法，是不适用于这种飞机的。

5.4.2 飞机的方向操纵性

飞机的方向操纵性，就是操纵方向舵，飞机绕立轴偏转而改变其侧滑角等飞行状态的特性。

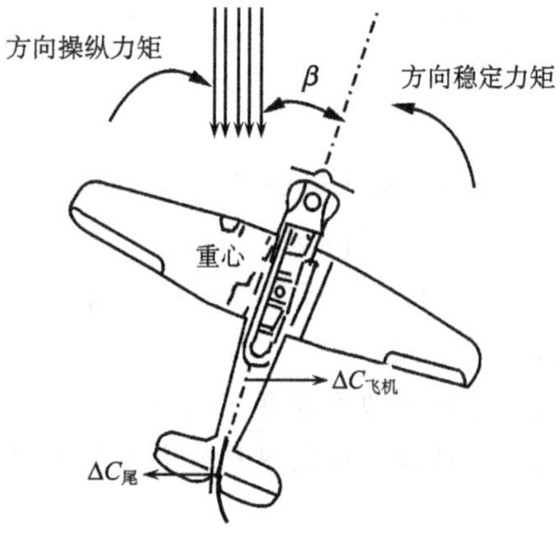

图 5-38 方向操纵力矩

1. 方向操纵性

偏转方向舵改变侧滑角的原理同偏转升降舵改变迎角的原理是类似的。

例如，在没有侧滑的直线飞行中，飞行员蹬右舵使方向舵向右偏转一定角度，在垂直尾翼上产生侧力（$\Delta C_尾$），对重心形成一个右偏的方向操纵力矩，使机头向右偏转。在机头右偏过程中，出现左侧滑，在机身、垂直尾翼上产生向右的侧力（$\Delta C_{飞机}$），对重心形成左偏的方向稳定力矩，力图阻止侧滑角的扩大（图 5-38）。起初，右偏的方向操纵力矩大于左偏的方向稳定力矩，侧滑角继续增大。但左偏的方向稳定力矩是随着侧滑角

的增大而增大的，直至方向稳定力矩增大到与方向操纵力矩取得平衡时，飞机保持侧滑角不变。此时，力矩的平衡关系为

方向操纵力矩＝方向稳定力矩

对于方向操纵，在直线飞行中，每一个脚蹬位置，对应着一个侧滑角，蹬右舵，飞机产生左侧滑；蹬左舵，飞机产生右侧滑。

方向舵偏转后，同样产生方向舵枢轴力矩，故飞行员需要用力蹬舵才能保持方向舵偏转角不变。方向舵偏转角越大，气流动压越大，蹬舵力越大。

2. 侧滑

1）侧滑产生的原因

飞机侧滑产生的原因有两种：一是飞机的对称面偏离飞行轨迹；二是飞行轨迹偏离飞机的对称面。

（1）飞机的对称面偏离飞行轨迹。

飞行中由于飞机对称面偏离飞行轨迹而造成的侧滑，从操纵上讲主要是飞行员只蹬舵所引起的。

例如，飞行员只蹬左舵，形成一个方向操纵力矩，使机头向左偏转，飞机对称面偏离飞行轨迹而出现右侧滑。在机头偏转的过程中，出现了阻转力矩。同时，空气从侧方吹来，产生垂直于运动方向的侧力，又形成方向安定力矩，力图减小侧滑角。当阻转力矩与方向安定力矩之和同方向操纵力矩取得平衡时，飞机便保持一定的侧滑角做带侧滑的飞行。此时，力矩虽然取得平衡，但侧力（C）并没有取得平衡，侧力起着向心力的作用，故飞机做带右侧滑的左转弯，如图 5-39 所示。这种向转弯反方向的侧滑，称为外侧滑。

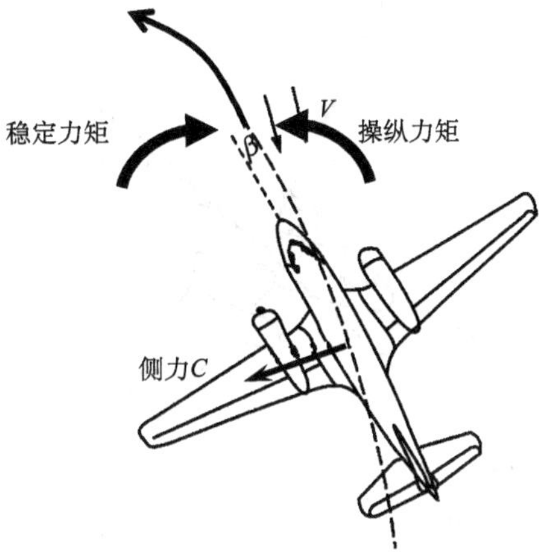

图 5-39　蹬舵产生的侧滑

（2）飞行轨迹偏离飞机的对称面。

飞行中由于飞行轨迹偏离飞机对称面而造成的侧滑，从操纵上讲主要是飞行员只压盘所引起的。

例如，平飞中，飞行员只向左压盘，则飞机向左倾斜，升力方向也随之倾斜，升力与重力的合力 F 作为向心力，使飞机向左做曲线运动（图 5-40）。此时，由于没有相应地蹬舵，使飞机产生绕立轴的偏转，因此，运动方向偏向飞机对称面的左方而形成左侧滑。在出现侧滑的同时，一方面产生了方向安定力矩，促使机头跟着运动方向一起偏转，力图减小侧滑角；另一方面，因飞机绕立轴旋转，又产生了与方向安定力矩相反的阻转力矩，阻止侧滑角的减小，形成了带有侧滑的曲线飞行。这种向转弯方向的侧滑，称为内侧滑。

综上所述，飞行员只蹬舵会形成外侧滑，只压盘会形成内侧滑。如果向同一边压盘蹬舵（如操纵飞机转弯），只要杆舵协调就不会形成侧滑。但是，杆舵配合不当，同样要产生侧滑。例如，压盘过多便会出现相当于只压盘的情况而产生内侧滑；蹬舵过多便会出现相当于只蹬舵的情况而产生外侧滑。

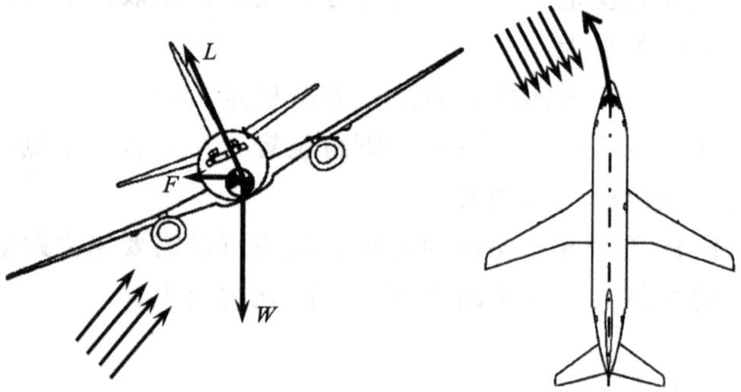

图 5-40 蹬舵压盘产生的侧滑

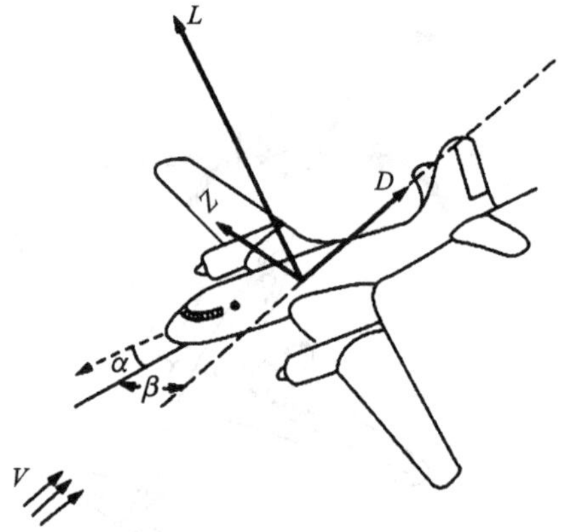

图 5-41 侧滑中的空气动力

2）侧滑所引起的力和力矩的变化

（1）侧力。

因为空气从侧方吹来，在机身和垂直尾翼左右两侧的流动情况不对称，形成压力差，从而产生侧力，用 C 表示。侧力的方向和气流方向垂直，也和升力、阻力垂直，如图 5-41 所示。侧力的大小也可以用空气动力的一般公式表示为

$$C = C_C \ \frac{1}{2}\rho V^2 S \tag{5-8}$$

式中，C_C 为侧力系数，它由侧滑角和飞机外形所决定。由式（5-8）看出，对于同一架飞机，侧力的大小不仅随侧滑角而变化，还受空气动压的影响。在一定范围内，侧滑角越大，侧力系数 C_C 也越大，侧力 C 也就越大。空气动压越大，侧力也就越大。

（2）升力和阻力的变化。

侧滑中，空气从侧前方吹来，在迎着气流的一侧，气流受机身和垂直尾翼的阻挡，流速减慢，压力增大；在机身和垂直尾翼背气流的某些地方，还会产生许多涡流，所以，飞机的阻力系数增大。另外，因为侧滑时对机翼升力起决定作用的只是气流的垂直分速，而垂直分速是小于迎面气流速度的（图 5-42），所以，在同样迎角下，飞机的升力系数比不带侧滑时的升力系数小。由于飞机的升力系数降低，阻力系数增大，因此，飞机的升阻比降低。

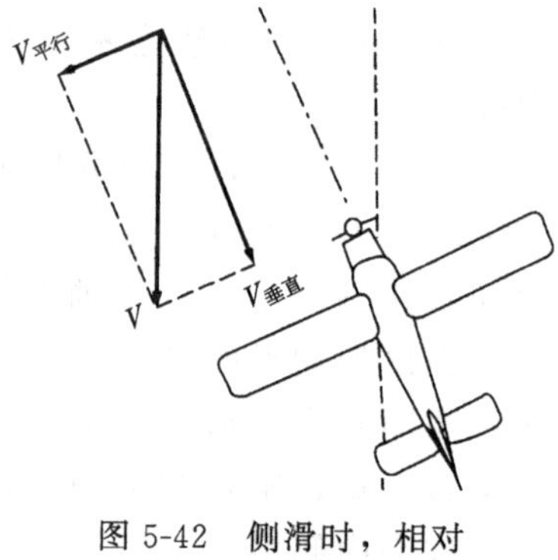

图 5-42 侧滑时，相对气流速度的分解

（3）力矩的变化。

侧滑中，飞机上有新的力矩产生，这在分析飞机的侧向稳定性时已经阐明。即由于上反角和后掠角的作用，飞机产生向侧滑反方向滚转的稳定力矩；由于垂直尾翼的作用，飞机产生向侧滑方向偏转的稳定力矩。此外，对于螺旋桨

飞机，侧滑时螺旋桨滑流的偏斜，使水平尾翼的空气动力发生变化，还会影响飞机的俯仰力矩。例如，螺旋桨向右旋转的飞机，向左侧滑，空气从左侧吹来，螺旋桨滑流向右偏斜，飞机的水平尾翼处于因滑流扭转而产生的上升气流范围内（图 5-43（b）)，同无侧滑的情况（图 5-43（a））相比，多了一个下俯力矩。如果飞机向右侧滑，情况相反，会产生上仰力矩。

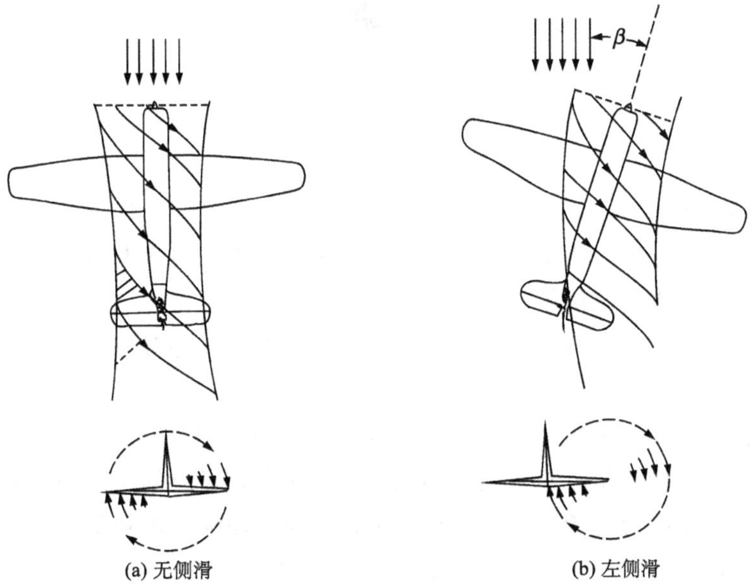

图 5-43　无侧滑与侧滑时螺旋桨滑流位置的比较

由此可见，当飞机侧滑时，作用于飞机的力和力矩都要发生变化。因此，在飞行中除有意识地做侧滑，要及时修正意外的侧滑，以免飞机偏离预定的飞行状态。

飞行中，空气是否从飞机侧方吹来，飞行员是无法直接看见的。判断侧滑的主要方法是观察飞机上的仪表指示。在直线飞行中，如果侧滑仪小球向左移动，说明出现了左侧滑；反之，出现了右侧滑。在曲线飞行中，小球偏向外侧，说明出现了外侧滑；反之，出现了内侧滑。总之，只要飞机带有侧滑，小球总是偏在侧滑的一边，小球偏离中间位置越远，说明侧滑角越大。

5.4.3　飞机的横侧操纵性

飞机的横侧操纵性，就是在飞行员操纵副翼以后，飞机绕纵轴滚转而改变其滚转角速度、坡度等飞行状态的特性。

如图 5-44 所示，飞行员向左压驾驶盘，右副翼下偏，右翼升力增大；左副翼上偏，左翼升力减小。两翼升力之差，形成横侧操纵力矩，使飞机向左加速滚转。飞机左滚，因有滚转角速度，而产生横侧阻转力矩，制止飞机左滚。起初，横侧操纵力矩大于横侧阻转力矩，滚转角速度是逐渐增大的。随着滚转角速度的增大，横侧阻转力矩也逐渐增大。加速滚转中，飞机没有侧滑，就不会产生横侧稳定力矩。所以，滚转角速度的变化只取决于横侧操纵力矩和横侧阻转力矩。当横侧阻转力矩增大至与横侧操纵力矩取得平衡时，飞机

保持一定的角速度滚转。这时力矩平衡关系为

横侧操纵力矩=横侧阻转力矩

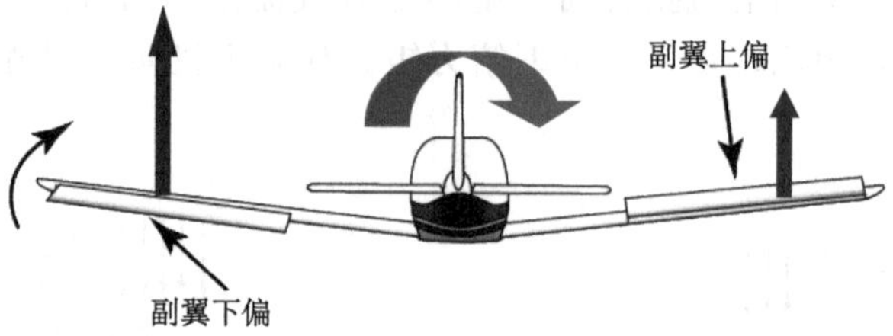

图 5-44 横侧操纵

飞行员再向左压一点盘，增加一点左滚的操纵力矩，左滚角速度又会增大一点，横侧阻转力矩也随之增大一点。当横侧操纵力矩同横侧阻转力矩再次取得平衡时，飞机就保持在大一点的角速度下做稳定滚转。

可见，在横侧操纵中，驾驶盘左右转动的每一个位置，都对应着一个滚转角速度，驾驶盘左右转动的角度越大，滚转角速度越大。

由以上分析可知，对于俯仰操纵，前后推拉驾驶盘，对应一个迎角；对于方向操纵，左右蹬舵，对应一个侧滑角；对于横侧操纵，左右压盘，对应的却是一个滚转角速度，而不是一个坡度。这是因为在俯仰和方向操纵中，主要是操纵力矩和稳定力矩的矛盾，而在无侧滑的滚转中，不存在稳定力矩，只是操纵力矩和阻转力矩的矛盾。这种特殊的矛盾，就构成了横侧操纵同俯仰操纵和方向操纵之间的本质差别。

如果飞行员想要保持一定的坡度，就必须在接近预定坡度时将盘回到中立位置，消除横侧操纵力矩。在横侧阻转力矩的阻止下，使滚转角速度消失。有时，飞行员甚至可以向飞机滚转的反方向压一点驾驶盘，迅速制止飞机滚转，使飞机准确地达到预定飞行坡度。

5.4.4 侧向操纵性

飞机的方向操纵性和横侧操纵性与方向稳定性和横侧稳定性一样，也是互相联系和相互影响的。

分析飞机方向操纵性时，假设飞机是无滚转的。而在分析横侧操纵性时，又假设飞机是无侧滑的，目的是便于分析问题。然而在实际飞行中，侧滑和滚转常是同时出现的。

例如，飞行员蹬左舵，飞机向左偏转，产生右侧滑时，由于机翼上反角和后掠角的作用，右翼升力比左翼的大，形成横侧稳定力矩，使飞机向左滚转。同理，蹬右舵，飞机产生左侧滑时，飞机向右滚转。

又例如，飞行员向左压盘，飞机向左滚转，在升力和重力的合力作用下，飞机向左做曲线运动，产生左侧滑。在左侧滑中，相对气流从飞机左前方吹来，在垂直尾翼上产生向右的空气动力，对重心形成向左的方向稳定力矩，使飞机向左偏转。同理，向右压盘，产生右侧滑，飞机在向右滚转时，还向右偏转。

可见，只蹬舵，飞机不仅绕立轴偏转，同时还会绕纵轴滚转；只压盘，飞机不仅绕纵轴滚转，同时还会绕立转偏转。也就是说，无论蹬舵或压盘，都能造成飞机的偏转和滚转。知道这种关系很有用处，例如，大迎角飞行时，横侧操纵性变差，这时可用蹬舵来改变或修正飞机的坡度。又例如，在飞行中，如果方向舵或副翼其中任意一个失去效用时，仍然可操纵飞机转弯。

所以，当研究飞机的方向操纵性和横侧操纵性时，应结合起来研究。方向操纵性和横侧操纵性合起来又称飞机的侧向操纵性。

5.4.5　影响飞机操纵性的因素

飞机的操纵性不是一成不变的，它要受到许多因素的制约，现就其影响操纵性的主要因素，分述如下。

1. 飞机重心位置前后移动对操作性的影响和重心前后极限位置

重心位置前后移动，会引起平飞中升降舵偏转角和杆力的变化。图5-35是An-24飞机在不同重心位置时，升降舵偏转角和杆力与平飞速度的关系曲线。从图5-35中看出，在同一平飞速度下，重心位置不同，所需升降舵偏转角和杆力也不同。

(1) 重心位置前移。

重心前移后，飞机升力对重心形成的下俯力矩增大，此时需拉杆上偏升降舵，增加平尾的上仰力矩，来平衡附加的下俯力矩。因此，飞行速度（迎角）不变，重心前移，所需升降舵上偏角增大（或下偏角减小），所需拉杆力也增大（或推杆力减小）。而升降舵上偏角和拉杆力却增大了。反之，重心位置后移，所需升降舵下偏角和推杆力将增大。

升降舵的上偏角度是有限度的，重心前移过多，就可能出现即使将驾驶盘拉到底，迎角也不能增加到所需要的迎角。因此，重心位置应有个前限。一般飞机重心位置前限是以飞机拉成着陆接地迎角、升降舵偏转角不超过最大偏角的90%为准确定的。

因为接地时，飞机迎角比较大，本身就需要升降舵上偏角大。所以，飞机接近地面飞行，受到地面的影响，形成地面效应。当飞机处于地面效应中时，经过机翼的下洗气流由于受到地面的阻挡，机翼的上下表面压差增大，水平尾翼区域气流下洗角减小[①]（图5-45），使水平尾翼的负迎角减小，引起水平尾翼的上仰力矩减小或下俯力矩增大。要保持同样迎角，同远离地面相比，也需增大升降舵上偏角。也就是说，着陆接地时，把飞机“拉”到接地迎角状态时，所需升降舵上偏角最大。

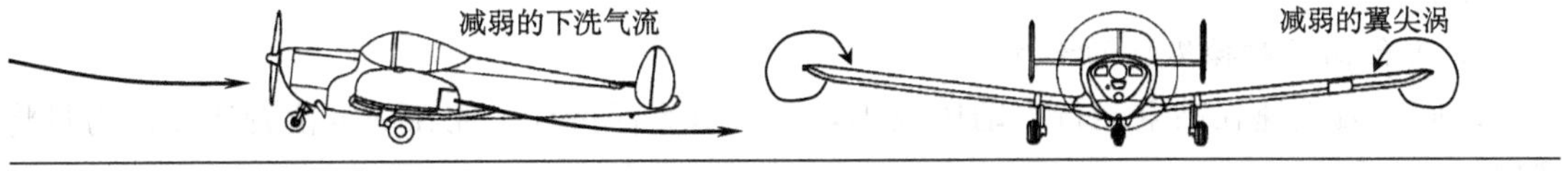

图5-45　地面效应对下洗气流的影响

①机翼上形成的翼尖涡流也受到地面的阻挡变弱，飞机的诱导阻力相应减小。

(2) 重心位置后移。

重心位置后移，俯仰稳定性变差。重心位置过于靠后，以至接近飞机焦点时，俯仰稳定性变得很差。在这种情况下，改变同样迎角，飞机所产生的俯仰稳定力矩很小，飞行员稍移动驾驶盘，飞机的迎角和升力就会变化很多，飞机显得“过于灵敏”。飞机太灵敏，飞行员不易掌握操纵分量，由于要时刻注意飞机操纵，会造成飞行员神经过分紧张，分散照顾其他工作的精力，影响飞机的飞行。一旦重心后移到飞机焦点之后，飞机还会失去俯仰稳定性。因此，飞机重心位置应有一个后限。为保证飞机具有一定的俯仰稳定性，飞机重心位置后限应在飞机焦点（称中立重心或临界重心）之前，留有一定的安全裕量（小型运输机（3%～4%）b_{MAC}，大型运输机 10%b_{MAC}以上）。

综上所述，为保证飞机具有足够的稳定性和良好的操纵性，飞机重心位置不应超过前限和后限，而应在前后限规定的范围内。

但若飞机重心在规定范围内的靠前或靠后位置，一方面会使平飞所需升降舵偏转角大而过于偏离中立位置，飞机废阻力增大，影响飞行性能；另一方面，在改变速度时，还会使飞行员感到杆力过大（重心位置靠前）或过小（重心位置靠后），造成操纵不便。因此，为提高飞行性能，飞机除规定重心位置前限和后限，还规定了飞机的有利重心范围。例如，某飞机重心位置前限和后限分别是16%和32%平均气动弦，飞机的有利重心范围是25%～28%平均气动弦。为使飞机重心位置能在规定范围内，飞机载重安放、燃油消耗顺序、空投次序等均应严格按规定执行。

飞机重心位置左右移动，对横侧操纵性也有影响。例如，飞机重心位置向左移动，这相当于飞机向左增加一个滚转力矩。要保持两翼水平，飞行员就要经常向右压盘。这不仅使飞行员分散精力和易于疲劳，而且使驾驶盘向右活动的行程减小，限制向右滚转的能力。因此，飞机重心位置的左右移动，同样也有严格限制。

2. 飞行速度对飞机操纵性的影响

在俯仰和方向操纵性方面，以杆、舵行程相同做比较。在飞行速度比较大的情况下，同样多的舵偏角，产生的操纵力矩大。因此，飞机到达与此舵偏角相对应的迎角或侧滑角，所需的时间就比较短。

在横侧操纵性方面，如果压盘行程即副翼偏转角相同，则飞行速度大，横侧操纵力矩大，角加速度也大。于是，飞机达到相同坡度的时间也就短。

总之，飞行速度大，飞机反应快，飞机操纵性好；飞行速度小，飞机反应慢，飞机操纵性差。

3. 飞行高度对操纵性的影响

以同一真空速在高空飞行，动压减小，飞行员为保持杆、舵在一定位置所需的力量将减轻。

如果在不同高度，保持同一真空速平飞，那么，因高度升高动压减小，各平飞真空速所对应的迎角普遍增大。与低空相比，高空飞行驾驶盘位置要靠后些，升降舵上偏角要大些。大速度飞行时，推杆力将减小。

另外，若保持同一真空速在不同高度飞行，高度升高，空气密度降低，舵面偏转同样角度，高空产生的操纵力矩小，角加速度随之减小，飞机达到对应的迎角、侧滑角或坡度所需的时间增长。也就是说飞机反应慢。

4. 迎角对横侧操纵性的影响

迎角增大，横侧操纵性变差。特别在大迎角时更为显著，甚至出现横侧反操纵现象。例如，飞行员向右压盘，左右两翼升力之差形成操纵力矩，使飞机向右滚转。飞机在向右滚转时，不仅因滚转而产生右侧滑，力图减小其滚转角速度，还因左副翼下偏，左翼阻力大于右翼阻力而进一步加强右侧滑。由于上反角和后掠角的作用，使右翼升力增大，左翼升力减小，而产生向左滚转的力矩，进一步制止飞机向右滚转，从而削弱了副翼的作用。小迎角时，两翼阻力之差很小，造成的侧滑角也不大，故横侧操作性比较好。大迎角时，两翼阻力之差比较大，造成的侧滑角也大，故横侧操纵性变差。接近临界迎角时，机翼上出现严重气流分离，不仅因副翼处于涡流区内，偏转副翼后两翼升力差较小，产生的操纵力矩小，而且因两翼阻力差很大，侧滑作用很强烈，产生制止飞机向右滚转的力矩很大，故横侧操纵性显著变差，甚至会出现向右压盘，飞机向左滚转的现象，这就是所谓的横侧反操纵现象。

为了改善横侧操纵性，特别是要消除大迎角下的横侧反操纵现象。除在飞机设计上采取使用差角副翼、阻力副翼、开缝副翼等措施，在外大迎角小速度下飞行时，飞行员可利用方向舵来帮助副翼操纵。例如，修正飞机的左坡度，可以在向右压盘的同时蹬右舵修正，或只用右舵修正。

5.4.6 飞机的稳定性和操纵性的关系

飞机的稳定性和操纵性是同一问题的两个方面。稳定性是研究飞机自动保持平衡的性能，而操纵性是研究飞机在飞行员操纵下改变平衡的性能。因此，飞机的稳定性和操纵性是彼此互相联系和互相制约的。例如，重心位置前移，飞机俯仰稳定性增强的同时，却又会引起小速度下的拉杆行程和拉杆力增大，操纵性变差。速度大，飞机的稳定性好，操纵性也好；重心后移过多，稳定性过分差时，飞机也不好操纵。

因此，飞机的稳定性和操纵性要做恰当安排，使两方面都调配得当，使飞机既有足够的稳定性，又有良好的操纵性。当然，对不同的飞机应有不同要求。例如，对民航客机，稳定性的要求就应适当高一些。

第6章 直 升 机

直升机是一种由一个或多个水平旋转的旋翼提供向上升力和推进力而进行飞行的航空器。直升机可以垂直起降，在一定高度下能够悬停，还能在空中向前后左右各个方向运动。这些特点使得直升机在山顶、峡谷、海上采油平台等很多场合获得了广泛的应用。

直升机在民用航空中主要用于通用航空，可应用于国民经济的各个部门。农、林、牧、渔业使用直升机施肥、灭虫、防火、监控畜群和鱼群，工业上用作地质勘探、海洋石油勘探和人员运送、应急救生、吊装设备、管线等。直升机还可用于空中摄影、交通指挥、城市治安等。但是直升机的构造比固定翼飞机复杂、飞行效率低、飞行品质差、速度低、振动和噪声水平高，因此，在航空运输上仅用于地形复杂地区或地面交通拥挤的城市中心到其他地区的短距离运输，和固定翼飞机比，所占数量比例很小。

6.1 直升机的分类

直升机的概念很古老，最早的模型是起源于中国的儿童玩具竹蜻蜓，但真正用于实际载人的直升机是 1936 年德国人福克制成的，在第二次世界大战之后，直升机才开始批量生产，并获得了广泛的应用。

直升机按照构造可分为单旋翼式和双旋翼式两大类，如图 6-1 所示。

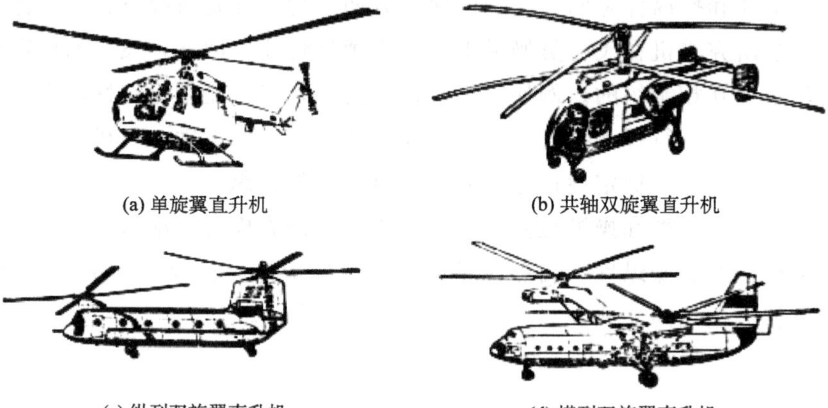

(a) 单旋翼直升机　(b) 共轴双旋翼直升机

(c) 纵列双旋翼直升机　(d) 横列双旋翼直升机

图 6-1　直升机的构型

单旋翼式可分为带尾桨式和无尾桨式两种，其中，带尾桨式是目前最流行的形式。这种直升机顶部有大的旋翼，机身后伸出一个尾梁，在尾梁上装一个尾部旋桨（简称尾桨），尾桨的作用是平衡由于旋翼旋转而产生的使机身逆向旋转的扭矩，保持机身稳定。

双旋翼的直升机有多种形式，有两个旋翼共轴的、两个旋翼交叉的、两个旋翼横列的和两个旋翼纵列的。它们的共同点是有两个旋翼，两个旋翼的旋转方向相反，从而使旋翼的反作用力矩相互抵消，保持机身不动。目前，以纵列式的使用较多，即两个旋翼沿机身长度方向排列，它的重心移动范围大，机身长，可以把直升机做得很大，共轴式的结构紧凑，但操纵复杂，在小型直升机上有较多地使用。

直升机也可按起飞重量分类，总重 2～8t 的称为轻型直升机，如云雀、直-9、松鼠、贝尔直升机等；总重 8～15t 的称为中型直升机，如米-8、直-8、“黑鹰”、米-17 系列、CH-46A 直升机等；总重 20～40t 的称为重型直升机，如 CH-53A 直升机等；总重 40t 以上的称为超重型直升机，如米-6、米-12 直升机等。

6.2 直升机的结构

以单旋翼直升机为例，直升机的构造分为机身、动力装置、旋翼、起落装置、传动和操纵系统、尾梁和尾桨 6 个部分，如图 6-2 所示。

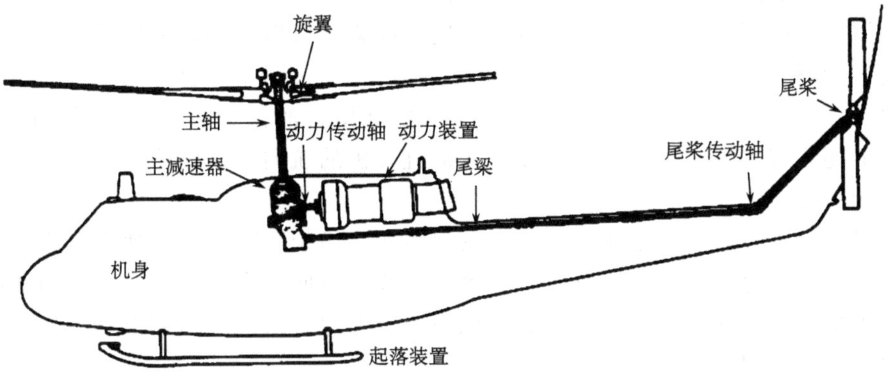

图 6-2 直升机基本结构图

1. 机身

机身包括驾驶舱和机舱，机舱用来装载人员、货物和其他设备，机身把直升机的各部分连在一起，和固定翼飞机机身的构造大体相同，最大的不同在于固定翼飞机的机身最大的受力部位在机翼和机身的结合部，而直升机的最大受力部位在机身顶部旋翼的桨毂和机身结合部。

2. 旋翼

旋翼是直升机最关键的部位，它既产生升力，又是使直升机水平运动的拉力的来源，旋翼旋转的平面既是升力面又是操纵面。旋翼由桨叶、桨毂和连接桨叶、桨毂的机构组成，桨叶的叶片数取决于直升机的载重量大小和设计要求，一般来说，直升机的起飞重量越大所需桨叶的叶片数越多，从最少的两叶直升机到大型直升机的 6～8 叶。桨叶经受很大交变弯曲应力和振动，因而要求极好的弹性和疲劳寿命。过去的叶片由钢木结构或铝合金制成，20 世纪 70 年代之后大量使用碳纤维复合材料制造桨叶。从原理上讲，旋翼和螺旋桨没有区别，但是旋翼要提供升力和拉力，而螺旋桨仅提供拉力，为了获得足够的升力，桨叶要做得很长，旋翼直径从小型直升机的 5～10m 到大型直升机的二三十米，最大的有 32m。桨叶连接在桨毂上，构成整副旋翼。

3. 动力装置

直升机的动力装置要提供旋转扭矩使旋翼和尾桨旋转。早期直升机和现在小型直升机使用活塞式发动机。喷气发动机出现后，直升机使用涡轮轴发动机，涡轮的转速在6000r/min以上，而旋翼的转速只有每分钟几百转，因此，发动机之后装有主减速器，通过减速把动力传输给旋翼和尾桨，对直升机的发动机除要求重量轻和耗油率低，由于直升机经常用于短途飞行，它的工作场所离地面近，因此，要求发动机部件有良好的耐疲劳性能和抗腐蚀性能。

4. 传动和操纵系统

直升机要通过改变旋翼的桨距和倾斜旋翼平面的方向来改变飞行方向，故它的传动和操纵系统与固定翼飞机是全然不同的。传动和操纵系统包括“三器两轴”：主减速器、尾减速器、中间减速器、动力传动轴和尾桨传动轴。

5. 尾梁和尾桨

单旋翼直升机由尾桨产生一个力矩来平衡由旋翼旋转产生的使机身反向旋转的力矩。尾桨距旋翼轴越远则产生的平衡力矩越大，这样尾桨可以做得小，但尾梁加长，传动轴会加长，使重量增加，设计直升机时尾桨的大小和尾梁的长短要综合考虑。直线飞行时，尾桨产生的力矩和旋翼的反作用扭矩平衡，如果控制尾桨的推力大小，就可以使直升机转向。尾梁上还装有水平和垂直的安定面，保证直升机的航向和纵向稳定。

6. 起陆装置

直升机的起陆装置多数采用三轮或四轮起落架，用于着陆缓冲和地面滑跑。由于直升机速度低，除少数速度较高的直升机，起落架一般不收回。有部分直升机采用滑橇式起落架以减轻重量，为了在雪地或泥地上起降也使用该类起落架，在水面上起降的直升机则需装备专门的浮筒式起落架。

6.3 直升机的飞行原理

6.3.1 旋翼受力

旋翼的桨叶在运动中产生拉力（向上）的原理和机翼相同，都是因为空气流过翼面产生升力，但是它的运动是绕轴旋转的，旋翼在旋转一圈时在迎风的半圈（称为前行）和顺风半圈（后行）中桨叶的相对风速不同，这会使直升机倾斜，并使桨叶根部产生交变弯矩，使桨叶加速损坏。为了解决这个问题，桨叶和桨毂之间用一个水平铰链或是柔性的连接起来，使桨叶可在旋翼平面上、下摆动，这样由于铰链不传递垂直方向的力，从而使两边升力平衡，这个铰链称为水平铰或挥舞铰，如图6-3所示。

同样，在使用挥舞铰后，由于桨叶的上下摆动，使每个桨叶的旋转角速度发生变化，桨叶下挥时，使旋翼角速度变小，上挥时，角速度增大（图6-4），这个力称为哥氏力，是沿旋翼周向做用在桨叶上的，也是周期变化的，同样产生交变的根部弯曲力矩，为了减少这个力的作用，通常再加上一个垂直放置的铰链，使桨叶可在圆周方向做少量的前后摆动，这个铰链称为垂直铰或摆振铰。

旋翼和螺旋桨相同，它的桨叶迎角即桨距和拉力的产生直接的关系，因此，它的桨距也要求可调，从而调节和控制升力，这需要第3个铰链使桨叶可以围绕自身的轴运动，这

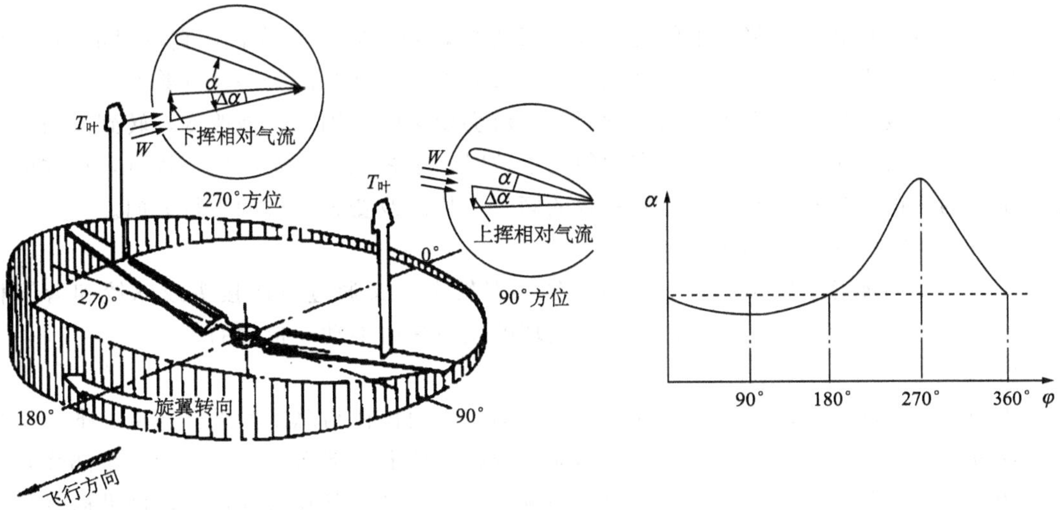

图 6-3　旋翼机受力分析

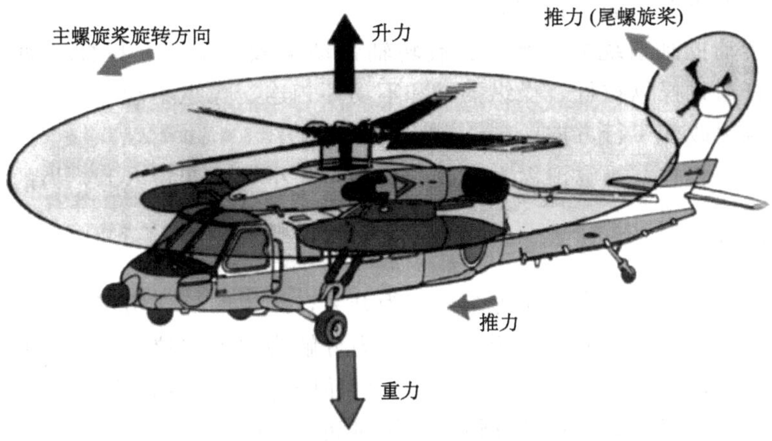

图 6-4　直升机受力分析

个铰称为桨距角，或轴向铰。这样直升机的桨叶可以绕着 3 个铰链挥舞、摆振和转动，从而形成一个构造复杂、维护困难又寿命不高的桨毂系统。有些直升机使用柔性元件来代替 3 个铰的功能。出现无铰式、星形柔性式、无轴承式等桨毂，但它的基本原理和铰接式是相同的。

6.3.2　动力传递和控制

直升机的动力是通过减速器的旋转轴带动旋翼传送的，驾驶员操纵总距杆来改变桨叶的桨距角（安装角）实现旋翼的拉力增大或减小，使直升机上升或下降；改变飞行方向则操纵周期变距杆（也称驾驶杆），使旋翼的旋转平面向某一方向倾斜，使直升机向这一方向飞去，执行这个动作的机构称为自动倾斜器。

1. 动环（又称旋转环）

动环通过拉杆和每个桨叶上的变距铰摇臂连接，和旋翼一同旋转，它可以沿轴向上、下倾斜。它上、下运动时带动各拉杆同时向上或向下，使桨叶的安装角（桨距角）同时变大或变小，以改变拉力的大小。当它倾斜时，就会使桨叶角周期性地改变，转到倾斜的上位时，桨距加大，桨叶向上挥舞，在倾斜的下位时，桨距减小，桨叶向下挥舞，这样就使整个旋翼的平面发生和动环倾斜方向一致的倾斜，从而改变直升机的飞行方向。

2. 不动环（又称不转环）

不动环与动环通过轴承相连，二者只能相对转动，又通过万向接头或球铰和滑筒相连，可以相对于滑筒做任意方向的倾斜。动环的倾斜是由不动环带动的。

3. 滑筒

滑筒带动动环及不动环，可在旋翼轴上滑动，它用拉杆与总距操纵杆连接。推、拉总距操纵杆，滑筒向上或向下运动，通过不动环带动动环上、下运动。从而操纵全部桨叶的安装角改变，控制旋翼产生的拉力。滑筒外侧还装有操纵摇臂及操纵拉杆，操纵摇臂和不动环相连，可以使不动环向操纵的方向倾斜，操纵拉杆和周期变距杆连接，驾驶员操纵周期变距杆就可以使不动环带动动环倾斜，使叶片按圆周运动周期性地改变桨距，从而使旋翼平面倾斜，改变直升机的飞行方向。

直升机的传动控制系统的关系为：旋转轴带动桨毂、桨叶、拉杆、动环旋转产生升力，周期变距杆通过操纵拉杆，操纵摇臂和不动环相连，操纵不动环倾斜，从而使动环倾斜，使旋翼面倾斜改变飞行方向。

总距杆和滑筒相连，操纵滑筒上下改变桨距角大小，改变拉（升）力的大小。

6.3.3 操纵及性能

直升机垂直运动时旋翼产生拉力全部变为升力，产生的反作用扭矩被尾桨产生的拉力力矩平衡。向前飞时旋翼面前倾，所产生的拉力分解为向上的拉力和向前的推力，使直升机向前运动。同理，直升机可向其他方向运动。但直升机的设计主要考虑向前运动，因此，其他方向的平移运动只是在特殊情况下短时间使用的。

驾驶员操纵直升机使用两根驾驶杆和脚蹬（图 6-5），总距杆和油门通常连在一起，或称为总距油门杆。总距杆后拉，旋翼桨距增大，油门增大，旋翼升力增加，直升机上

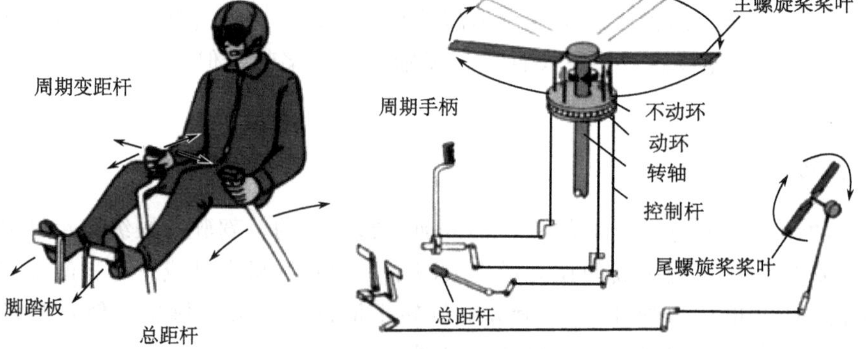

图 6-5　直升机的操纵装置

升，前推下降。周期变距杆也称为驾驶杆，装在球铰上可向任一方向偏移，带动自动倾斜器向同一方向倾斜，使直升机向倾斜方向平移，脚蹬在单旋翼直升机上控制尾桨桨距，改变尾桨拉力，从而改变直升机的航向（机头所对方向）。单旋翼带尾桨直升机的操纵系统说明见表 6-1。

表 6-1 单旋翼带尾桨直升机的操纵系统说明

名称	直接操纵对象	主要作用	副作用	前飞时的用途	悬停时的用途
周期变距杆-横向	改变旋翼左右桨叶的桨距	通过自动倾斜器横向倾斜旋翼桨盘	增加下降率	使航空器转弯	侧向移动
周期变距杆-纵向	改变旋翼前后桨叶的桨距	通过自动倾斜器纵向倾斜旋翼桨盘	增加下降率	操纵俯仰姿态	前后移动
总距杆	通过自动倾斜器同步改变旋翼桨叶桨距	增加和减小旋翼拉力	增加和减小扭矩和发动机转速	调整垂直速度	调整悬停高度和垂直速度
脚踏板	尾桨总距	产生偏航速率	增加或降低扭矩和发动机转速（小于旋翼总距操纵的影响）	调整侧滑角	控制偏航速率和航向

直升机的飞行速度受到多种因素限制。旋翼直径很大，翼尖的线速度很高，再加上相对气流的速度，高速飞行时很容易接近音速，桨叶承担不了这样的阻力。此外，由于旋翼的倾斜角度不可能很大，发动机的功率大部分用于提供升力，提供拉力的比例可能太大，因此，直升机的速度远低于固定翼飞机。直升机理论上的最高飞行速度也只能小于 400km/h，直升机的速度通常在 350km/h 以内，直升机的耗油率比飞机高，理论上的最大航行距离也只有 4000km。在飞行性能方面无法与固定翼飞机相比，但它的使用场地灵活，对地形的适应性高。直升机在通用航空中占有不可缺少的重要位置，在复杂地形和拥挤城市区域的短途运输中也发挥着很大作用。

第 7 章　飞机性能分析方法

飞机性能分析方法包括推力法、功率法、能量法和解析法等，本章主要介绍前三种，为后面章节的学习提供理论基础，同时，对于解决实际问题也有很大帮助。

7.1　推　力　法

推力法为图解分析法，应用推力曲线来分析飞机性能。它主要针对定常状态下（给定的飞机重量和飞行高度）的飞机进行研究。该方法的主要步骤如下。

（1）将定常状态下飞机的所需推力随速度的变化规律，计算出来并绘制成曲线，称为所需推力曲线。

（2）将定常状态下飞机的可用推力随速度的变化规律也用曲线表示出来，称为可用推力曲线。

（3）将所需推力曲线和可用推力曲线合并到同一坐标系中，根据两条曲线的特点分析飞机的特征飞行状态。

7.1.1　飞机的推力曲线

根据飞机定常（W、H、V 不变）飞行的特点进行受力分析（图 7-1），同时假设飞机满足如下条件。

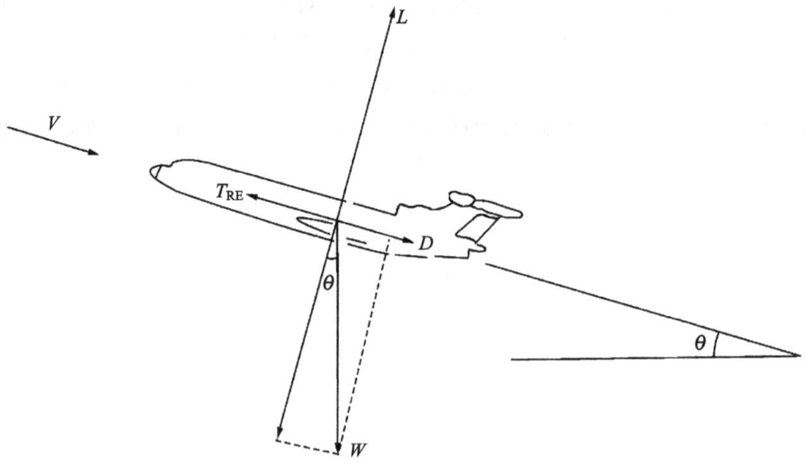

图 7-1　飞机定常状态下的作用力

（1）地球表面为平面，即重力加速度是常量。

（2）飞机对称面与运动轨迹方向重合，即侧滑角等于零。

（3）略去推力线与飞机运动轨迹的夹角，即推力沿着飞机运动方向。

(4) 飞行过程中燃油消耗很少，即重量为常数。

(5) 大气是静止的。

因此，飞机的运动方程可表示为

$$\begin{cases}\dfrac{\mathrm{d}X}{\mathrm{d}t}-V\cos\theta=0\\ \dfrac{\mathrm{d}H}{\mathrm{d}t}-V\sin\theta=0\\ T-D-W\sin\theta=0\\ L-W\cos\theta=0\end{cases} \tag{7-1}$$

式中，X 为水平距离；H 为飞行高度；V 为飞行速度；θ 为轨迹倾斜角；W 为重量；T 为推力；L、D 分别为飞机的升力和阻力。如果飞机是平飞状态，$\theta=0$，运动方程则变为

$$\begin{cases}T-D=0\\ L-W=0\end{cases}\Rightarrow\begin{cases}T=D\\ L=W\end{cases} \tag{7-2}$$

若要保持飞机速度大小不变，则应使发动机的推力等于作用于飞机运动轨迹方向的空气动力（即空气的阻力），将该推力称为飞机平飞所需推力（T_{RE}），式（7-2）可表示为

$$\begin{cases}T_{\mathrm{RE}}=D=C_{\mathrm{D}}(1/2)\rho V^2S\\ L=W=C_{\mathrm{L}}(1/2)\rho V^2S\end{cases} \tag{7-3}$$

将式（7-3）中的两式相除，则得平飞所需推力为

$$T_{\mathrm{RE}}=\frac{W}{K} \tag{7-4}$$

式中，$K=C_{\mathrm{L}}/C_{\mathrm{D}}$ 为升阻比。在给定高度和重量的条件下，用不同的速度可以计算出平飞的升力系数。然后通过飞行手册中的飞机极曲线，查出阻力系数，即可计算升阻比和所需推力。

1. 平飞所需推力

飞机为定常状态，假设飞行高度为已知，首先确定该飞行高度上的飞机重量：

$$W=W_{\mathrm{TO}}-F_{\mathrm{W}} \tag{7-5}$$

式中，W_{TO}为起飞松刹车时的重量；F_{W} 为从飞机起飞到已知飞行高度过程中所消耗的燃油重量。

根据式（7-3）求平飞升力系数为

$$C_{\mathrm{L}}=\frac{2W}{\rho V^2S} \tag{7-6}$$

若给定速度（V），可求得相应的平飞升力系数，从飞机极曲线上可查出升力系数对应的阻力系数，从而计算各 V 对应的升阻比 K。再利用式（7-4）求出各 V 对应的所需推力 T_{RE}。

以 T_{RE}（或 D）为纵坐标，V 为横坐标，将各 V 对应的所需推力值标在图上，然后连接成曲线，如图 7-2 所示。

飞机的平飞所需推力实质上是与飞机空气阻力（D）大小相等，方向相反。飞机的空

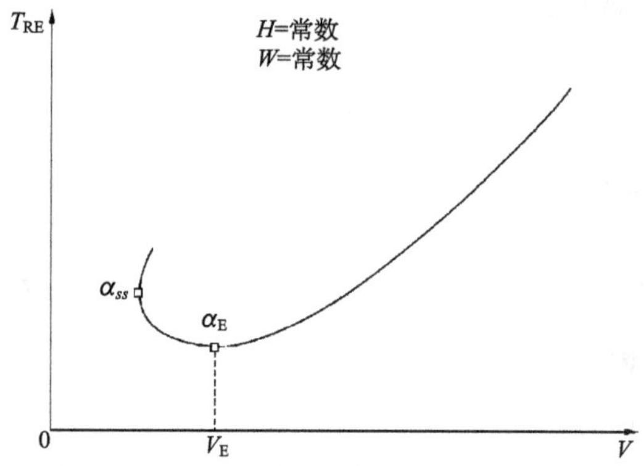

图 7-2 平飞所需推力曲线

气阻力分为诱导阻力（升致阻力）和废阻力（零升阻力），即 $D=D_p+D_i$。

飞机的平飞所需拉力的变化，可以从废阻力和诱导阻力的变化来分析，其中，飞机的废阻力可表示为

$$D_p=C_{Dp}\frac{1}{2}\rho V^2S \tag{7-7}$$

式中，C_{Dp}为废阻力系数。

飞机的诱导阻力可表示为

$$D_i=C_{Di}\frac{1}{2}\rho V^2S \tag{7-8}$$

式中，C_{Di}为升致阻力系数或诱导阻力系数，$C_{Di}=AC_L^2$，另外由式（7-3）得 $C_L=\dfrac{2W}{\rho V^2S}$，将变量代入式（7-8）得

$$D=C_{Dp}\frac{1}{2}\rho V^2S+\frac{2AW^2}{\rho V^2S} \tag{7-9}$$

在低速时，因平飞迎角大，飞机阻力的主要成分是升致阻力（诱导阻力）；在速度比较大时，零升阻力（压差阻力等）随速度平方而增加，转变为飞机阻力的主要成分，如图 7-3 所示。

2. 平飞推力曲线

将各速度对应的平飞所需推力在图上标出，并连接成曲线，构成平飞推力曲线，如图 7-4 所示。

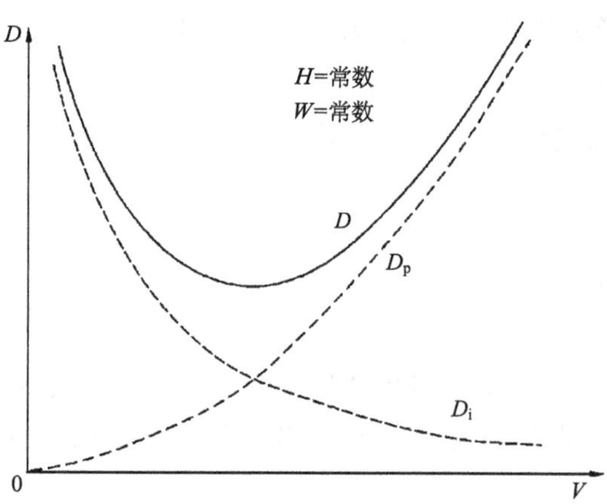

图 7-3 平飞所需推力的分解

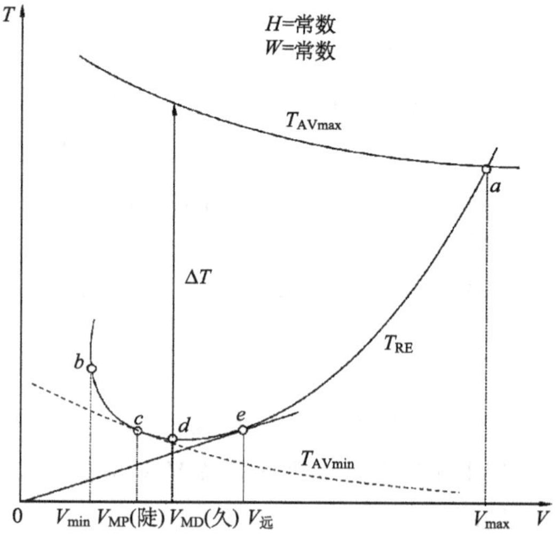

图 7-4 平飞推力曲线

7.1.2　推力曲线上的特征点

1. 剩余推力

剩余推力是指同一速度下飞机的可用推力曲线与所需推力曲线之间的差值，用 ΔT 表示，$\Delta T = T_{AV} - T_{RE} = T - D$。由图 7-4 可看出，随着飞行速度的增大，剩余推力先增大后减小。

飞机做定常（速度大小不变）直线运动，根据 ΔT 的大小，由式（7-1）飞机的运动状态可出现以下三种情况。

（1）若 $T>D$，即 $\Delta T>0$，则 $W\sin\theta>0$，$\theta>0$，飞机会做定常直线上升运动。

（2）若 $T=D$，即 $\Delta T=0$，则 $W\sin\theta=0$，$\theta=0$，飞机会做定常直线平飞运动。

（3）若 $T<D$，即 $\Delta T<0$，则 $W\sin\theta<0$，$\theta<0$，飞机会做定常直线下降运动。

图 7-4 虽然是按飞机平飞状态的条件绘制的，但在轨迹倾斜角不太大（符合民用飞机条件）的情况下，相同速度时，其他定常状态（如上升、下降）的所需推力与平飞的差别很小。所以，该图既适用于平飞也适用于上升和下降。

2. 平飞最大速度（V_{max}）

平飞最大速度是指发动机处于最大推力工作状态时，飞机在平飞过程中所能达到稳定飞行的极限速度。在平飞推力曲线图上，就是可用推力曲线与所需推力曲线在右侧相交所对应的速度 V 或 Ma，如图 7-4 中 a 点所示。

如果出现 $V>V_{max}$的情况，由图 7-4 可看出对应的 $T_{AV}<T_{RE}$，也就是 $T<D$，$\Delta T<0$。这时，飞机会在 ΔT 的作用下不断减速，直到速度减小到 V_{max}，对应的 $T=D$，从而可保持速度不变，以 V_{max}进行平飞。

3. 平飞最小速度（V_{min}）

平飞最小速度是指飞机保持稳定平飞的最小速度。在发动机产生推力足够的条件下，平飞最小速度受最大升力系数限制，平飞最小速度为飞机的失速速度（V_S），从所需推力曲线上看是在该曲线左侧与纵坐标平行线相切点的速度，如图 7-4 中 b 点所示，该速度对应的迎角为临界迎角。

4. 最小阻力速度（V_{MD}）

最小阻力速度是指所需推力曲线上 T_{RE}最小的飞行速度。由式（7-4）可知，此时飞机的升阻比最大，机翼对应的迎角是有利迎角，因此，该速度又可称为平飞有利速度。

飞机单位时间消耗的燃油为小时燃油消耗量，用 FF 表示，$FF = CeT = CeD$，当飞机以有利速度飞行时所需推力最小，则小时耗油消耗量最小，在燃油储量一定时，飞机可飞行的航时最长。所以，如果 Ce 不变，平飞有利速度也就是飞机的久航速度，如图 7-4 中的 d 点。

5. 远航速度（$V_{远航}$）

远航速度是指飞机飞行航程最长时对应的飞行速度。飞机单位距离消耗的燃油为公里燃油消耗量，用 C_K 表示，$C_K = FF/V = CeD/V$，当假设 Ce 不变时，过曲线的原点向所需推力作切线，如图 7-4 中的 e 点，切点对应的D/V为所需推力曲线上所有点对应的 D/V 的最小值，因此，该点的速度又称为理论上的远航速度。当燃油储量一定时，以该速度飞行，飞行的航程最长。

6. 经济速度（V_{MP}）

经济速度是指发动机状态不变时剩余推力 ΔT 最大对应的飞行速度。如飞机飞行的轨迹角 $\theta \neq 0$，也就是飞机为非平飞状态，由式（7-1）得

$$\sin\theta = \frac{T-D}{W} = \frac{\Delta T}{W} \tag{7-10}$$

ΔT 随着速度的增大会先增大后减小，飞机的轨迹角也相应地增大和减小，在飞机以经济速度飞行时 ΔT 最大，如图 7-4 中 c 点，飞机的轨迹角也最大，飞行轨迹最陡，因此，又可将该速度称为陡升速度。

7.2 功 率 法

功率法与推力法类似，也属于图解分析法，主要适用于发动机特性以功率表示的飞机，也就是适用于活塞式发动机为动力的螺旋桨飞机。对于喷气飞机，某些问题用功率法，也会显得比较简单。

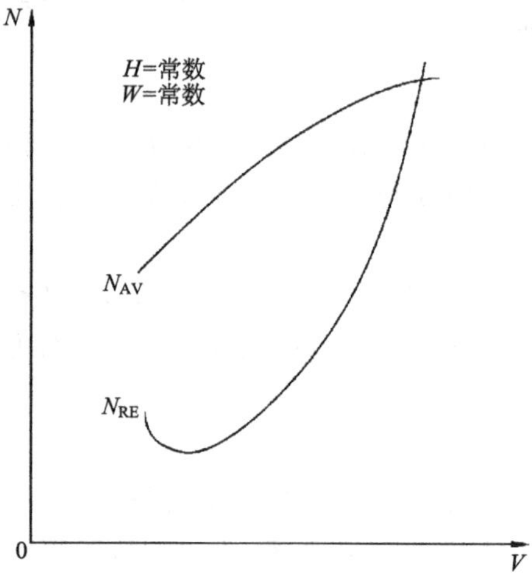

图 7-5 飞机的功率曲线

7.2.1 飞机的功率曲线

物体运动的功率应等于其作用力与速度的乘积，可用推力与所需推力各自和速度的乘积，分别称为可用功率与所需功率，即

$$N_{AV} = T_{AV}V \tag{7-11}$$

$$N_{RE} = T_{RE}V = \frac{WV}{K} \tag{7-12}$$

式中，N_{AV}，N_{RE}分别表示可用功率和所需功率。将飞机的所需功率和可用功率随速度的变化用曲线表示出来，构成飞机功率曲线，如图 7-5 所示。

7.2.2 功率曲线上的特征点

1. 剩余功率

与推力法相仿，可用功率与所需功率之差 $\Delta N = N_{AV} - N_{RE}$ 称为剩余功率。由式（7-1）得

$$\Delta N = N_{AV} - N_{RE} = TV - DV = \Delta T \cdot V = W\sin\theta \cdot V \tag{7-13}$$

同样，飞机作定常直线运动，根据 ΔN 的大小，也可得出下列三种状态。

（1）若 $N_{AV} > N_{RE}$，即 $\Delta N > 0$，则 $W\sin\theta > 0$，$\theta > 0$，飞机会做定常直线上升运动。

（2）若 $N_{AV} = N_{RE}$，即 $\Delta N = 0$，则 $W\sin\theta = 0$，$\theta = 0$，飞机会做定常直线平飞运动。

（3）若 $N_{AV} < N_{RE}$，即 $\Delta N < 0$，则 $W\sin\theta < 0$，$\theta < 0$，飞机会做定常直线下降运动。

2. 平飞最大速度（V_{max}）

平飞最大速度与推力曲线中的类似，在功率曲线上也是飞机满油门状态下，保持稳定

平飞所能达到的极限速度，如图 7-6 中 a 点所示。

3. 平飞最小速度（$V_{\min}$）

功率曲线中的平飞最小速度与推力曲线具有同样的物理含义，如图 7-6 中 b 点所示。

4. 经济速度（V_{MP}）

经济速度为所需功率曲线上的最低点对应的速度，如图 7-6 中 c 点所示。对于活塞式飞机（以功率表示发动机特性的飞机），燃油消耗率的定义与喷气式飞机不同，燃油消耗量（Ce）为单位时间内产生单位功率所消耗的油量，用公式表示为

$$Ce = \mathrm{FF}/N \tag{7-14}$$

因此，小时燃油消耗量可表示为

$$\mathrm{FF} = CeN \tag{7-15}$$

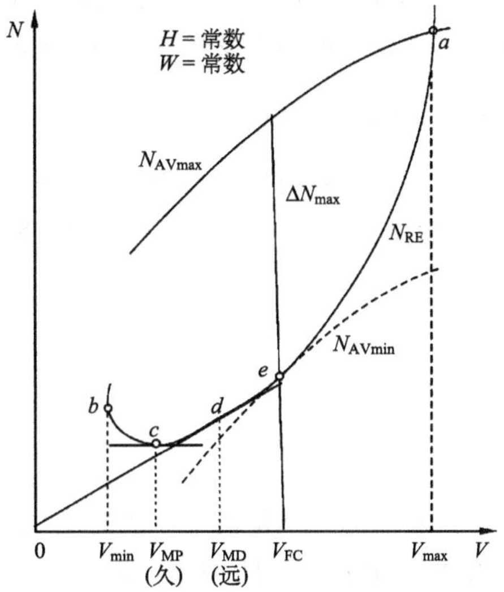

图 7-6　功率曲线上的特征点

经济速度对应的 N_{RE} 值最小，相应的小时燃油消耗量最小，若飞机携带一定量的燃油，可获得最大飞行时间。因此，该点速度又称为活塞式飞机的久航速度。

5. 最小阻力速度（V_{MD}）

最小阻力速度的特点就是飞机的 T_{RE} 最小，而 $T_{RE}=N_{RE}/V$，过原点向所需功率曲线作切线，切点（图 7-6 中 d 点）的 N_{RE}/V 值最小，因此，切点对应的速度为最小阻力速度。由于该点的特点为 T_{RE} 值最小，因此，该点速度又称为有利速度。

活塞式飞机的公里燃油消耗量 $C_K=\mathrm{FF}/V=CeN_{RE}/V$，当假设 Ce 不变时，最小阻力速度使飞机的公里燃油消耗量最小。因此，该点的速度又可称为理论上的远航速度。当燃油储量一定时，以该速度飞行，飞行的航程最长。

6. 快升速度（V_{FC}）

飞机高度上升的快慢是衡量飞机爬升性能的重要标志，飞机高度改变的快慢通常用爬升率来衡量，用公式表示为

$$R_C = \frac{\mathrm{d}h}{\mathrm{d}t} = V\sin\theta \tag{7-16}$$

将式（7-10）代入，则有

$$R_C = V\frac{T-D}{W} = \frac{\Delta N}{W} \tag{7-17}$$

从式（7-17）中可看出：爬升率的大小，取决于剩余功率和重量。当重量一定时，剩余功率最大，则爬升率也就最大。可以作一条与可用功率平行的曲线，使其与所需功率曲线相切，切点处的剩余功率最大，爬升率也就最大，将切点对应的速度称为快升速度，以 V_{FC} 表示，如图 7-6 中 e 点所示。

7.3　能　量　法

能量法又可称为能态近似法，通常可把飞行性能问题用势能和动能之间的相互转换来

分析。因为在该过程中，阻力是损耗能量的，而所消耗的燃油则是产生能量的。能量法在解决速度和高度都有变化的问题时比较灵活。

7.3.1 能量高度概念

当飞机的推力等于阻力时，空间运动的总能量为总机械能，也就是动能和势能。飞机在一定的高度 h 上用一定的速度 V 飞行时，总能量为

$$E = hW + \frac{1}{2}\frac{W}{g}V^2 \tag{7-18}$$

其单位重量的能量为

$$\frac{E}{W} = h + \frac{V^2}{2g} \tag{7-19}$$

该能量称为单位能量（或能比）。由于单位与长度一致，与高度的量纲一样，故又称它为能量高度，用 H 表示，即

$$H = \frac{E}{W} = h + \frac{V^2}{2g} \tag{7-20}$$

能量高度的物理含义为：如果在变速爬升中阻力与推力是平衡的，飞机用全部动能转换成势能（也就是减速爬升直到速度等于零）所能达到的理论高度，就是能量高度。

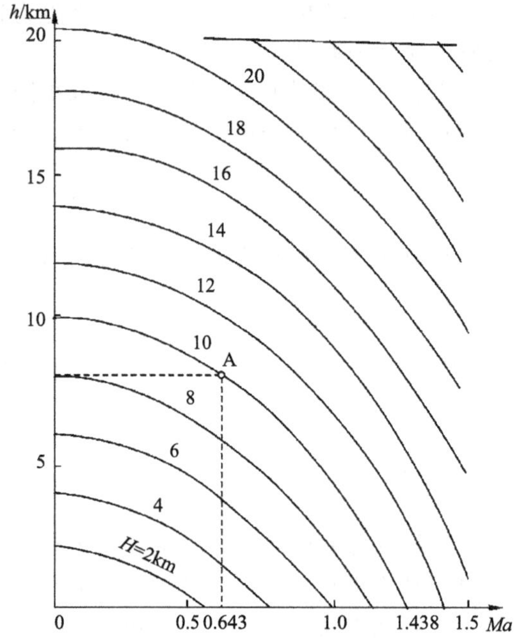

图 7-7 等能量高度

令能量高度 H 等于不同的常数，按式（7-20）高度与速度相互转换的关系，可绘成图 7-7 的等能量高度曲线。图 7-7 说明，在任一高度和速度上，其能量高度是确定的。

例如，在高度 8000m 上，飞机飞行 Ma 是 0.643，则其能量高度约为 10000m，如图 7-7中 A 点所示。飞机从 A 点开始，保持推力等于阻力做减速上升，直到速度等于零，则可爬到 10000m 的高度；反之，下降增速，到高度等于零时，可使 Ma 增加到 1.438。

如果飞行中推力不等于阻力，则其能量高度就要发生变化。由于合外力的作用，飞机会获得能量的增量 $\mathrm{d}E$，它等于外力 $T-D$ 在 $\mathrm{d}L$ 这段距离上所做的功：

$$\mathrm{d}E = (T - D)\,\mathrm{d}L$$

两端同除以 W 得

$$\mathrm{d}H = \frac{T - D}{W}\mathrm{d}L \tag{7-21}$$

如果飞机的推力等于阻力，则能量高度不会改变；如果推力大于阻力，外力做的功会使能量高度增加，为保持上升其能量高度是增加的；如果推力小于阻力，外力做的负功会使能量高度减小，为保持定直下降，其能量高度是减小的。

7.3.2 变速上升的上升率

用式（7-17）可求解定直上升的上升率。如果飞机不是定直上升，速度是随高度变化的，可以通过能量法来求解。对式（7-20）进行时间微分得

$$R_C^H=\frac{\mathrm{d}H}{\mathrm{d}t}=\frac{\mathrm{d}h}{\mathrm{d}t}+\frac{V}{g}\frac{\mathrm{d}V}{\mathrm{d}t} \tag{7-22}$$

将其改写成 $R_C^H=\frac{\mathrm{d}h}{\mathrm{d}t}+\frac{V}{g}\frac{\mathrm{d}V}{\mathrm{d}h}\frac{\mathrm{d}h}{\mathrm{d}t}$，解出：

$$R_C=\frac{\mathrm{d}h}{\mathrm{d}t}=\frac{R_C^H}{1+\frac{V}{g}\frac{\mathrm{d}V}{\mathrm{d}h}}=\frac{R_C^H}{1+\frac{1}{2g}\frac{\mathrm{d}V^2}{\mathrm{d}h}} \tag{7-23}$$

式中，$\frac{V}{g}\frac{\mathrm{d}V}{\mathrm{d}h}\left(或\frac{1}{2g}\frac{\mathrm{d}V^2}{\mathrm{d}h}\right)$称为加速因子。如果上升中没有动能变化，其加速因子为零，则 $R_C=\frac{T-D}{W}V$，此时，$R_C=R_C^H$，也就是式（7-17）表示的等速爬升的情况。

若加速因子为正$\left(\frac{\mathrm{d}V}{\mathrm{d}h}>0\right)$，则 $R_C<R_C^H$ 即有一部分剩功率转换成飞机的动能，而用于增加势能的功率减少了，上升率比等速爬升的小。

若上升中加速因子是负$\left(\frac{\mathrm{d}V}{\mathrm{d}h}<0\right)$，则 $R_C>R_C^H$，这是因为飞机在减速过程中，有一部分动能转变为势能，上升角增大，所以，它的上升率比等速爬升的大。

图 7-8 的加速因子曲线是根据式（7-23）从一般气动规律计算得出的，没有附加任何机型特征参数，因此，该曲线适用于任何机型。

7.4 平飞性能参数

平飞是指飞机做等速直线水平的飞行。平飞是运输机的一种主要飞行状态。本节主要利用推力法和功率法分析飞机平飞状态下的性能参数的变化规律。

7.4.1 平飞性能参数的变化

1. 不同重量时的平飞性能参数

假设飞行高度不变，由式（7-4）和式（7-12）可知，随着飞机重量的增加，所需推力和所需功率都将增大，同时，若保持飞机的迎角不变，为保证飞机平飞，飞机的飞行速度会增大，则所需推力曲线和所需功率曲线都会向右上方移动，而飞机可用推力和可用功率与发动机的特性有关，不随着飞机的重量发生改变，如图 7-8 所示。从图中可以看出，平飞最小速度、经济速度、有利速度、久航速度和远航速度都随着重量的增加而增大，而飞机的剩余推力、剩余功率、平飞最大速度随着重量的增加而减小。

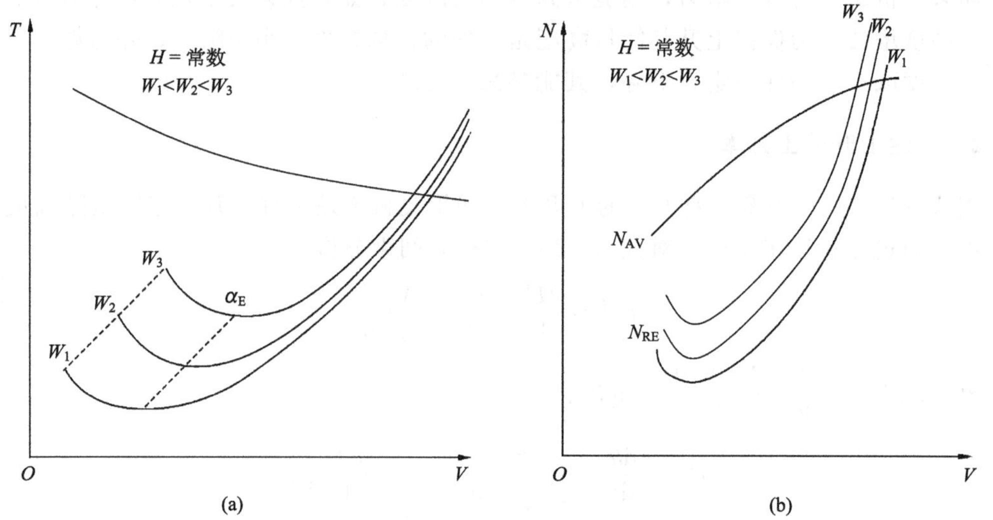

图 7-8　不同重量下的推力曲线和功率曲线

2. 不同高度时的平飞性能参数

假设飞机重量不变，飞机的飞行高度增加后，若不考虑空气压缩性的影响，飞机保持同样的指示空速（IAS）飞行，飞机迎角不变，动压和阻力系数也保持不变，因此，飞机的所需推力不变。但是随着高度的升高，空气密度会降低，飞机的真空速会增大，同时可用推力会逐渐减小，如图 7-9 所示。

对于活塞式飞机，随着飞机飞行高度的增高，飞机保持同样的指示空速（IAS）飞行，所需功率因真空速的增大而增大，发动机的有效功率降低，使得飞机的可用功率降低，如图 7-9 所示。

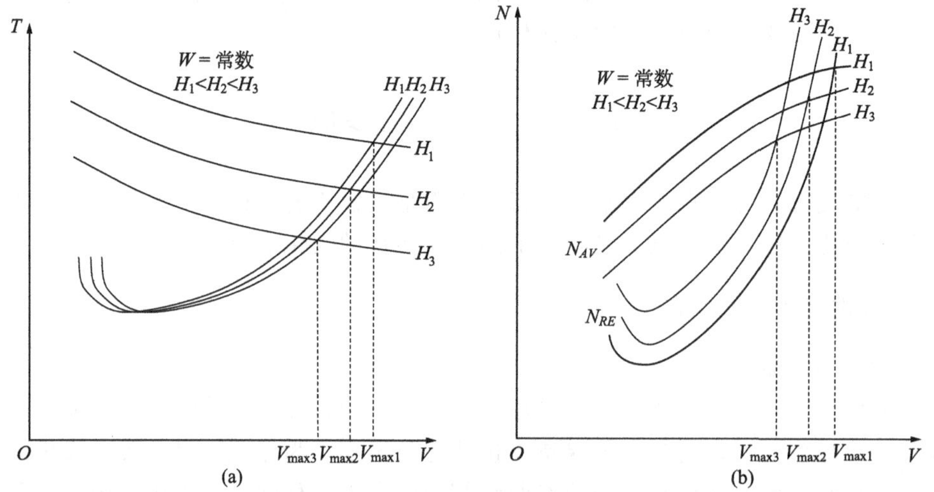

图 7-9　不同高度下的推力曲线和功率曲线

由图 7-9 可得：平飞最小速度、经济速度、有利速度、久航速度和远航速度都随着飞行高度的增加而增大，而飞机的剩余推力、剩余功率和平飞最大速度随着飞行高度的增加而减小。

3. 不同温度时的平飞性能参数

气温的变化引起空气密度发生改变，从而导致发动机功率发生变化。气温增高，空气密度降低，飞行真空速增大，发动机功率减小，可用推力和可用功率减小，如图 7-10 所示。由图 7-10 可得：平飞最小速度、经济速度、有利速度、久航速度和远航速度都随着气温的升高而增大，而飞机的剩余推力、剩余功率随着气温的升高而减小，平飞最大速度变化不明显。

4. 不同构形时的平飞性能参数

当放下飞机的起落架、襟翼、缝翼、扰流板和减速板等其中任一构件时，都将改变飞机的气动外形，增大飞机的阻力。但它们对升力的影响却各不相同，因而使飞机的所需推力随速度的变化也不一样。放下起落架或发动机停车，增大了飞机的废阻力，都会使最小阻力的有利速度减小，大速度的 T_{RE} 曲线变陡。放下襟翼后，飞机的升阻力都增加，飞机可以在更小的速度上平飞，所需推力曲线要向左上方移动。尤其是襟翼和起落架都放下时，曲线向左上方移动得更多些，图 7-11 是 B737 飞机不同构形下的所需推力。

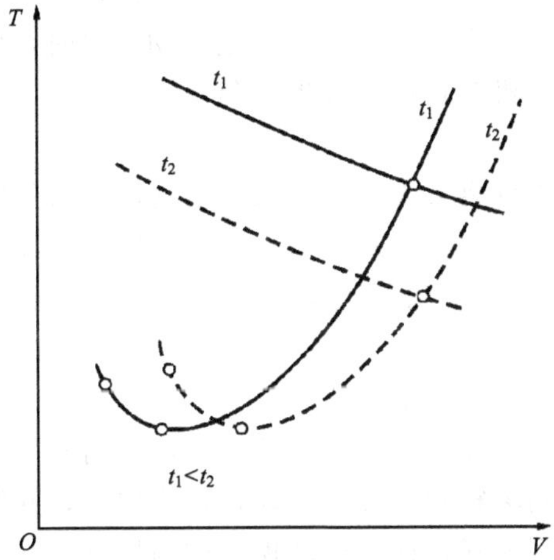

图 7-10　不同气温下的推力曲线

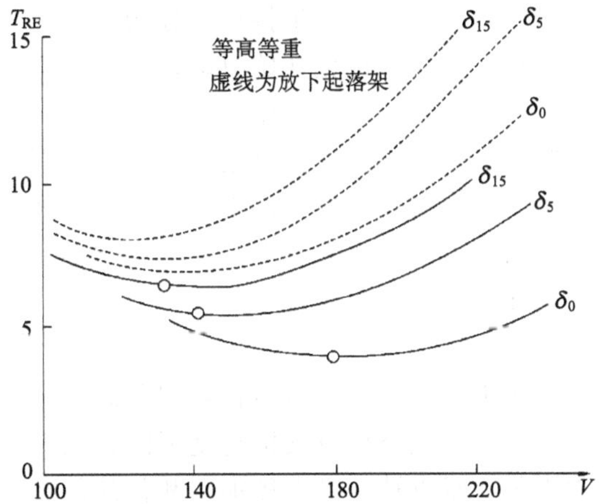

图 7-11　不同构型下的推力曲线

7.4.2　飞行包线

飞机的平飞速度范围随着飞行高度的变化曲线称为飞行包线。平飞速度范围由平飞最小速度和平飞最大速度构成边界。

1. 平飞最小速度

从航空发展的进程看，低速飞行中出现险情是最多的。为确保飞行安全，大型运输机对其平飞允许使用的最小速度有严格的限制，并加装抖杆器、迎角警告器，在驾驶员操纵失误时进行提醒。平飞最小速度可能会受到失速的限制，可能会受到推力或机动限制。这些限制中最大的速度就是平飞最小速度。

1）失速及失速速度（V_S）

（1）失速。

中国民用航空规章第25部25.103规定：失速速度是飞机可操纵的定常飞行的最小速度，以校正空速表示。飞机失速是指飞机迎角超过临界迎角，不能保持正常飞行的现象。

当飞机超过临界迎角时，产生强烈的气流分离，飞机由于气流分离而产生气动抖动，同时由于升力的大量丧失和阻力的急剧增大，飞机会显现显著的失速现象，包括飞行速度迅速减小、滚转、高度降低、机头下沉等，不能保持正常飞行，这时可认为飞机进入失速状态。

飞机失速的根本原因是飞机的迎角超过其临界迎角。因此，飞机可能在任何空速、姿态和功率设置情况下出现失速。

要想防止飞机进入失速，对飞机的失速性能提出了要求，即当飞机接近临界迎角时，能够给出失速警告，唤起飞行员的注意，以便采取措施，避免飞机进入失速。失速警告分为自然失速警告和人工失速警告。

①自然（气动）失速警告。

自然失速警告主要是通过飞机的气动抖振来实现的。当迎角接近或超过临界迎角时，机翼上表面气流产生强烈分离，产生大量涡流。涡流的形成导致飞机产生抖动，称为气动抖振。气流强烈分离产生的大量涡流，陆续流过副翼和尾翼，不断冲击各个舵面，带动驾驶盘（杆）和脚蹬板产生抖动。迎角越大，气动抖振越剧烈。当飞机产生气动抖振时，驾驶盘（杆）和脚蹬板也开始抖动，从而警告飞行员飞机迎角接近临界迎角。

②人工失速警告——振杆器。

随着机翼翼型设计的改进，使流过机翼上的气流分离大大推迟，飞机失速前的自然警告很不明显，现在的飞机都安装了人工失速警告装置，主要形式有失速警告喇叭、失速警告灯、振杆器。这些人工失速警告装置通过迎角探测器来判断飞机迎角是否接近临界迎角，从而对飞行发出警告。

（2）螺旋。

飞机失速后，飞机超过临界迎角后引起机翼自转，导致两边机翼的阻力不平衡发生偏转，同时升力减小导致飞机高度下降，从而产生急剧滚转和偏转的运动，机头向下，并绕着空中某一垂直轴，沿半径很小和很陡的螺旋线急剧下降，这种运动现象称为螺旋。

（3）失速速度。

运输机在飞行中，使用的迎角一般都不大，即使是起飞着陆时使用的迎角比较大，也达不到临界迎角。因此，运输机在正常飞行中出现迎角超过临界迎角而失速的情况是极少的。但是，若飞行员操纵错误或遭遇强烈颠簸气流等，也可能会因迎角过大而造成失速。

在高度较低而速度又较小的情况下，发动机处于最大工作状态，产生的可用推力远大于飞机的阻力。在高度和重量一定时，随着飞行速度的减小，为飞机保持平飞状态，需增大迎角使得升力等于重力。当迎角增加到临界迎角，升力系数达到最大时，速度就不能再减小，飞机要进入失速状态，将飞机的飞行速度称为失速速度。根据式（7-2）飞机保持定常平飞，迎角达到临界迎角时对应的失速速度为

$$V_S = \sqrt{\frac{2W}{C_{L\max} \cdot \rho \cdot S}} \tag{7-24}$$

2）推力限制速度（V_{minp}）

随着飞机飞行高度的增加，发动机的可用推力会降低，甚至会小于临界迎角（即失速速度）时的所需推力。这时可用推力与所需推力在左侧的交点对应速度，就是推力限制的最小速度 V_{minp1}，如图 7-12 所示，H_1：$V_{min}=V_S$；H_2：$V_{min}=V_{minp2}$。

3）平飞最小速度随高度的变化

飞机低空飞行时，平飞最小速度主要受到失速速度的限制，根据式（7-24）可知就是受到 C_{Lmax}大小的影响。

在高度较低时，空气压缩性的影响可忽略不计，此时的 C_{Lmax}近似于常数，所以，平飞最小指示空速不变，平飞最小真空速随高度的升高而增加，如图 7-13 所示的 C_{Lmax}为常数段所示。

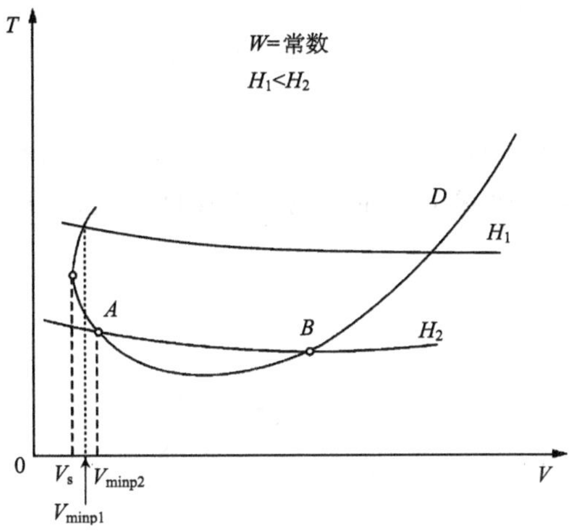

图 7 12　高空的推力曲线

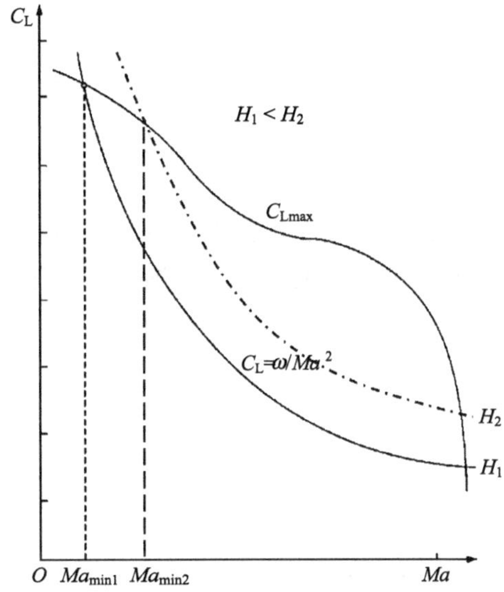

图 7-13　C_{Lmax}随 Ma 的变化规律

随着高度的增加，需考虑空气压缩性，C_{Lmax}会随着 Ma 发生改变，如图 7-13 所示，由图中可看出，当高度升高时，平飞所需升力系数增加，使得平飞最小速度增大，其变化规律如图 7-13 所示的 $C_{Lmax}=f(Ma)$段。当 $H_1<H_2$ 时，$Ma_{min1}<Ma_{min2}$。

当高度继续升高时，平飞最小速度主要受到推力限制，并且随着高度的升高，平飞最小速度也是逐渐增大，其变化规律如图 7-14 所示的 V_{minp}段。

2. 平飞最大速度

根据前面平飞性能参数的分析，平飞最大速度随着高度的升高而减小，变化规律如图 7-13 所示。

3. 理论包线

1）速度包线

将平飞最小速度边界图 7-14 和平飞最大速度边界图 7-15 综合绘制在一张图上，这个表示飞行高度和速度范围边界的关系曲线为理论上的速度包线，简称理论包线，如图 7-16所示。对于运输飞机，在理论包线范围内，飞机可以做定常平飞、上升和下降运动，也可以做直线或曲线的加、减速运动，即飞机在空中的一切运动都必须在速度包线范围之内进行。

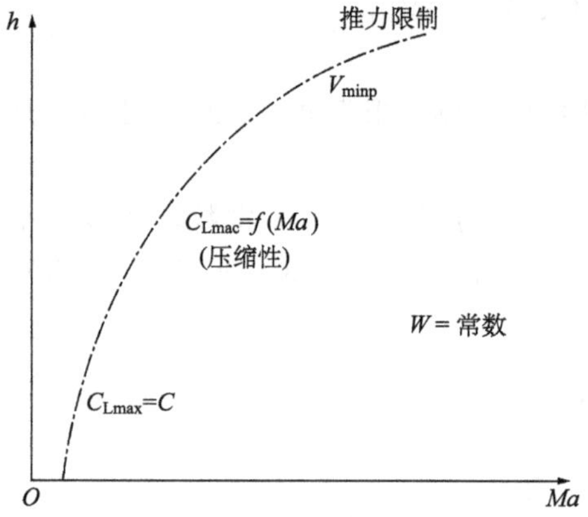

图 7-14　不同高度下的平飞最小速度

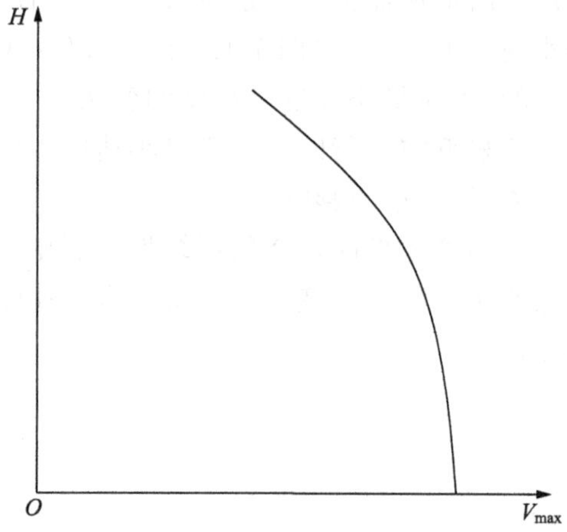

图 7-15　不同高度下的平飞最大速度

运输机装载变化很大。例如，飞机起飞重量与着陆重量之间的差别就很悬殊，随着飞行任务的进行，飞机重量逐渐减小，平飞最小速度要减小，而平飞最大速度增大，因此，理论包线的范围要扩大，如图 7-17 所示。

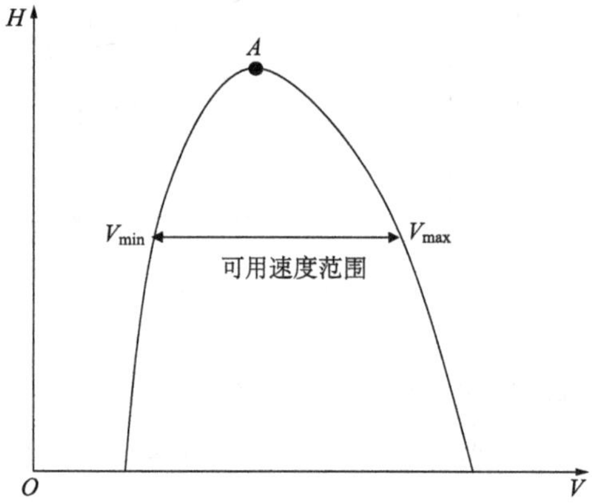

图 7-16　理论包线

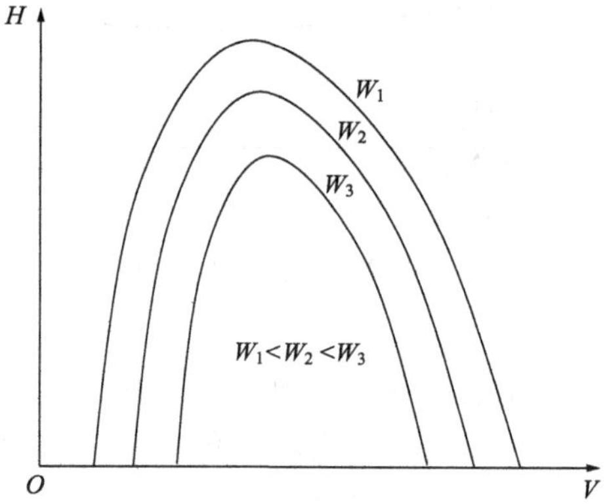

图 7-17　理论包线随重量的变化

2）升限

在理论包线图上，曲线最高点是飞机的理论升限。随着高度的增加，可用推力会降低，使平飞最小速度之间的范围逐渐减小。在到达一定高度时，可用推力与所需推力相切，这时的高度就是理论升限，如图 7-16 和图 7-18 中 A 点所示。

3）速度范围划分

在速度包线的范围内，根据飞机的速度稳定性和操纵规律，把飞行速度范围划分成两个区域：在飞行速度大于经济速度时，即 $V_{mp}<V\leqslant V_{max}$，称为第一速度范围（或正常操纵区，简称正区）；在飞行速度小于经济速度时，即 $V_{min}\leqslant V\leqslant V_{mp}$，称为第二速度范围

（或反常操纵区，简称反区）。

（1）飞机速度稳定性。

①正区。

飞机在第一速度范围以速度 V_1 平飞时，可用推力等于所需推力，如受外界干扰，速度减小 ΔV，如图 7-19 所示，飞机仍保持水平飞行，所需推力会减小，这时飞机会出现剩余推力，且 $\Delta T>0$，在该剩余推力的作用下，飞机会加速，直到达到 $\Delta T=0$ 时飞机停止加速，也就是恢复到了原来的飞行速度 V_1。这种不需要改变发动机工作状态，飞机就可在受到扰动的情况下自动恢复原来速度的特性，称为轨迹（速度）稳定性。根据以上分析可知，飞机在第一速度范围内是具备轨迹稳定性的。

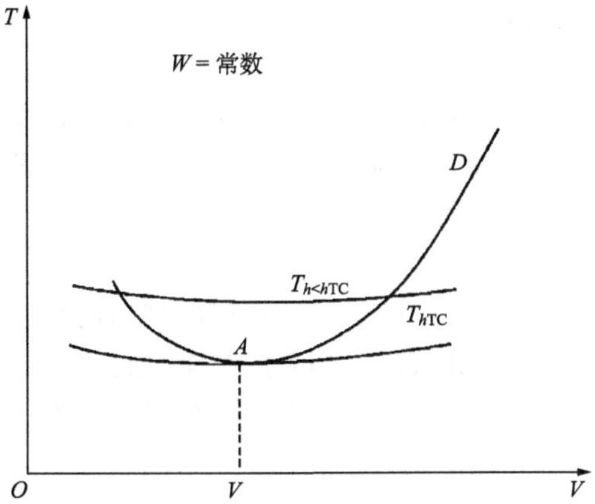

图 7-18　理论升限

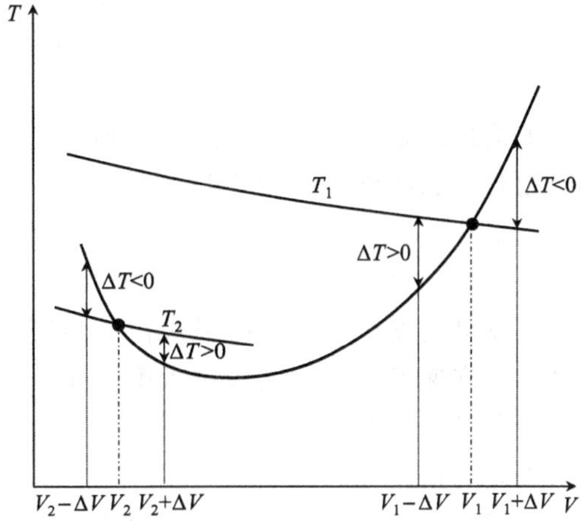

图 7-19　轨迹稳定性

②反区。

飞机在第二速度范围以速度 V_2 平飞，此时可用推力等于所需推力，如受外界干扰，速度减小 ΔV，如图 7-19 所示，飞机仍保持水平飞行，这时飞机会出现剩余推力，且 $\Delta T<0$，在该剩余推力的作用下，飞机会减速，随着速度的不断减小，剩余推力也会减小，又导致飞机的速度进一步减小，飞机的速度就会远离原来的平衡速度 V_2。因此，通过分析可知飞机在第二速度范围不具备轨迹稳定性。

（2）飞机操纵规律。

飞行员初学飞行时就开始养成的操纵习惯为：飞机增速需加油门，同时推杆；飞机减速，需收油门，同时带杆。

①正区。

飞机在第一速度范围内以速度 V_1 平飞，可用推力等于所需推力。如要加大飞行速度，飞行员应加油门增大推力（图 7-20 中发动机

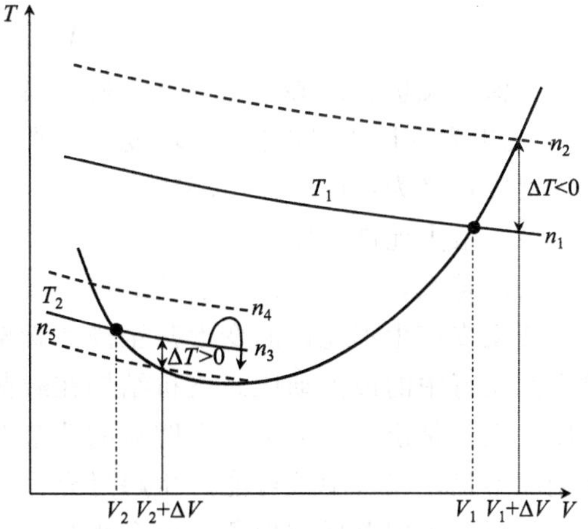

图 7-20　飞机操纵规律

由转速 n_1 增大到 n_2)。随着速度的增加，需要推杆减小迎角，使升力等于重力。在增速过程中，阻力也随之增大，剩余推力越来越小，直到阻力等于新油门位置 n_2 的可用推力时，飞机又取得了新的平衡，保持速度 $V=V_1+\Delta V$ 不变平飞。因此，飞机在第一速度范围内，增加速度的操纵规律与操纵习惯是一致的。

②反区。

飞机在第二速度范围内以速度 V_2 平飞，可用推力等于所需推力。如要加大飞行速度，同样需要加油门增大推力（图 7-20 中由转速 n_3 增大到 n_4)。随着速度的增加，需要推杆减小迎角，使升力等于重力。但是在增速过程中，阻力也随之减小，剩余推力越来越大，为了在 $V=V_2+\Delta V$ 时停止加速，又必须把油门减小使飞机的可用推力等于速度 V 所对应的阻力（图 7-20 中由转速 n_4 减小到 n_5)。可见在第二性能范围内，改变速度，操纵油门需用双重动作（如本例中先加油门到 n_4，而后又减到 n_5)，这是不符合正常的操纵习惯的。

4. 实用限制

理论包线是指飞机性能能够达到的速度边界。但从安全角度出发，实际飞行中速度边界限制要更加严格。为使飞机不致失速，平飞最小速度通常需要速度余量，考虑飞机强度、稳定性与操纵性进一步限制平飞最大速度。

(1) 最小允许速度。

从飞机速度稳定性和操纵规律的角度考虑比较严格的速度限制，应以经济速度作为平飞最小允许速度，以防飞机进入第二速度范围。但是飞机从起飞到着陆整个飞行过程中必然会存在飞行速度比经济速度要小的飞行阶段。因此，实际使用速度限制仍然是从保证飞机不失速的角度考虑。

飞机在接近失速速度时，会因为机翼表面大范围的气流分离现象而发生抖动，将此时的速度称为抖动速度，通常以该速度作为平飞最小允许速度。但由于现代飞机的气动性能好，直到失速时飞机的抖动也不明显，特别是使用增升装置后，机翼上的涡流大部分被吹散，抖动速度非常接近失速速度，二者的差别很小。为在失速之前给飞行员提供足够余量的失速警告，需采用人工抖杆装置。中国民用航空规章第 25 部中规定：“必须给驾驶员以有效的清晰可辨的具有足够余量的失速警告”，“必须在大于失速速度 7%的速度开始发出失速警告”。因此，平飞最小允许速度与失速速度的关系可表示为

$$V_{\mathrm{minalw}}=1.07V_{\mathrm{s}} \tag{7-25}$$

为保证飞机有足够的能力进行机动飞行，对平飞最小允许速度做了进一步的规定，如 B757 飞机为保证飞机能做 25°坡度的水平转弯，同时有 15°坡度的安全余量，将平飞最小允许速度定义为：$V_{\mathrm{minalw}}=1.3V_{\mathrm{s}}$。

(2) 最大允许速度。

动压越大，飞机表面所承受的局部气动载荷（吸力或压力）也越大，如果动压过大，就会使蒙皮产生不允许的变形甚至撕离骨架。为保证飞机的局部强度，在结构强度计算中要限制飞行中的最大动压。飞机结构在载荷作用下，除了要有足够的强度，还要有足够的刚度。也就是说，不但不应有明显的残余变形，而且弹性变形也要有一定的限度。飞机结构刚度不足，飞行中就可能产生超过允许的弹性变形，使空气动力性能变坏，操纵效能降低，甚至产生副翼反逆现象，或会激起弯曲、扭转和振动（颤振)，导致飞机结构的破坏。强度限制的最大动压对应的当量空速为最大允许速度，即

$$q_{\text{maxalw}}=\frac{1}{2}\rho_0 V_{\text{Emo}}^2=\text{常数} \tag{7-26}$$

$$V_{\text{Tmo}}=V_{\text{Emo}}/\sqrt{\sigma} \tag{7-27}$$

式中，V_{Emo}为最大允许当量空速；V_{Tmo}为最大允许真空速。表 7-1 给出了常见机型的最大允许速度（V_{Emo}）。

表 7-1　不同飞机的最大允许速度

机型	A320-214	A330-223	A340-600	A380-800	B737-800	B747-400	B777-200	B787-8
V_{Emo}/kn	350	330	330	340	340	360	330	350

（3）最大允许 Ma。

在高空，相同当量空速的 Ma 很大。对于高亚音速飞机，在 Ma 大于 Ma_{cr}后，会出现局部激波，发生气动力矩的变化而产生自动下俯、蹬舵反坡度或副翼效能降低，甚至副翼反逆等现象。此外，如图 7-13 所示，最大升力系数与平飞升力系数两条曲线的交点，除了限制平飞最小速度左交点，右边的交点会限制飞机最大允许 Ma。表 7-2 给出了常见机型的最大允许 Ma。中国民用航空规章第 25 部 25.1505 G 中规定飞机两个最大允许速度为在任何飞行阶段都不能故意超过的速度。

表 7-2　不同飞机的最大允许 Ma_{mo}

机型	A320-200	A330-200	A340-600	A380-800	B737-800	B747-400	B777-200	B787-8
Ma_{mo}	0.82	0.86	0.86	0.89	0.82	0.92	0.89	0.90

（4）实用包线。

实际使用过程中由于受到上面三种的限制，实用包线的范围在理论速度包线的基础上将要缩小，如图 7-21 所示的虚线所示。

在理论升限的高度上，飞机的剩余推力（ΔT）为零，只能保持平飞状态，也就是达到理论升限的时间为无限长。到达这个高度后，飞机只能用经济速度平飞，毫无机动能力，因此，在该高度飞行没有任何实用价值。而在实际使用时，飞机需要具备一定的剩余推力、爬升率和平飞速度范围。按储备爬升率的大小，飞机的限制高度分别称为不同的升限名称，见表 7-3。

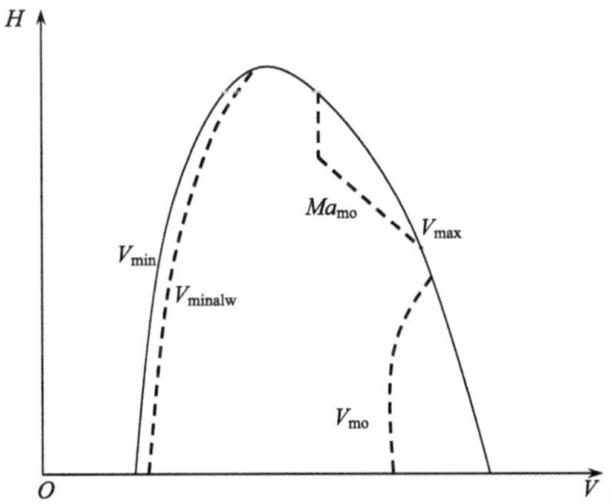

图 7-21　实用包线

表 7-3　不同的升限

储备爬升率/(ft/min)	0	100	300	500
升限名称	理论升限	实用升限	巡航升限	战斗升限

7.4.3 环境包线

中国民用航空规章中规定飞机必须根据飞行、结构、动力装置、功能或设备特性建立环境温度极限和允许运行的高度。因此，提出了飞机的环境包线，它表示飞机飞行的气压高度和温度限制，在该包线内，飞机的性能可得到确认且飞机系统满足取证要求。图 7-22为 A320 飞机的环境包线，A320 飞机的最大飞行高度为 41100ft，起降机场最大高度限制为 8500ft。

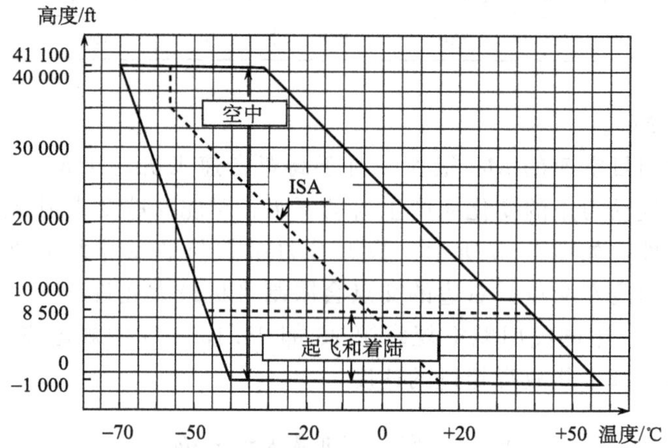

图 7-22　环境包线

第8章 爬　　升

飞机的整个飞行任务阶段可用如图 8-1 所示的飞行剖面来表示。飞行剖面（flight profile）是指在地面坐标系中，略去飞行轨迹的横向偏差，仅表示成高度-距离的二维图像轨迹。飞行剖面主要由飞机的起飞、航路爬升、航路巡航、航路下降和着陆五个阶段组成。

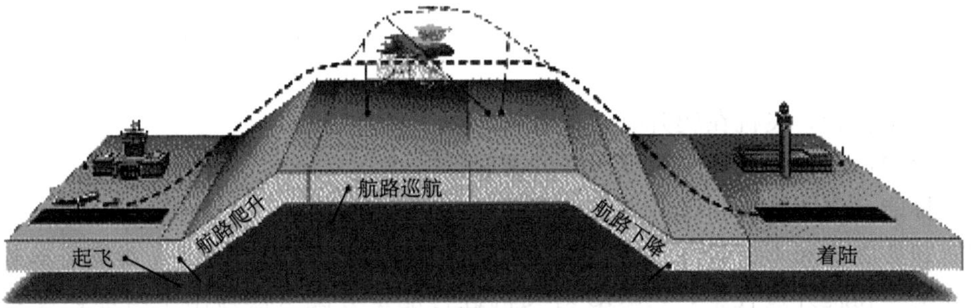

图 8-1　飞行剖面

本章讨论的航路爬升是指飞机从起飞飞行航迹终点，即离机场地面 450m（1500ft）高度起，按一定方式爬升，并增速到规定的巡航高度和巡航速度的爬升过程，通常称为航路爬升（enroute climb）。

8.1　爬升性能参数

8.1.1　运动方程

飞机在航路爬升过程中，其飞行高度不断增加，需通过上升才能取得高度，飞机沿着倾斜向上的轨迹做等速直线的飞行称为上升。

飞机上升时受到的作用力与平飞相同，有升力、重力、推力（或拉力）和阻力。但重力与飞机运动方向并不垂直。为便于分析问题，把重力分解为垂直于运动方向的分力（W_1）和平行于运动方向的分力（W_2），如图 8-2 所示。

飞机上升时无转动，作用于飞机的各力通过飞机重心，各力矩平衡。飞机做等速直线上升，作用于飞机的各力平衡，即垂直于运动方向的各力和平行于运动方向的各力应分别取得平衡。用公式表示，即

$$\begin{cases} L = W_1 \\ T = D + W_2 \end{cases} \tag{8-1}$$

飞机爬升过程中推力由发动机提供。飞行员在起飞后进入爬升状态将油门杆设定到爬升（CL）卡位来将推力从起飞推力减小到爬升功率，如图 8-3 所示。

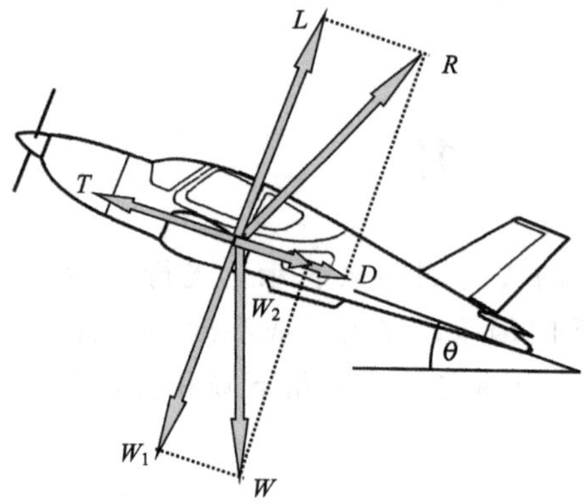

图 8-2 飞机上升时的作用力

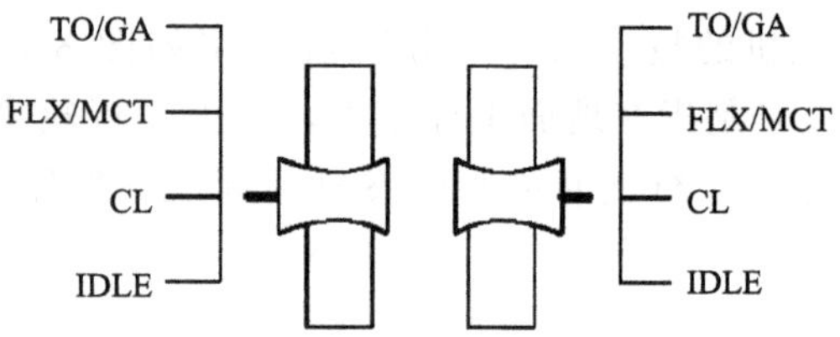

图 8-3 油门杆位置

从能量角度看，飞机在爬升时，需要获得以下两种能量。

(1) 动能：保持速度和加速度所需的能量。

(2) 势能：保持高度和爬升所需的能量。

动能和势能之和不会超过飞机发动机提供的总能量。总能量必须在速度需求和高度需求之间分配。在爬升过程中，FMGS 对飞机进行能量分配（70%用于增加速度，30%用于增加飞行高度）。

8.1.2 上升性能参数

1. 上升角

上升角是飞机上升轨迹与水平线之间的夹角，以 $\theta_{上}$ 表示。那么，式（8-1）可表示为

$$\begin{cases} L = W\cos\theta_{上} \\ T = D + W\sin\theta_{上} \end{cases} \tag{8-2}$$

上升角一般都不大，通常为 6°～18°。飞机上升时除了上升角，还有其他相关的角度，如图 8-4 所示。图中标出了飞机的仰角 ϑ、迎角 α 和机翼安装角 φ。飞机仰角是飞机的机体纵轴与水平线的夹角，是体现飞机姿态的角度之一，表示飞机与水平面相比机体上仰的程度。机翼安装角为机翼翼弦与机体纵轴之间的夹角，同一飞机的机翼安装角是确定的。同时，由图 8-4 可得角度之间的关系为

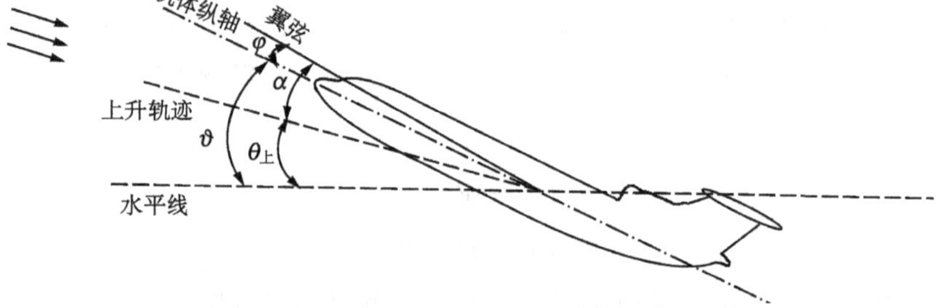

图 8-4 飞机上升时的各角度

$$\theta_{上}=\vartheta+\varphi-\alpha \tag{8-3}$$

因此，上升过程中飞机的迎角越大，则仰角与上升角之间的差别也越大。但在迎角一定，即上升速度不变时，仰角越大，上升角也越大。

2. 上升所需速度

飞机若要保持直线运动，垂直于轨迹方向上的作用力必须平衡，也就是飞机的升力等于重力第一分力，$L=W_1$。在一定迎角下，要满足该等式，上升所需速度为

$$V_{\mathrm{CLB}}=\sqrt{\frac{2W\cos\theta_{上}}{C_L\rho S}}=V_{平飞}\sqrt{\cos\theta_{上}} \tag{8-4}$$

由于上升角较小，$\cos\theta_{上}$接近于1，由式（8-4）可知同一迎角下，上升所需速度与平飞所需速度近似相等。那么，上升与平飞受到的阻力也近似相等，同时，上升过程中阻力随速度变化的规律可认为与平飞所需推力随速度变化的规律相同，因此，可用平飞推力曲线来分析相关的上升性能。但需指出，平飞时飞机推力只用来平衡飞机阻力，而上升时不仅要平衡飞机阻力，还要平衡重力的第二分力 W_2。

3. 爬升梯度

飞机上升高度与上升水平距离之间的比值，称为爬升梯度（climb gradient）。爬升梯度与上升角有如下关系：

$$G_C=\frac{上升高度}{上升水平距离}=\tan\theta_{上} \tag{8-5}$$

由式（8-5）可知，上升角越大，说明经过同样的水平距离后，上升的高度越高，如图 8-5 所示。

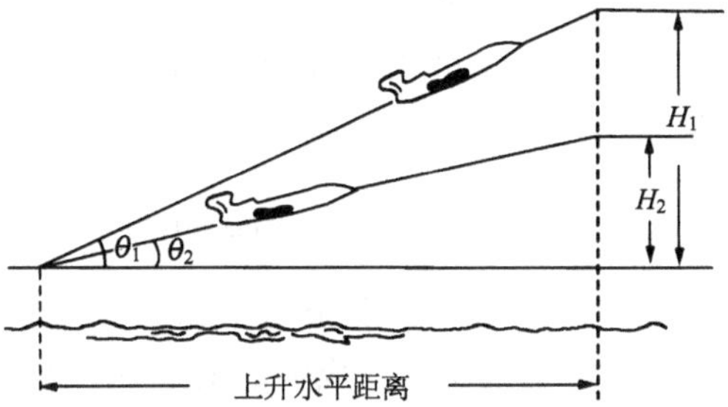

图 8-5　不同上升角下的上升高度

由于 $\theta_{上}$较小时，$\sin\theta_{上}\approx\tan\theta_{上}$，$\cos\theta_{上}\approx 1$，由式（8-2）可得

$$\tan\theta_{上}\approx\sin\theta_{上}=\frac{T-D}{W}=\frac{\Delta T}{W} \tag{8-6}$$

由式（8-6）可得，剩余推力越大，或飞机重量越轻时，上升角和爬升梯度越大。因此，飞机上升时推力必须大于阻力，也就是说，需有正的剩余推力来平衡重力第二分力。如剩余推力越大，能够平衡的 W_2 也越大，在飞机重量一定的情况下，所能保持的上升角和爬升梯度也就越大。在剩余推力一定的情况下，飞机重量越轻，W_2 也越小，飞机也就能保持更大的上升角和爬升梯度上升。

对于同一飞机，如果重量变化不大，则上升角、爬升梯度仅取决于剩余推力的大小。而剩余推力的大小主要取决于油门的大小和上升速度。若保持同样速度上升，油门越大，剩余推力越大，则上升角和爬升梯度越大。若保持最大油门位置，用不同速度上升，则剩余推力不同，从平飞推力曲线可知，以经济速度（陡升速度）上升可获得最大上升角和爬升梯度。

由式（8-6）得

$$\tan\theta_{上}\approx\frac{T-D}{W}\approx\frac{T}{W}-\frac{D}{L}=\frac{T}{W}-\frac{1}{L/D} \tag{8-7}$$

因此，当 L/D 最大时，也就是飞机以有利速度进行飞行，可获得最大的上升角和爬

升梯度，有利速度通常比经济速度稍大，但在实际性能分析表明两者相差不大，可近似相等，所以，在$\theta_{上}$很小的近似假设，以有利速度或以经济速度飞行可获得最大上升角和爬升梯度。对于空客飞机，又将该速度称为绿点速度或飘降速度。表 8-1 给出了常用飞机的最大爬升梯度。

表 8-1 典型飞机的最大爬升梯度

机型	最大爬升梯度/%	机型	最大爬升梯度/%
A320-200	13.9	B747-400	7.5
A330-200	10.4	B777-200	10.9
B737-800	11.3		

4. 爬升率

飞机单位时间内上升的高度，称为爬升率，用R_C表示。爬升率越大，表明飞机上升到一定高度所需的时间越短，飞机就能迅速取得所需高度。所以说，飞机的最大爬升率是飞机的重要性能之一。

爬升率是飞机飞行速度在垂直方向上的分量，即$R_C = V_{CLB}\sin\theta_{上}$。将式（8-6）代入得

$$R_C = V_{CLB}\sin\theta_{上} = V_{CLB}\frac{T-D}{W} = V_{CLB}\frac{\Delta T}{W} = \frac{\Delta N}{W} \tag{8-8}$$

式（8-8）表明，剩余功率越大，或飞机重量越轻，爬升率越大。实际上飞机的上升过程就是将剩余功率变成势能的过程。在飞机重量不变的情况下，剩余功率越大，飞机在单位时间内获得的势能就越多，爬升率也就越大。在剩余功率一定的情况下，飞机重量越轻，爬升率也就越大。

在重量一定的情况下，爬升率的大小主要取决于剩余功率的大小，而剩余功率的大小又取决于可用功率和所需功率的大小，也就是取决于油门位置和上升速度。在油门位置一定的情况下，用不同速度上升，剩余功率大小不同，爬升率大小也就不同。螺旋桨飞机在油门不变的条件下，以快升速度上升，剩余功率最大，可以获得最大的爬升率。表 8-2 给出了常用飞机的最大爬升率。

表 8-2 典型飞机的最大爬升率

机型	最大爬升率		机型	最大爬升率	
	m/s	ft/s		m/s	ft/s
A310-200	15	3000	B737-800	22.7	4500
A320-214	15	3000	B747-400P	10.2	2000
A330-300	17	3200	B757-200	15.4	3042
A340-200	13	2500	B767-300	15	3000
A380	16	3200	B787-8	20	3900

5. 爬升时间

飞机的爬升时间为上升到预定高度所需的时间。根据定义，爬升率可表示为

$$R_C = \frac{dH}{dt} \tag{8-9}$$

飞机上升到一定飞行高度所需的爬升时间可表示为

$$t = \int dt = \int \frac{dH}{R_C} \tag{8-10}$$

如果飞机从 H_1 爬升到 H_2，根据式（8-10）计算爬升时间，也就是求图 8-6 中阴影部分（曲面梯形）的面积。爬升时间为

$$\Delta t = \Delta H / R_{Cavg} \tag{8-11}$$

式中，R_{Cavg} 为 H_1 与 H_2 对应的 R_C 的平均值。若爬升高度差值较大，可将曲面梯形等分，利用式（8-11）分别计算后再相加就可获得整个爬升过程所需的爬升时间。

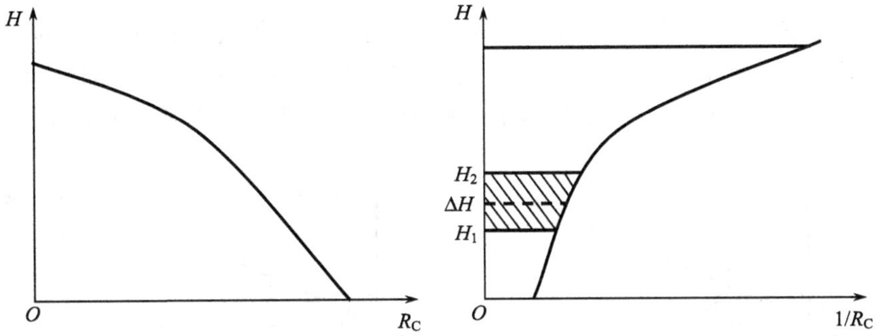

图 8-6 求解爬升时间

飞行高度增高，可用功率减小，剩余功率减小，爬升率也会减小，上升到预定高度的时间越长。理论升限对应的爬升率为零，飞机上升到理论升限的爬升时间趋于无穷大。也就是说飞机实际是不可能达到理论升限的。

6. 影响因素

1）重量

由于飞机重量增加，上升所需推力和上升所需功率增加，而飞机可用推力和可用功率不随重量发生改变，因此，剩余推力和剩余功率都减小，最大上升角、爬升率和升限也会减小。反之，飞机重量减轻，最大上升角和最大爬升率都增大，爬升梯度增加，升限升高。

2）高度和气温

高度或气温升高，可用推力和可用功率均减小，保持同样迎角上升，所需拉力不变，所需功率增大，剩余拉力和剩余功率都减小。这样，最大上升角和最大爬升率都减小，升限降低。反之，高度或气温降低，最大上升角和最大爬升率都增大，爬升梯度增加，升限升高。

3）风

飞机的上升轨迹由地速所决定。在有风情况下上升，飞机的空速、迎角等参数虽然与无风时一样，但飞机相对于地面的速度也就是地速发生变化，即飞机相对于地面的上升轨迹发生变化。

（1）顺风和逆风。

飞机逆风中上升，如图 8-7（a）所示，飞机爬升的快慢并没有受到风的影响，但飞机的地速却比无风时慢，故飞机的爬升率不变，上升角和爬升梯度增大，地速减小，飞机飞越障碍物的时间推迟，因此，能提高飞越障碍物的高度。在飞越障碍物时，最好选择逆风上升。反之，飞机顺风中上升，如图 8-7（b）所示，上升角和爬升梯度减小，地速增大，爬升率同样也没有发生改变。因此，顺风和逆风中上升，不论风的大小如何，对于飞机，爬升率都不会发生改变，上升到一定高度的爬升时间也不发生变化，改变的只是飞机的飞行轨迹，也就是水平方向的速度。

（2）侧风。

飞机在侧风中上升对上升角、爬升梯度和爬升率无影响。

（3）上升风和下降风。

飞机除了会受到水平方向风的影响，也会受到垂直于轨迹方向上的风的影响。例如，飞机遇到上升气流，如图 8-7（c）所示，上升角、爬升梯度和爬升率都增大，地速也增大。反之，飞机遇到下降气流，如图 8-7（d）所示，上升角、爬升梯度和爬升率都减小。

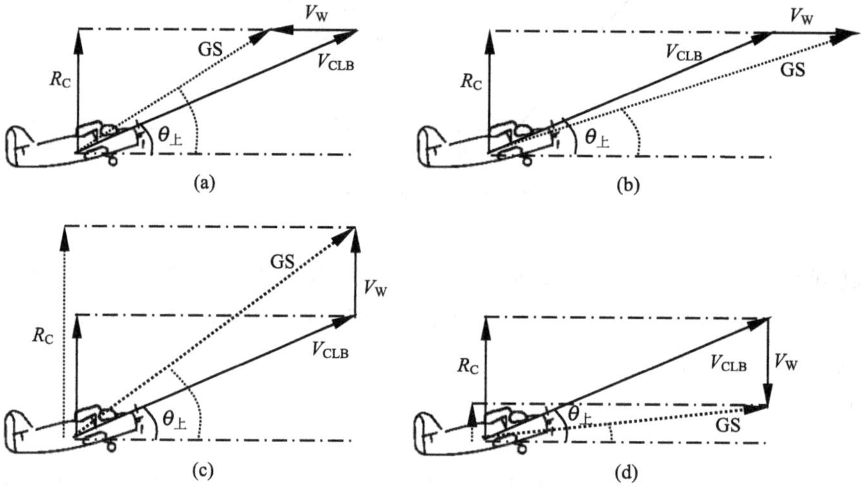

图 8-7 风对上升性能的影响

8.1.3 上升操纵原理

1. 上升性能范围

（1）上升性能范围划分。

由于上升所需推力和上升所需功率与平飞状态的所需推力和功率大小近似相等，因此，可从平飞推力曲线或平飞功率曲线来分析上升状态的性能范围划分。

平飞时，升力等于重力，推力等于阻力。在平飞推力曲线上，从平飞最小速度到平飞最大速度之间的速度都可实现平飞。而上升时，推力必须大于阻力，即必须有剩余推力，才能上升。从图 8-8 可以看出，在所需推力曲线与满油门可用推力曲线之间的区域（阴影部分）都可以实现等速直线上升。油门位置一定时，用不同速度上升，或上升速度一定，油门位置不同，都将会因剩余推力不同，而使上升角和爬升率不同。

在满油门的情况下，从平飞最大速度到经济速度，飞行员后拉驾驶盘，迎角增大，飞机要保持直线运动，上升速度减小，此时，由 V_1 减小到 V_2，剩余推力由 ΔT_1 增加到 ΔT_2，飞机在爬升过程中的上升角、爬升率增大。

当速度小于经济速度后再继续后拉驾驶盘，迎角继续增大，上升速度进一步继续减小，而此时的剩余推力减小，飞机的上升角、爬升率均减小。

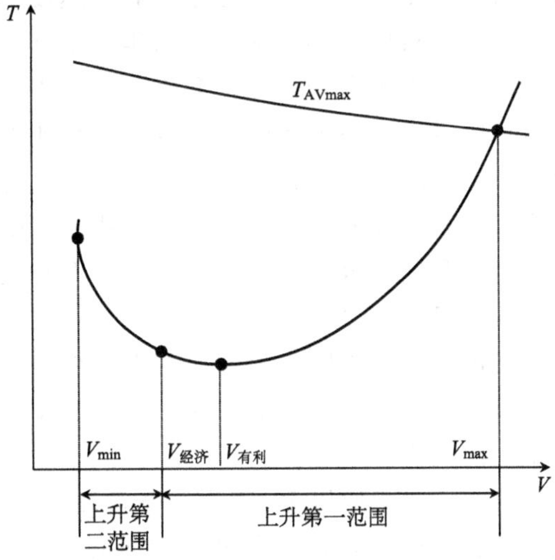

图 8-8　上升性能范围

由以上分析可知，在大于经济速度的任一速度上升过程中，飞行员后拉驾驶盘上升角增大。但在以小于经济速度的速度上升时，飞行员后拉驾驶盘上升角却减小。可见，在不同速度范围，同样的操纵动作，但其结果不同。因此，一般以经济速度为界，将上升速度划分成两个范围，大于经济速度的上升速度称为上升第一范围，小于经济速度的上升速度称为上升第二范围。在第二范围内上升，飞行员后拉驾驶盘，上升角不仅不增大，反而减小，与飞行员的正常操纵习惯不符。同时，在第二范围内上升，飞机飞行速度小，安定性和操纵性较差，更容易导致不安全事故的发生。因此，实际飞行中尽量不使用第二上升范围内的速度进行上升。

（2）上升性能极曲线。

以飞机水平方向分速 V_X 为横坐标，爬升率 R_C 为纵坐标，将飞机的上升速度（V_{CLB}）与相应的上升角（$\theta_上$）的关系表示为一条曲线，该曲线称为飞机的上升性能极曲线(图 8-9)，它反映了上升速度、上升角和爬升率的相互关系。从飞机上升性能极曲线上也可更清楚地看出飞机上升性能的特点。

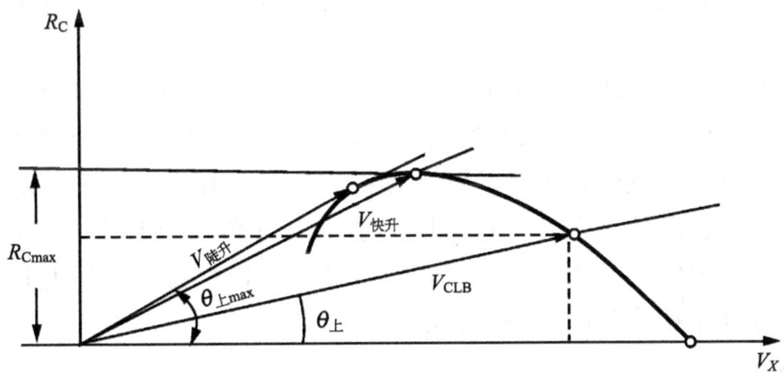

图 8-9　上升性能极曲线（满油门）

从原点到上升性能极曲线上各点的连线长度表示了对应的飞机上升速度（V_{CLB}）大小。上升速度方向与横坐标之间的夹角即以该上升速度上升时的上升角。上升速度在纵坐标上的分量即以该上升速度上升时的爬升率。从原点向曲线引切线，切线与横坐标的夹角即最大上升角（$\theta_{上max}$），此时的上升速度为经济速度或陡升速度。作一水平线与曲线相切，切点所对应的爬升率即最大爬升率（R_{Cmax}），此时的上升速度为快升速度。曲线与横坐标的交点表示上升角和爬升率都等于零，该点所对应的速度为平飞速度。从上升性能极曲线可以看出：在大于陡升速度（经济速度）的上升第一范围内，随着上升速度的增加上升角会不断减小，而在小于陡升速度的上升第二范围内，随着上升速度的增加上升角会不断增大。对于爬升率，在小于快升速度范围内，爬升率随着上升速度的增加而不断增大，在大于快升速度范围内，爬升率随着上升速度的增加而不断减小。

2. 平飞转入上升

飞机要由平飞转入上升，首先必须使垂直于上升轨迹上的作用力，也就是飞机的升力大于飞机重量，形成向上的向心力，使飞机的运动轨迹向上弯曲，才能获得逐渐增大的上升角，使飞机转入上升。

例如，飞机原以 V_1 速度平飞，油门位置不变，后拉驾驶盘，迎角增大，升力和阻力随之增加，在升力和重力之差的向心力的作用下，飞机运动轨迹向上弯曲。油门位置不变，产生的可用推力大小也不变，与原来平飞时的所需推力（阻力）相等，此时沿着轨迹方向的可用推力、重量的第二分量以及阻力形成的合作用力使飞行速度不断减小。速度减小到某一速度，如图 8-8 中 V_2，在 V_2 速度上，由于平飞所需推力比 V_1 速度上的小，而可用推力又比 V_1 速度上的大，出现了剩余推力 ΔT，当 ΔT 正好平衡重力第二分量 W_2 时，飞机可以恒定 V_2 速度上升。

又例如，飞机原以 V_1 速度平飞，飞行员不动驾驶盘，而加大油门，最初由于推力大于阻力而使飞机加速，速度增大，升力增加。在向心力的作用下，飞机运动轨迹向上弯曲，继而出现了飞行速度方向上的 W_2，同时，飞行速度增大，飞机阻力也增大，这些都将使飞行速度减小。飞机最后基本以原速度 V_1 保持上升（实际比 V_1 稍小）。

从以上分析可知，飞机原处于平飞状态，不动油门，只拉驾驶盘，飞机以小于原平飞速度的速度上升。只加油门，不动驾驶盘，飞机基本保持原平飞速度上升。为了使飞机按预定的速度上升，一般都应在后拉驾驶盘的同时，相应地加大油门，以增大推力，使拉力同阻力与重力第二分力之和平衡。如果预定的上升速度、上升角（爬升率）越大，则油门需要加得越多。

飞机转入等速直线上升中，升力只需平衡重力第一分量（W_1），因此，当飞机接近预定上升角时，就应提前前推驾驶盘，减小迎角，以减小升力，使升力正好等于重力第一分量。

综上所述，飞机由平飞转入上升的基本操纵方法是：加大油门到预定位置，同时柔和后拉驾驶盘，使飞机逐渐转入上升，直至接近预定上升角（爬升率）时，即前推驾驶盘，以便使飞机稳定在预定的上升角。必要时，调整油门，以保持预定的上升速度。对于螺旋桨飞机，还应注意修正螺旋桨副作用的影响。

3. 上升转入平飞

同理，飞机由上升转入平飞，只有升力小于重力第一分力，飞机产生向下的向心力之后，飞机运动轨迹才会向下弯曲，才可能转入平飞。可以通过前推驾驶盘从而减小迎角或通过减小油门使飞机减速达到减小升力的目的。

在飞机转入平飞的过程中，上升角（爬升率）不断减小，重力第二分力也随之减小，飞行速度有增大的趋势。为了保持预定的平飞速度，应在前推驾驶盘的同时，相应地减小油门，以便到达平飞状态时，可用推力正好与阻力相等。直到上升角（爬升率）减小到接近平飞状态时，为保证平飞时的升力要与重力相平衡，需后拉驾驶盘，增大迎角，以增大升力。对于螺旋桨飞机，还应注意修正螺旋桨副作用的影响。

8.2 航路爬升方式

8.2.1 典型爬升剖面

从 1500ft（450m）高度爬升到巡航高度并达到巡航速度的典型爬升剖面如图 8-10 所示，图中各段分别代表了典型的爬升过程的几个阶段。

A 段：飞机的起飞及起飞飞行航迹。该段从起飞离地到飞行高度 1500ft（450m），称为起飞爬升过程，严格来讲不属于航路爬升过程。

B 段：等速爬升段。飞机从 1500ft（450m）高度起，等速爬升到 10000ft（3048m）高度，该过程中表速为 250kn。航路爬升实际上是从这一段开始。

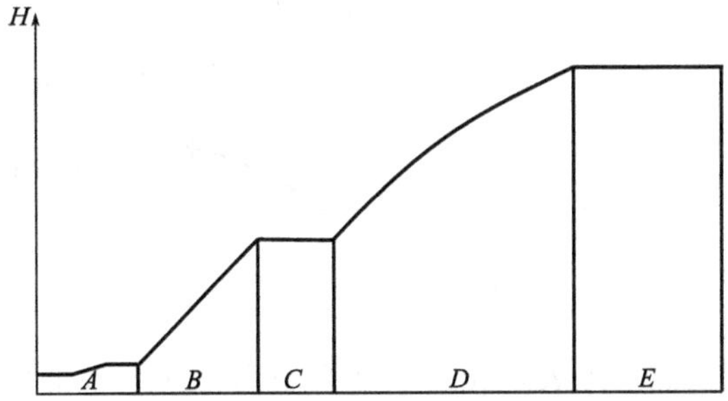

图 8-10 典型爬升剖面

C 段：在 10000ft（3048m）高度上水平飞行，并加速到选定的爬升速度，一般为300～350kn（555～638km/h）。

D 段：以选定的爬升速度，按选定的爬升方式，以等表速或等 *Ma* 的规律爬升到顶点（TOC），即初始巡航高度。

E 段：由 *D* 段的爬升速度，加速到规定的巡航速度，到该段终点，航路爬升过程就此结束。

8.2.2 典型航路爬升方式

航路爬升过程中，除了满足飞行安全的需要，从经济的角度考虑还应尽量既快又省，快就是以最短的时间完成爬升过程；省就是少耗油，降低爬升段燃油成本。根据飞行过程具体要求，飞机可采用如下几种典型爬升方式。

1. 最陡爬升方式

最陡爬升方式是以最大的爬升梯度爬升，也就是飞机爬升过程中经过的水平距离最短或者说是经过同样的水平距离飞机的爬升高度最高。通常飞机以陡升速度或绿点速度爬升，可获得最大爬升梯度。飞机的飞行管理系统（FMS）可根据飞机的重量计算出绿点速度，并显示在主飞行显示器（PFD）上。

该爬升方式主要适用于飞机爬升航线下方有较多障碍物的情况。

2. 最快爬升方式

最快爬升方式是飞机可在最短的时间内达到给定高度的爬升方式。该方式可使飞机尽快腾出空间，有利于提高空域利用率；同时，这种爬升方式也比较接近于最省油爬升方式。

为了实现最快爬升，飞机必须以最大爬升率进行爬升。为达到此目的，飞行员必须控制好飞机的飞行速度。

由式（8-8）可知，在一定重量条件下，要获得最大的爬升率，飞机需有最大的剩余功率，此时飞机对应的飞行速度为快升速度。

由于发动机推力与飞机阻力会随着飞行高度的改变而发生变化，爬升率与飞行速度的变化关系随气压高度的变化的情况如图 8-11 所示。

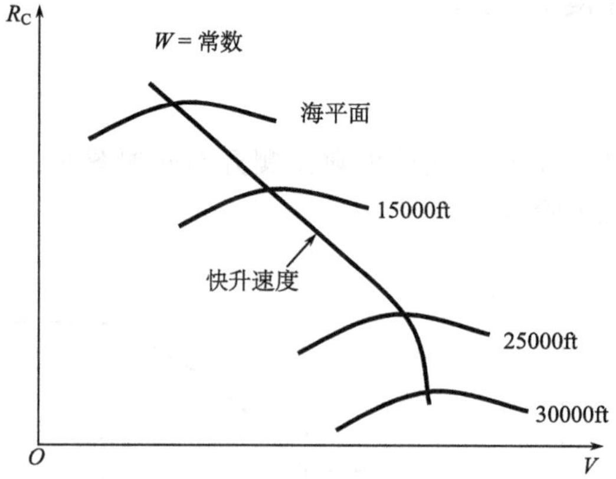

图 8-11 爬升率随高度的变化

由图 8-11 可以看出，为了使飞机达到最大爬升率，要使飞机保持最佳爬升速度，飞行速度需随飞行高度而不断地调整。实际飞行中不断调整飞行速度会增加飞行员操作负荷，通常采用速度相近的等速爬升，如图 8-12 所示。图中虚线表示最大爬升率对应的快升速度，低空时采用等指示空速（IAS）爬升，与快升速度有一定的差别，但比较接近。当爬升到一定高度后，使用等 Ma 进行爬升与快升速度也比较接近。

因此，在实际飞行中，为了便于飞行员操纵，常采用等指示空速/等 Ma 爬升，在低空等表速爬升，在高空考虑压缩性的影响，按固定马赫数爬升。

由于空气密度和音速都会随着高度的升高而发生变化，指示空速、真空速与马赫数之间的关系也随着改变，如图 8-13 所示。

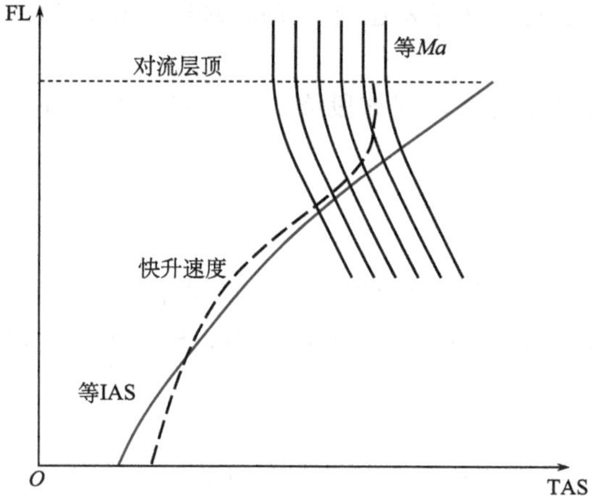

图 8-12 快升速度及其接近的爬升方式

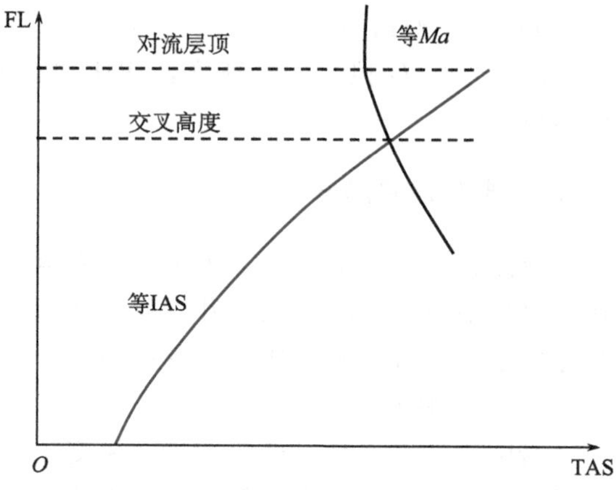

图 8-13 交叉高度

图 8-13 中交叉高度也就是转换高度（H_C）表示：在此飞行高度上，给定等指示空速对应的真空速与给定马赫数对应的真空速相等。转换高度公式为

$$\begin{aligned} &\delta > \delta_{11} = 0.2233609, \quad H_C = 145442 \times (1 - \delta^{0.1902631}) \\ &\delta < \delta_{11} = 0.2233609, \quad H_C = 4902 - 20805.8 \times \ln\delta \end{aligned} \tag{8-12}$$

式中，δ 为压力比，可用飞机所采用的指示空速与马赫数的大小来表示，公式如下：

$$\delta=\frac{P}{P_0}=\frac{\left[1+0.2\left(\frac{\text{IAS}}{c_0}\right)^2\right]^{3.5}-1}{\left[1+0.2Ma^2\right]^{3.5}-1} \tag{8-13}$$

在转换高度以下，随着飞行高度的升高，保持等指示空速飞行，真空速不断增大，到转换高度时，真空速若继续增大，飞机会发生抖振，因此，转换高度之上，改用等马赫数飞行，真空速会随着高度的升高而降低，对流层顶之后，真空速和马赫数均保持不变。

由以上描述可知，转换高度具有以下特点。

(1) 只与指示空速和马赫数有关，与大气温度以及飞机具体的机型无关。

(2) 在低于转换高度时，由于真空速不断增加，飞机为加速爬升。

(3) 在高于转换高度、低于对流层顶时，由于真空速不断减小，飞机为减速爬升。

(4) 在高于对流层顶时，真空速保持大小不变，飞机为等速爬升。

在实际飞行中，不同飞机采用的爬升剖面也是不相同的。表 8-3 给出常用型号的飞机在爬升时所使用的标准爬升剖面。

表 8-3 各型飞机的标准爬升剖面

飞机类型	标准爬升剖面	飞机类型	标准爬升剖面
A320-200	250kn/300kn/Ma0.78	B737-800	250kn/280kn/Ma0.78
A330-200	250kn/300kn/Ma0.80	B747-400	250kn/340kn/Ma0.84
A340-600	250kn/300kn/Ma0.82	B777-200	250kn/310kn/Ma0.84
A380-800	250kn/320kn/Ma0.85	B787-8	250kn/310kn/Ma0.82

其中，A320 系列的标准爬升剖面为 250kn/300kn/Ma0.78，也就是说，A320 的爬升剖面可分为以下三个阶段。

(1) 低于 10000ft：以等指示空速 250kn 爬升。该速度是受到空中交通个管制 (ATC) 规定的限制，飞机不能以超过 250kn 的速度飞行，否则不能满足安全要求。

(2) 高于 10000ft：以等指示空速 300kn 爬升。在 10000ft 高度上，飞机加速到更优的爬升速度 (300kn)，但其飞行马赫数需保证小于 0.78。

(3) 高于转换高度：以等马赫数 0.78 爬升。转换高度为 300kn 的指示空速对应的真空速等于马赫数为 0.78 对应的真空速的高度，高于该高度，为了避免速度抖振，保持等马赫数飞行。

3. 最省爬升方式

最省爬升方式是以最小飞行成本爬升。

这里的飞行成本是指飞机的直接营运成本 (Direct Operating Costs，DOC) (以下简称成本)，包括燃料消耗、飞机和发动机折旧、机务维修和飞行营运服务等费用。常划分为以下内容。

1) 燃油成本

燃油成本是 DOC 中很重要的一部分，是燃油价格、燃油里程 (即每公斤燃油所飞行的距离) 和航程的函数。

它在 DOC 中所占的比例跟飞机机型相关，最低的只占百分之十几，而最高者可达

50%以上。如 A310 的燃油成本只有 19.6%DOC，MD80 和 B737 大约为 35%DOC，而 Tu-154 则高达 53.8%DOC。

2）时间成本

时间成本是 DOC 中所有与时间相关的费用的总和，包括以下内容。

（1）折旧费。指飞机购置费用，扣除全寿周期（我国定为 15 年）末的残值，每年逐渐转移到 DOC 中的成本。

（2）机务维修费。指维修飞机和发动机所花费劳力和材料费用，国际上流行用美国空运协会（Air Transport Association of America，ATA）颁发的 ATA 系统进行计算。

此外，贷款付息、空勤人员的固定工资、膳食、飞行小时费以及气象、空中指挥、航行、通信、导航与场道维修等服务费用都是与飞行时间相关的。

3）固定成本

与消耗燃油和飞行时间无关的成本，如社会保险、航空港的使用费，在每次飞行中基本不变化。

综上所述，可将直接营运成本 C 表示为

$$C = C_F F_W + C_t t + C_0 \tag{8-14}$$

式中，C_F 为燃油成本系数，即单位燃油价格；F_W 为所消耗的燃油重量；C_t 为时间成本系数；t 为飞行时间；C_0 为固定成本。

成本指数（CI）为时间成本系数与燃油成本系数的比值。

$$\mathrm{CI} = C_t / C_F \tag{8-15}$$

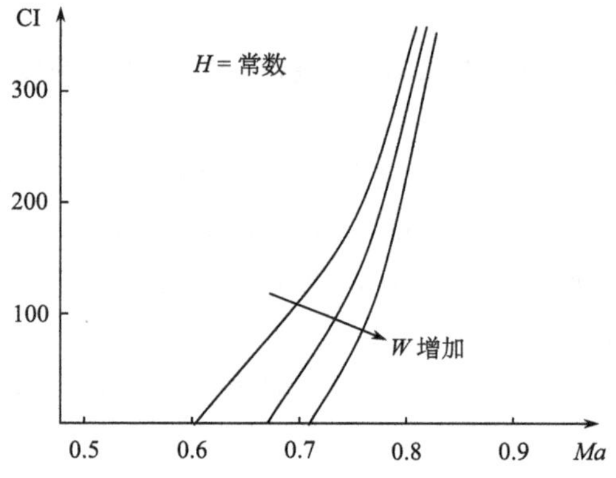

图 8-14　成本指数随速度变化的规律

单位为 kg/min 或 lb/h，取值范围为 0～999。由式（8-15）可知，当 CI=0，即 $C_t=0$，不计时间成本，成本最小也就是燃油成本最小，当 CI≠0 时，应选择飞行速度使总成本最小。图 8-14 为成本指数随速度变化的规律，当 W 增加时，所需速度也相应增大。当 CI 越大时，C_t 的比例增加，若要获得最小成本，所需飞行时间越短，应选择较大的飞行速度。

CI 应该由公司财务等部门对飞机各项成本仔细分析后确定。飞行员可将 CI 输入飞行管理系统（FMS），FMS 根据 CI 计算得出飞机低空的爬升经济指示空速（$\mathrm{IAS_{ECON}}$）和高空的爬升经济马赫数（Ma_{ECON}），从而使航班成本最小。因此，飞机升速度的选择为

$$250\mathrm{kn}/\mathrm{IAS_{ECON}}/Ma_{\mathrm{ECON}} \tag{8-16}$$

通常，飞行使用的爬升速度大于飞机的陡升速度和快升速度。

4. 影响因素

随着国际油价的上涨，燃油成本在直接营运成本中的比例逐渐在增大。因此，航空公司把节省燃油消耗作为一项重要的指标，必然对爬升过程中的燃料消耗最省的爬升方式最感兴趣，相应的爬升速度就称为燃料最省的最佳爬升速度。

（1）重量。

前面章节讨论的陡升速度、快升速度和经济速度，前提条件为飞机重量确定不变，选择速度从而获得最大的爬升梯度和爬升率。若重量发生变化，对应飞行成本最低的飞机经济爬升速度也会相应地发生变化，表 8-4 给出 B737 和 B747 飞机在不同重量下的经济爬升速度，由表中数据可知，重量越大，经济爬升速度越大。

表 8-4 飞机不同重量下的经济爬升速度

B747	起飞重量/klb	350	400	450	500	550	600	650	700	750	800
	经济爬升速度/kn	260	270	280	290	300	309	317	324	331	338
B737	起飞重量/klb	60	70	80	90	100	110	120			
	经济爬升速度/kn	266	272	278	284	290	296	302			

由表中数据可以看出，随着重量的变化，经济爬升速度也是不断变化的，而在实际飞行中是不可行的。因此，可按照飞机起飞重量变化范围大小，使用经济爬升速度，见表 8-5。

表 8-5 飞机经济爬升速度

机型		经济爬升速度差为 40kn		经济爬升速度差为 20kn			
B747	起飞重量/klb	＜670	＞670	＜500	500～610	610～700	＞700
	经济爬升速度/kn	300	340	280	300	320	340
B737	起飞重量/klb	＜90	＞90	＜75	75～105		＞105
	经济爬升速度/kn	260	300	260	280		300

（2）风。

飞机在爬升到巡航高度的过程中遇到水平方向的逆风或顺风，会改变飞机的爬升速度。在高亚音速喷气式飞机的巡航速度和巡航高度范围内，飞机每遇到 100kn 的顺风，爬升指示空速约减小 5kn；每遇到 100kn 逆风，爬升指示空速约增加 5kn。通常，典型的风速只改变爬升速度 0.5～1km/h。因此，风的影响在一般情况下是可以忽略不计的。

（3）大气温度。

在 ISA－10 到 ISA＋20 的温度范围内，对不同机型进行分析。结果表明，气温降低时，爬升速度略微增大，反之，气温增高则爬升速度略微降低。因此，大气温度对爬升速度的影响也很小。

（4）巡航高度。

B747 飞机在标准大气状态下，起飞重量为 226500kg，巡航高度为 10670～11890m，对应的最佳爬升速度均为 537km/h，从该结果可以看出，在通常巡航高度范围内，不同的巡航高度对爬升速度没有影响。

（5）客舱压力。

民用航空飞机巡航高度较高，且高空空气稀薄，为保证人员的安全与舒适，飞机的驾驶舱及客舱都是采取增压舱的形式保证舱内的压力。

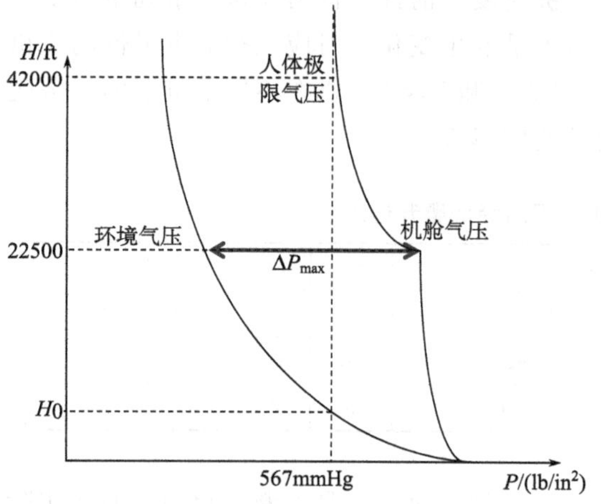

图 8-15 B757-200 机舱压力变化图

B757-200 飞机采用增压舱后，随着高度的增加，机舱内外的压力变化如图 8-15 所示，机舱气压 $P_{舱}$ 和环境气压 P 都会随着高度的增加而减小，当 $h<22500$ft 时，$P_{舱}$ 比 P 随高度的增加而减小得慢，机舱内外的压力差 $\Delta P=P_{舱}-P$ 是随高度增加的。当 $h=22500$ft 时，$\Delta P_{max}=8.6\text{lb/in}^2$。当 $h>22500$ft 时，$P_{舱}$ 和 P 的衰减率一样。当座舱压力的绝对值减小到人能承受的极限时，飞机就不能再升高了，B757-200 飞机的极限高度就是 42000ft。

机舱若不增压，随着飞行高度的升高，$P_{舱}$ 和 P 的变化规律一致，在 H_0 高度时就达到人体极限压力，若要继续升高飞行高度，需对机舱进行增压。通常为保证旅客舒适性，会将机场内外压力 ΔP 限制在一个最大值内。例如，A320 系列：不增压最大客舱高度（H_0）为 8000ft，$\Delta P_{max}=556$hPa（8.06PSI）；A340：不增压最大客舱高度（H_0）为 7350ft，$\Delta P_{max}=593$hPa（8.6PSI）。

除机舱压力大小会限制飞机爬升的最高高度，还会受到飞机爬升时的机舱压力变化率的限制，过大会使旅客的耳腔、腹腔疼痛，感觉不适。机舱压力变化率与飞机爬升率相关，因此，需限制飞机爬升率的大小。对于电传操纵的飞机，爬升率被限制到 1000ft/min。

8.3 航路爬升性能

8.3.1 爬升性能指标

在航路爬升过程中对爬升梯度、爬升速度和爬升高度的选择，形成一定的飞机爬升性能（climb performance）。而对于爬升性能的优劣，最终又是反映在从爬升起点到终点所需要的时间、爬升所需飞越过的水平距离以及爬升过程中所消耗的燃油量三个指标上。

前文已给出爬升时间的定义和计算公式，这里介绍爬升飞越的水平距离和所消耗的燃油量两个指标。

1. 爬升水平距离

飞机爬升时所飞越的水平距离与飞机爬升的速度、上升角以及爬升时间相关，可用公式表达为

$$X=\int V_{CLB}\cos\theta_{上}\cdot dt=\int\frac{V_{CLB}\cos\theta_{上}}{R_C}dh \tag{8-17}$$

2. 爬升燃油消耗量

飞机爬升需由发动机提供动力，发动机在爬升过程中的燃油消耗量可表示为

$$F_W=\int FF\cdot dt=\int\frac{FF}{R_C}dh \tag{8-18}$$

8.3.2 爬升性能图表

在飞行使用手册中，常以表格的形式给出反映爬升性能的相关数据。不同机型、不同航空公司给出的爬升性能表内容不完全一样，有的比较详细，有的比较简单。

表 8-6 为 B737-800 飞机的飞行计划与性能手册（FPPM）中所提供的在标准大气条件下的爬升性能表，表 8-7 为 A320 飞机的飞行机组操作手册（FCOM）中所提供的在标准大气条件下的爬升性能表，若制表条件发生改变，爬升性能表中的数据也会发生变化。表 8-6和表 8-7 分别给出了不同重量飞机，在给定爬升速度条件下，爬升到不同的初始巡航高度，所需要的时间、消耗的燃油量、飞越的水平距离以及此过程中的平均真空速。

表 8-6　B737-800 爬升性能表

280/.78 Enroute Climb

ISA & Below

PRESSURE ALTITUDE (ft)	UNITS min/kg n mile/kn	BRAKE RELEASE WEIGHT (1000 kg)									
		85	80	75	70	65	60	55	50	45	40
41000	TIME/FUEL					26/2000	22/1700	19/1500	16/1300	14/1150	12/1000
	DIST/SPD					166/410	135/406	116/404	100/402	87/401	75/400
40000	TIME/FUEL				29/2200	23/1850	20/1600	18/1450	15/1250	14/1100	12/1000
	DIST/SPD				187/411	145/405	123/403	107/401	93/399	81/398	70/397
39000	TIME/FUEL				25/2000	22/1750	19/1550	17/1400	15/1250	13/1100	11/950
	DIST/SPD				155/404	131/401	114/399	100/398	87/397	76/395	66/394
38000	TIME/FUEL			27/2150	23/1900	20/1700	18/1500	16/1350	14/1200	12/1050	11/950
	DIST/SPD			166/403	139/400	121/398	106/396	93/395	82/394	72/393	63/392
37000	TIME/FUEL		29/2350	24/2050	21/1800	19/1650	17/1450	15/1300	13/1150	12/1000	10/900
	DIST/SPD		179/403	147/398	127/396	112/394	99/393	87/392	77/391	68/390	59/389
36000	TIME/FUEL	31/2550	26/2200	23/1950	20/1750	18/1550	16/1400	14/1250	13/1100	11/1000	10/900
	DIST/SPD	192/402	156/397	134/394	118/393	104/391	93/390	82/389	73/388	64/387	56/386
35000	TIME/FUEL	28/2350	24/2100	21/1900	19/1700	17/1500	15/1350	14/1250	12/1100	11/950	9/850
	DIST/SPD	167/396	143/393	125/391	111/389	98/388	87/387	78/386	69/385	61/384	53/383
34000	TIME/FUEL	26/2250	23/2000	20/1800	18/1650	16/1500	15/1350	13/1200	12/1050	10/950	9/850
	DIST/SPD	152/391	132/389	117/387	104/386	93/385	83/384	74/383	65/382	58/381	51/380
33000	TIME/FUEL	24/2150	21/1950	19/1750	17/1600	16/1450	14/1300	13/1150	11/1050	10/900	9/800
	DIST/SPD	140/387	123/385	109/384	98/382	87/381	78/380	70/380	62/379	55/378	48/377
32000	TIME/FUEL	23/2050	20/1850	18/1700	16/1550	15/1400	13/1250	12/1100	11/1000	10/900	8/800
	DIST/SPD	129/382	114/380	102/379	91/378	81/377	73/376	65/375	58/375	51/374	45/373
31000	TIME/FUEL	21/1950	19/1750	17/1600	16/1450	14/1350	13/1200	11/1100	10/950	9/850	8/750
	DIST/SPD	117/376	104/375	93/374	84/373	75/372	68/371	60/371	54/370	48/369	42/368
30000	TIME/FUEL	20/1850	18/1700	16/1550	15/1400	13/1300	12/1150	11/1050	10/950	9/850	8/750
	DIST/SPD	107/371	95/370	86/369	77/368	70/367	63/367	56/366	50/365	44/365	39/364
29000	TIME/FUEL	18/1750	17/1600	15/1500	14/1350	13/1250	11/1100	10/1000	9/900	8/800	7/700
	DIST/SPD	98/366	88/365	79/364	71/364	64/363	58/362	52/362	46/361	41/360	36/360
28000	TIME/FUEL	17/1700	16/1550	14/1400	13/1300	12/1200	11/1050	10/950	9/850	8/750	7/700
	DIST/SPD	89/361	81/361	73/360	66/359	60/359	54/358	48/358	43/357	38/356	34/355
27000	TIME/FUEL	16/1600	15/1500	14/1350	12/1250	11/1150	10/1050	9/950	8/850	7/750	7/650
	DIST/SPD	82/357	74/356	67/356	61/355	55/355	50/354	45/353	40/353	36/352	31/351
26000	TIME/FUEL	15/1550	14/1400	13/1300	12/1200	11/1100	10/1000	9/900	8/800	7/700	6/650
	DIST/SPD	76/353	69/352	62/352	56/351	51/351	46/350	42/350	37/349	33/348	29/347
25000	TIME/FUEL	14/1500	13/1350	12/1250	11/1150	10/1050	9/950	8/850	7/800	7/700	6/600
	DIST/SPD	70/349	63/348	58/348	52/347	47/347	43/346	39/346	35/345	31/345	27/344
24000	TIME/FUEL	14/1400	12/1300	11/1200	11/1100	10/1000	9/900	8/850	7/750	6/650	6/600
	DIST/SPD	64/345	58/344	53/344	48/344	44/343	40/343	36/342	32/342	29/341	25/340
23000	TIME/FUEL	13/1350	12/1250	11/1150	10/1050	9/950	8/900	7/800	7/700	6/650	5/550
	DIST/SPD	59/341	54/341	49/340	45/340	41/340	37/339	33/339	30/338	27/337	23/336
22000	TIME/FUEL	12/1300	11/1200	10/1100	9/1000	9/950	8/850	7/750	6/700	6/600	5/550
	DIST/SPD	54/338	50/337	45/337	41/337	38/336	34/336	31/335	28/335	25/334	22/333
21000	TIME/FUEL	11/1250	11/1150	10/1050	9/1000	8/900	7/800	7/750	6/650	5/600	5/500
	DIST/SPD	50/334	46/334	42/334	38/333	35/333	32/332	29/332	26/331	23/331	20/330
20000	TIME/FUEL	11/1200	10/1100	9/1000	8/950	8/850	7/800	6/700	6/650	5/550	5/500
	DIST/SPD	46/331	42/331	39/330	35/330	32/330	29/329	26/329	24/328	21/327	19/326
18000	TIME/FUEL	10/1100	9/1000	8/950	8/850	7/800	6/700	6/650	5/600	5/500	4/450
	DIST/SPD	39/325	36/324	33/324	30/324	27/324	25/323	22/323	20/322	18/321	16/320
16000	TIME/FUEL	8/1000	8/900	7/850	7/800	6/700	6/650	5/600	5/550	4/500	4/400
	DIST/SPD	32/319	30/319	27/318	25/318	23/318	21/317	19/317	17/316	15/315	13/314
14000	TIME/FUEL	7/900	7/800	6/750	6/700	6/650	5/600	5/550	4/500	4/450	3/400
	DIST/SPD	27/313	24/313	22/313	21/313	19/312	17/312	16/311	14/311	12/310	11/309
10000	TIME/FUEL	6/700	5/650	5/600	5/550	4/500	4/450	4/450	3/400	3/350	3/300
	DIST/SPD	17/303	15/303	14/303	13/303	12/302	11/302	10/301	9/300	8/300	7/298
1500	TIME/FUEL	2/300	2/300	2/300	2/250	2/250	2/200	2/200	1/200	1/150	1/150

FUEL ADJUSTMENT FOR HIGH ELEVATION AIRPORTS EFFECT ON TIME AND DISTANCE IS NEGLIGIBLE	AIRPORT ELEVATION	2000	4000	6000	8000	10000	12000
	FUEL ADJUSTMENT	−50	−150	−200	−250	−350	−400

Shaded area approximates optimum altitude at LRC.

表 8-7 A320 爬升性能表

CLIMB - 250kn/300kn/*Ma*0.78

MAX. CLIMB THRUST NORMAL AIR CONDITIONING ANTI-ICING OFF	ISA CG=33.0%	**FROM BRAKE RELEASE** **TIME** (min) **FUEL** (kg) **DISTANCE** (n mile) **TAS** (kn)

FL	WEIGHT AT BRAKE RELEASE (1000kg) 52		54		56		58		60		62		64	
390	18	1326	19	1400	21	1478	22	1563	23	1657	25	1763	27	1884
	118	387	126	388	134	389	143	390	153	392	165	393	179	396
370	16	1240	17	1304	18	1371	19	1442	20	1517	21	1598	23	1685
	104	380	110	381	116	381	122	382	129	383	137	384	146	385
350	15	1168	16	1226	16	1287	17	1351	18	1417	19	1487	20	1560
	93	373	98	374	103	375	108	375	114	376	120	377	127	377
330	14	1102	14	1156	15	1212	16	1270	17	1331	17	1394	18	1459
	84	366	88	367	92	367	97	368	102	368	107	369	112	370
310	13	1038	13	1088	14	1140	14	1193	15	1249	16	1306	17	1366
	75	358	79	359	83	359	87	360	91	360	95	361	100	361
290	11	970	12	1016	13	1063	13	1112	14	1163	14	1215	15	1270
	66	348	70	349	73	349	77	350	80	350	84	351	88	351
270	10	887	11	928	11	971	12	1015	12	1060	13	1107	13	1155
	57	335	59	336	62	336	65	336	68	337	71	337	74	337
250	9	811	9	849	10	887	10	927	11	968	11	1010	12	1053
	48	322	51	323	53	323	56	323	58	324	61	324	63	324
240	9	776	9	811	9	848	10	886	10	925	11	965	11	1006
	45	316	47	316	49	317	51	317	54	317	56	318	58	318
220	8	709	8	741	8	774	9	808	9	843	9	879	10	916
	38	303	40	304	42	304	44	304	46	305	48	305	50	305
200	7	645	7	674	7	704	8	735	8	767	8	799	9	833
	33	291	34	291	36	291	37	292	39	292	41	292	42	292
180	6	585	6	611	7	638	7	666	7	695	7	724	8	754
	28	278	29	278	30	278	32	279	33	279	34	279	36	279
160	5	528	6	551	6	576	6	601	6	626	7	653	7	679
	23	264	24	264	25	265	27	265	28	265	29	265	30	266
140	5	473	5	494	5	516	5	538	6	561	6	585	6	609
	19	250	20	250	21	251	22	251	23	251	24	251	25	251
120	4	421	4	440	4	459	5	479	5	499	5	520	5	542
	16	234	17	235	17	235	18	236	19	236	20	236	21	236
100	3	336	3	351	3	367	4	383	4	399	4	416	4	433
	11	207	12	207	12	208	13	208	13	208	14	208	14	209
50	2	220	2	229	2	239	2	250	2	260	3	271	3	282
	6	169	6	169	6	169	7	170	7	170	7	170	8	171
15	1	138	1	144	1	150	2	156	2	163	2	170	2	177
	3	120	3	120	3	120	3	120	3	121	3	121	3	121

LOW AIR CONDITIONING	HIGH AIR CONDITIONING	ENGINE ANTI ICE ON	TOTAL ANTI ICE ON
ΔFUEL = − 0.6 %	ΔFUEL = + 0.6 %	ΔFUEL = + 2.5 %	ΔFUEL = + 5 %

例如，B737-800 飞机从标高为 1500ft 的某机场起飞，松刹车（起飞）重量为 70t，温度为 ISA，爬升速度为 280/0.78，爬升到 FL330：

（1）爬升时间：17min；

（2）爬升水平距离：98n mile；

（3）爬升燃油消耗量：1600−37.5=1562.5（kg）。

第 9 章　下　　降

9.1　下降性能参数

9.1.1　运动方程

飞机在航路下降过程中，其飞行高度不断降低。飞机沿着倾斜向下的轨迹做等速直线的飞行称为下降。

飞机下降时受到的作用力也与平飞相同，有升力、重力、推力（或拉力）和阻力。同样将重力分解为垂直于运动方向的分力（W_1）和平行于运动方向的分力（W_2）。如图 9-1 所示。

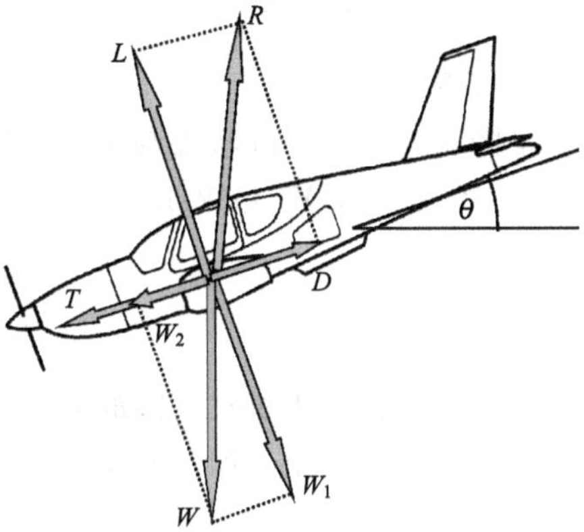

图 9-1　飞机下降时的作用力

飞机的下降根据发动机提供的动力为正推力（或正拉力）、零推力或负推力分成三种情况。其中，推力近似为零（闭油门、零推力）的下降又称为下滑，如图 9-2 所示。

下降时，飞机无转动，作用于飞机的各力通过飞机重心。飞机做等速直线飞行，作用于飞机的各力平衡。与上升时力的平衡条件一样，即垂直于运动方向的作用力和平行于运动方向的作用力应分别取得平衡。用公式表示，即

正推力

$$\begin{cases} L = W_1 \\ T + W_2 = D \end{cases} \tag{9-1}$$

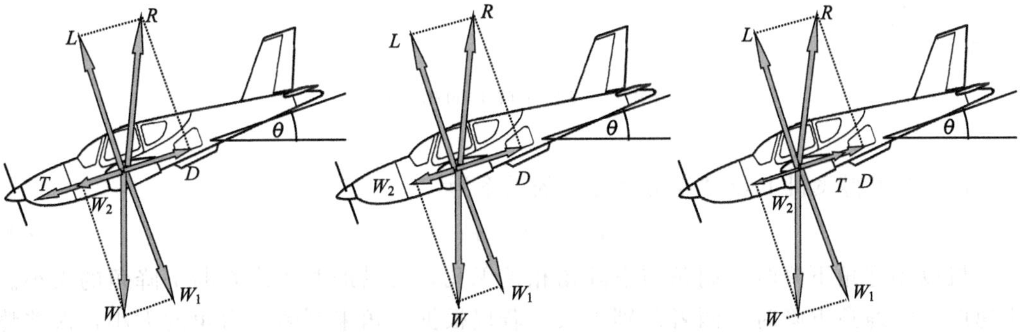

(a) 正推力　　(b) 零推力　　(c) 负推力

图 9-2　不同推力下的飞机下降受力分析

零推力

$$\begin{cases} L = W_1 \\ W_2 = D \end{cases} \tag{9-2}$$

负推力

$$\begin{cases} L = W_1 \\ W_2 = T + D \end{cases} \tag{9-3}$$

当飞机下降时，发动机通常采用慢车推力，相比其他作用力，推力的大小可忽略不计，近似看成零推力下降，运动方程为式（9-2）。

9.1.2 下降特性参数

1. 下降角

下降角是飞机下降轨迹与水平面之间的夹角，用 $\theta_{下}$ 表示。重力两个分量可分别表示为 $W_1 = W\cos\theta_{下}$，$W_2 = W\sin\theta_{下}$，那么式（9-2）可表示为

$$\begin{cases} L = W\cos\theta_{下} \\ W\sin\theta_{下} = D \end{cases} \tag{9-4}$$

与上升类似，飞机在下降时除下降角之外也有其他相关角度，其中，俯角是飞机机体纵轴与水平线的夹角，如图 9-3 所示。

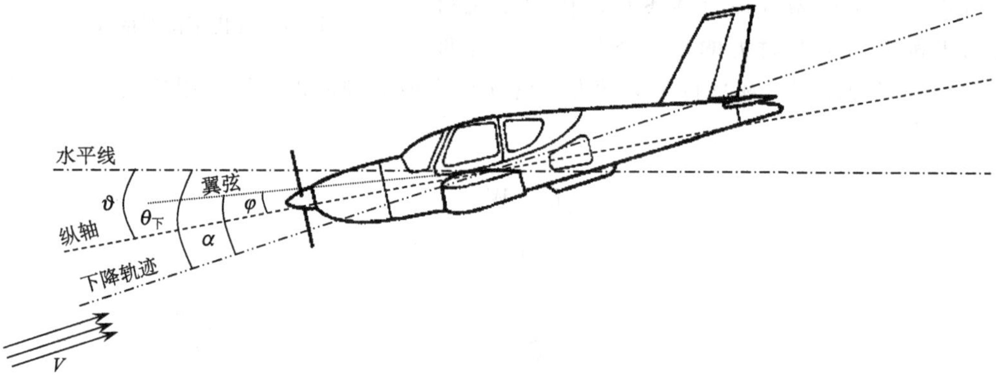

图 9-3 飞机下降时的相关角度

由图 9-3 可得飞机下降时各角度之间的关系为

$$\theta_{下} = \vartheta + \alpha - \varphi \tag{9-5}$$

飞机以小迎角下降时，俯角与下降角相差无几，可借助俯角来判断下降角的大小。但以小速度、大迎角下降时，两者差别很大，若仅根据俯角来判断下滑角的大小，误差势必很大。飞机在着陆阶段通常以 3°的下降角进行下降。

2. 下降所需速度

飞机若要保持直线运动，垂直于轨迹的作用力必须平衡，不论是正推力、零推力还是负推力，需要飞机的升力等于 W_1。因此，在一定迎角下，要满足 $L = W_1$，下降所需速

度为

$$V_{\mathrm{DES}}=\sqrt{\frac{2W\cos\theta_{下}}{C_{\mathrm{L}}\rho S}}=V_{平飞}\sqrt{\cos\theta_{下}} \tag{9-6}$$

由于下降角较小，$\cos\theta_{下}$ 接近于1，因此，由式（9-6）可得同一迎角下，和上升类似，下降所需速度与平飞所需速度近似相等。那么，下降与平飞受到的阻力也近似相等，同时，下降过程中的阻力随速度变化规律可认为与平飞所需推力随速度变化规律相同，因此，可用平飞推力曲线来分析相关的下降性能。但与上升状态不同的是，重力的第二分力 W_2 不再是阻碍飞机运动的阻力，而是飞机下降时的动力，在零推力状态下，该力与飞机阻力平衡。

3. 下降梯度

下降梯度与爬升梯度类似，为飞机下降高度与下降水平距离之间的比值。下降梯度与下降角有如下关系：

$$G_{\mathrm{D}}=\frac{下降高度}{下降水平距离}=\tan\theta_{下} \tag{9-7}$$

由式（9-7）可知，下降角越大，说明经过同样的水平距离，下降的高度越多。

飞行中还常用滑翔比的大小来估计下降水平距离的长短。滑翔比是下降水平距离与下降高度之比，即

$$滑翔比=\frac{下降水平距离}{下降高度}=\frac{1}{\tan\theta_{下}} \tag{9-8}$$

在高度一定的情况下，滑翔比越大，下降水平距离就越长。

4. 下降率

飞机单位时间内降低的高度，称为下降率，用 R_{D} 表示。下降率越大，飞机降低高度越快，飞机下降到一定高度所需的时间就短。

下降率是飞行速度在垂直方向上的分量，用公式表示为 $R_{\mathrm{D}}=V_{\mathrm{DES}}\sin\theta_{下}$。下滑时，由于下滑角较小，$\sin\theta_{下}\approx\tan\theta_{下}$，将式（9-4）代入下降率公式得

$$R_{\mathrm{D}}=V_{\mathrm{DES}}\sin\theta_{下}\approx V_{\mathrm{DES}}\tan\theta_{下}=V_{\mathrm{DES}}\frac{D}{L}=\frac{V_{\mathrm{DES}}}{K} \tag{9-9}$$

下滑梯度也可表示为

$$G_{\mathrm{D}}=\tan\theta_{下}=\frac{1}{K} \tag{9-10}$$

式（9-9）和式（9-10）表明，下滑时下滑角和下滑率仅取决于升阻比，与升阻比成反比。也就是说，升阻比越大，下滑角和下滑率越小。用不同的迎角即不同的下滑速度下滑，由于升阻比不同，下滑角也不同，用有利迎角下滑时升阻比最大下滑角最小。

若飞机的推力不为零，正推力和负推力下的下降梯度、下降率分别为

正推力

$$\tan\theta_{下}=\frac{1}{K}-\frac{T}{L}\approx\frac{1}{K}-\frac{T}{W} \tag{9-11}$$

$$R_{\mathrm{D}}=V_{\mathrm{DES}}\left(\frac{1}{K}-\frac{T}{L}\right)\approx V_{\mathrm{DES}}\left(\frac{1}{K}-\frac{T}{W}\right) \tag{9-12}$$

负推力

$$\tan\theta_{下}=\frac{1}{K}+\frac{T}{L}\approx\frac{1}{K}+\frac{T}{W} \tag{9-13}$$

$$R_D=V_{DES}\left(\frac{1}{K}+\frac{T}{L}\right)\approx V_{DES}\left(\frac{1}{K}+\frac{T}{W}\right) \tag{9-14}$$

5. 影响因素

1）重量

根据式（9-6）、式（9-9）～式（9-14），可得以下结论。

（1）零推力。飞机重量增加，下滑角和下滑梯度不变，但下滑所需速度增加，下滑率增大。

（2）正推力。飞机重量增加，下降角、下降梯度、下降所需速度和下降率都增大。

（3）负推力。飞机重量增加，下降角、下降梯度减小，下降所需速度都增大。

2）高度和气温

高度和气温的升高都会导致空气密度的降低，对下降性能参数的影响如下。

（1）零推力。同一 IAS 下滑角不变，TAS 的增加导致下滑率增加。

（2）正推力。推力减小，下降角和下降率增大。

（3）负推力。推力减小，下降角和下降率减小。

3）风

风对下降性能的影响，与对上升性能的影响类似，就是飞机的地速发生变化，即飞机相对于地面的下降轨迹发生变化。

飞机逆风下降（图 9-4(a)），风对飞机下降的快慢并无影响，但飞机前进却比无风时慢，故飞机的下降率不变，下降角和下降梯度增大，地速减小。反之，飞机顺风下降，如图 9-4(b) 所示，下降角和下降梯度减小，地速增大，下降率同样也没有发生改变。因

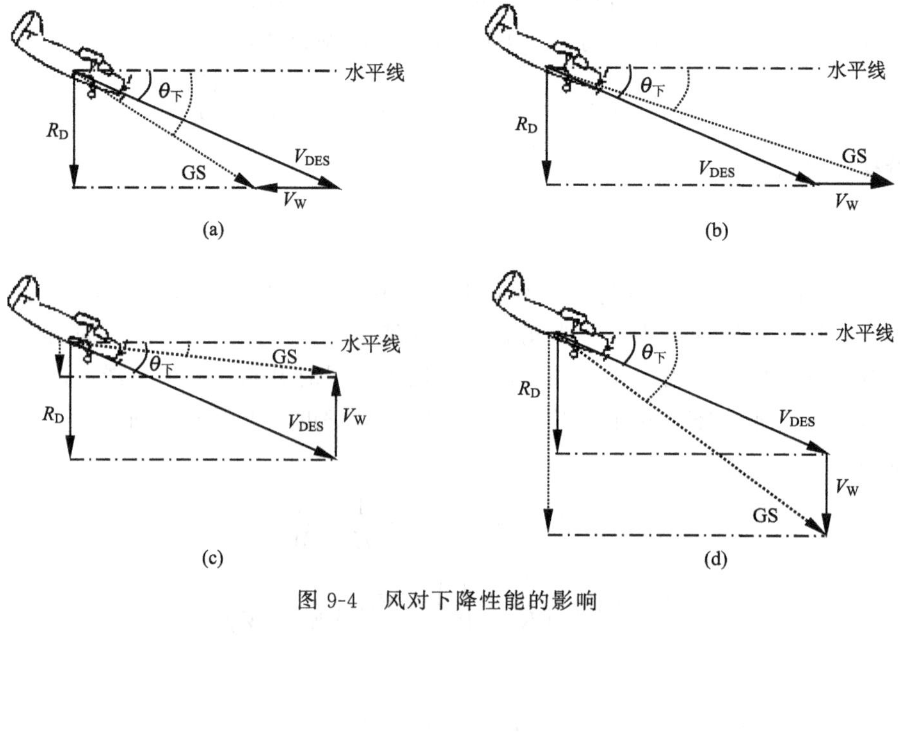

图 9-4　风对下降性能的影响

此，顺风和逆风中上升，风只改变飞机的前进速度，故只影响下降角和下降梯度，而不影响下降率。

垂直于轨迹方向上的风对飞机的影响，例如，飞机遇到上升气流（图 9-4(c)），下降角、下降梯度、下降率和地速都减小。反之，飞机在下降气流中下降，如图 9-4(d) 所示，下降角、下降梯度和下降率都增大。

9.1.3　下降操纵原理

1. 下滑性能范围

由式（9-10）可知，零推力下滑时，下滑角的大小仅取决于升阻比，下滑角与升阻比成反比。也就是说，升阻比越大，下滑角越小。用不同的迎角即不同的下滑速度下滑，由于升阻比不同，下滑角也不同，用有利迎角下滑，升阻比最大下滑角最小。

当下滑时的迎角小于有利迎角，即下滑速度大于有利速度时，后拉驾驶盘增大迎角，因升阻比增大，使下滑角减小。当下滑的迎角大于有利迎角，即下滑速度小于有利速度时，后拉驾驶盘增大迎角，升阻比减小，下滑角会增大。可见，在大于有利速度或小于有利速度这两种情况下，同样的操纵动作，下滑角的变化却相反。

以有利速度为界，可将下滑速度分成两个范围。大于有利速度的速度称为下滑第一范围，在第一范围内下滑，飞行员前推驾驶盘，下滑角增大，后拉驾驶盘，下滑角减小。迎角小，速度大，飞机的安定性和操纵性好。小于有利速度的速度称为下滑第二范围，在第二范围内下滑，飞行员前推驾驶盘，下滑角减小，后拉驾驶盘，下滑角增大，这与飞行员的正常操纵习惯不符。而且在第二范围迎角大，速度小。飞机的安定性和操纵性也差。所以，通常都不在第二范围做下滑飞行。

由式（9-4）可得 $\sin\theta_{下}=\dfrac{D}{W}$，飞机的下滑率可表达为

$$R_{D}=V_{DES}\cdot\frac{D}{W}=\frac{N_{RE}}{W} \tag{9-15}$$

在零推力的下滑过程中，飞机克服阻力所消耗的功率，全由飞机降低高度势能的减小来换取。当飞机重量一定、以经济速度下滑时，平飞所需功率最小，所以，下降率最小。

表 9-1 为 An-24 飞机零推力下滑时，不同迎角对应的下滑角和下滑率，飞机质量为 20000kg，起落架、襟翼收起。

表 9-1　An-24 的下滑角和下滑率

α	2°	4°	6°（A）	9°	11°（B）	13°
K	10.5	15.5	17.2	16.5	15.3	13.3
V_{DES}/(km/h)	480	370	300	250	230	210
$\theta_{下}$	5°20′	3°40′	3°20′	3°40′	3°50′	4°20′
R_D/(m/s)	12.1	6.5	4.8	4.4	4.2	4.3

与上升一样，飞机的下滑性能也可用下滑性能极曲线来表示，如图 9-5 所示，该图表示下滑速度、下滑角和下降率之间的关系。横坐标为下滑速度的水平分速，纵坐标为下滑率。将表 9-1 中的数据描绘成一条曲线，曲线上的各点都对应于相应的迎角，原点与曲线上的连线表示飞机下滑速度的大小。

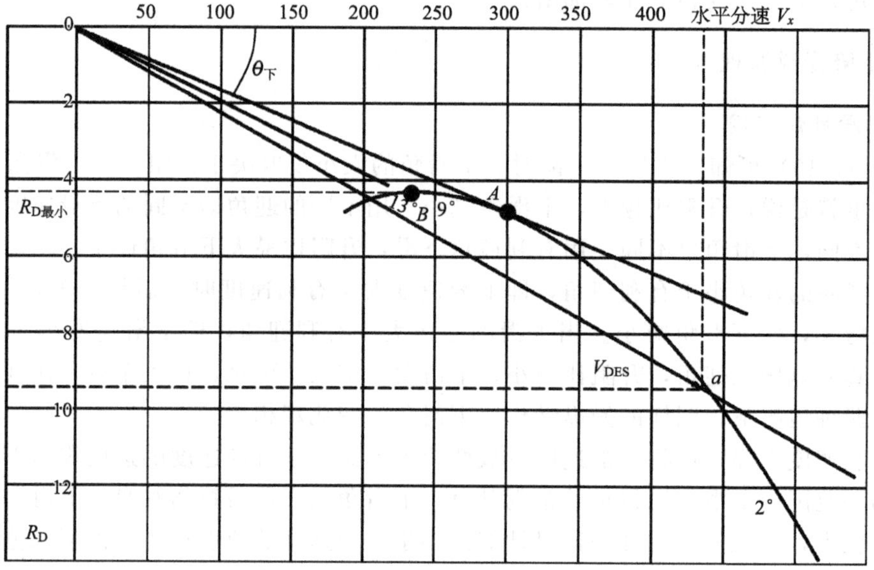

图 9-5 飞机下滑性能极曲线

由图 9-5 中的曲线分析可得，随着飞机下滑速度的增大，飞机对应的迎角是逐渐减小的，同时，下滑角先减小后增大，当迎角减小到 9°时，在图中 A 位置取得最小值，由式（9-10)可知，飞机此时的升阻比最大，飞机对应的下滑速度为有利速度，下滑率的变化规律与下滑角类似，也是先减小后增大，在图中 B 点位置可取得最小值，根据式（9-15)可知，飞机此时的下滑速度为经济速度。

以上分析了飞机在零推力下的下滑性能范围，若在下降过程中，不移动驾驶盘，即迎角保持不变，加油门，此时推力增大，下降速度增大，升、阻力增大。升力大于重力第一分力，运动轨迹向上弯曲，下降角减小，重力第二分力随之减小，重力第一分力随之增加。重力第二分力与拉力之和小于阻力，使下降速度减小。下降角减小到一定程度，当其重力第二分力减小到与拉力之和重新与阻力相等时，下降速度不再改变，而重力第一分力增加到重新与升力相等时，下降角也不再减小。最后，飞机平衡在较小的下降角和稍大的下降速度。因此，下降中加油门可使下降角减小，下降速度稍增大。反之，下降中减小油门，会使下降角增大，下降速度稍减小。

在实际飞行中，飞行员一般是配合使用油门和驾驶盘来改变下降角和下降速度的。例如，加油门的同时适当拉驾驶盘，可使下降角减小，而下降速度仍保持不变；加油门的同时适当前推驾驶盘，则可使下降速度增大，而下降角仍保持不变。所以，飞机在航线飞行下降或着陆下降时，一般不采用闭油门（零推力）下滑，而用带油门（正推力）下降。推力调定用于下降的标准发动机额定推力是“飞行慢车推力”，如图 8-3 中“IDLE”卡位所示。

2. 平飞转入下降操纵原理

下降是飞机在可用功率小于所需功率的情况下进行的。从平飞推力曲线上看，平飞所需推力曲线以下的区域都可实现等速直线下降。在这个区域中，由于可用推力小于需用推力，故剩余推力是负值，如图 9-6 所示。

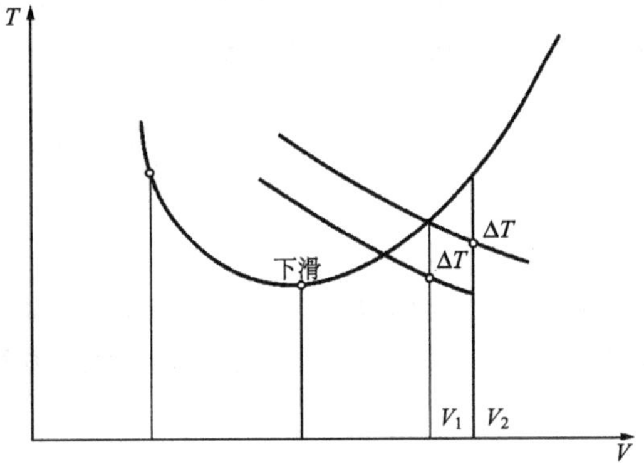

图 9-6 平飞拉力曲线

飞机要由平飞转入下降，首先要改变垂直于轨迹方向的作用力，使升力小于重量，有了向下的向心力，飞机运动轨迹才会向下弯曲，才可能逐渐增大下降角，使飞机转入下降。

飞机原以 V_1 速度平飞，不动油门，前推驾驶盘，迎角减小，升力减小。最初升力小于重力，在（$W-L$）的作用下，飞机运动轨迹向下弯曲。迎角减小，飞机阻力减小，油门不动时推力大于阻力，加之重力在速度方向出现的分力（W_2）都使飞行速度增大。速度增大到某一速度，如图 9-6 中的 V_2，在 V_2 速度上，由于平飞所需推力比 V_1 速度上的大，而可用推力又比 V_1 速度上的小，出现了负的剩余拉力，当 ΔT 与 W_2 平衡、L 与 W_1 平衡时，飞机以 V_2 速度下降。

飞机原以 V_1 速度平飞，飞行员不动驾驶盘，而减小油门，最初由于推力小于阻力而使飞机减速。速度减小，升力减小，在（$W-L$）的作用下，飞机运动轨迹向下弯曲。下降角逐渐增大，继而出现了飞行速度方向的重力分力（W_2），同时还因飞行速度减小阻力减小，又使飞行速度增大。当 ΔT 与 W_2 平衡、L 与 W_1 平衡时，飞机最后基本以原速度（实际要小）下降。

由以上分析可知，飞机原处于某一速度平飞，不动油门，只前推驾驶盘，飞机将以比原速度大的速度下降；不动驾驶盘，只收油门，飞机基本以原速度下降。

实际飞行中，由平飞转下降，一般是先推驾驶盘，减小升力，使飞机转入下降。随着下降角的逐渐增大，重力第二分力的加速作用增强，为了能保持预定的下降速度和下降角，在前推驾驶盘的同时，收小油门，以便使拉力与重力第二分力之和等于阻力。油门减小多少，应根据预定的下降角和下降速度的大小而定。预定的下降角大，下降速度小，应多收油门。

直线下降中，升力应与重力第一分力平衡。所以，当接近预定的下降角（下降率）时，应后拉驾驶盘，增大迎角，加大升力，以便使飞机达到预定的下降角时，其升力正好等于重力第一分力，保持该下降角下降。

总之，飞机由平飞转入下降的基本操纵方法是：柔和前推驾驶盘，以减小迎角，使飞机逐渐转入下降，同时收小油门，减小拉力。待飞机接近预定的下降角（下降率）时，应及时后拉驾驶盘，保持好预定的下降角下降。

3. 下降转入平飞操纵原理

飞机由下降转入平飞，飞行员应后拉驾驶盘，只有升力大于重力第一分力，产生向上的向心力之后，飞机的运动轨迹才会向上弯曲，而逐渐转入平飞。

当下降角开始减小时，重力第二分力随之减小。故应在后拉驾驶盘的同时，加油门到预定的平飞位置。当飞机接近平飞状态时，则应前推驾驶盘，减小迎角和升力，以便使飞机达到平飞状态时，升力正好等于重力，保持平飞。

总之，飞机由下滑转入平飞的基本操纵方法是：加大油门至平飞位置，同时柔和地后拉驾驶盘以减小下降角，待飞机接近平飞状态时，应向前回盘，保持平飞。然后，适当调整油门保持等速平飞。对于螺旋桨飞机，还应注意修正螺旋桨副作用的影响。

9.2 航路下降方式

1. 典型下降剖面

典型下降剖面从巡航公共点起，下降到高度为10000ft（3048m）并减速到速度为463km/h（250kn）为止，也可延长到进场着陆止，如图9-7所示。

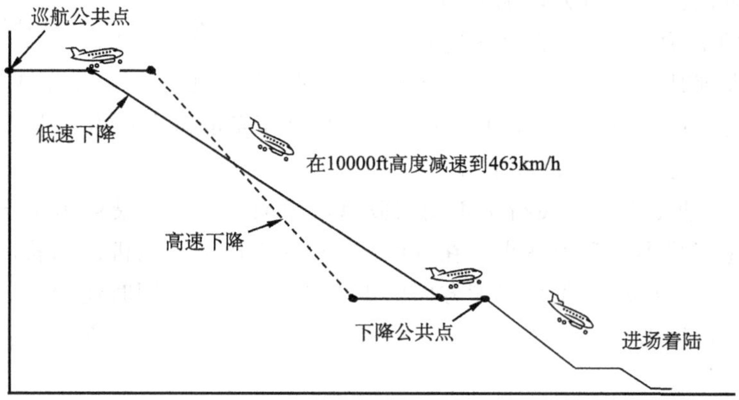

图9-7 典型的下降剖面

2. 典型航路下降方式

民航飞机航路下降方式主要有最省燃油下降、最小成本下降、低速下降与应急下降等多种方式。

1）低速下降方式

飞机采用低速下降方式时，一般以接近经济速度的速度下降，下降率小，这种下降方式的特点是下降速度小、下降率小，所以，下降的时间比较长，但是前进距离长，燃料消耗少。故一般正常下降都是采用低速下降方式。

2）高速下降方式

飞机采用高速下降方式时，下降速度大，下降率大，下降时间短，经过的水平距离也短，燃料消耗较多。高速下降仅在特殊情况下采用，故又称为应急下降。

飞机在飞行过程中，可能由于空管或其他原因，当飞机被允许下降时已离机场较近，就不得不采用高速下降方式。

此外，现代喷气客机都是密封座舱，座舱压力总比环境压力大。例如，机舱失密，也就是座舱的密封功能被破坏，此时为保证安全飞行，需采用应急下降。此时，飞机必须打开减速板以增大阻力，提高下降率，甚至可以使用可用最大允许速度。

3）最省燃油下降方式

对于整个下降过程，燃油最省的下降速度仅是飞机着陆重量的函数，其他因素如巡航高度、马赫数、环境温度等的影响很小，通常可以忽略不计。

在实用过程中，可按不同的重量范围，选用燃料最省下降速度，见表 9-2。

表 9-2 B747-200 燃油最省下降速度和推荐速度

着陆重量/t	160	180	200	220	240	260	280	300
燃料最省下降速度/(km/h)	444	463	485	507	532	556	578	602
着陆重量/t	＜220		220～250		250～290		＞290	
下降速度/(km/h)	480		520		560		600	

4）最小成本下降方式

航路下降与航路爬升类似，通常也是使用恒定马赫数和指示空速（IAS）来实现的，例如，A320 系列的标准下降剖面为 Ma0.78/300kn/250kn。

飞机采用最小成本下降方式，目的为降低直接运营成本，主要是燃油成本和时间成本，对于给定的成本指数（CI)，FMGS 可计算出最佳的航路下降速度，表示为

$$Ma_{\mathrm{ECON}}/\mathrm{IAS}_{\mathrm{ECON}}/250\mathrm{kn} \tag{9-16}$$

5）最小梯度下降方式

采用最小梯度下降方式进行下降时，通常采用有利速度进行下降，可获得最小的下降梯度。

正常情况下，若下降时采用有利速度，由于速度较小，下降的时间过长。但是若在山区上空发生发动机故障，就需要采用有利速度，下降梯度小，在下降过程中具有更好的越障能力，又将该下降过程称为飘降。

在全发工作的巡航高度上，若一台发动机失效，应脱开自动油门，随后下降到单发飞行高度的飞行轨迹称为飘降。实施过程为：对停车的发动机，视情况可以在慢车位置工作 2min，以备启动。如果怀疑其内部有损坏，不再启动，应关掉这台发动机。将其余好发的油门加到最大连续推力状态。此时飞机推力小于阻力，飞机会减速。当减到单发的有利速度时，便开始以小的下滑角下降，降到改平高度时将飞机改平，同时，保持最大连续推力（MCT）并使飞机加速至单发远程巡航速度。如图 9-8 所示，图中给出了飞机飘降过程中的总轨迹以及净轨迹。

飞机总轨迹是指根据各飞行阶段的梯度描绘出的飞行轨迹。各梯度是根据飞机公司提供的发动机、机型数据计算出的，并称为总梯度。飞机净轨迹是指根据各飞行阶段的净梯度描绘出的飞行轨迹。中国民用航空规章第 25 部中规定：飞机总轨迹与净轨迹之间的关系见表 9-3。

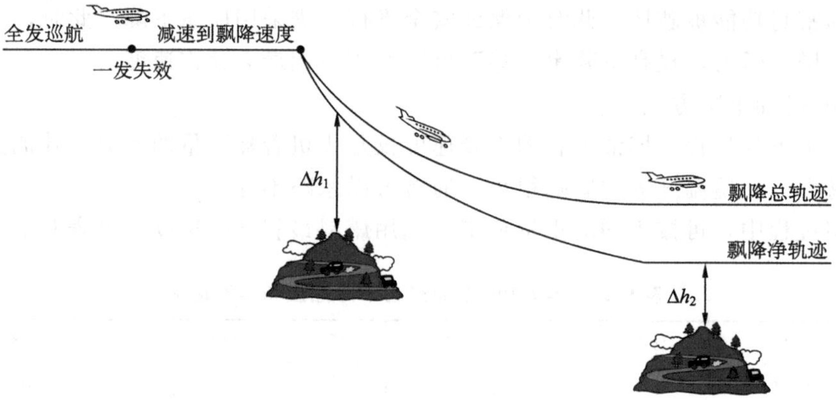

图 9-8 飘降轨迹

表 9-3 总、净轨迹梯度差

总、净轨迹梯度差	四发飞机	三发飞机	二发飞机
一发停车	1.6%	1.4%	1.1%
二发停车	0.5%	0.3%	—

同时，中国民用航空规章第 25 部也规定了飞机飘降越障要求，具体如下。

(1) 考虑飞行航线左、右各 25km 范围内的地形和障碍物。

(2) 在飘降段要求净轨迹至少高出障碍物 2000ft (Δh_1)。

(3) 在改平高度处要求净轨迹至少高出障碍物 1000ft (Δh_2)。

(4) 在着陆机场上空，应能高于机场 1500ft，并具有正梯度。

6) 影响因素

确定下降方式应考虑如下几个方面的因素。

(1) 在完成下降后即尽快进入进近着陆。在低空时，发动机的耗油量显著高于高空。为了避免浪费燃料，应正确选定下降点，不要过早下降。此外，在下降时，当然应采用慢车推力状态。

(2) 下降率受到人体能承受的最大气压变化率的限制。人的耳膜能承受的最大压差变化率小于 100mmHg/min，为了保证乘员的安全与舒适，规定民航机座舱气压最大下降率为 300ft/min (90m/min)。因此，飞机的客舱气压从相当于 2500m 左右高空的气压增加到海平面气压一般需要 25min 左右。也就是说，飞机在到达目的地前 25min 左右就要开始调高座舱气压。

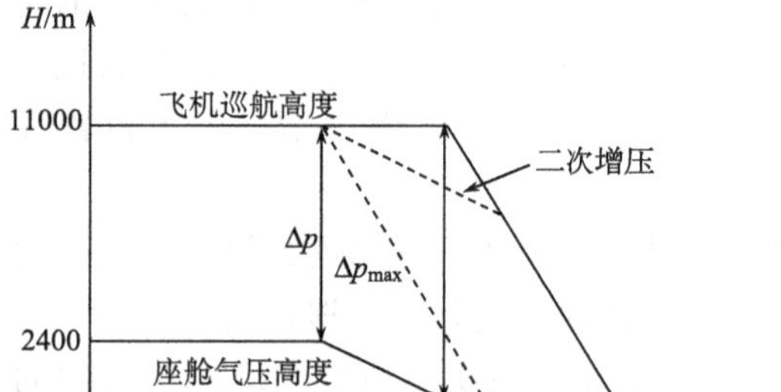

图 9-9 座舱内外气压的变化

(3) 下降点的确定受飞机座舱强度的限制。当飞机在高空巡航时，座舱内外气压存在较大的压差。如果飞机的下降点滞后于座舱气压开始调高点，座舱内外压差将增大而增大飞机结构所承受的载荷，如图 9-9 所示。

9.3 航路下降性能

9.3.1 下降性能指标

与爬升性能类似，下降性能主要反映在下降时间、下降的水平距离和下降时所消耗的燃料量。

1. 下降时间

飞机下降时间为下降到预定高度所需的最短时间。下降时间与爬升率相关，可表示为

$$t=\int \mathrm{d}t=\int -\frac{1}{R_{\mathrm{D}}}\mathrm{d}h \tag{9-17}$$

其计算方法也是与爬升时间类似。

2. 下降水平距离

飞机下降时所飞越的水平距离可用公式表达为

$$X=\int V_{\mathrm{DES}}\cos\theta_{\text{下降}}\cdot\mathrm{d}t=\int \frac{V_{\mathrm{DES}}\cos\theta_{\text{下降}}}{R_{\mathrm{D}}}\mathrm{d}h \tag{9-18}$$

3. 下降燃油消耗量

飞机下降时发动机处于慢车工作状态，在下降过程中燃油消耗量可表示为

$$F_{\mathrm{W}}=\int \mathrm{FF}\cdot\mathrm{d}t=\int -\frac{\mathrm{FF}}{R_{\mathrm{D}}}\mathrm{d}h \tag{9-19}$$

9.3.2 下降性能图表

在飞行使用手册中，通常也是以表格的形式给出反映下降性能的相关数据。根据不同的飞机与航空公司，给出的爬升性能表的内容不完全一样，有的比较详细，有的比较简单。

表 9-4 为 B737-800 飞机的飞行计划与性能手册（FPPM）中所提供的在标准大气条件下的下降性能表，表 9-5 为 A320 飞机的飞行机组操作手册（FCOM）中所提供的在标准大气条件下的下降性能表，若制表条件发生改变，下降性能表中的数据也会发生变化。表 9-5

表 9-4 B737-800 下降性能表

Descent
.78/280/250

PRESSURE ALTITUDE (ft)	TIME (min)	FUEL (kg)	DISTANCE (n mile)			
			LANDING WEIGHT (1000kg)			
			40	50	60	70
41000	27	340	102	119	133	142
39000	26	340	97	114	127	136
37000	25	330	92	108	121	130
35000	24	330	88	103	116	125
33000	24	320	84	99	111	120
31000	23	320	80	94	105	113
29000	22	310	75	88	98	106
27000	21	300	70	82	92	99
25000	20	300	66	77	86	92
23000	19	290	61	71	79	85
21000	18	280	57	66	73	78
19000	17	270	52	61	67	72
17000	15	250	48	55	61	65
15000	14	240	44	50	55	58
10000	11	200	30	34	37	39
5000	7	150	18	19	20	21
1500	4	110	9	9	9	9

中给出了不同重量的飞机在给定下降速度条件下，由不同的巡航高度下降，所需要的下降时间、消耗的燃油量以及飞越的水平距离。由于下降时间和下降燃油消耗量随着重量的变化差别较小，因此，表 9-4 中只给出飞越的水平距离随重量变化的数值。

表 9-5　A320 下降性能表

DESCENT - *Ma* 0.78/300kn/250kn									
IDLE THRUST NORMAL AIR CONDITIONING ANTI-ICING OFF			ISA CG=33.0%		MAXIMUM CABIN RATE OF DESCENT 350ft/MIN				
WEIGHT (1000kg)	45				65				
fl	TIME (min)	FUEL (kg)	DIST. (n mile)	N1	TIME (min)	FUEL (kg)	DIST. (n mile)	N1	IAS (kn)
390	16.1	204	101	68.8	17.4	165	106	IDLE	241
370	14.6	174	89	69.9	16.7	160	100	IDLE	252
350	12.9	134	77	72.1	16.0	156	95	IDLE	264
330	12.0	119	70	IDLE	15.4	153	91	IDLE	277
310	11.6	117	67	IDLE	14.8	149	86	IDLE	289
290	11.1	114	64	IDLE	14.2	145	82	IDLE	300
270	10.6	110	59	IDLE	13.4	141	76	IDLE	300
250	10.0	107	55	IDLE	12.7	136	71	IDLE	300
240	9.7	105	53	IDLE	12.3	133	68	IDLE	300
220	9.1	100	49	IDLE	11.5	127	62	IDLE	300
200	8.5	94	45	IDLE	10.6	119	56	IDLE	300
180	7.8	86	40	IDLE	9.8	109	51	IDLE	300
160	7.1	78	36	IDLE	8.8	97	45	IDLE	300
140	6.3	67	31	IDLE	7.9	83	39	IDLE	300
120	5.6	57	27	IDLE	6.9	70	33	IDLE	300
100	4.9	48	23	IDLE	6.0	58	28	IDLE	300
50	1.7	15	7	IDLE	2.1	18	9	IDLE	250
15	0	0	0	IDLE	0	0	0	IDLE	250

CORRECTIONS	LOW AIR CONDITIONING	ENGINE ANTI ICE ON	TOTAL ANTI ICE ON	PER 1° ABOVE ISA
TIME	—	+ 6 %	+ 6 %	—
FUEL	− 2 %	+ 28 %	+ 44 %	+ 0.2 %
DISTANCE	—	+ 3 %	+ 4 %	+ 0.3 %

【例 1】 B737-800 飞机着陆重量为 65t，下降速度为 0.78/280/250kn，从 FL370 下降到 FL210：

（1）下降时间：25－18＝7（min）；

（2）下降水平距离：125.5－75.5＝50（n mile）；

（3）下降燃油消耗量：330－280＝50（kg）。

【例 2】 A320 飞机巡航结束时的质量为 65t，重心位置为 33%，温度为 ISA，下降速度为 0.78/300/250kn，从 FL370 下降到 FL15，防冰关，空调正常慢车：

（1）下降时间：16.7min；

（2）下降水平距离：100n mile；

（3）下降燃油消耗量：160kg。

第 10 章　盘　　旋

盘旋是飞机在水平面内的一种机动飞行。通常所称的盘旋是指飞机连续转弯不小于360°的飞行。盘旋中，飞机可以带侧滑，也可以不带侧滑；飞行速度和盘旋半径可随时间而改变，也可不随时间而改变。如果盘旋过程中，飞机不带侧滑，飞行高度、速度、盘旋半径等均不随时间改变，这种盘旋称为正常盘旋。本章将着重讨论正常盘旋。

10.1　盘旋性能参数

1. *运动方程*

飞机做正常盘旋时所受的力如图 10-1 所示，有升力（L）、重力（W）、推力或拉力（T）和阻力（D）。根据升力（L）所起的作用，可分解为铅垂方向的升力第一分力（L_1）和水平方向的升力第二分力（L_2）。升力第二分力（L_2）作为曲线运动的向心力。

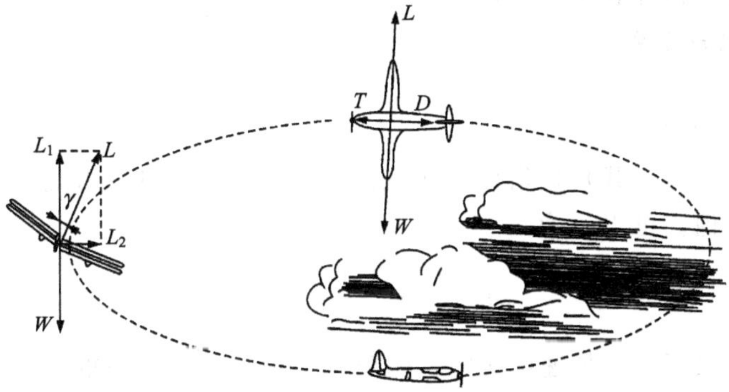

图 10-1　盘旋及其作用力

正常盘旋的基本要求是：保持盘旋的高度、速度和半径不变。根据受力分析，可用公式表示为

$$\begin{cases} L_1 = W \\ T = D \\ L_2 = mV_{\text{CIR}}^2/R \end{cases} \tag{10-1}$$

或

$$\begin{cases} L\cos\gamma = W \\ T = D \\ L\sin\gamma = mV_{\text{CIR}}^2/R \end{cases} \tag{10-2}$$

式中，V_{CIR}为盘旋速度；γ 为盘旋的坡度；m 为飞机质量。

由式（10-1）或式（10-2）可知，正常盘旋需保持高度不变，升力第一分力（L_1）应与重力（W）平衡。对于同一架飞机，重力可认为不变，升力第一分力则是随着升力和坡度的改变而改变。升力不变而坡度增大时，升力第一分力减小；坡度不变而升力增大时，升力第一分力也随之增长。由此可见，盘旋坡度越大，为保持高度不变所需的升力也越大。

盘旋中，速度、迎角、坡度和空气密度的变化都会影响升力第一分力的大小。在一定高度做盘旋，只要保持好预定的速度和坡度，并保持相应的迎角，就可使升力第一分力平衡飞机重力，保持盘旋高度不变。

要保持盘旋速度不变，应当使推力或拉力（T）与阻力（D）平衡。飞机阻力的大小，随飞行速度、迎角、空气密度而变化。如果盘旋的高度、速度、迎角一定，则阻力一定。所以，盘旋中，只要根据当时高度、速度、保持相应的发动机工作状态，使拉力或推力等于阻力，即可保持速度不变。

要保持盘旋半径不变，只要盘旋速度和作用于飞机的向心力（L_2）不变即可。盘旋中，只要保持高度和坡度不变，升力第二分力大小不变。油门使用得当，拉力或推力与阻力平衡，速度也不变。

综上所述，飞机在一定的高度上盘旋，只要保持好预定的坡度、迎角和发动机工作状态，则盘旋的高度、速度和半径就可保持不变。

2. 盘旋中的过载系数

1）过载系数

（1）过载系数的定义。

飞机的过载系数（过载）是指作用在飞机上除了飞机本身重力之外的所有外力的矢量和与飞机重力的比值。可表示为

$$n=\frac{\boldsymbol{L}+\boldsymbol{T}+\boldsymbol{D}+\cdots}{\boldsymbol{W}} \tag{10-3}$$

当飞机做定常飞行时，加速度为零，也就是作用在飞机上除重力之外的所有外力的矢量和与飞机的重力相平衡，即大小相等，方向相反，故过载系数 $n=1$。

当飞机所受到的外力之和大于飞机的重力时，过载系数 $n>1$，称为正过载；反之，若飞机所受到的外力之和小于飞机的重力时，过载系数 $n<1$，称为负过载。正过载即“超重”，负过载即“失重”。

（2）飞机机动包线。

当飞机的飞行速度 $\boldsymbol{V}$（大小或方向）发生改变时，说明此时飞机具备加速度，合外力不为零或者说除重力以外的合外力与重力不相平衡，也就是飞机过载 $n\neq1$，说明飞机在做机动飞行。

飞机做机动飞行时，机动性能受到飞机机体结构强度以及其他因素的限制，过载系数的大小随着飞行速度的变化有一定范围的限制，可用飞机的设计机动包线来表示。

不同用途的飞机显然具有不同的机动包线，对于战斗机，飞机的机动性能要求很高，必须具有很好的机动性，也就是包线范围要比较宽广，具有更高的高速能力和承受更大的过载系数，例如，歼击机主要是受飞行员的承受能力的限制，在 5～10s 可能承受的最大过载系数为 8，在 20～30s 只能承受 4～5 的过载。而对于运输机，特别是民航飞机，无

论是速度和过载系数，都有更加严格的限制，如图 10-2 所示。

飞机的机体结构强度对飞机机动性能的限制主要包括两个方面：一方面，气流动压产生的压力载荷与空速的平方成正比，特别是当襟翼或起落架放下时，因此，飞机结构的最大设计动压载荷将决定最大当量空速；另一方面，与飞机机动飞行有关的加速度作用于机体上的结构载荷。因此，机动飞行的最大允许过载系数取决于飞机机体结构的载荷承受能力。

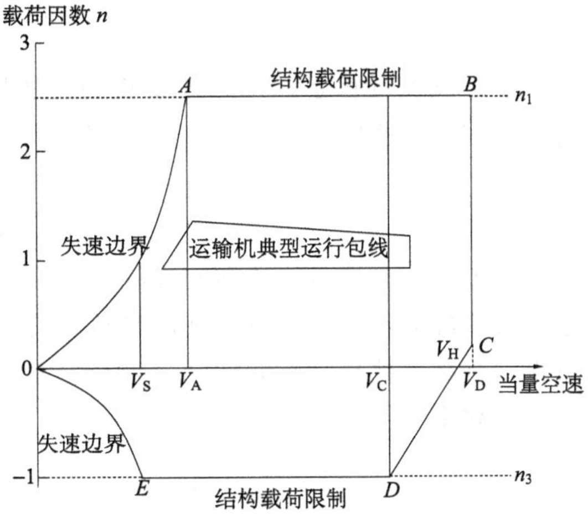

图 10-2　飞机机动包线

图 10-2 中的上边界线 n_1 和下边界线 n_3 分别代表了结构载荷限制的最大正过载和最大负过载。这两个边界所规定的过载系数取决于飞机的重量，根据中国民用航空规章的规定，可用式（10-4）估算确定：

$$n_1 = 2.1 + \frac{24000}{0.225W + 10000} \tag{10-4}$$

对于一般运输机，正过载的范围是 $2.5 < n_1 < 3.8$；对于多用途飞机正过载可允许到 $n_1 < 4.4$；对于特技飞行的飞机，正过载可达 $n_1 < 6.0$，对于民航客机，受旅客的生理条件的限制，最大过载系数不得超过 2。

负过载对于一般运输民航机和多用途飞机取 $n_3 = -0.4n_1$，特技飞行的飞机允许到 $n_3 = -0.5n_1$。然而，对于大型民用运输机，在最大当量空速时负过载不低于 $n_3 = -1.0$。至于军用飞机，负过载可取为 $n_3 = -0.6(n_1 - 1)$①。

同时图 10-2 中给出了飞机机动飞行的速度限制边界，包括以下内容。

① 低速边界是失速限制，图 10-2 中的 0～A 段和 0～E 段；

② 高速边界是最大结构动压载荷的限制，图 10-2 中 B～C 段和 C～D 段。

图中标注的各速度的含义如下。

① V_A。设计机动速度，飞机在稳定机动时达到最大正过载的最小速度，$V_A = V_{S1g}\sqrt{n}$。

② V_C。设计巡航速度，是飞机结构能够承受最大载荷系数的正常巡航速度。

③ V_H。军用飞机以最大连续功率水平飞行的最大速度。

④ V_D。设计俯冲速度，在最大推力下，从 V_C 以 7.5°下降角经过 20s 飞行所达到的速度。

实际上，民用飞机，尤其是大型运输机，仅使用机动包线中的一小部分，即图 10-2 中“运输机典型运行包线”包含的小范围。

2）盘旋中的过载系数

盘旋中，飞机沿立轴方向的过载系数（n_y），就是指飞机升力（L）与飞机重力（W）之比。即

①民用飞机的过载系数范围：$-1 \leqslant n \leqslant 2.5$（光洁形态），$0 \leqslant n \leqslant 2$（襟翼放出）。

$$n_y = \frac{L}{W} \tag{10-5}$$

对于平飞飞行状态，升力等于重力，所以，$n_y=1$；对于上升和下降两种飞行状态，升力小于重力，所以，$n_y<1$；而对于盘旋，$W=L\cos\gamma$，过载系数为

$$n_y = \frac{1}{\cos\gamma} \tag{10-6}$$

由此可知，盘旋飞行状态的过载系数 $n_y>1$，并且从式（10-6）可看出过载系数只取决于飞机盘旋的坡度，将不同坡度盘旋所对应的过载系数值用表 10-1 列出。分析表中数值可得，过载系数与盘旋坡度一一对应，盘旋坡度越大，飞机的过载系数越大。90°坡度盘旋，过载系数将等于无穷大。

表 10-1　不同坡度下的过载系数

γ/(°)	0	15	30	45	60	75	80
n_y	1	1.04	1.16	1.41	2	3.84	5.76

3. 盘旋所需速度

为保持盘旋过程中飞行高度不变，使升力第一分力与飞机重力相平衡所需要的速度，称为盘旋所需速度（V_{CIR}）。

由式（10-2）可知，$W=L\cos\gamma$，$L=1/2C_{\text{L}}\rho V_{\text{CIR}}^2 S$，因此，盘旋所需速度为

$$V_{\text{CIR}} = \sqrt{\frac{2W}{C_{\text{L}}\rho S\cos\gamma}} = V_{\text{平飞}}\frac{1}{\sqrt{\cos\gamma}} = V_{\text{平飞}}\sqrt{n_y} \tag{10-7}$$

盘旋所需速度，除取决于飞机重量、空气密度、升力系数，还取决于坡度（即过载系数）的大小。盘旋中的过载系数始终大于 1，因此，盘旋所需速度大于同样迎角平飞所需的速度。盘旋坡度越大（即 n_y 越大），同样迎角下盘旋所需的速度也越大。

4. 盘旋所需推力（或拉力）和功率

1）盘旋所需推力（或拉力）和功率的定义

为保持盘旋过程中飞行速度不变，与飞机阻力相平衡所需要的推力（或拉力，T_{RE}），称为盘旋所需推力（或拉力，T_{CIR}）。即

$$T_{\text{CIR}} = D_{\text{CIR}} = C_{\text{D}}\frac{1}{2}\rho V_{\text{CIR}}^2 S \tag{10-8}$$

结合式（10-7）得

$$T_{\text{CIR}} = T_{\text{RE}}\frac{1}{\cos\gamma} = T_{\text{RE}}n_y \tag{10-9}$$

同一架飞机，在高度和迎角均不变的条件下，T_{CIR}是 T_{RE}的 n_y 倍。盘旋中 n_y 大于 1，所以，T_{CIR}大于 T_{RE}。盘旋坡度越大，过载系数越大，T_{CIR}也越大。在坡度一定的条件下，用有利速度盘旋，T_{CIR}最小。

盘旋所需推力和盘旋所需速度的乘积就是盘旋所需功率（N_{CIR}），即进行盘旋所需推力每秒所做的功。用公式表示为

$$N_{CIR}=T_{CIR}V_{CIR}=N_{RE}\sqrt{n_y^3} \tag{10-10}$$

同一架飞机，在高度和迎角均不变的条件下，盘旋所需功率是平飞所需功率的$\sqrt{n_y^3}$倍。随着坡度增加，盘旋所需功率比同样迎角条件下的所需速度增大得更多。例如，30°坡度盘旋时，速度必须增大 8%，而功率则增大 25%。

总之，盘旋坡度越大，过载系数越大，盘旋所需速度、推力（或拉力）和功率也越大。所以，飞机的可用推力（或拉力）、功率和允许的过载系数值就限制了飞机盘旋的最大坡度。

之前的章节通过对平飞推曲线和平飞功率曲线的分析，确定了飞机的平飞、爬升和下降性能。对于盘旋，也可通过对盘旋推力（或拉力）曲线和盘旋功率曲线的分析，来确定盘旋速度、坡度、迎角、推力（或拉力）以及功率之间的关系。

盘旋推力曲线是由盘旋所需推力曲线和可用推力曲线组成的。盘旋所需推力曲线，是飞机在一定高度，用一定坡度盘旋时，盘旋所需速度和所需推力的变化曲线。

已知飞机的平飞所需推力曲线，利用盘旋所需速度和所需推力的公式，即可求出用不同坡度盘旋的所需速度和所需推力。举例说明，飞机飞行重量为 5000kg，标准大气，海平面，襟翼收上，缝翼关闭，额定功率状态，其计算结果见表 10-2。

表 10-2　飞机的盘旋所需推力和功率

坡度/(°)	推力和功率	迎角/(°)						
		2	4	6	8	10	12	14
0	$V_{平飞}$/ (km/h)	218	172	145	125	112	105	99
	T_{RE}/kg	579	466	435	470	525	590	700
15	V_{CIR}/ (km/h)	222	175	148	127	114	107	102
	T_{CIR}/kg	603	485	453	489	546	614	728
30	V_{CIR}/ (km/h)	236	185	156	135	121	113	108
	T_{CIR}/kg	672	540	505	545	609	685	812
45	V_{CIR}/ (km/h)	260	202	173	149	133	125	119
	T_{CIR}/kg	816	656	614	663	740	832	985
57	V_{CIR}/ (km/h)	296	234	197	170	152	143	136
	T_{CIR}/kg	1060	856	800	865	965	1090	1290
60	V_{CIR}/ (km/h)	308	243	204	176	158	148	141
	T_{CIR}/kg	1158	932	870	940	1050	1180	1400

以横坐标表示盘旋所需速度，纵坐标表示盘旋所需推力，运用表 10-2 的数据，可以做出不同坡度的盘旋所需推力曲线。再在同一坐标图上画出可用推力曲线，即可得出盘旋推力曲线，如图 10-3 所示。从图中可以看出以下问题。

（1）用同一速度盘旋时，迎角随着坡度增加而增加，T_{CIR}也随之增大。这是由于增大坡度后，需要增大迎角提高升力，以保持高度不变。但增大迎角必然要引起阻力增大，故所需推力也随之增大。例如，用 210km/h 的速度作盘旋，坡度为 30°时，迎角为 3°，T_{CIR}

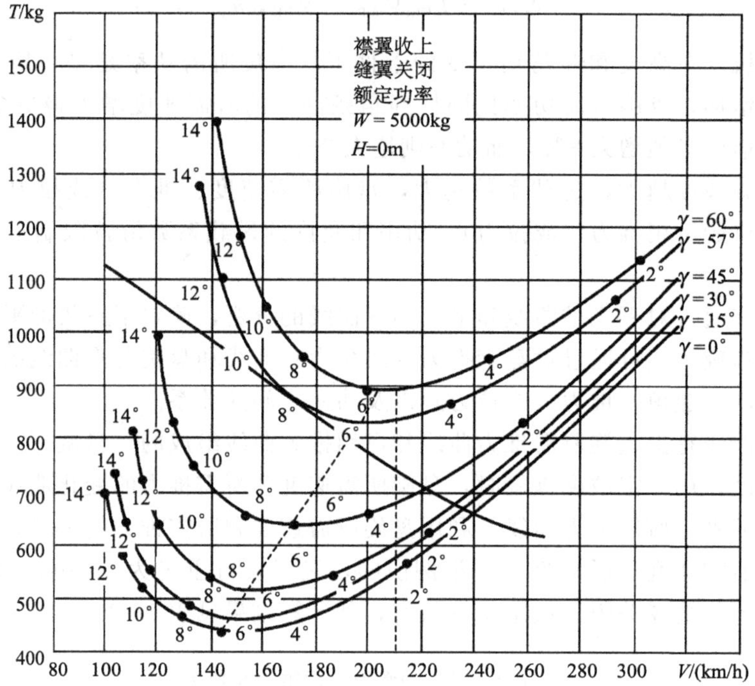

图 10-3 飞机的盘旋推力曲线

为 590kg；坡度为 60°时，迎角为 5.7°，T_{CIR} 为 890kg，显然此值已超过了可用推力。

（2）用同一迎角盘旋时，坡度越大，其对应的所需速度和所需推力也越大。因为用较大的坡度盘旋，需要更大的升力。由于迎角不变，即升力系数不变，因此，所需速度应增大。由于阻力系数不变，因此，对应的阻力即 T_{CIR} 也相应增大。例如，飞机同样以 6°迎角做盘旋，坡度为 15°时，所需速度为 148km/h，T_{CIR} 为 453kg；坡度为 30°时，所需速度 156km/h，T_{CIR} 为 505kg；坡度为 45°时，所需速度为 173km/h，T_{CIR} 为 614kg。可见，飞机以不同坡度盘旋，同样达到临界迎角，而失速速度是不相同的。

（3）用同一坡度做盘旋，迎角增大，所需速度减小，所需推力降低，但超过有利迎角（图 10-3 中为 6°）后，所需推力又逐渐增大。这是因为盘旋坡度不变时，所需升力也不变，所需拉力只取决于各迎角的升阻比，以有利迎角进行盘旋，所需推力最小。所以，通常盘旋迎角选择有利迎角，速度选择接近各坡度所对应的有利速度。

（4）坡度越大，盘旋的速度范围越小，当达到某一坡度（图 10-3 中为 57°）只能用一个速度（图中为 170km/h）做盘旋。此时的坡度为在该高度上做盘旋所能达到的最大坡度。

2）抖振极限

（1）抖振速度边界。

平飞时（$n=1$），飞行速度的抖振边界为 [低速抖振 Ma，高速抖振 Ma]，由图 10-3 中数据可以看出，当过载系数 n 增加时，抖振速度范围缩小，并在过载系数 $n=n_{max}$ 时，低速抖振 Ma = 高速抖振 Ma，如图 10-4 所示。

（2）抖振升限。

对于给定重量的飞机，气压高度升高使抖振速度边界缩小，如图 10-5 所示。

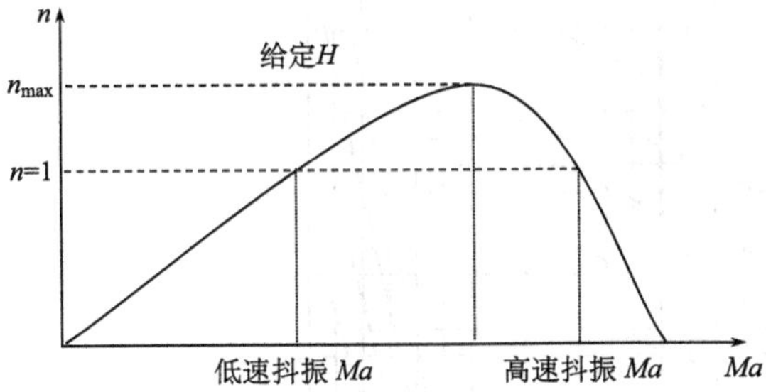

图 10-4 抖振速度边界

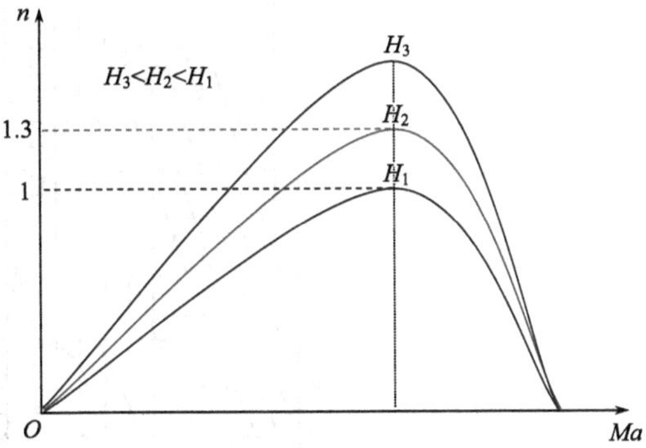

图 10-5 不同高度的抖振速度边界

气压高度为 H_2 时，$n_{max}=1.3$，也就是说，可以承受高达 1.3 的过载系数，或进行 40°坡度的转弯而不会发生抖振。

为保持最大的抖振余度并确保飞机机动性，需确定可接受的过载系数极限，在低于该系数时，飞机不会发生抖振，这个过载系数极限通常被固定为 1.3，对应的高度被称为“1.3g 抖振极限高度”或“抖振升限”。

飞行手册中会给出飞机抖振极限的表示方法，图 10-6 为 A320 的 FCOM 中给出的抖振极限图。

5. 盘旋半径

从式（10-2）可知，盘旋半径 R_{CIR} 为

$$R_{CIR}=m\frac{V_{CIR}^2}{L\sin\gamma}=\frac{W}{g}\cdot\frac{V_{CIR}^2}{L\sin\gamma} \tag{10-11}$$

6. 盘旋时间

将 $W=L\cos\gamma$ 代入式（10-11），得

$$R_{CIR}=\frac{V_{CIR}^2}{g\tan\gamma} \tag{10-12}$$

盘旋时间（t_{CIR}）为飞机做盘旋运动一周所花的时间，等于盘旋一周的周长与盘旋速度之比，可表示为

$$t_{CIR}=\frac{2\pi R_{CIR}}{V_{CIR}}=\frac{2\pi}{g}\cdot\frac{V_{CIR}}{\tan\gamma} \tag{10-13}$$

根据式（10-12）和式（10-13）可知，当盘旋坡度一定时，速度越大，盘旋半径越大，盘旋时间越长；当速度一定时，坡度越大，盘旋半径越小，盘旋时间越短。对于任何飞机，只要盘旋速度和坡度相同，盘旋半径和盘旋时间也相同。

盘旋角速度（ω）为飞机飞行过程中常用的参数，定义为单位时间内飞机盘旋转过的角度。

$$\omega=\frac{2\pi}{t_{CIR}}=\frac{g\tan\gamma}{V_{CIR}} \tag{10-14}$$

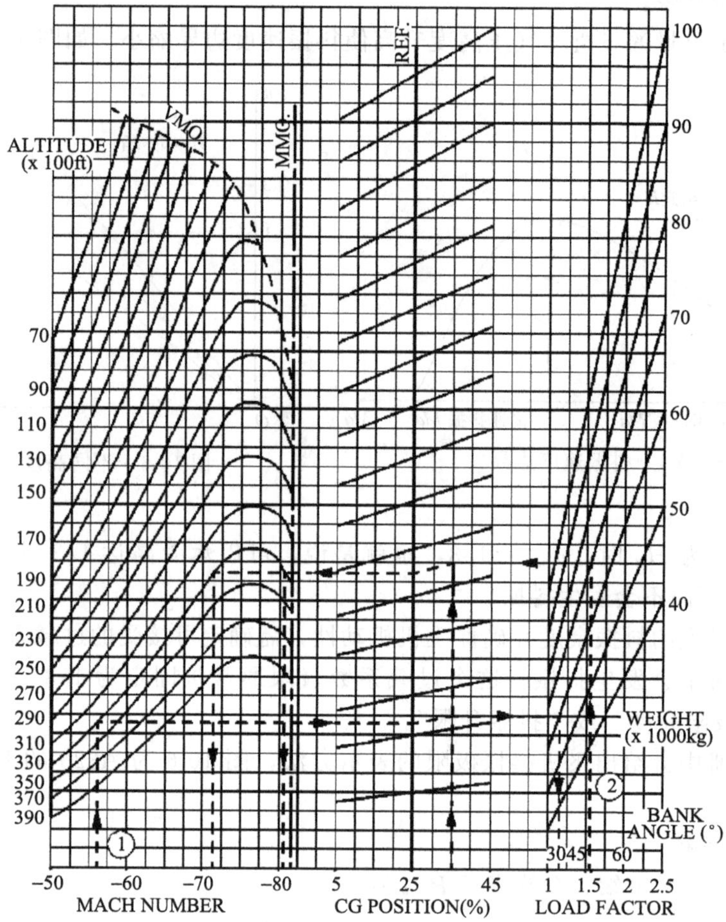

Examples:

1. Determine Maximum Bank Angle limited by buffet:
   DATA : Ma = 0.56, FL = 330, CG = 35%, WEIGHT = 60000kg
   RESULT : load factor = 1.2 g or 30° bank
2. Determine low and high speed limited by buffet:
   DATA : 47° bank or 1.6 g, WEIGHT = 70000kg, CG = 35%, FL = 330
   RESULT : Ma = 0.72 (low speed buffet) and Ma = 0.81 (high speed buffet)

图 10-6 高度对抖振速度边界的影响

由此可知，若飞机以 3°/s 的角速度进行盘旋，那么盘旋一周所需时间为 120s（2min）。

例如，某飞机飞行重量为 60000kg，标准大气，高度为零，7°迎角，以不同坡度进行盘旋，计算出过载系数、速度、推力、功率、盘旋半径以及盘旋时间等值，列入表 10-3内。

7. 盘旋所需燃油

盘旋的所需推力比平飞的大，可通过公式推导计算出盘旋所需燃油为

$$F_W = \frac{CeWV_{md}}{2K_{max}g}\frac{\varphi}{\sqrt{n_y^2 - 1}}\left(u^3 + \frac{n_y^2}{u}\right) \tag{10-15}$$

表 10-3 飞机的盘旋参数

γ/(°)	cosγ	n_y	V_{CIR}/(km/h)	T_{CIR}/kg	N_{CIR}/hp	R_{CIR}/m	t_{CIR}/s
0	1	1	350	3880	5030	—	—
15	0.9659	1.035	356	4015	5300	3710	236
20	0.9397	1.065	362	4130	5540	2830	177
30	0.8660	1.155	376	4480	6250	1950	116
45	0.7070	1.415	418	5500	8470	1370	75
60	0.5000	2	495	7760	14230	1115	51

由式（10-15）可知，盘旋所需燃油比平飞所需燃油多。

10.2 盘旋的操纵原理

1. 盘旋的三个阶段

盘旋的运动可分为进入、稳定旋转和改出三个阶段。在进入盘旋阶段，飞机坡度逐渐增大；在稳定旋转阶段，坡度保持不变；而在改出阶段，坡度又逐渐减小。飞行员应根据不同阶段的特点来操纵飞机，才能做好盘旋。

1）进入阶段

从平飞进入盘旋，所需升力增大。若平飞速度较小，要获得足够的升力，需要拉杆增大迎角。当迎角大于有利迎角时，升阻比会减小，阻力增大，需要加油门保持速度不变，迎角增大的过程中还可能引起飞机抖动。因此，为了减小盘旋迎角，需在进入盘旋之前加油门，增大飞行速度。加油门的量，一般以保持规定坡度和速度做盘旋所需要的推力为准，为保持高度不变，还应相应地顶杆减小迎角。

当飞行速度增大至规定的速度时，应手脚一致地向盘旋方向压盘蹬舵。压盘是为了产生横侧操纵力矩，使飞机倾斜，以产生升力第二分力作为向心力，使飞机在水平面内做曲线运动。蹬舵是为了产生方向操纵力矩，使飞机绕立轴偏转，避免产生侧滑。

随着坡度的增大，升力第一分力减小，不能平衡飞机重力，向后拉杆增加迎角，以增大升力，保持升力第一分力不变。坡度和升力的增大，使得盘旋的向心力增大，需向盘旋方向蹬舵以防止出现侧滑。

在飞机达到规定坡度以前，应适当地提前回盘，使飞机绕纵轴滚转角速度，在横侧阻转力矩的作用下逐渐消失，以保持规定的坡度。

在回盘的同时，还要相应地回一些舵。这是因为进入盘旋时，为了使飞机加速偏转，需要多蹬些舵，使方向操纵力矩大于方向阻转力矩。当飞机达到规定坡度时，其曲线运动的角速度基本稳定。这时，方向舵的作用只是使其产生的方向操纵力矩平衡方向阻转力矩，使偏转角速度不变，以便和曲线运动的角速度相适应，避免产生侧滑，所以，不需要再蹬那么多的舵，以减小方向操纵力矩。

综上所述，盘旋进入阶段的操纵方法是：加油门、顶杆，将飞行速度增大至规定的数值；而后手脚一致地进入方向压盘蹬舵；随着坡度的增大，逐渐带杆增大迎角以保持高度；达到预定坡度前，适当回盘回舵，飞机即进入稳定旋转。

2）稳定旋转阶段

在进入盘旋阶段，如果飞机的坡度、迎角增加适当，油门的使用也合乎要求，飞机就有条件保持稳定旋转。但是操纵动作不可能在任何时候都做得绝对准确，这就需要飞行员及时发现和修正各种偏差。稳定旋转阶段中，经常出现的偏差是高度、速度保持不好。以下就着重分析如何保持高度和速度的问题。

（1）保持高度。

盘旋中，高度保持不好的主要原因是没有保持好坡度和迎角。坡度大了，升力第一分力小于飞机重力，引起飞机掉高度。反之，坡度小了，升力第一分力大于飞机重力，则高度要增加。

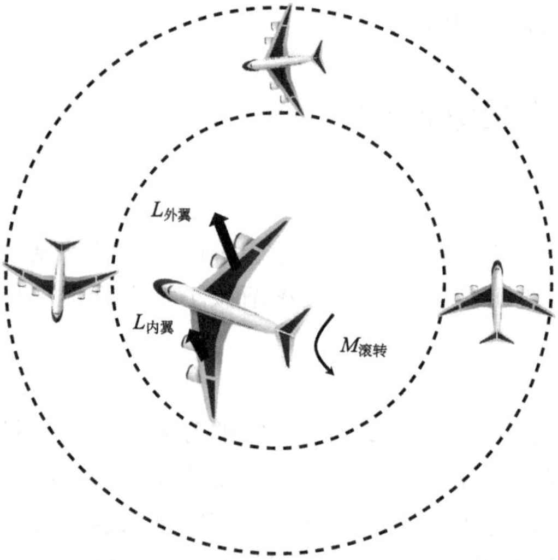

图 10-7 盘旋过程中的滚转

盘旋中，飞机绕立轴偏转时，外翼经过的路程长，相对气流速度大，$L_{外翼}$较大；内翼经过的路程短，相对气流速度小，$L_{内翼}$较小。内、外翼升力之差形成滚轴力矩，如图 10-7 所示，力图增大飞机坡度。若压反盘不够，以致横侧操纵力矩小于内、外翼升力差形成的滚转力矩，飞机坡度就会增大。

在保持正确坡度的情况下，适当向后拉杆才能保持好高度。若带杆多，迎角大了，升力第一分力随升力的增加而增大，飞机会增加高度；若带杆少，迎角小了，升力第一分力相应减小，飞机会降低高度。

盘旋时，飞机除绕立轴转动，还要绕横轴转动。因此，飞行员拉杆保持所需要的迎角时，偏转升降舵产生的俯仰操纵力矩不仅要用来平衡迎角安定力矩，而且还要平衡因飞机绕横轴转动而产生的俯仰阻转力矩，这样，拉杆的力量就增大。坡度越大，飞机绕横轴转动的角速度越大，保持所需迎角的拉杆力量也就越大。

此外，为保持高度还要做到杆、舵协调，不使飞机产生侧滑。

（2）保持速度。

在盘旋中，要保持速度不变，应该正确地使用油门和保持好高度。

进入盘旋时使用的油门是否完全适当，需盘旋中加以检验。如果高度和坡度没变而速度增大，则说明油门大，应适当收小油门；反之，速度减小，应适当加大油门。

保持盘旋高度不变，对保持盘旋速度也具有重要意义。这是因为，如果因盘旋坡度过小而使高度增加，则飞机重力所分解出的与运动轨迹平行向后的分力，会迫使飞机速度减小。如果高度增加是由于拉杆过多迎角过大而引起的，那么，除了因重力的分力起减速作用，加上阻力的增大，将使速度减小更多。反之，盘旋高度降低则会引起盘旋速度增大。这还表明，当盘旋高度和速度同时存在偏差时，应先保持好高度，再修正速度。

在盘旋中，只要杆、舵、油门的操纵动作适当，保持好飞机的高度、速度和坡度，则盘旋半径就能保持一定。因为这时的速度和向心力都是一定的。

归纳起来，盘旋中的基本操纵方法为：主要用杆保持高度和坡度，用舵保持飞机不带侧滑，用油门保持速度。也就是说，杆、舵、油门三者正确的配合是做好盘旋的关键。

3）改出阶段

由盘旋改为平飞，飞机坡度需要一个减小的过程。在这个过程中，飞机还带有坡度，还要继续偏转一个角度。为了在预定方向改出盘旋，就必须提前实施改出动作，如图 10-8所示。坡度越大，不但转角的角速度大，而且改出时间长，提前量也必须大一些。提前改出的角度，通常为 20°～30°。改出的时机过晚，或改出的动作过慢，都会使改出以后超过预定的改出方向；反之，改出时机过早，或改出动作过快，又会使改出以后落后于预定的改出方向。

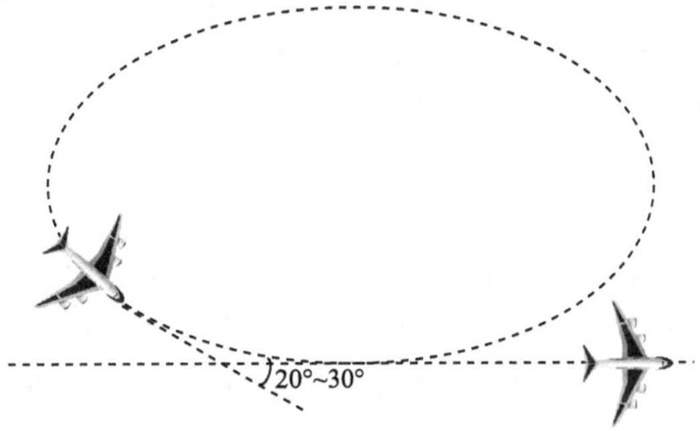

图 10-8　改出盘旋

改出盘旋首先需要消除向心力。为此，应向盘旋的反方向压盘，减小飞机坡度，使升力第二分力逐渐减小。与此同时，飞机做曲线运动的角速度也逐渐减慢，为了避免产生侧滑，需要同时减小飞机绕立轴的偏转角速度。因此，在向盘旋反方向压盘时，还要向盘旋的反方向蹬舵，以制止飞机偏转。当飞机接近平飞状态时，将盘和舵回到中立位置。

随着飞机坡度的减小，升力第一分力逐渐增大。为了保持高度不变，需向前顶杆，减小迎角。同时柔和地收小油门，使拉力或推力与阻力平衡，保持速度不变。

归纳起来，改出盘旋的基本操纵方法是：提前一定角度，向盘旋反方向手脚一致地压盘、蹬舵，逐渐减小飞机坡度，并防止侧滑。随着坡度的减小，向前顶杆，并收小油门，飞机接近平飞状态时，将盘和舵回到中立，保持平飞。

2. 盘旋的限制

做正常盘旋时，为保持高度不变，必须使升力的垂直分量与飞机重力相平衡，用升力的水平分量形成向心力，改变轨迹的方向。随着坡度的增加，为保持升力的垂直分力不变，需增大飞机的升力，n_y 也随之增大。但 n_y 不能无限增加，要受到抖振、飞机强度和气动载荷等方面的限制。图 10-9 给出了盘旋的几种限制。

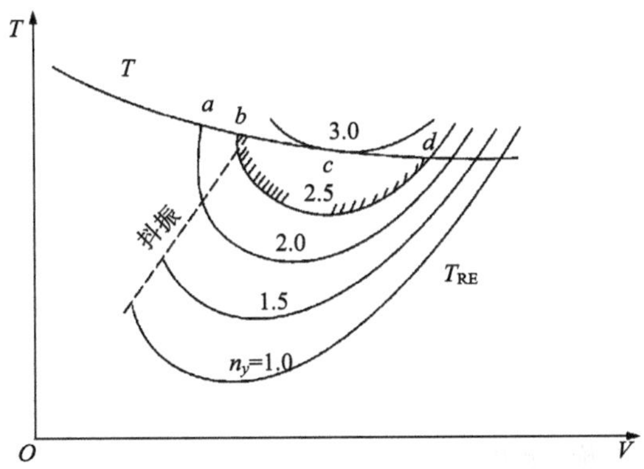

图 10-9　盘旋的限制

1）推力限制

图 10-9 给出了不同载荷下的盘旋所需推力曲线和可用推力曲线。当过载系数达到 3.0 时，所需推力曲线和可用推力曲线相切于 c 点，此时的过载系数就是该高度盘旋推力限制的最大过载系数（坡度）。

2）强度限制

飞机在中、低空，以大、中速度做盘旋，推力限制的过载可能很大，如图 10-6 所示的限制过载系数为 3，但是飞机的结构强度可能无法承受。根据中国民用航空规章的规定，民用飞机机动载荷限制为+2.5和−1，这样 $n=2.5$ 就是盘旋的强度限制。按照这个限制，坡度不得大于66°24′，图10-9中的斜线部分给出了该限制的速度范围。

在飞机过载的强度限制以内，通常乘客是能够忍受的。因为载荷因子等于2时，乘客感到身上的压力增大，支持躯干的肌肉紧张，手脚稍沉重。但到 $n=3$ 时，则面色会变白，皮肤及软组织会移位，外貌变形，四肢沉重，这就显得难受了。当然，为使乘客舒适，最好载荷不大于2。

3）抖振限制

在速度较小时，发动机的推力需能平衡盘旋的阻力，但这时盘旋要受迎角的限制。因为速度一定时，增加载荷的基本方法是增加迎角。当迎角大到开始抖振时，就不能再增大了。即盘旋要受抖振的限制，如图10-9中的虚线所示。

3. 风对盘旋的影响

飞机在无风条件下可进行等高等速的稳定圆周运动，飞机各性能参数保持不变，但如果受到风的作用，飞机会随风飘移，地面飞行轨迹发生改变，从而改变盘旋性能参数。

在稳定的风场作用下，飞机如果要保持正常盘旋，需调整相关的盘旋性能参数。例如，飞机在整个盘旋过程中，风可为顺风、逆风或侧风，如图10-10所示。在顺风作用下，飞机地速增加，由式（10-11）可知盘旋半径有增加的趋势，如果要保持盘旋半径不变，需增加飞机盘旋坡度。而受到逆风作用时，情况正好相反，需减小飞机盘旋坡度。

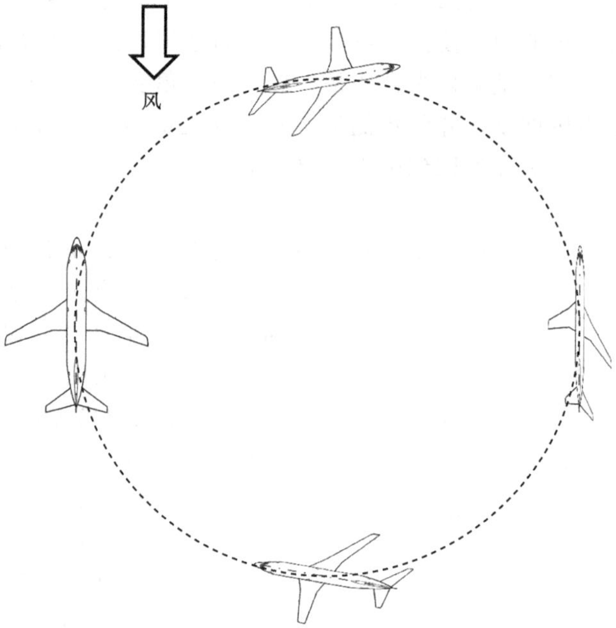

图10-10　风对盘旋的影响

4. 侧滑对盘旋的影响

当飞行员操纵杆、舵的动作不协调时，飞机就会出现侧滑。侧滑将引起作用于飞机上的力和力矩发生变化，使飞机偏离预定的飞行状态。

例如，盘旋中坡度正常，蹬舵过多会产生外侧滑。从图10-11中看出，这时侧力 C 可

分成两个分力 C_1 和 C_2，C_1 与升力第一分力 L_1 的方向相反，使盘旋高度降低；C_2 与升力第二分力 L_2 的方向相同，使盘旋的向心力增大，盘旋半径减小。同时，外侧滑还会引起外翼升力增大，内翼升力减小，促使飞机坡度增大，进一步使盘旋高度降低，盘旋半径减小。外侧滑时，侧滑仪小球因惯性离心力增大而滚向玻璃管的外侧，即表示飞机带有外侧滑。

盘旋中坡度正常，蹬舵过少会产生内侧滑。内侧滑时侧力的方向与外侧滑时相反。从图 10-11 中看出，侧力的垂直分力 C_1 与升力第一分力 L_1 的方向相同，将使盘旋高度增加；侧力的水平分力 C_2 与升力第二分力 L_2 的方向相反，使盘旋的向心力减小，盘旋半径增大。内侧滑还会引起内翼的升力增大，外翼的升力减小，促使飞机坡度减小，进一步使盘旋高度增加，盘旋半径增大。内侧滑时，侧滑仪小球因惯性离心力减小而滚向玻璃管内侧，即表示飞机带有内侧滑。

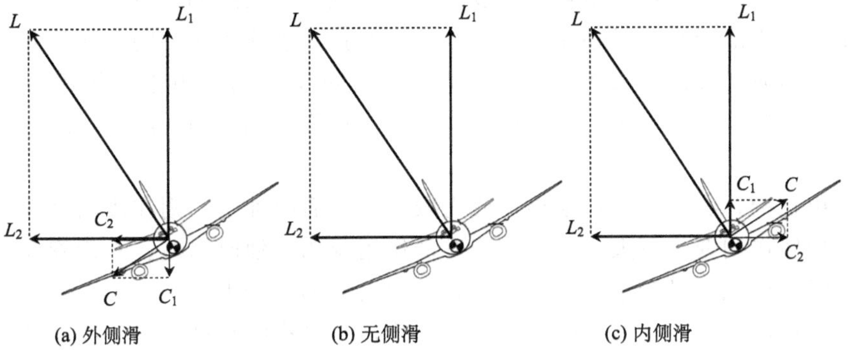

图 10-11　盘旋带侧滑时的作用力

盘旋中蹬舵正常，压盘不适当，以致坡度过大或过小时，也会引起飞机产生侧滑，并导致飞行状态发生变化。例如，坡度过大则会产生内侧滑。因坡度大，将使升力第一分力减小，升力第二分力增大，于是盘旋半径变小，飞机有掉高度的现象（这时侧力所起的作用仅使盘旋半径和高度的变化缓和一些）；反之，坡度过小，产生外侧滑时，盘旋半径增大，飞机有增加高度的现象。

盘旋中，如发现侧滑仪的小球不在中央，飞机带有侧滑时，应先检查坡度是否适当，如果坡度正常，飞机仍带有外侧滑，就应向盘旋的反方向蹬一点舵；如果是内侧滑，就应向盘旋的方向蹬一点舵，以便消除侧滑，使侧滑仪的小球回到中央位置。

带有侧滑会使飞机偏离预定的飞行状态。所以，在盘旋的各个阶段中都要求飞行员杆、舵协调地操纵飞机，避免产生侧滑。但在特殊条件下，有时也需要做带侧滑的转弯。例如，编队飞行修正编队间隔偏差，僚机通常采用无坡度侧滑转弯的方法。又例如，双发动机飞机单发飞行时，也可做带侧滑的转弯等。

5. *螺旋桨副作用对盘旋的影响*

对于螺旋桨飞机，在盘旋时还需考虑螺旋桨副作用的影响。现以右转螺旋桨的飞机为例，说明螺旋桨的影响作用。

(1) 反作用力矩使飞机向左倾斜，所以向左盘旋有增大坡度的趋势；向右盘旋则有减小坡度的趋势。

（2） 大油门时，滑流的扭转作用较强，使机头左偏转的力矩较大。

（3） 在左盘旋中，进动作用引起机头上抬（相对于地面），并使飞机产生内侧滑，减小坡度；在右盘旋中，进动作用的影响则相反。

螺旋桨副作用对盘旋的影响，在各阶段均不同，现分述如下。

在盘旋进入阶段，飞机旋转角速度比较小，进动作用不大。但加油门时反作用力矩和滑流扭转作用却比较明显。故进入向右的盘旋，所需的压盘蹬舵量较大，而进入向左的盘旋，所需的压盘蹬舵量较小。

随着飞机旋转角速度的增大，飞机加在螺旋桨轴上的外力矩也增大，进动作用显著。在向右的盘旋中，其作用是使飞机低头，并产生外侧滑，增大坡度。因此，飞行员应多回一些舵。向左盘旋则相反。

改出盘旋时，反作用力矩因收油门而减弱，因此，改出向右的盘旋，压反盘的量应较大。收油门时滑流的扭转作用减弱，所以，改出盘旋时蹬反舵的量也应当大一些。但是飞机的旋转角速度逐渐减小，进动作用减弱，原来修正进动作用所蹬的左舵就起蹬反舵的作用，所以，改出时实际蹬反舵的量不大。改出向左的盘旋时，由于反作用力矩减弱，因此，压反盘的量较小；又由于滑流的扭转作用和进动作用均减弱，因此，改出时蹬反舵的量也不大。

如果改出盘旋，收油门的量很小，或先减小坡度后收油门，则在改出过程中反作用力矩和滑流的扭转作用变化不大。只是由于进动作用减弱，使改出左、右盘旋略有区别。即改出右盘旋时蹬反舵的量较小；改出左盘旋时蹬反舵的量较大。

螺旋桨副作用对大、小坡度的盘旋都有影响，只是影响程度不同。坡度越大，发动机功率和飞机的旋转角速度都较大，其影响也就比较明显。

10.3 等　　待

10.3.1 空中等待方式

当飞机在飞行过程中遇到飞行冲突、进近着陆排队或爬升或下降的高度不够等情况时，都需要飞机进行空中等待来满足飞行安全。

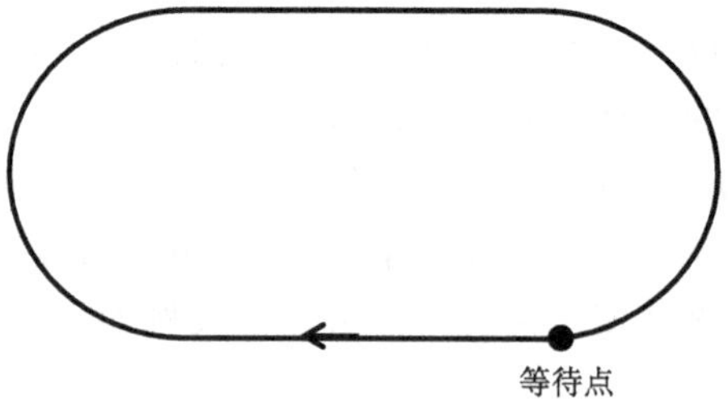

图 10-12　跑马场航线

空中等待通常是采用盘旋等待的方式，由于盘旋所需推力比平飞所需推力要大，盘旋的耗油量会增加，等待航线在仪表飞行中一般执行过等待点的“跑马场航线”，如图 10-12 所示。跑马场航线由两个直线航段和两个 180°的转弯组成。

等待点可以是 NDB/VOR 台、VOR/DME 定位点或 VOR 交叉定位点，同时等待点也是进入等待航线的起始转弯点。飞机在等待点开始向右转弯进入等待航线为标准等待航线，向左等待为非标准等待。飞机将向等待点飞行，之后进入预先制定好的等待航线。进入等待航线有三种方式：直接进入、偏置进入和平行进入。这三种进入方式由飞机与等待航线入航边的方位所决定。

（1）直接进入。第一次过等待参考点后，加入出航边盘旋等待。

（2）偏置进入。第一次过等待参考点，与平行边成约 30°夹角背台飞。背台飞出一段距离后，右转加入入航边，第二次过台。

（3）平行进入。不过等待参考点，直接加入出航边，然后右转加入入航边，或第一次过台后左转，与入航边平行，磁航向相反，平飞出一段距离，然后左转加入入航边。

标准等待航线通常耗时大约 4min（180°转弯各耗时 1min，直线段各耗时 1min）。当等待时间很长时，也可以采用直线部分耗时 2～3min，或当飞机使用测距仪（DME）进行等待航线时，等待航线也可用距离取代时间来表示。

在到达等待定位点前 3min 开始减速到等待空速，以便于飞机可以以最大等待空速或低于此速度越过定位点。为保证飞机在执行等待航线时不会进入禁区或其他无法飞越的空域，等待速度有相应的限制，ICAO 规定最大等待速度与飞机进行盘旋等待的高度相关。

（1）低于 14000ft MSL，最大等待速度为 230kn。

（2）14001～20000ft，最大等待速度为 240kn。

（3）20000～34000ft，最大等待速度为 265kn。

（4）34000ft 以上，速度＜0.83。

飞机在执行飞行任务时携带的燃油是有限的，若遇到特殊情况进行空中等待，首先需要考虑飞机等待的耗油量，由于飞机是在做盘旋运动，飞行覆盖的范围较小，因此，飞机进行空中等待的目标实际上就是获取最大的等待时间，也就是试图使飞机等待的小时燃油消耗量最小，以便飞机可以在燃油装载量一定的情况下盘旋等待更长的时间。

10.3.2 等待性能图表

飞机消耗的燃油量是等待过程中的重要性能指标，通常在飞行使用手册中，会以表格的形式给出的相关数据，见表 10-4 和表 10-5。

表 10-4　B737-800 飞机的等待性能表

Holding

Flaps Up

PRESSURE ALTITUDE (ft)		WEIGHT (1000 kg)									
		85	80	75	70	65	60	55	50	45	40
41000	%N1							87.9	85.5	82.9	80.1
	KIAS							212	201	190	178
	FF/ENG							980	890	800	710
35000	%N1			88.2	86.5	84.7	82.7	80.7	78.4	75.9	73.0
	KIAS			247	238	228	219	209	198	187	178
	FF/ENG			1300	1200	1110	1020	930	850	770	690
30000	%N1	87.0	85.5	83.9	82.3	80.5	78.6	76.5	74.0	71.4	68.6
	KIAS	260	252	243	235	226	216	207	196	186	178
	FF/ENG	1460	1360	1270	1180	1090	1010	920	850	770	700
25000	%N1	83.0	81.6	80.0	78.3	76.4	74.3	72.2	69.9	67.2	64.2
	KIAS	257	249	241	232	224	214	205	195	185	178
	FF/ENG	1430	1340	1250	1160	1080	990	920	860	780	710
20000	%N1	78.9	77.3	75.6	73.9	72.1	70.1	67.9	65.5	63.1	60.4
	KIAS	255	247	239	231	222	213	204	194	185	178
	FF/ENG	1430	1340	1260	1180	1100	1020	940	860	800	720
15000	%N1	74.7	73.2	71.6	69.8	67.8	65.9	64.0	61.7	58.9	56.1
	KIAS	253	245	238	229	221	212	203	193	185	178
	FF/ENG	1450	1370	1290	1200	1120	1040	960	880	820	740
10000	%N1	70.7	69.1	67.5	65.9	64.2	62.1	59.8	57.5	55.1	52.5
	KIAS	252	244	236	228	220	211	202	192	185	178
	FF/ENG	1460	1380	1300	1220	1140	1060	980	900	840	760
5000	%N1	67.0	65.5	63.9	62.0	60.0	58.1	56.1	53.9	51.5	48.9
	KIAS	251	243	236	227	219	210	201	192	185	178
	FF/ENG	1470	1390	1310	1240	1160	1080	1000	920	850	790
1500	%N1	64.3	62.6	60.9	59.2	57.4	55.6	53.6	51.4	49.1	46.6
	KIAS	250	242	235	227	219	210	200	192	185	178
	FF/ENG	1500	1420	1340	1260	1180	1110	1030	950	880	820

This table includes 5% additional fuel for holding in a racetrack pattern.

表 10-5 A320 飞机的等待性能表

RACE TRACK HOLDING PATTERN - GREEN DOT SPEED								
MAX. CRUISE THRUST LIMITS CLEAN CONFIGURATION NORMAL AIR CONDITIONING ANTI-ICING OFF					ISA CG=33.0%		N1 (%) FF (kg/h/Eng)	
WEIGHT (1000kg)	FL 15	FL 50	FL100	FL140	FL180	FL200	FL220	FL250
46	45.6 890	47.9 873	51.1 839	54.0 813	57.5 794	58.9 789	60.6 787	63.5 784
48	46.5 926	48.9 908	52.1 871	55.1 844	58.4 828	59.9 823	61.7 821	64.7 818
50	47.4 962	49.8 940	53.0 901	56.2 876	59.4 861	61.0 859	62.8 855	65.8 851
52	48.3 997	50.6 971	53.9 931	57.3 908	60.3 896	62.0 892	63.9 889	66.7 884
54	49.2 1033	51.4 1002	54.9 963	58.3 942	61.3 931	63.0 926	65.0 924	67.7 916
56	50.1 1065	52.2 1033	55.8 994	59.1 975	62.2 964	64.0 960	66.1 955	68.6 949
58	50.8 1097	52.9 1063	56.8 1026	59.9 1008	63.2 997	65.1 994	66.9 988	69.5 982
60	51.5 1128	53.7 1094	57.7 1059	60.7 1043	64.1 1031	66.1 1026	67.7 1021	70.4 1016
62	52.2 1158	54.5 1125	58.7 1092	61.6 1078	65.1 1065	66.9 1058	68.6 1054	71.2 1049
64	52.9 1189	55.3 1156	59.4 1126	62.4 1110	66.0 1097	67.7 1091	69.4 1087	72.1 1084
66	53.6 1219	56.1 1188	60.1 1159	63.2 1143	67.0 1129	68.5 1124	70.3 1120	72.9 1119
68	54.3 1250	56.9 1221	60.9 1193	64.1 1176	67.7 1162	69.3 1157	71.1 1154	73.7 1155
70	55.0 1282	57.8 1254	61.6 1228	64.9 1210	68.4 1195	70.1 1191	71.8 1188	74.6 1192
72	55.8 1314	58.6 1287	62.3 1261	65.7 1243	69.2 1228	70.8 1224	72.5 1223	75.4 1230
74	56.5 1347	59.4 1321	63.1 1294	66.6 1275	69.9 1262	71.6 1258	73.3 1258	76.1 1269
76	57.2 1380	60.2 1355	63.8 1327	67.4 1307	70.6 1296	72.3 1292	74.0 1295	76.9 1309
78	58.0 1413	60.8 1389	64.5 1360	68.2 1339	71.3 1330	73.0 1328	74.8 1332	77.6 1350
LOW AIR CONDITIONING △FF = − 0.3 %	**ENGINE ANTI ICE ON** △FF = + 5 %		**TOTAL ANTI ICE ON** △FF = + 9 %		**PER 1° ABOVE ISA** △FF = + 0.3 %		**STRAIGHT LINE** △FF = − 5 %	

表 10-4 为 B737-800 飞机的飞行计划与性能手册（FPPM）中所提供的在标准大气条件下的等待性能表，表中直接给出了飞机以不同重量在不同飞行高度上进行盘旋时所选择的等待飞行指示空速和每台发动机的小时燃油消耗量。表 10-5 给出了 A320 以不同重量在不同飞行高度上进行盘旋的每台发动机的小时燃油消耗量。

第11章　巡　　航

飞机完成起飞和航路爬升阶段后进入预定航线后的飞行状态称为巡航。本章主要研究飞机从爬升顶点到下降开始点之间的平飞巡航性能。

11.1　巡航性能参数

反映飞机巡航性能的主要参数有巡航时间、巡航距离、巡航速度、巡航高度和巡航燃油消耗量。

11.1.1　巡航时间

1. 巡航时间的定义

巡航时间是指飞机携带一定的燃油能够飞行的时间，通常用航时来表示。

飞机沿给定方向飞行耗尽可用燃料所能持续飞行的时间，称为航时（endurance）。包括起飞、爬升、巡航、下降、进近、着陆等阶段的飞行时间之和，其中巡航阶段占主要部分。由于巡航阶段以平飞为主要飞行状态，因此，有时又将巡航阶段经过的飞行时间称为平飞航时。

平飞航时与平飞可用燃油量和小时燃油消耗量相关，可用公式表示为

$$t=\frac{F_{\mathrm{W}}}{\mathrm{FF}} \tag{11-1}$$

式中，t 为平飞航时；F_{W} 为可用燃油量；FF 为小时燃油消耗量，根据飞机发动机的类型不同其表达式也存在差异。

（1）活塞式发动机。

$$\mathrm{FF}=N_{有效}C_{有效}=N_{\mathrm{RE}}\frac{C_{有效}}{\eta} \tag{11-2}$$

（2）涡桨式发动机。

$$\mathrm{FF}=N_{当}C_{当}=N_{\mathrm{RE}}\frac{C_{当}}{\eta} \tag{11-3}$$

（3）涡喷（扇）式发动机。

$$\mathrm{FF}=T_{\mathrm{RE}}Ce \tag{11-4}$$

式中，$C_{有效}$ 为活塞式发动机的燃油消耗率，表示在单位时间内产生单位有效功率所消耗的燃油量；$C_{当}$ 为涡桨式发动机的燃油消耗率，表示在单位时间内产生单位当量功率所消耗的燃油量；Ce 为涡喷（扇）式发动机的燃油消耗率，表示在单位时间内产生单位推力所消耗的燃油量；$\eta=N_{桨}/N_{有效}$ 为螺旋桨的效率，$N_{桨}=N_{\mathrm{RE}}$。

2. 影响因素

在燃油量一定时，飞行条件的改变，会引起燃油消耗率、螺旋桨效率以及平飞所需推

力（功率）发生变化，由式（11-2）～式（11-4）可知，小时燃油消耗量也会发生变化，从而影响平飞航时。

1）发动机转速

改变发动机的转速，会引起燃油消耗率和螺旋桨效率发生变化。现分别讨论如下。

（1）对燃油消耗率的影响。

①活塞式发动机。

安装恒速螺旋桨的活塞式发动机，配合相应的进气压力使用不同的转速，都能得到相同的发动机有效功率，但燃油消耗率却相差很大。只有某一转速与相应的进气压力配合时，燃油消耗率才最小。如图 11-1 所示，在保持发动机有效功率一定的条件下，选用的转速越小，进气压力越大，燃油消耗率就越小（n_3，$P_{进气3}$）。因此，对于这类发动机，应该尽量减小转速和增大进气压力，保持发动机的有效功率，从而降低燃油消耗率。

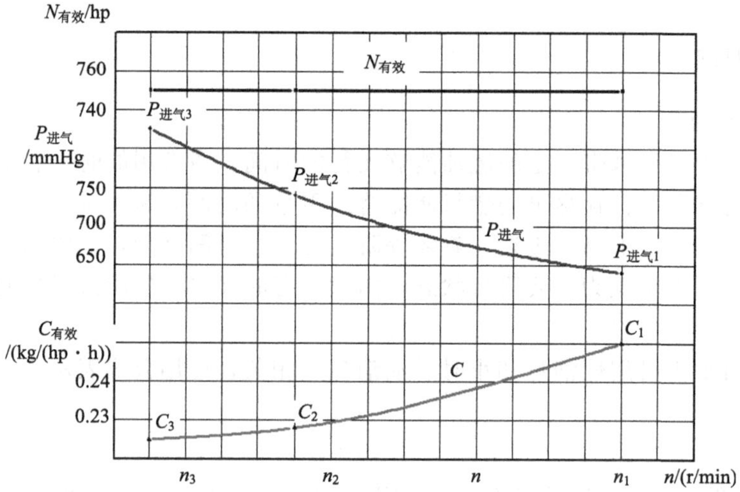

图 11-1　发动机有效功率一定时，燃油消耗率随转速、进气压力的变化

②涡桨式发动机。

涡轮螺旋桨发动机只有一个恒定的工作转速，其工作转速对应的燃油消耗率基本是最小的。

③涡喷（扇）式发动机。

对于涡喷（扇）式发动机，燃油消耗率在某一个转速取得最小值。图 11-2 是斯贝 512 发动机燃油消耗率随发动机转速的变化，从图中可以看出，只有转速为 11200r/min 时，燃油消耗率最小，将该转速称为巡航转速。

（2）对螺旋桨效率的影响。

要获得最高的螺旋桨效率，既要保持有利的前进比，又要保持有利的桨叶角。对于一般的活塞式螺旋桨飞机，用额定功率，保持最大速度平飞，前进比和桨叶角都接近有利，螺旋桨效率较高。飞行中，若要减小平飞速度，除收小油门减小进气压力，还应拉变距杆，使转速和飞行速度按同一比例降低，前进比和桨叶角仍接近有利，螺旋桨效率仍然较高。反之，要增大平飞速度，除加大油门增大进气压力，还应前推变距杆，相应增大转速。

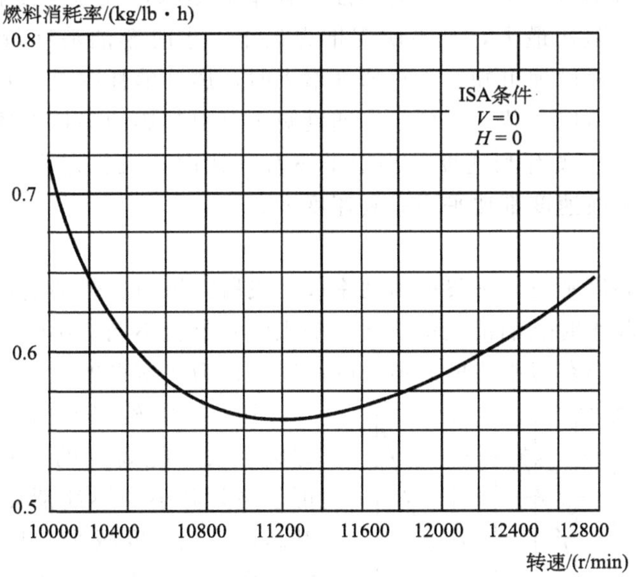

图 11-2　斯贝 512 发动机燃油消耗率随发动机转速的变化

以上分别分析了发动机转速对燃油消耗率和螺旋桨效率的影响。从上面分析可知，燃油消耗率最小时，螺旋桨效率不一定最高；螺旋桨效率最高时，燃油消耗率又不一定最小。为了减小小时燃油消耗量，增长平飞航时，就应根据既能获得高的螺旋桨效率，又能得到小的燃油消耗率的要求来选择发动机的转速。

2）飞行速度

飞机在同一高度上以不同速度进行巡航，由于小时燃油消耗量不同，平飞航时的长短也不同。能获得平飞航时最长的速度，称为久航速度。

在不考虑燃油消耗率和螺旋桨效率变化的情况下，久航速度可参照推力法和功率法获得。

但若考虑速度对燃油消耗率和螺旋桨效率的影响，久航速度的选择会发生变化。由发动机原理可知，对装有变距螺旋桨的发动机，获得最小燃油消耗率的功率，既不在大功率，也不在小功率，而是大致在额定功率的 40%～70%。用经济速度平飞，发动机有效功率一般都小于燃油消耗率最小的功率，燃油消耗率也不是最小的。同时，能获得最高螺旋桨效率的飞行速度，一般都比经济速度大，故用经济速度平飞，螺旋桨效率也不最高。如从经济速度开始，适当增大平飞速度，虽然平飞所需功率略为增大，但因燃油消耗率降低和螺旋桨效率的提高，小时燃油消耗量还可略为减小，即可得到小时燃油消耗量最小，平飞航时最长。所以，一般活塞式螺旋桨飞机，久航速度稍大于经济速度。例如，运五飞机，当重量为 5000kg 时，平飞经济速度为 120km/h，久航速度为 140km/h。

涡轮螺旋桨发动机，速度增大，一方面当量功率随之增大，同时，加热量减小，油气比减小，所以，当量燃油消耗率不断减小。螺旋桨效率一般在最大巡航速度附近最高。所以，涡轮螺旋桨飞机的久航速度，一般也比平飞经济速度要大。例如，An-24 飞机，当重量为 20000kg 时，在 6000m 高度，平飞经济速度为 320km/h，久航速度为 358km/h。

喷气式飞机，若不考虑飞行速度对燃油消耗率的影响，久航速度就是平飞有利速度。以有利速度飞行，升阻比最大，平飞所需推力最小，小时燃油消耗量最小，平飞航时最长。由涡轮风扇发动机原理可知，飞行速度增大时，燃油消耗率是一直增大的，这主要是因为单位推力减小。所以，若考虑到飞行速度减小会引起燃油消耗率的越小，喷气飞机的久航速度一般略小于平飞有利速度。小于平飞有利速度，飞机进入第二速度范围，不安全。所以，实际的久航速度都比平飞有利速度大。

3）飞行高度

飞机以不同的高度平飞，平飞所需功率或平飞所需推力、燃油消耗率以及螺旋桨效率都将不同，从而引起小时燃油消耗量不同，平飞航时也就不同，小时燃油消耗量最小的高度，平飞航时最长。能获得平飞航时最长的高度，称为久航高度。

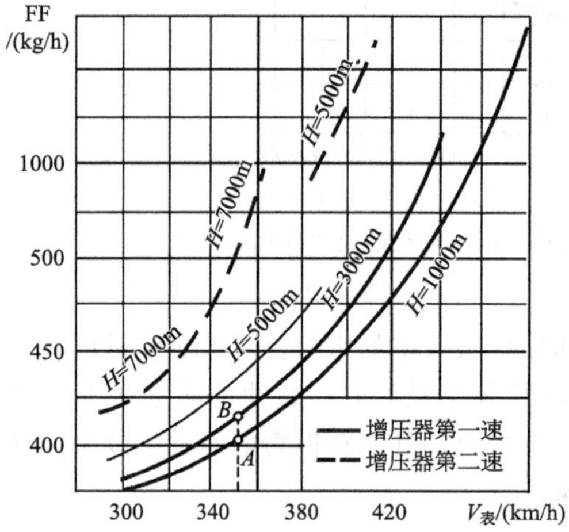

图 11-3 某活塞式飞机的小时燃油消耗量随高度的变化曲线

活塞式螺旋桨发动机，其燃油消耗率和螺旋桨效率随高度的变化量一般都比较小，可忽略其对小时燃油消耗量的影响。但高度升高，空气密度减小，与同一表速对应的真空速变大，平飞所需功率增加，使小时燃油消耗量增大，平飞航时缩短。所以，活塞式螺旋桨飞机用同一表速在不同高度平飞时，其平飞航时一般都随高度升高而缩短。图 11-3是某活塞式飞机的小时燃油消耗量曲线。从图中可看出，在 1000m 高度以 350km/h 的表速平飞，小时燃料消耗约为 410kg/h（图中 A 点）；在 3000m 高度用相同表速平飞小时燃油消耗量增加为 450kg/h（图中 B 点）。

由此可见，活塞式螺旋桨飞机，以相同的表速飞行，飞行高度越低，小时燃油消耗量越小，平飞航时越长，只有在低空飞行才能获得久航高度。

涡轮螺旋桨飞机，高度升高，以同一表速平飞的所需功率也增大，但由于当量燃油消耗率的减小和螺旋桨效率的提高，小时燃油消耗量一般都随高度的升高而减小，如图 11-4 所示。也就是说，涡轮螺旋桨飞机，高度越高，小时燃油消耗量越小，平飞航时越长，平飞航时最长要在高空才能获得。

涡轮喷气式飞机，以相同的表速平飞，高度升高，平飞所需推力不变。但燃油消耗率却要随高度而变。由涡轮风扇发动机原理可知，涡轮风扇发动机的燃油消耗率随高度变化的规律主要受大气温度的影响。在 11000m 以下，高度升高，燃油消耗率减小；在 11000m 以上燃油消耗率保持不变。图 11-5 是斯贝 512 发动机在标准大气条件下，转速为 11600r/min，真空速为 350n mile/h 和 550n mile/h 的燃油消耗率随飞行高度的变化曲线。从图中可以看出，飞行速度为 350n mile/h，在 24000ft 高度，燃油消耗率最小，平飞航时最长。飞行速度为 550n mile/h，燃油消耗率在 37000ft 高度时最小。所以，从发动机经济性来看，当选择较大的飞行速度时，就应选择其对应的较高的飞行高度；反之，当选择较小的速度时，就应选择其对应的较低的飞行高度，这样才能使燃料消耗率最小，平飞航时最长。

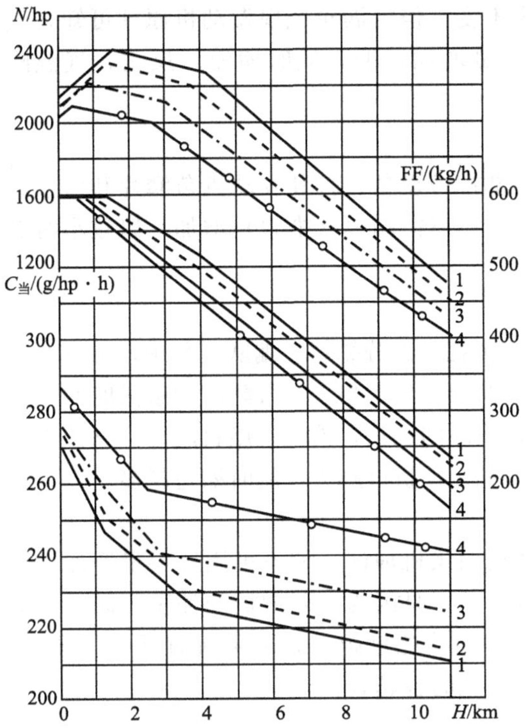

图 11-4 不同速度下阿依-24 发动机燃油消耗率随高度的变化曲线

1-530km/h；2-640km/h；3-360km/h；4-180km/h

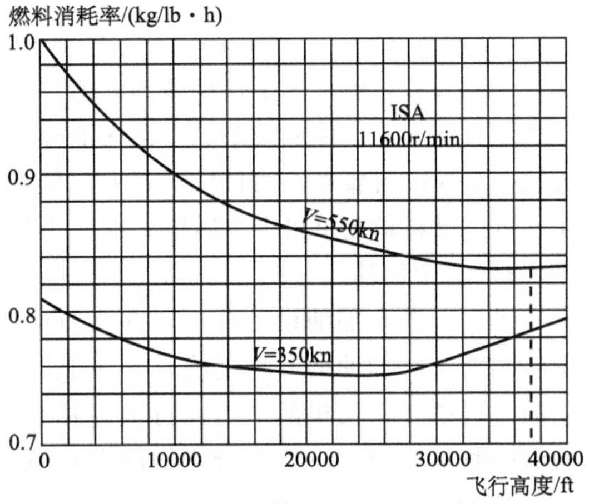

图 11-5 燃油消耗率随飞行高度的变化曲线

4）飞行重量

若飞行重量的增加是业载重量的增加而引起的，则平飞所需功率（推力）增加，小时燃油消耗量随之增加，平飞航时缩短。反之，重量减轻，平飞航时增长。

若飞行重量的增加是载油量的增加而引起的，则平飞航时增长。这是因为，一方面载油量增加，引起飞行重量增加，使平飞所需功率（推力）增加，小时燃油消耗量增加，平飞航时缩短；另一方面，载油量增加，平飞可用燃油量增加，又使平飞航时增长。一般飞机后者的影响都大于前者，所以，载油量增加，平飞航时增长。

5）气温

飞机用相同的表速或 Ma，在相同的高度飞行，气温不同，平飞航时也将不同。

活塞式螺旋桨飞机，在高度一定（即气压一定）时，气温越高，空气密度越小，飞行真空速变大，以致平飞所需功率增加。而气温改变对活塞式发动机的燃料消耗率和螺旋桨效率的影响很小。所以，气温升高，小时燃油消耗量增加，平飞航时缩短；反之，气温降低，平飞航时增长。一般情况下，气温每升高 5℃，小时燃油消耗量约增加 1%，平飞航时约缩短 1%。

涡轮螺旋桨飞机，气温升高，一方面平飞所需功率增加；另一方面涡轮螺旋桨发动机的当量燃料消耗率增加，故小时燃油消耗量增加，平飞航时缩短。反之，气温降低，小时燃油消耗量减小，平飞航时增长。

喷气式飞机，保持相同高度和表速飞行，气温升高，平飞航时缩短。这是因为在高度和表速相同的情况下，气温升高，平飞所需推力不变。但由涡轮风扇发动机原理可知，气温升高，燃料消耗率要增加，致使小时燃油消耗量增加，平飞航时缩短。反之，气温降低，平飞航时增长。

6）飞机阻力

飞机表面不清洁、结冰、蒙皮表面压伤、外部携带设备、打开发动机鱼鳞片和滑油散热器风门、飞机侧滑等，都将使飞机阻力增大，平飞所需功率（推力）增加，以致小时燃油消耗量增加，平飞航时缩短。

7）编队飞行

编队飞行，僚机为了保持队形，需要比长机多消耗一部分燃料。编队飞行中，飞机的飞行性能有好有差，性能较差的飞机耗油量较大。编队起飞后的集合、着陆前的解散时间比单机长，消耗燃料较多，而且机群越大，集合和解散的时间越长，消耗的燃料越多。这些都会使不可用燃料量比单机少。所以，编队飞行，航时缩短，机群越大，航时缩短越多。

8）空中加油

飞机上若有加油设备，可以在飞行中由加油机向飞机加油，使不可用燃料量增加，平飞航时增长。加油的时机越晚，平飞航时增长越多。这是因为，若增加的油量相同，空中加油时机越晚，飞机的平均飞行重量越小，小时燃油消耗量越小，平飞航时越长。同时，加油的时机越晚，飞机所能增加的燃料越多，平飞航时也越长。

3. 增长平飞航时的方法

以上分析了对平飞航时的影响因素，目的在于确定不同条件下飞机最有利的飞行高度和速度，以及发动机的有利工作状态，以增长平飞航时，充分发挥飞机的巡航性能。

1）选择飞行高度和速度

如果从增长平飞航时角度来看，选取各型飞机的久航高度和久航速度，使飞机做久航飞行，平飞航时最长。为增长平飞航时，活塞式螺旋桨飞机，飞行高度就尽可能选择得低一些，并选用久航速度。对于涡轮螺旋桨飞机和喷气式飞机，飞行高度就应尽可能选得高一些，并用久航速度。然而实际飞行在选择飞行高度和速度时，往往不能单从增长平飞航时这一方面来考虑，还需根据当时的飞行任务、航线地形条件以及气象情况等方面的因素通盘比较，照顾主要方面，兼顾次要方面，最后确定出最合适的飞行高度和速度。

2）确定有利的发动机转速

飞行高度和速度选定后，平飞所需功率（推力）就可确定。对于安装恒速螺旋桨的活塞式发动机飞机，用不同的转速并配合相应进气压力，虽然能获得相同的平飞所需功率，以保持选定的飞行状态飞行，但其燃料消耗率差别很大。所以，需要选择有利的发动机转速。根据已选定的飞行高度和速度，从飞机的航程与航时计算说明书中的发动机转速曲线上查出应选用的转速。

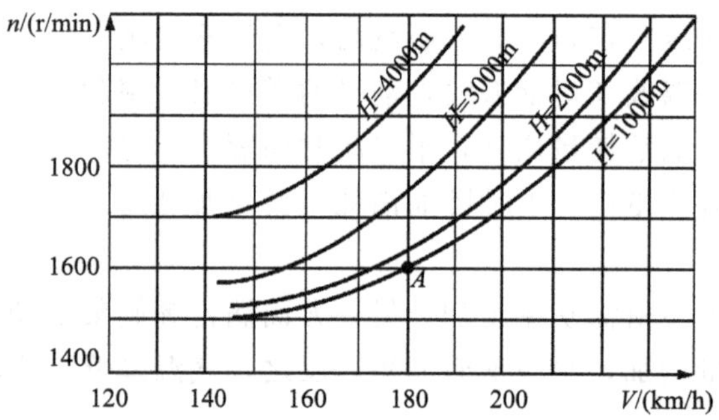

图 11-6 活塞飞机的发动机转速曲线

例如，图 11-6 为活塞飞机的发动机转速曲线。假设飞行员选定的高度为

1000m，飞行表速为 180km/h，从曲线上的 A 点，可查出有利转速约为 1610r/min。

对于涡喷（扇）发动机，在飞行高度和速度一定的情况下，巡航转速对应的燃料消耗率最小。为增长航时，应选用巡航转速。

至于只有一个工作转速的涡轮螺旋桨飞机，就不存在转速的选择问题。

11.1.2　巡航距离

1. 航程

1）平飞航程

巡航距离是指飞机携带一定的燃油能够飞行的距离。通常用航程来表示。

飞机在平静大气中，沿给定方向飞行耗尽可用燃油量所飞过的水平距离，称为航程(range)。包括起飞、爬升、巡航、下降、进近、着陆等阶段飞过的水平距离之和，其中巡航阶段占主要部分。由于巡航阶段以平飞为主要飞行状态，因此，又将巡航阶段经过的水平距离称为平飞航程。平飞航程与飞机携带的可用燃油量和公里燃油消耗量相关，可用公式表示为

$$X = \frac{F_W}{C_K} \tag{11-5}$$

式中，C_K 为公里燃油消耗量，根据飞机发动机的类型不同其表达式也存在差异。

（1）活塞式发动机。

$$C_K = \frac{N_{有效} C_{有效}}{V} = T_{RE} \frac{C_{有效}}{\eta} \tag{11-6}$$

（2）涡桨式发动机。

$$C_K = \frac{N_{当} C_{当}}{V} = T_{RE} \frac{C_{当}}{\eta} \tag{11-7}$$

（3）涡喷（扇）式发动机。

$$C_K = \frac{T_{RE} Ce}{V} \tag{11-8}$$

2）影响因素

（1）飞行速度。

能获得公里燃料消耗最小、平飞航程最远的速度，称为远航速度。

飞行速度改变，会引起燃油消耗率、螺旋桨效率以及平飞所需推力等发生变化，从而引起公里燃油消耗量的大小发生变化。所以，飞行速度改变，平飞航程随之改变。

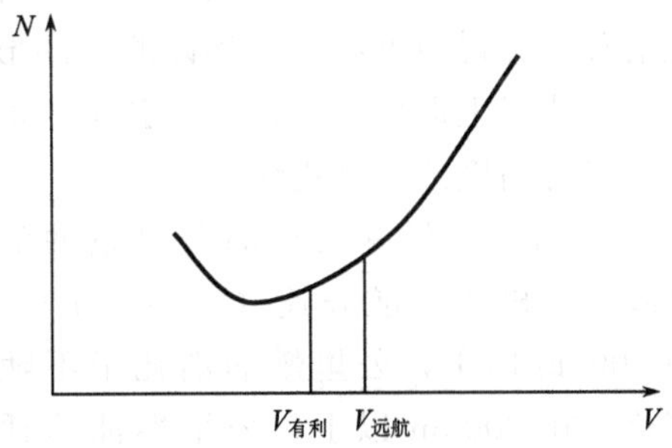

图 11-7　平飞所需功率曲线

对于活塞式螺旋桨和涡轮螺旋桨飞机，从平飞功率曲线可知，用有利速度平飞，平飞所需推力最小（图 11-7）。若不考虑燃油消耗率和螺旋桨效率的影响，此时公里燃油消耗量最小，平飞航程最远。

但若考虑燃料消耗率和螺旋桨效率的影响，用有利速度平飞，公里燃油消耗量并不是最小，平飞航程也就不是最远。对于活塞式螺旋桨飞机，用平飞有利速度飞行时，燃料消耗率最小；而且有利速度远小于平飞最大速度，螺旋桨效率也不很高，即比值 $C_{有效}/\eta$ 较大，因而公里燃油消耗量不是最小，平飞航程不是最远。对于涡轮螺旋桨飞机，情况与活塞式螺旋桨类似，用有利速度平飞，也因其当量燃料消耗率比较大，螺旋桨效率比较低，使其比值 $C_{有效}/\eta$ 比较大，公里燃油消耗量也不是最小，平飞航程不是最远。所以，对于活塞式螺旋桨飞机和涡轮螺旋桨飞机，一般采取比有利速度大一些的某一速度，公里燃油消耗量才最小，平飞航程才最远，如图 11-8 中的 $V_{远航}$ 所示。

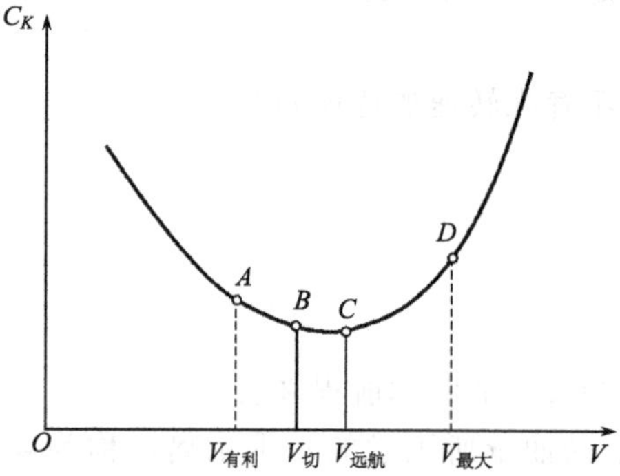

图 11-8 三叉戟飞机公里燃油消耗量随飞行速度的变化曲线

对于喷气式飞机，速度改变引起公里燃油消耗量发生变化，同时又要引起平飞所需推力和燃料消耗率发生变化，故平飞航程发生变化。若不考虑燃料消耗率的影响，以推力曲线上的切点速度飞行，平飞航程最远。若考虑飞行速度对燃料消耗率的影响，喷气式飞机一般用比远航速度稍大一些的速度飞行，如图 11-8 中 C 点对应的速度，才能获得最小的公里燃油消耗量，平飞航程最大。

(2) 飞行高度。

能获得最远航程的高度，称为远航高度。

在不同的高度上，用同一表速平飞，平飞所需拉力或推力不变，因此，公里燃油消耗量随飞行高度的变化，仅取决于燃油消耗率和螺旋桨效率。而燃油消耗率和旋桨效率随高度的变化，分别由当时的飞行高度、飞行速度以及螺旋桨型号等具体决定。因此，不同型号的飞机，公里燃油消耗量随高度的变化规律各不相同。根据试飞资料，在各型飞机航程计算说明书中一般都以曲线的形式给出。从曲线上即可看出该飞机公里燃油消耗量随飞行高度的变化规律。

图 11-9 是活塞飞机的公里燃油消耗量曲线。飞机用远航表速（160km/h）平飞，在 2000m 以下，公里燃油消耗量不随高度变化；在 2000m 以上，公里燃油消耗量随高度升高而增大。飞机以 200km/h 平飞时，随着高度升高，公里燃油消耗量一直增大。

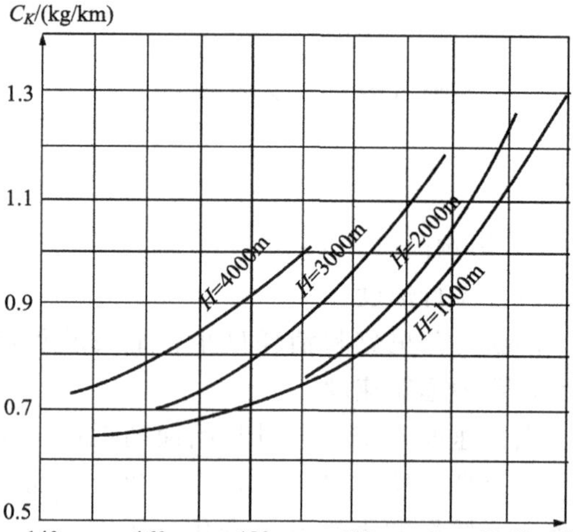

图 11-9 活塞飞机的公里燃油消耗量曲线

图 11-10 是 An-24 飞机以最大航程状态飞行、公里燃油消耗量随飞行高度变化的曲线。从图上看出，在重量一定的情况下，高度升高，不仅当量燃料消耗率降低，而且螺旋

桨的效率也提高，公里燃油消耗量逐渐减小，平飞航程增大。

喷气运输机的公里燃油消耗量随飞行高度的变化规律，与涡轮螺旋桨飞机相似。高度升高，平飞真空速增大，使 T_{RE}/V 减小，燃料消耗率减小，公里燃油消耗量减小。因此，喷气式飞机高度升高，平飞航程增大。

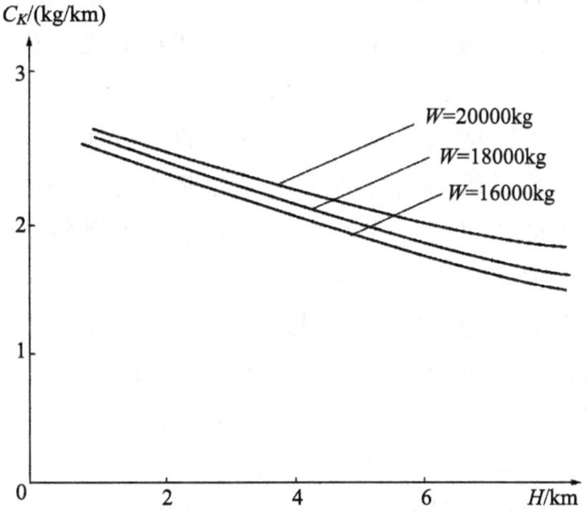

图 11-10 An-24 飞机公里燃油消耗量随飞行高度的变化曲线

(3) 风。

风不改变飞机真空速，只改变飞机地速的大小，因此，风只会影响平飞航程的大小。

①顺、逆风。

无风时，飞机真空速就等于地速，即 GS＝TAS。有风时，飞机真空速保持不变，地速的大小发生改变，GS＝TAS$\pm V_W$，其中顺风为“＋”，逆风为“－”。

因此，顺、逆风下的公里燃油消耗量的计算公式为

$$C_K = \frac{\mathrm{FF}}{\mathrm{TAS} \pm V_W} \tag{11-9}$$

将式（11-9）代入式（11-5）可得

$$X = \frac{F_W(\mathrm{TAS} \pm V_W)}{\mathrm{FF}} \tag{11-10}$$

由式（11-9）可知，飞机保持同一空速飞行，若遇到顺风，地速增大，公里燃油消耗量减小，使得平飞航程增长；若遇到逆风，地速减小，公里燃油消耗量增大，使得平飞航程缩短，并且风速越大，风对平飞航程的影响也越大。

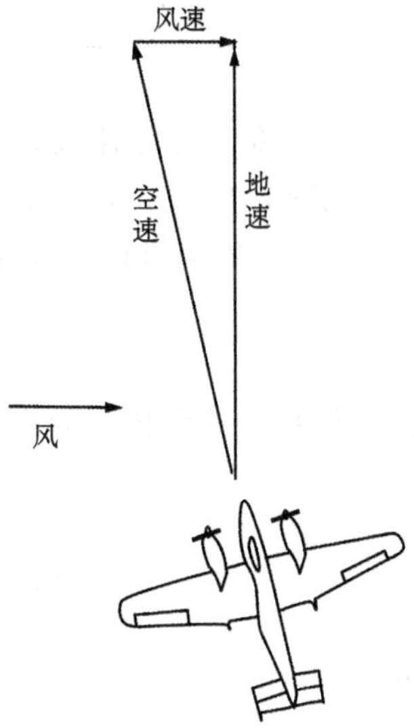

图 11-11 航向法修正侧风

顺、逆风对平飞航程的影响，不仅取决于风速，而且还与空速有关。这是由于顺、逆风引起航程的变化量等于风速与航线飞行时间的乘积。在风速相同的情况下，增大空速，航线飞行的时间缩短，因而风引起的航程变化量就小。反之，减小空速，风引起的航程变化量就大。因此，顺风飞行，可适当地减小空速，增长航线飞行时间，使平飞航程增加得更多；逆风飞行，可适当增大空速，缩短航线飞行时间，使平飞航程少缩短一些。

②侧风。

如图 11-11 所示，当风向与航线（即图中地速方向）成 90°时，即在正侧风情况下，用改变航向法修正后，因地速要减小，故平飞航程也要缩短。

若风速方向与航线方向的夹角不是90°，可将风速分解成垂直于航线方向和平行于航线方向的两个分速，分别考虑其对平飞航程的影响。

3）增大平飞航程的方法

若需增大平飞航程，飞机的飞行速度应该选用远航速度。若不考虑风的影响，活塞式螺旋桨飞机的飞行高度应尽可能选得低一些，涡轮螺旋桨飞机和喷气式飞机的飞行高度应尽可能选得高一些，这样可减小公里燃料消耗量，增长平飞航程。

但实际飞行中各飞行高度上的风速和风向各不相同，因此，在选择增大航程方法时需要考虑风的影响，特别是对远航速度比较小的低速飞机，风对航程的影响就比较显著。例如，大逆风中飞行，若改在逆风比较小或顺风的高度上飞行，可能比坚持用远航高度飞行更为有利。在这种情况下，可通过计算比较找出其最有利的飞行高度。表11-1是运五飞机在航向为260°时最有利高度的计算表。表中第2、3项风向和风速来自气象预报；第4项气象风角是航向与风向之间小于180°的夹角；第5项有效风速（GS－IAS）为由于风引起的地速和真空速之差，随气象风角而变化，其值可从表11-2中查得；第6项空速增量ΔV，是在各高度上保持发动机巡航功率状态不变时，由于高度（密度）变化而增加的空速。运五飞机在巡航状态时，平均每增高1000m，真空速增加5km/h。

表11-1　航向为260°时最有利高度的计算表

1	高度/m	500	1000	1500	2000	3000
2	风向/(°)	70	60	50	30	360
3	风速/(km/h)	10	20	30	30	40
4	气象风角/(°)	170	160	150	130	100
5	有效风速（GS－IAS）/(km/h)	＋10	＋19	＋25	＋18	＋2
6	空速增量ΔV/(km/h)	2	5	7.5	10	15
7	空速总增量（GS－IAS＋ΔV）/(km/h)	12	24	32.5	28	17

按表11-1计算后，空速总增量最大值所对应的高度即最有利高度。通过比较，最有利高度为1500m。在此高度上，风可使飞机速度增加25km/h，同时，1500m高度上的真空速（因空气密度变化）又增加了7.5km/h，空速总增量为25＋7.5＝32.5（km/h），而在其他高度上，空速总增量均低于32.5km/h。

2. 燃油里程

飞机通过发动机消耗燃油产生推力而进行飞行。飞机消耗单位数量的燃料所能飞行的水平距离，称为燃油里程（fuel mileage）。用公式可表示为

$$\mathrm{FM}=-\frac{\mathrm{d}X}{\mathrm{d}W} \tag{11-11}$$

式中，W为飞机重量，飞机的燃油消耗量应等于重量的减少量。

表 11-2　有效风速（GS－IAS）表

气象风角	风速/（km/h）													
0°	5	10	15	20	25	30	35	40	45	50	60	70	80	
5°	5	10	15	25	25	30	34	39	44	49	59	69	79	
10°	5	10	15	25	25	29	34	39	44	49	59	69	79	
15°	5	10	15	24	24	29	34	38	43	48	58	68	78	
20°	5	9	14	24	24	29	33	38	43	48	58	67	77	
25°	5	9	14	23	23	28	32	37	42	47	56	66	76	
30°	4	8	13	22	22	27	31	36	40	45	54	64	74	
35°	4	8	12	21	21	26	30	34	39	43	52	62	71	
40°	4	8	12	20	20	24	28	32	37	41	50	59	69	
45°	3	7	11	19	19	22	26	30	35	39	47	56	66	逆风−
50°	3	6	10	17	17	20	24	28	33	36	44	53	62	
55°	3	6	9	16	16	19	22	26	30	33	41	49	58	
60°	2	5	8	14	14	17	20	23	27	30	37	45	54	
65°	2	4	7	12	12	15	18	21	25	27	33	41	49	
70°	2	3	6	10	10	13	16	18	21	23	29	36	44	
75°	1	3	5	8	8	10	13	15	18	20	25	31	38	
80°	1	2	3	6	6	8	10	12	14	16	20	26	32	
85°	1	1	2	4	4	5	7	8	10	12	15	20	25	
90°	0	0	1	2	2	3	4	4	6	7	10	14	18	
95°	0	1	1	1	0	0	1	1	1	3	5	8	11	
100°	1	2	2	2	2	3	2	2	2	2	0	2	4	
105°	1	2	3	4	4	5	5	6	6	6	6	5	3	
110°	2	3	5	6	7	8	8	9	10	10	11	11	11	
115°	2	4	6	7	9	10	12	13	14	15	17	18	18	
120°	2	5	7	9	11	13	15	16	18	20	22	24	26	
125°	3	5	8	10	13	15	18	19	21	24	27	30	33	
130°	3	6	9	12	15	18	21	23	25	27	32	36	40	
135°	4	7	10	13	16	20	24	26	28	31	37	42	46	顺风＋
140°	4	8	11	15	18	22	26	29	32	35	42	48	54	
145°	4	8	12	16	20	23	27	31	35	38	46	52	59	
150°	4	9	13	17	21	25	29	33	38	41	49	56	64	
155°	4	9	13	18	22	26	30	35	39	44	52	60	69	
160°	5	9	14	19	23	28	32	37	41	46	55	64	73	
165°	5	10	14	19	24	28	33	38	42	47	57	66	75	
170°	5	10	15	19	24	29	34	39	43	48	58	67	77	
175°	5	10	15	20	25	29	34	39	44	49	59	69	79	
180°	5	10	15	20	25	30	35	40	45	50	60	70	80	

由燃油里程的定义可知，FM＝$1/C_K$，代入式（11-11），以涡喷（扇）式飞机为例可得

$$dX = -\frac{V}{CeD}dW = -\left[\frac{C_0\sqrt{\theta}}{Ce}MaK\right]\frac{1}{W}dW \tag{11-12}$$

式中，$\frac{C_0\sqrt{\theta}}{Ce}MaK = FM \cdot W$，称为航程因子；$C_0$ 为标准大气下海平面的音速；θ 为温度比；Ce 为燃油消耗率；K 为升阻比。

若航程因子为常数，式（11-12）积分可得

$$X = \left[\frac{C_0\sqrt{\theta}}{Ce}MaK\right]\ln\frac{W_s}{W_e} \tag{11-13}$$

式中，W_s 为巡航起点重量；W_e 为巡航终点重量。

式（11-13）是计算巡航航程的基本方程，称为布里科特航程方程。在给定巡航高度条件下，要获得最大航程，应使燃油里程最大，也就是航程因子中的 MaK 取最大值。

以 B757-200 为例，假设巡航高度为 35000ft（δ＝0.2353），重量为 200klb，计算不同速度对应的燃油里程，结果见表 11-3。

表 11-3 不同速度对应的燃油里程

Ma	0.65	0.70	0.75	0.78	0.80	0.82	0.84
TAS/kn	374.68	403.50	432.32	449.62	461.15	472.67	484.20
C_L	0.6961	0.6002	0.5229	0.4834	0.4595	0.4374	0.4168
C_D	0.0400	0.0336	0.0293	0.0277	0.0271	0.0277	0.0306
K	17.4	17.86	17.84	17.45	16.96	15.79	13.62
MaK	11.31	12.50	13.38	13.61	13.57	12.95	11.44
T/δ/lb	48843	47583	47633	48706	50126	53830	62401
T_N/δ 单台/lb	24421	23791	23816	24353	25063	26915	31201
FF/(lb/h/Eng)	7028	7100	7342	7609	7911	8594	10297
Ce/(lb/lb·h)	0.1439	0.1492	0.1541	0.1562	0.1578	0.1596	0.1650
FM/(km/klb)	0.05332	0.05683	0.05888	0.05909	0.05829	0.05500	0.04702

由表 11-3 中数据可知，随着速度的增加，K 先增大后减小，在 Ma 为 0.7 时取得最大值，对应的 FM 为 0.05683，不是最大值，MaK 随着速度的增加也是先增大后减小，在 Ma 为 0.78 时取得最大值，此时对应的 FM 也为最大值。表中的 FM 随着 Ma 变化可用图 11-12表示。

此外，燃油里程的大小还会受到飞机所处飞行高度的大气温度影响，温度升高，空气密度降低，平飞速度要增大，燃油里程增大，同时空气不容易压缩，发动机的推力减小，又使燃油里程减小。综合两方面的影响，燃油里程随着飞行高度的基本变化规律是：气温高，燃油里程降低；气温低，燃油里程增大，如图 11-13 所示。如 B757-200 飞机在 35000ft 高度以 Ma0.8 巡航，大气温度每升高 20℃，燃油里程就降低 1.9%。

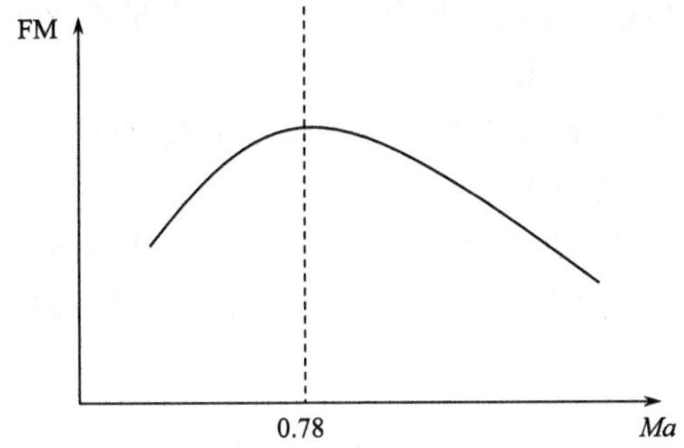

图 11-12 不同速度对应的燃油里程

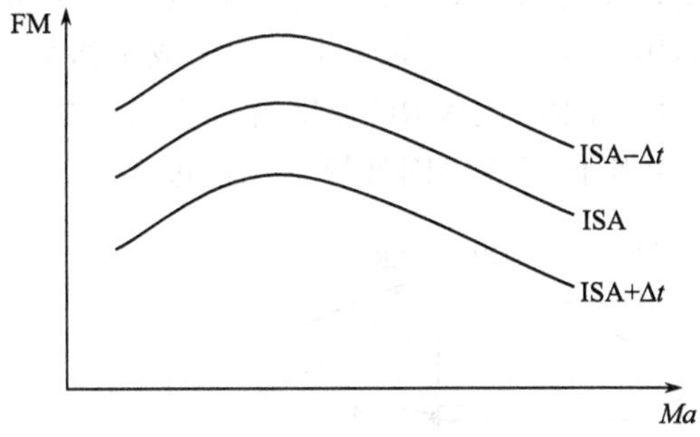

图 11-13 气温对燃油里程的影响

11.1.3 巡航速度

1. 最大航程马赫数（MRC）

能获得最大燃油里程的飞行速度称为最大航程马赫数（Maximum Range Cruise，MRC），图 11-12 中的曲线顶点对应的马赫数即 MRC（0.78）。MRC 的特点就是在给定距离下飞行的油耗最小，以及给定流量下飞行的距离最远，与前面章节中介绍的远航速度的含义一致。

用公式表示燃油里程与飞行马赫数的关系为

$$\mathrm{FM}=\frac{V}{CeD}=\frac{C_0\sqrt{\theta}MaK}{CeW} \quad (11\text{-}14)$$

飞机的重量对燃油里程有直接的影响。当飞机重量增加时，要求飞机的升力相应增加。在升阻比和发动机燃油消耗率不变和一定的速度条件下，燃油里程减小，如图 11-14 所示。由图 11-14 还可以看出，MRC 随着重量的增加而增加。

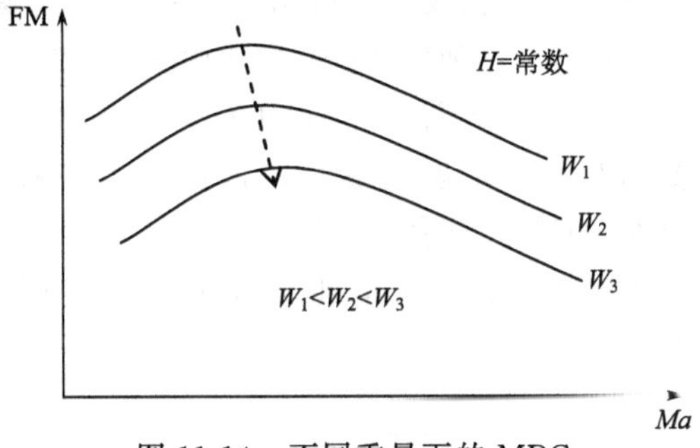

图 11-14 不同重量下的 MRC

2. 远程巡航马赫数（LRC）

MRC 虽然比有利速度大，但两者差别较小，若遇逆风，可能使其燃油里程降低得多。为提高飞机在受到逆风作用时的性能，通常采用远程巡航马赫数（Long Range Cruise，LRC）飞行。LRC 对应的燃油里程比 MRC 对应的燃油里程降低 1%，也就是最大燃油里程的 99%所对应的速度，如图 11-15所示。该速度为飞行手册中推荐使用的速度，也是实际运行经常使用的巡航速度。

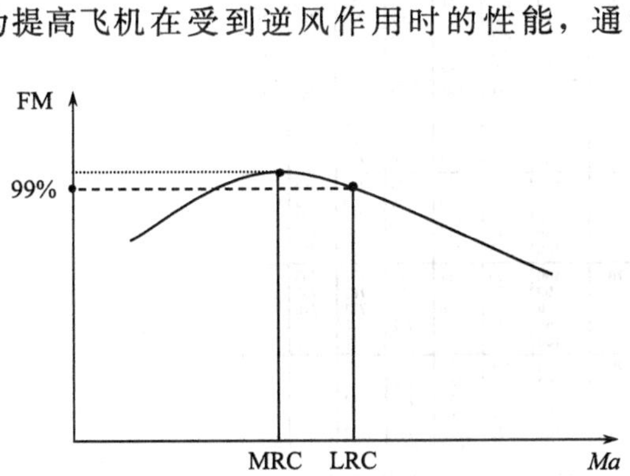

图 11-15 不同高度下的 MRC

除了飞机重量及巡航高度对 LRC 的影响与 MRC 类似，LRC 具有以下特点。

(1) 虽然 LRC 的燃油里程降低 1%，航程相对有所减小，但飞机能获得更大的巡航速度，飞机以LRC飞行航时缩短，使飞机的总成本更低。例如，B757的质量在200～250klb变化，LRC的大小近似于成本指数从50～200的最经济的巡航速度。

(2) LRC比MRC速度有所增加，提高了各操纵面的效率，从而改善了操纵性能。更进一步降低了飞机因外界干扰而进入第二性能范围的可能性。

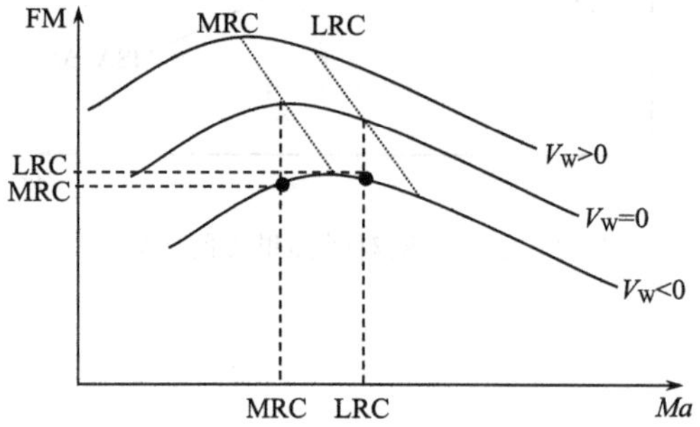

图 11-16 风对燃油里程的影响

(3) 在逆风条件下，不致使对地面的燃油里程过分恶化。受到风的影响，燃油里程表示为

$$FM_g = \frac{TAS \pm V_W}{CeD} \tag{11-15}$$

式中，V_W 为风速，顺风取“＋”，逆风取“－”。将有风条件下的燃油里程与飞行马赫数的曲线关系用图 11-16 表示。从图中可见，随着逆风的增加，燃油里程降低，曲线下移，LRC对应的燃油里程比MRC的大，并且更加靠近逆风后的燃油里程曲线顶点。

3. 经济巡航马赫数

MRC和LRC都是从燃油成本的角度入手，若考虑飞机的总成本，可引入经济巡航马赫数。可将飞机各成本随着速度的变化用图 11-17 表示。

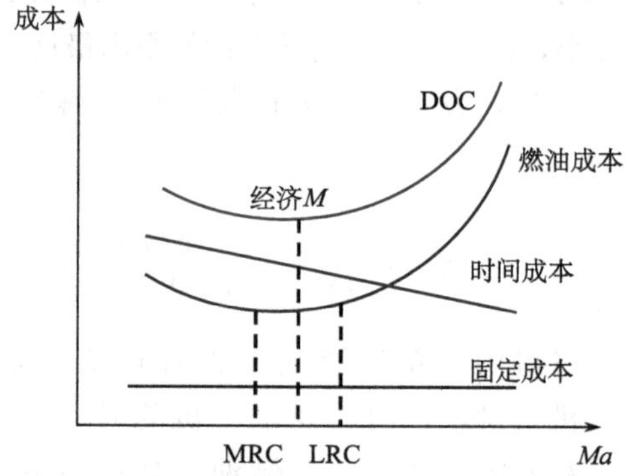

图 11-17 飞机成本随速度的变化曲线

图中直接运营成本（DOC）最小对应的马赫数就是经济巡航马赫数，该速度由飞机的成本指数（CI）所确定。图 11-18 是A320飞机在给定CI时，不同重量和高度下的经济巡航马赫数。

COST INDEX = 0 (MAXIMUM RANGE)

WEIGHT/WIND 1000kg	kn	FLIGHT LEVEL 290	310	330	350	370	390
50	100	.571	.597	.625	.653	.684	.716
	50	.586	.612	.637	.664	.694	.724
	0	.604	.631	.653	.678	.707	.734
	−50	.626	.650	.670	.695	.722	.745
	−100	.658	.675	.694	.717	.742	.759
55	100	.599	.626	.654	.684	.715	.735
	50	.613	.638	.665	.694	.723	.741
	0	.632	.654	.679	.707	.733	.749
	−50	.650	.671	.695	.722	.745	.758
	−100	.675	.694	.717	.742	.759	.770
60	100	.625	.652	.682	.713	.733	.746
	50	.637	.663	.692	.721	.740	.751
	0	.653	.677	.705	.731	.748	.758
	−50	.670	.693	.720	.743	.757	.767
	−100	.693	.715	.740	.758	.769	.776
65	100	.649	.677	.709	.730	.743	
	50	.660	.688	.717	.737	.749	
	0	.674	.701	.728	.745	.756	
	−50	.690	.716	.740	.755	.765	
	−100	.711	.736	.755	.768	.775	
70	100	.672	.704	.727	.741	.751	
	50	.683	.713	.733	.747	.756	
	0	.696	.724	.742	.754	.763	
	−50	.711	.736	.752	.763	.770	
	−100	.731	.752	.765	.774	.778	
75	100	.696	.722	.738	.749		
	50	.706	.729	.744	.754		
	0	.718	.738	.751	.761		
	−50	.730	.749	.760	.769		
	−100	.747	.762	.772	.777		

COST INDEX = 10 kg/min

WEIGHT/WIND 1000kg	kn	FLIGHT LEVEL 290	310	330	350	370	390
50	100	.611	.638	.661	.687	.716	.741
	50	.629	.653	.675	.700	.728	.750
	0	.652	.672	.693	.717	.744	.762
	−50	.678	.695	.715	.738	.760	.773
	−100	.711	.729	.746	.760	.774	.781
55	100	.636	.658	.684	.713	.738	.753
	50	.651	.672	.697	.725	.748	.761
	0	.669	.689	.714	.740	.759	.771
	−50	.692	.711	.734	.757	.771	.778
	−100	.723	.742	.758	.772	.780	.783
60	100	.655	.680	.708	.734	.751	.761
	50	.668	.693	.721	.744	.759	.768
	0	.685	.709	.736	.756	.768	.775
	−50	.706	.729	.753	.769	.777	.780
	−100	.736	.754	.770	.778	.782	.783
65	100	.675	.703	.730	.747	.758	
	50	.687	.715	.739	.755	.765	
	0	.703	.730	.751	.765	.773	
	−50	.723	.747	.765	.775	.779	
	−100	.748	.767	.776	.781	.782	
70	100	.696	.724	.743	.755	.763	
	50	.708	.734	.751	.762	.769	
	0	.722	.746	.761	.771	.776	
	−50	.740	.760	.772	.778	.780	
	−100	.761	.774	.779	.782	.782	
75	100	.716	.738	.751	.760		
	50	.727	.746	.758	.767		
	0	.739	.756	.767	.774		
	−50	.754	.768	.776	.779		
	−100	.770	.778	.781	.782		

图 11-18 A320飞机在不同CI下的经济巡航马赫数

图 11-19 为不同 CI 下燃油里程随速度变化曲线。当 CI＝0 时，对应的飞行速度为该重量和高度下的 MRC。

4. 恒定马赫数

在实际飞行中，飞机除常用 LRC 飞行，还经常使用恒定马赫数，随着燃油的消耗，飞机重量减小，恒定马赫数与 MRC 之间的差距逐渐增大，耗油量也相应地增加，如图 11-20 所示。

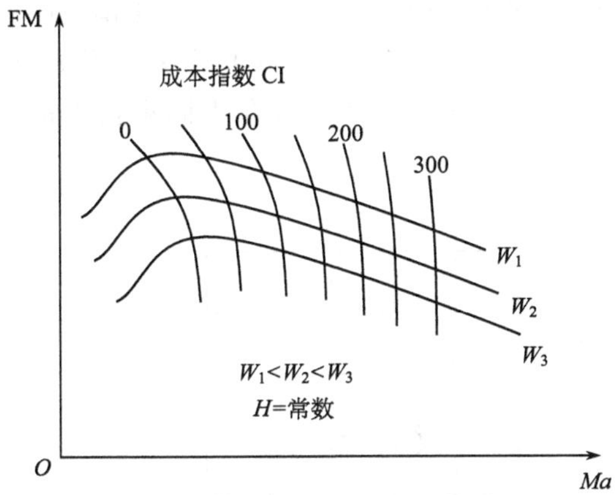

图 11-19　成本指数与燃油里程

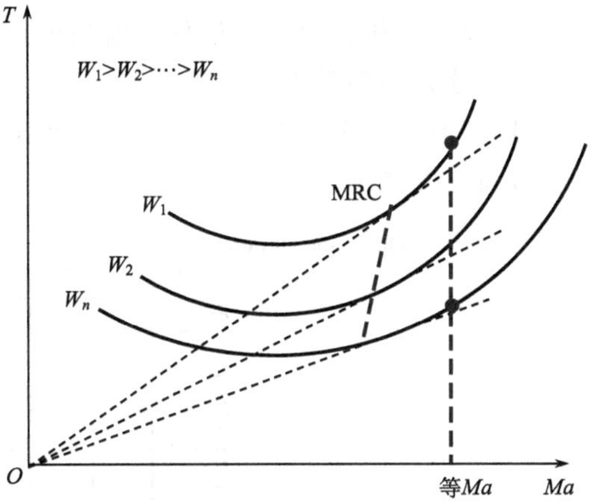

图 11-20　成本指数与燃油里程

11.1.4　巡航高度

1. 最佳巡航高度

由式（11-14）可知，欲使燃油里程最大，在 Ce 不变时应使 D/V 最小。在重量不变的条件下，高度增加，会因相同指示空速的真空速变大，而使所需推力曲线平行地右移，这样就使 D/V 值随高度增加而减小，从而使其燃油里程增大；然而随高度的增加，大速度的空气压缩性影响逐渐明显，乃至到某个高度的最小所需推力增大，并且使得 D/V 值不减反增，燃油里程就要随高度的升高而降低，如图 11-21 所示。从图中可以看出，在给定重量情况下，飞机的燃油里程随着高度的升高有先增大后减小的变化趋势，其中最大的燃油里程对应的巡航高度，为飞机在一定重量下的最佳巡航高度。

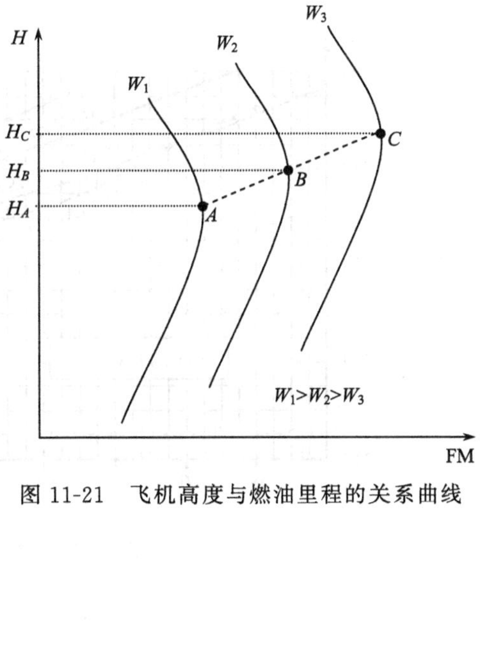

图 11-21　飞机高度与燃油里程的关系曲线

巡航时，飞机保持平飞，因此 $L=W=\frac{1}{2}C_L\rho C^2 Ma^2 S$，且 $P=\rho gRT$、$C=\sqrt{kgRT}$ 和

$\delta=\dfrac{P}{P_0}$，$k=1.4$ 代入升力公式，得

$$\frac{W}{\delta}=\frac{1}{2}C_L k P_0 Ma^2 S=0.7C_L P_0 Ma^2 S \tag{11-16}$$

由式（11-16）可知，飞机最佳巡航高度是随重量变化的，并且最佳巡航高度的 W/δ 为常数，飞机重量减轻，则要求压力比减小，即需要增加高度。图 11-20 中飞机初始巡航重量为 W_1，最佳巡航高度为 H_A；而在巡航终点重量减到 W_3，其相应的最佳高度变成 H_C。因此，飞机若要保持最佳巡航高度进行巡航，整个巡航轨迹是一个小角度爬升的变高巡航。这是因为随着飞机巡航的进行，在 Ma 不变时，随 W 减轻，飞机需要上升高度，保持 W/δ 值。图 11-22 和图 11-23 分别给出了 B737-800 和 A320 飞机在不同重量下的最佳巡航高度曲线图。

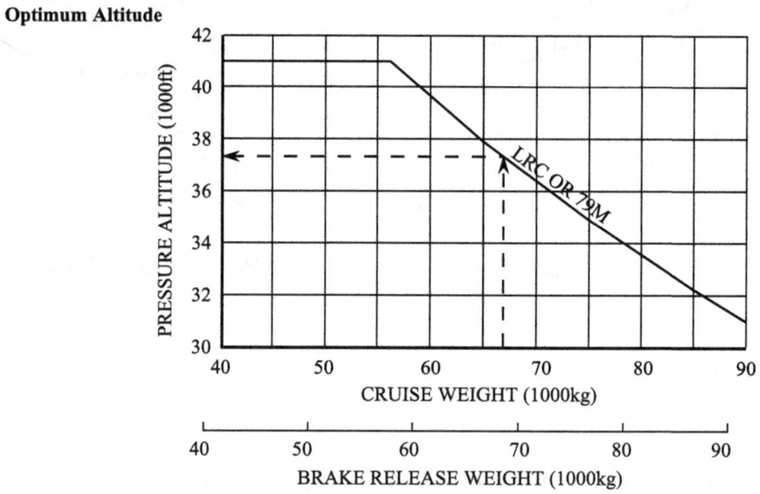

图 11-22　B737-800 最佳巡航高度曲线

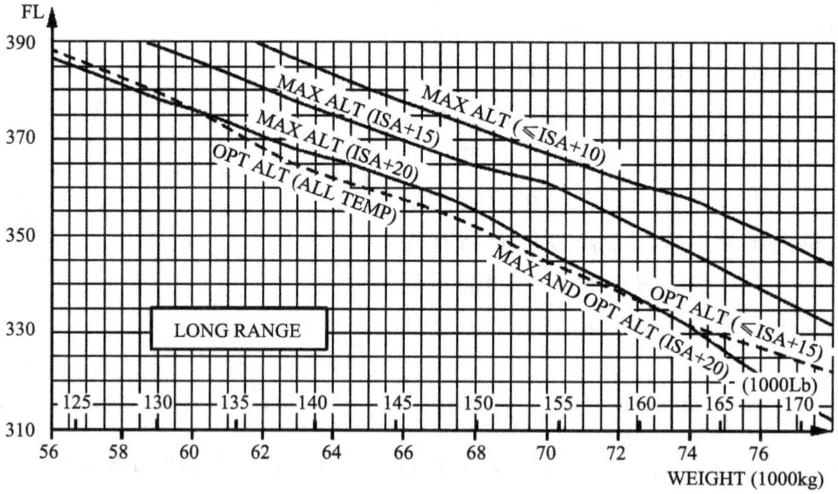

图 11-23　A320 最佳巡航高度曲线

2. 阶梯巡航（step climb cruise）

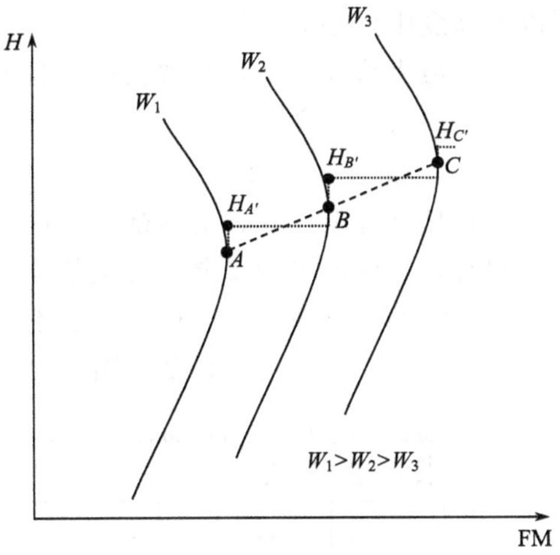

图 11-24 阶梯巡航曲线

虽然最佳的变高巡航能获得最大的航程，燃油消耗量最小，巡航的效率最高，但给空中交通管制带来极大的难度。因此，产生了接近最佳变高巡航方式的阶梯巡航，如图 11-24 所示的折线轨迹。

阶梯爬升的过程为：飞机首先爬升到巡航起始高度，并比最佳巡航高度高出一个裕量，如图 11-24 中的 $H_{A'}>H_A$；然后保持等马赫数进行平飞巡航。虽然此时的 $H_{A'}$ 大于 W_1 的最佳高度，燃油里程不是最大，但随着燃油的消耗，飞机重量减轻后会逐渐接近某个瞬时重量的最大燃油里程；随着重量进一步的减轻，到 W_2 时，$H_{A'}$ 又小于 W_B 的最佳巡航高度 H_B，这时可爬升到高于 H_B 的 $H_{B'}$，再保持 $H_{B'}$ 平飞。其燃油里程的变化过程与保持 $H_{A'}$ 平飞是一样的，如此反复，直到到达巡航的终点。

在实际使用时，巡航高度选择原则是使巡航高度尽可能地接近最佳高度，按飞机高度层间隔规定，所选巡航高度层在最佳高度 ±2000ft 的范围内，阶梯巡航高度选择如图 11-25所示。

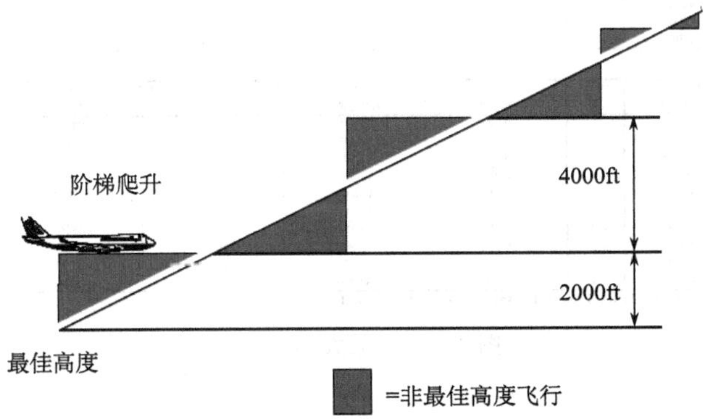

图 11-25 阶梯巡航高度选择

通常，当高于最佳高度 2000ft 时，燃油里程要损失 2%，而低于最佳高度 2000ft，燃油里程要损失 1%。

3. 最大巡航高度

飞机发动机的最大巡航额定推力受涡轮能够承受的最大温度的限制。当外界温度增加时，飞机发动机状态不变时，以恒定马赫数飞行，高度越高，飞机可用推力减小，必须增大发动机状态或减小飞行高度来维持飞机巡航的推力飞行。对于给定重量的飞机最大巡航高度是指当飞行员以固定马赫数飞行时，在最大巡航推力下飞机能够飞行的最大高度。

此外，飞机在巡航时应具备足够的机动能力，以穿越颠簸气流或做必要的机动动作(如转弯等)。不同过载系数下的飞机机动升限不同。FMGS 上指示的最大推荐高度，采用以下高度中最小的。

(1) 最大认证高度，通常根据机身上的压力负荷限制来设定。

(2) 最大巡航高度。

(3) 1.3g 抖振升限。

(4) 爬升升限，具有足够推力以提供一个特定爬升率的高度。

同时，为保证飞行安全，防止危险接近和相撞，飞机只能在规定的高度层飞行，若性能计算选定的飞行高度与飞行高度层不一致，需按照 ATC 的要求选择相近的飞行高度层作为巡航高度，最大巡航高度如图 11-26 所示。

Long Range Cruise Maximum Operating Altitude

Max Cruise Thrust

ISA + 10°C and Below

WEIGHT (1000 kg)	OPTIMUM ALT (ft)	TAT /℃	MARGIN TO INITIAL BUFFET 'G' (BANK ANGLE)				
			1.20 (33°)	1.25 (36°)	1.30 (39°)	1.40 (44°)	1.50 (48°)
85	32300	−10	34300*	34300*	33800	32200	30800
80	33600	−13	35800*	35800*	35100	33500	32100
75	35000	−16	37100*	37100*	36400	34900	33500
70	36400	−18	38400*	38400*	37900	36300	35000
65	38000	−18	39800*	39800*	39400	37800	36500
60	39600	−18	41000	41000	41000	39500	38200
55	41000	−18	41000	41000	41000	41000	40000
50	41000	−18	41000	41000	41000	41000	41000
45	41000	−18	41000	41000	41000	41000	41000
40	41000	−18	41000	41000	41000	41000	41000

ISA + 15°C

WEIGHT (1000 kg)	OPTIMUM ALT (ft)	TAT /℃	MARGIN TO INITIAL BUFFET 'G' (BANK ANGLE)				
			1.20 (33°)	1.25 (36°)	1.30 (39°)	1.40 (44°)	1.50 (48°)
85	32300	−4	33000*	33000*	33000*	32200	30800
80	33600	−7	34700*	34700*	34700*	33500	32100
75	35000	−10	36200*	36200*	36200*	34900	33500
70	36400	−12	37600*	37600*	37600*	36300	35000
65	38000	−12	38900*	38900*	38900*	37800	36500
60	39600	−12	40400*	40400*	40400*	39500	38200
55	41000	−12	41000	41000	41000	41000	40000
50	41000	−12	41000	41000	41000	41000	41000
45	41000	−12	41000	41000	41000	41000	41000
40	41000	−12	41000	41000	41000	41000	41000

ISA + 20°C

WEIGHT (1000 kg)	OPTIMUM ALT (ft)	TAT /℃	MARGIN TO INITIAL BUFFET 'G' (BANK ANGLE)				
			1.20 (33°)	1.25 (36°)	1.30 (39°)	1.40 (44°)	1.50 (48°)
85	32300	2	29400*	29400*	29400*	29400*	29400*
80	33600	−1	32200*	32200*	32200*	32200*	32100
75	35000	−4	34700*	34700*	34700*	34700*	33500
70	36400	−7	36200*	36200*	36200*	36200*	35000
65	38000	−7	37700*	37700*	37700*	37700*	36500
60	39600	−7	39100*	39100*	39100*	39100*	38200
55	41000	−7	40500*	40500*	40500*	40500*	40000
50	41000	−7	41000	41000	41000	41000	41000
45	41000	−7	41000	41000	41000	41000	41000
40	41000	−7	41000	41000	41000	41000	41000

*** Denotes altitude thrust limited in level flight, 100 fpm residual rate of climb**

图 11-26 最大巡航高度

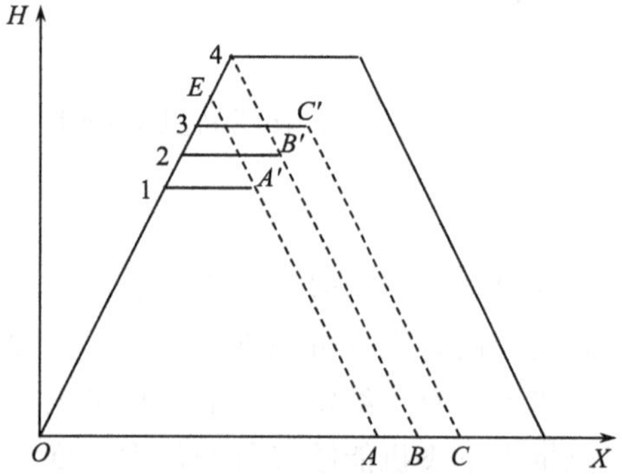

图 11-27 剖面高度与航班距离关系

4. 短航程巡航高度

在航班距离很短时，是否也要爬到常规的最佳远航高度？答案是否定的。极端地讲，若在常规的含远航高度的飞行剖面中，略去平飞段，其水平距离大于航班距离时，是没有必要爬升那么高的。

短航线的巡航高度是随航班距离而增加的，按照在典型的上升-巡航-下降剖面的总成本最低或总燃油最少原则来确定，如图 11-27 所示。航班距离 OA、OB 和 OC，剖面高度都低于正常的远航高度。从 OB 距离等于常规剖面上升与下降的水平距离之和这个典型情况看，与其爬升到远航高度的 4 点，接着就转为下降；不如爬升到 2 点，改为平飞 $2B'$然后下降。计算表明，只要选择的高度适当，可节约成本。此外保留巡航段，也便于飞行员进行下降准备工作。

短航线巡航高度可通过以下方法求解。

（1）图解法求航线巡航高度。

先从原点作上升的轨迹如图 11-27 中的 $O4$。在航班距离的末端，如该图中的 A 点，作下降轨迹线，与上升轨迹线交于 E 点。飞机巡航段公式为

$$\overline{1A'} = Vt \tag{11-17}$$

式中，V 为平飞速度；t 为机型规定的最低平飞时间（B767 规定 $t>1\text{min}$）；或按高度层的规定，取不达 E 点的最大高度层。当然，最好是这两种约束都能满足。

（2）图表法求短航线巡航高度。

飞行手册会给出相应的短航线巡航高度图，如图 11-28 所示，根据航线距离和巡航时间计算出的航班巡航高度。航线备降计划都是通过图 11-28 确定的。图 11-29 为 A320 飞机的短航线高度。

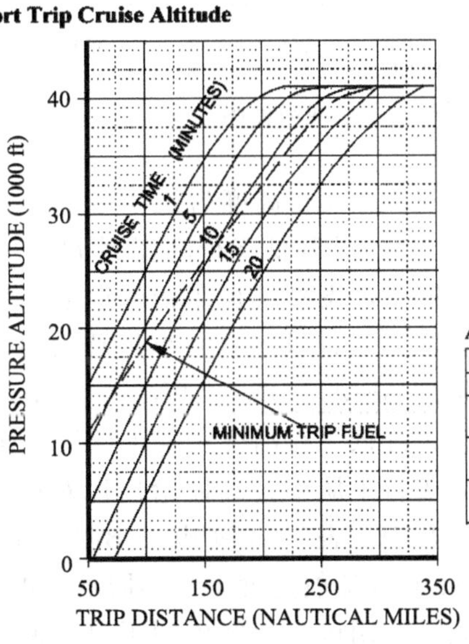

Altitude Adjustments

PARAMETER	ADJUSTMENT
WEIGHT	−220 ft/500 kg ABOVE 45000 kg
TEMPERATURE	−1300 ft/10°C ABOVE STD +700 ft/10°C BELOW STD
WIND	HEAD: −200 ft/10 kn TAIL: −1500 ft/10 kn
AIRPORT ELEVATION	ORIG: +100 ft/1000 kn ELEVATION DEST: +200 ft/1000 kn ELEVATION

图 11-28 B737-800 飞机的短航线高度图

5. 风对巡航高度的影响

飞机在最佳巡航高度上的燃油里程最大，飞过相同距离消耗的燃油最少，增加或降低高度，都会因改变了 V/D 的比值而降低燃油里程。若在最佳巡航高度上无风，降低高度会损失燃油里程 ΔFM_h，但若在新高度上具有 V_W 的顺风，则可得到燃油里程的补偿为

$$\Delta \text{FM}_g = \frac{V_W}{CeD} \tag{11-18}$$

显然，若顺风足够大，可使 $\Delta\text{FM}_g - \Delta\text{FM}_h > 0$，则降低高度后巡航对飞机是有利的。

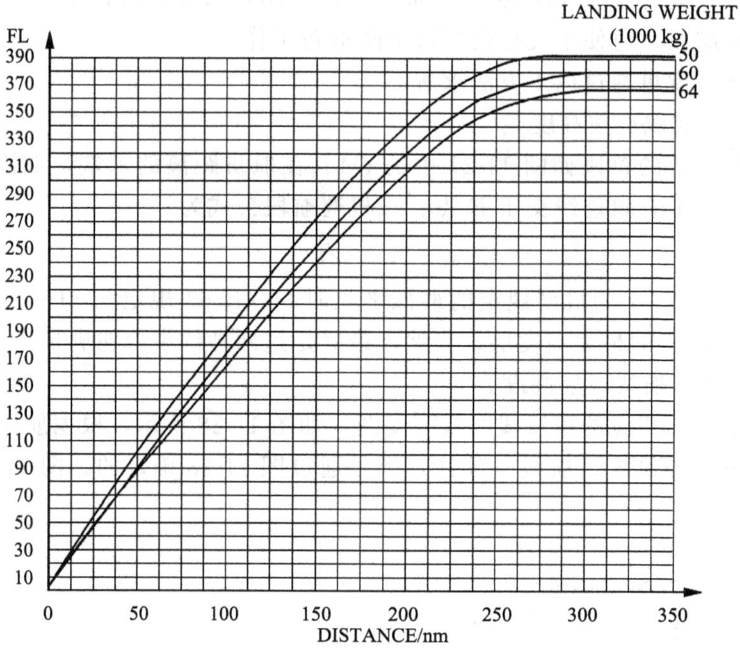

图 11-29 A320 飞机的短航线高度图

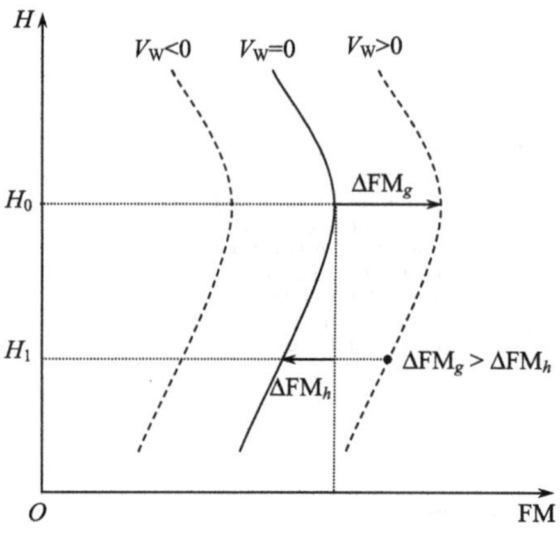

图 11-30 风对巡航高度的影响

飞机原飞行高度为最佳巡航高度，如图 11-30 中的 H_0。若降低飞行高度到 H_1，燃油里程会降低 ΔFM_h，飞机只有在新的巡航高度上受到顺风的影响，并且风速的大小足够大时，使得燃油里程增加 ΔFM_g，并且 $\Delta FM_g > \Delta FM_h$，那么在该情况下，降低飞行高度对于飞行是有利的。

飞行手册中会具体给出风对巡航高度影响的风因数表，表 11-4 列出了 B737-800 飞机在 LRC 和 Ma0.8 巡航速度下以不同重量进行巡航的风因数表，利用该表和气象预报可判断飞机巡航时飞行高度改变的利弊。该表使用方法如下。

(1) 从风因数表中读取现用飞行高度与新飞行高度的两个风因数，并求出两者差值（新飞行高度的风因数－现用飞行高度的风因数值）。

(2) 计算新飞行高度上的当量风速，当量风速＝现用飞行高度的风速＋两个飞行高度上的风因数差值。

(3) 比较新高度的风速与当量风速，若大于当量风速，改变巡航高度就是有利的，若小于当量风速，改变巡航高度就是不利的。

表 11-4　B737-800 风因数表

LRC

PRESSURE ALTITUDE (1000ft)	CRUISE WEIGHT (1000kg)									
	85	80	75	70	65	60	55	50	45	40
41					30	7	0	4	16	33
39				22	4	0	4	15	30	45
37		37	14	2	0	5	15	28	43	56
35	23	7	0	0	6	16	28	41	54	64
33	2	0	2	8	18	29	41	53	62	68
31	0	4	11	21	31	42	52	61	67	70
29	7	15	24	34	43	53	61	67	70	70
27	19	27	36	45	54	61	66	70	70	68
25	31	40	48	55	62	67	70	70	69	64

***Ma* 0.79**

PRESSURE ALTITUDE (1000ft)	CRUISE WEIGHT (1000kg)									
	85	80	75	70	65	60	55	50	45	40
41					28	7	0	7	28	62
39				20	4	0	7	26	55	95
37		34	13	2	0	9	26	52	87	130
35	21	7	0	2	11	28	52	84	122	167
33	2	0	4	15	32	54	83	118	158	203
31	1	8	20	37	58	85	117	153	194	
29	13	26	43	64	89	118	151	188		
27	33	50	71	95	122	152	186			
25	59	79	102	127	155	186				

A320 飞机的风因数图，如图 11-31 所示。例如，B737-800 飞机以 LRC 巡航，巡航重量为 65t，现用飞行高度 31000ft，受 20kn 逆风影响，现有两个新巡航高度：27000ft，受 10kn 顺风影响；35000ft，受 48kn 逆风影响，试通过风因数表来判断改变到新高度的利弊。

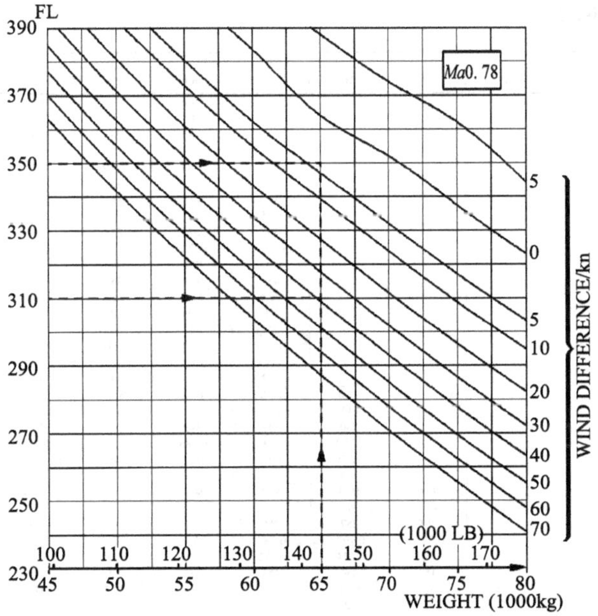

GIVEN　: Weight : 65000 kg (143 300 lb)
　　　　Wind at FL350 : 10 kn head
FIND　: Minimum wind difference to descend to FL310 : (40 − 4)= 36 kn
RESULTS　: Descent to FL310 may be considered provided the tail wind at this altitude is more than (36 − 10) = 26 kn

图 11-31　A320 飞机的风因数图

(1) 读取风因数值。根据表 11-4 提供的数据可得各飞行高度的风因数值。31000ft：31；27000ft：54；35000ft：6。

(2) 求风因数差值。计算选择的新飞行高度与现飞行高度的风因数差值。27000ft：54－31＝23；35000ft：6－31＝－25。

(3) 计算当量风速。27000ft：－20＋23＝3kn；35000ft：－20－25＝－45kn。

(4) 比较风速与当量风速。27000ft：10kn＞3kn，改变巡航高度到 27000ft 对飞行是有利的；35000ft：－48kn＜－45kn，改变巡航高度到 35000ft 对飞行是不利的。

11.2 巡航性能计算

11.2.1 巡航性能图表

1. 巡航控制表

巡航控制表列出的参数数据，可供飞行员确定巡航时规定的推力调定值以及检查飞行状态时使用，也可用于计算飞机巡航的航程、时间以及燃油消耗量。巡航控制表通常会给出飞机以给定速度巡航，在不同巡航高度和飞行重量时的各相关参数值。表 11-5 中给出了 B737-800 飞机以 LRC 巡航，巡航高度为 42000～37000ft 的参数值。表中每个状态列出了 6 个参数：①低压涡轮转速（%N1）；②发动机进口气体的最大总温①（MAX TAT）；

表 11-5 B737-800 巡航控制表（41000～36000ft，LRC）

Long Range Cruise Table
41000 ft to 36000 ft

PRESS ALT (1000 ft) (STD TAT)		WEIGHT (1000kg)									
		85	80	75	70	65	60	55	50	45	40
41 (−31)	%N1						91.6	88.7	86.8	84.8	82.3
	MAX TAT						−13	−5	0		
	KIAS						233	234	230	224	214
	MACH						0.790	0.791	0.781	0.763	0.732
	FF/ENG						1111	1008	930	859	771
	KTAS						453	454	448	438	420
40 (−31)	%N1					93.2	89.5	87.6	85.8	83.7	81.1
	MAX TAT					−17	−7	−2			
	KIAS					238	240	238	233	226	214
	MACH					0.787	0.792	0.787	0.774	0.752	0.716
	FF/ENG					1212	1088	1009	929	856	765
	KTAS					452	454	451	444	431	411
39 (−31)	%N1					90.6	88.2	86.6	84.8	82.6	79.9
	MAX TAT					−10	−3	2			
	KIAS					245	245	241	236	227	214
	MACH					0.791	0.790	0.781	0.765	0.739	0.699
	FF/ENG					1179	1085	1008	928	852	757
	KTAS					454	453	448	439	424	401
38 (−32)	%N1				91.6	88.8	87.2	85.5	83.7	81.4	78.6
	MAX TAT				−12	−5	1				
	KIAS				250	251	249	244	238	227	213
	MACH				0.790	0.792	0.786	0.773	0.754	0.724	0.682
	FF/ENG				1271	1162	1087	1007	925	846	749
	KTAS				453	454	451	444	433	415	391
37 (−32)	%N1			92.6	89.5	87.7	86.2	84.5	82.5	80.2	77.3
	MAX TAT			−14	−6	−1					
	KIAS			255	257	256	252	247	239	227	212
	MACH			0.788	0.792	0.789	0.779	0.765	0.741	0.707	.665
	FF/ENG			1366	1244	1162	1086	1006	921	839	742
	KTAS			452	454	453	447	439	425	405	381
36 (−32)	%N1		93.5	90.1	88.1	86.7	85.2	83.5	81.4	79.0	76.2
	MAX TAT		−17	−8	−2	2					
	KIAS		260	263	262	260	255	249	239	226	212
	MACH		0.785	0.791	0.791	0.784	0.772	0.754	0.727	0.689	0.649
	FF/ENG		1469	1332	1238	1163	1085	1003	916	831	737
	KTAS		451	454	454	450	443	433	417	396	373

Max TAT not shown where %N1 can be set in ISA + 30°C conditions.
Increase/decrease %N1 required by 1% per 5°C above/below standard TAT.
Increase/decrease fuel flow 3% per 10°C above/below standard TAT.
Increase/decrease KTAS by 1 knot per 1°C above/below standard TAT.
Shaded area approximates optimum altitude.

---

①总温：气流绝热滞止到速度为零时的温度。

③巡航指示空速（KIAS）；④飞行马赫数（MACH）；⑤每台发动机在标准大气条件下的小时燃油消耗量（FF/ENG）；⑥巡航真空速（KTAS）。

空客飞机的 FCOM 中也会给出类似的表格，见表 11-6。

表 11-6　A320 巡航控制表（29000～39000ft）

CRUISE - M.78												
MAX. CRUISE THRUST LIMITS NORMAL AIR CONDITIONING ANTI-ICING OFF							ISA CG=33.0%		N1 (%) kg/h/Eng nm/1000kg			MACH IAS /kn TAS /kn
WEIGHT (1000kg)	FL290		FL310		FL330		FL350		FL370		FL390	
50	80.8	.780	80.6	.780	80.4	.780	80.4	.780	80.9	.780	82.0	.780
	1305	302	1211	289	1127	277	1053	264	994	252	954	241
	176.9	462	188.9	458	201.3	454	213.5	450	225.0	447	234.6	447
52	80.9	.780	80.7	.780	80.6	.780	80.7	.780	81.3	.780	82.5	.780
	1315	302	1222	289	1139	277	1066	264	1011	252	975	241
	175.6	462	187.3	458	199.2	454	210.8	450	221.2	447	229.3	447
54	81.1	.780	80.9	.780	80.9	.780	81.0	.780	81.7	.780	82.9	.780
	1324	302	1232	289	1152	277	1082	264	1030	252	1000	241
	174.3	462	185.7	458	196.8	454	207.8	450	217.2	447	223.6	447
56	81.2	.780	81.1	.780	81.1	.780	81.3	.780	82.1	.780	83.5	.780
	1335	302	1244	289	1166	277	1098	264	1051	252	1030	241
	173.0	462	184.0	458	194.6	454	204.7	450	212.9	447	217.1	447
58	81.4	.780	81.3	.780	81.4	.780	81.7	.780	82.5	.780	84.1	.780
	1345	302	1257	289	1180	277	1116	264	1074	252	1063	241
	171.6	462	182.1	458	192.2	454	201.5	450	208.3	447	210.5	447
60	81.6	.780	81.6	.780	81.7	.780	82.1	.780	83.0	.780	84.7	.780
	1356	302	1271	289	1196	277	1135	264	1099	252	1097	241
	170.2	462	180.1	458	189.6	454	198.1	450	203.6	447	203.9	447
62	81.8	.780	81.8	.780	82.0	.780	82.5	.780	83.5	.780	85.4	.780
	1368	302	1284	289	1213	277	1157	264	1129	252	1133	241
	168.7	462	178.2	458	187.0	454	194.4	450	198.1	447	197.4	447
64	82.0	.780	82.0	.780	82.3	.780	82.9	.780	84.0	.780		
	1382	302	1299	289	1231	277	1180	264	1162	252		
	167.1	462	176.2	458	184.3	454	190.5	450	192.6	447		
66	82.2	.780	82.3	.780	82.7	.780	83.3	.780	84.6	.780		
	1396	302	1315	289	1250	277	1205	264	1196	252		
	165.4	462	174.0	458	181.4	454	186.5	450	187.1	447		
68	82.4	.780	82.6	.780	83.1	.780	83.7	.780	85.2	.780		
	1409	302	1332	289	1272	277	1235	264	1232	252		
	163.8	462	171.8	458	178.3	454	182.1	450	181.6	447		
70	82.6	.780	82.9	.780	83.4	.780	84.2	.780	85.9	.780		
	1424	302	1350	289	1296	277	1267	264	1269	252		
	162.1	462	169.5	458	175.1	454	177.4	450	176.3	447		
72	82.9	.780	83.2	.780	83.8	.780	84.7	.780				
	1441	302	1370	289	1321	277	1301	264				
	160.2	462	167.1	458	171.7	454	172.8	450				
74	83.1	.780	83.6	.780	84.2	.780	85.3	.780				
	1458	302	1391	289	1348	277	1337	264				
	158.4	462	164.5	458	168.2	454	168.2	450				
76	83.4	.780	83.9	.780	84.6	.780	85.9	.780				
	1475	302	1414	289	1380	277	1374	264				
	156.5	462	161.8	458	164.3	454	163.7	450				
78	83.7	.780	84.3	.780	85.1	.780	86.5	.780				
	1495	302	1439	289	1414	277	1411	264				
	154.4	462	159.0	458	160.5	454	159.3	450				
LOW AIR CONDITIONING ΔFUEL = −0.5 %					ENGINE ANTI ICE ON ΔFUEL = +2.0 %				TOTAL ANTI ICE ON ΔFUEL = +4.5 %			

2. 积分航程表

巡航性能计算的任务是在给定的巡航条件下，计算巡航航程 X、巡航时间 t 及巡航油耗 F_W。

在已知巡航高度和速度条件下，航程因子是确定的，给出 W 的范围，利用式(11-13)可求出最大航程。通常情况是已知航程，需求解所消耗的燃油和飞行时间。

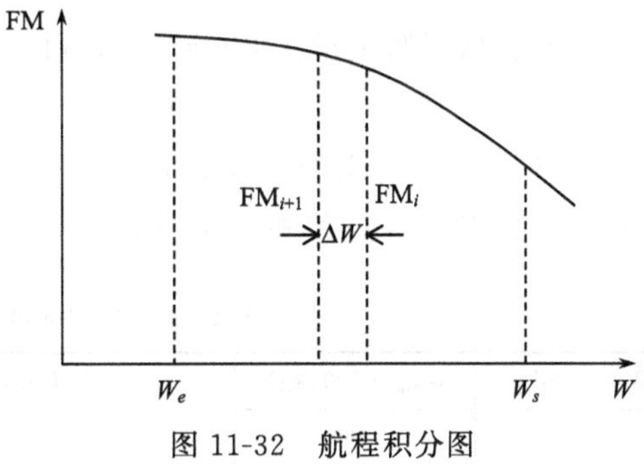

图 11-32　航程积分图

在已知巡航速度和高度时，不同重量就有不同的所需推力，因而燃油里程是随重量变化的，如图 11-32 所示。飞机从始点的重量 W_s 巡航到终点重量 W_e 所飞过的航程，实质上就是重量(W_s，W_e)区间内的 FM 所围成的曲边梯形面积。其中，ΔW 重量变化（即消耗

ΔW 重量的燃油）的梯形面积对应的航程 ΔX_i 为

$$\Delta X_i = \frac{FM_i + FM_{i+1}}{2}\Delta W = FM_{avg}\Delta W \tag{11-19}$$

将每段计算出的 ΔX_i 相加可获得从 W_s 到 W_e 的总航程 X：

$$X = \sum_{i=1}^{n} \Delta X_i \tag{11-20}$$

以 B737-800 飞机为例说明积分航程表的计算过程，飞机所有发动机工作正常，巡航高度为 33000ft，巡航速度 $Ma = 0.74$。

（1）若飞机从 $W_i = 38000$kg 巡航到 $W_{i+1} = 34000$kg，消耗了 4000kg 的燃油，利用表 11-7求该飞机经过的航程。

表 11-7 B737-800 巡航控制表（33000ft，$Ma = 0.74$）

W/（1000kg）	60	58	56	54	52	50	48	46	44	42	40	38	36	34
N_1/%	86.9	86.1	85.3	84.6	83.9	83.2	82.6	82.0	81.4	80.9	80.4	79.9	79.4	79.0
FF/(kg/h/Eng)	1266	1226	1191	1159	1129	1101	1075	1050	1027	1005	985	967	950	934

该巡航过程的平均重量 $W_{avg} = 36000$kg，从表 11-4 中可查出平均的燃油流量 $FF_{avg} = 950$kg/h/Eng，根据巡航高度和飞行马赫数，可计算出飞机真空速为 430kn。飞机消耗 4000kg 经过的航程为

$$X = FM \times \Delta W = \frac{TAS}{FF_{avg}}\Delta W = \frac{430 \times 4000}{2 \times 950} = 905(NAM)$$

（2）假设从 $W_i = 42000$kg 巡航到 $W_{i+1} = 38000$kg 结束，同样烧掉 4000kg 燃油，求航程。

由表 11-7 中可以查得巡航平均重量 $W_{avg} = 40000$kg 对应的平均燃油流量 $FF_{avg} = 985$kg/h/Eng，航程为

$$X = \frac{430 \times 4000}{2 \times 985} = 873(NAM)$$

（3）求从起始重量 42000kg 巡航到重量 34000kg 的航程。

$$X = 905 + 873 = 1778(NAM)$$

按照上述航程求解方法，可以计算出飞机从 60000kg 到 34000kg 任一重量差值之间的航程。将其计算过程和结果以表 11-8 的形式列出。

表 11-8 B737-800 积分航程表（4000kg 步长）

W/(1000kg)	W_{avg}/(1000kg)	FF_{avg}/(kg/h/Eng)	TAS/kn	ΔW/(1000kg)	ΔX/NAM	X/NAM
34	36	950	430	4	905.3	0
38	40	985	430	4	873.4	905
42	44	1027	430	4	837.4	1778

续表

W/（1000kg）	W_{avg}/（1000kg）	FF_{avg}/（kg/h/Eng）	TAS/kn	ΔW/（1000kg）	ΔX/NAM	X/NAM
46	48	1075	430	4	800.0	2616
50	52	1129	430	4	761.7	3416
54	56	1191	430	4	722.1	4178
58	60	1266	430	4	679.3	4900

若将计算航程的重量之间的间隔由 4000kg 缩小到 100kg，可计算出更加具体的积分航程表，见表 11-9，表中的数据以最大无油重量为基点，飞机任一重量消耗完可用燃油经过的航程。

表 11-9 B737-800 的积分航程表（FL330，430kn，ISA）

W/kg	0	100	200	300	400	500	600	700	800	900
	航程（n mile）（B737-FL330-Ma0.74）									
40000	1346	1358	1389	1411	1433	1455	1476	1493	1520	1541
41000	1563	1585	1606	1628	1649	1671	1692	1714	1735	1757
42000	1778	1800	1821	1842	1863	1885	1905	1927	1949	1970
43000	1991	2012	2033	2054	2076	2097	2118	2139	2160	2181
44000	2202	2223	2244	2264	2285	2306	2327	2348	2369	2389
45000	2410	2431	2452	2472	2493	2513	2534	2555	2575	2596
46000	2616	2637	2657	2677	2698	2718	2739	2759	2779	2800
47000	2820	2840	2860	2880	2901	2921	2941	2961	2981	3001
48000	3021	3041	3061	3081	3101	3121	3141	3161	3181	3200
49000	3220	3240	3260	3279	3299	3319	3338	3358	3378	3397
50000	3416	3436	3456	3475	3494	3514	3533	3553	3572	3591
51000	3611	3630	3649	3668	3688	3707	3725	3745	3754	3783
52000	3803	3822	3840	3859	3878	3897	3915	3935	3954	3973
53000	3992	4011	4029	4048	4067	4085	4104	4123	4141	4160
54000	4178	4197	4216	4234	4252	4271	4289	4308	4326	4345

3. 积分航时表

利用表 11-8 中所列的真空速和相应的航程，可以制成积分航时表，见表 11-10。

表 11-10 B737-800 的积分航时表

W/(1000kg)	TAS/kn	X/NAM	T/(h∶min)
34	430	0	0∶00
38	430	905	2∶06

续表

W/(1000kg)	TAS/kn	X/NAM	T/(h : min)
42	430	1778	4 : 08
46	430	2616	6 : 05
50	430	3416	7 : 57
54	430	7178	9 : 43
58	430	4900	11 : 24
62	430	5579	12 : 58

4. 巡航性能曲线

在飞机的飞行计划与性能手册中，还提供对应一定的巡航方式和巡航速度的巡航性能曲线，这些曲线包括巡航所需的时间和消耗的燃油量与巡航距离的关系。同时，还对气压高度、大气温度以及风的方向与风速的影响进行修正。图 11-33 给出了 B737-800 飞机的性能曲线。

5. 巡航条件图

将飞机的有关性能数据，用一张综合性的图表示出来，该图称为巡航条件图，简称巡航图，如图 11-34 所示。该图的基本用途是确定飞机在任一巡航速度、任何飞行高度和各种飞行重量时的平飞最有利的发动机工作状态和燃油消耗量。

11.2.2 巡航性能举例

1. 巡航控制表

已知 B737-800 飞机在 FL370 以 LRC 速度巡航，开始巡航的重量为 100klb，温度为 ISA＋15，航路顶风 80kn，求巡航距离为 50n mile 的飞行时间和油量。

解 (1) W＝100klb＝45.36t。

查表 11-5 插值得：FF＝844.9kg/h/Eng，TAS＝406.44kn，Ma＝0.709。

根据 ISA＋15 进行修正：ΔTAT＝15×（1＋0.2Ma^2）＝16.509℃，FF＝844.9×（1＋3%×16.509/10）＝886.75（kg/h/Eng），TAS＝406.44＋16.509＝422.95（kn）；

根据顶风 80kn，巡航距离为 50n mile：NGM＝GS×t＝（TAS＋Vw）×t＝（406.44－80）×t＝50（n mile），计算的巡航时间 t＝0.1458 h；消耗的燃油量 FUEL＝FF×t＝886.75×2×0.1458＝258.565（kg）。

(2) 巡航结束时的重量为 W＝45.36－FUEL＝45.101（t）。

查表 11-5 插值得：FF＝840.64kg/h/Eng，TAS＝405.4kn，Ma＝0.708；

根据 ISA＋15 进行修正：ΔTAT＝16.502℃；FF＝882.26kg/h/Eng；TAS＝421.902kn。

(3) 取平均值：FF＝884.5kg/h/Eng，TAS＝422.426kn。

根据已知条件的巡航时间 t＝0.146h；消耗的燃油量 FUEL＝258.3kg。

2. 积分航程表

(1) 已知飞机巡航开始时的重量为 50000kg，巡航结束时的重量为 42000kg，求航程。

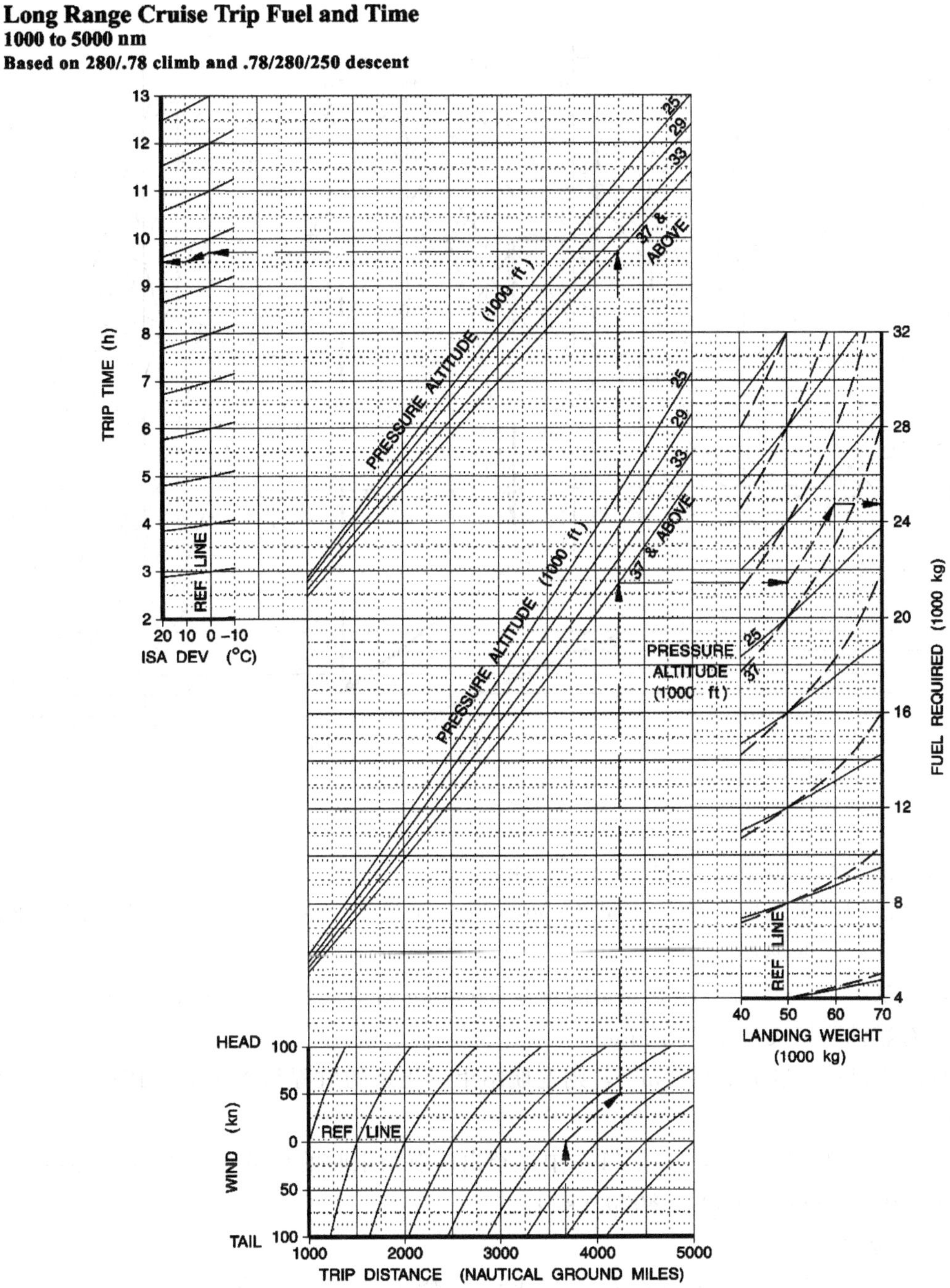

图 11-33　B737-800 巡航性能图（LRC）

解　由表 11-9 中可查得飞机消耗完可用燃油经过的航程：

① 50000kg：3416n mile；

② 42000kg：1778n mile。

由此可计算飞机在两个重量之间所经过的航程：NAM＝3416－1778＝1638（n mile），

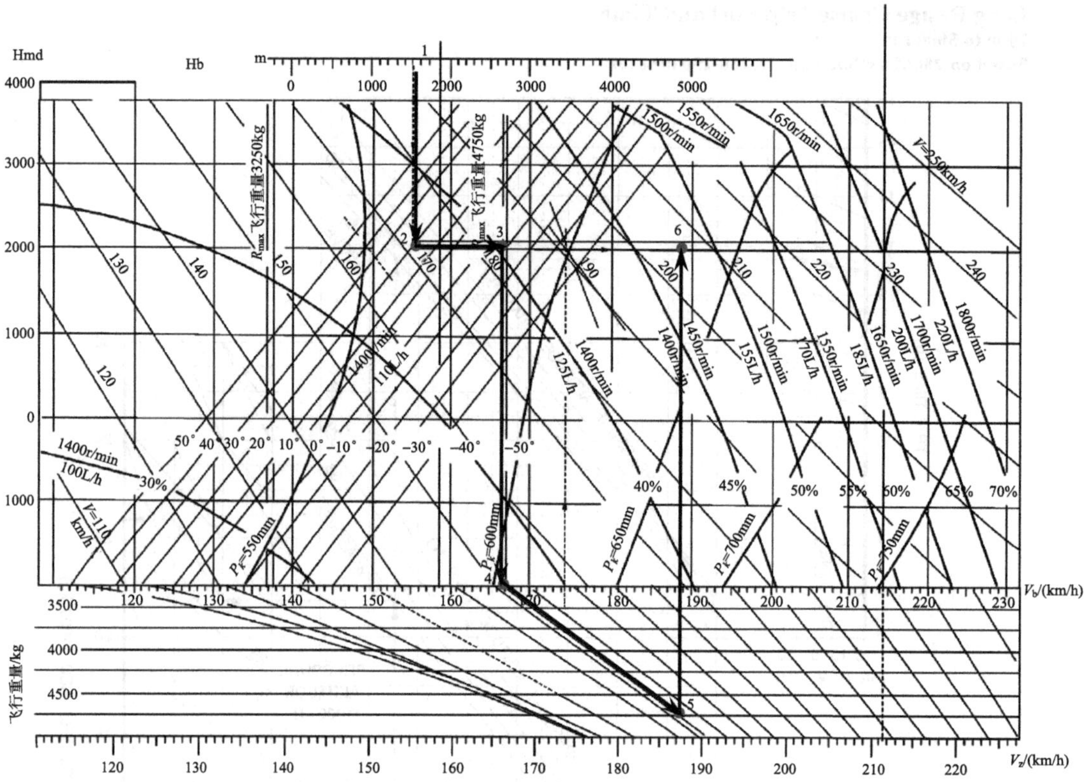

图 11-34 巡航条件图

消耗的燃油 ΔW＝50000－42000＝8000（kg）。

（2）已知飞机巡航开始的重量为 54000kg，飞过了 NAM＝1562n mile。求巡航结束时的重量和所耗的燃油。

解 从表 11-9 中查得巡航开始的重量 54000kg 对应的数值为 NAM＝4178n mile，即耗完所有燃油可以飞过 4178n mile。

要求飞机只飞过了 1562n mile，则巡航结束时飞过的航程是 NAM＝4178－1562＝2616（n mile）。

根据航程 2616n mile，从表 11-9 中可查出巡航结束时的重量为 46000kg，因此，所耗的燃油 ΔW＝54000－46000＝8000（kg）。

3. 积分航时表

已知飞机巡航开始时的重量为 50000kg，燃烧完 12000kg 燃油后，求航时。

解 飞机巡航结束的重量为 50000－12000＝38000（kg），由表 11-10 中可知：

① 50000kg：7：57；

② 38000kg：2：06。

由此可计算飞机在两个重量之间所经过的航时：t＝7：57－2：06＝5：51。

4. 巡航性能图

已知 B737-800 的航程 3700n mile，逆风 50kn，巡航高度为 37000ft，OAT 为 ISA＋

10，LW 为 60000kg，求所需航程油量和航程时间。

解 查图 11-33 可知，航程时间为 9.5h，航程油量为 25000kg。

5. 巡航条件图

飞行重量为 4750kg，飞行高度为 1800m、大气温度为 10℃，利用巡航条件图，可查出公里燃油消耗量最低时的飞行速度（MRC）和发动机工作状态。

自 1800m 表高向下引垂线与 10℃气温线相交与一点，自此交点向右引水平线与重量为 4750kg 的 R_{max}线相交，在此交点处读出远航真空速为 184km/h，然后垂直下行至 V_b 刻度线上，读出远航表速为 167km/h。

从表速 167km/h 刻度处沿斜线引线与 4750kg 重量线相交，由此交点垂直向上引线与密度高度线（即从表高刻度向下所引的垂线与气温线相交，过此交点所作的水平线）相交。在此交点处读出的发动机工作状参数为：$N=47.5\%$额定、$n=1480$r/min、$P_k=$ 630mmHg、FF=150kg/h/Eng。

11.3 一发停车巡航

在飞机巡航过程中，一台（数台）发动机发生故障失效后，飞机的推力减小，同时由于风车阻力和偏航阻力，增大了飞机的阻力，由式（11-14）可知，飞机燃油里程会降低，以致缩短了航程。同时由于发动机失效后，剩余的推力不足以平衡阻力和维持适当的巡航速度。在起始高度飞行所需的推力突然变得大于发动机最大连续推力（MCT）额定值所提供的可用推力时，唯一解决方法就是下降到一个更加适当的飞行高度，以便可用推力等于所需推力，使飞机能够继续巡航。

11.3.1 一发停车后飞机的性能

1. 一发停车后飞机的平衡

多发飞机，只要有一台发动机失效，都可能形成推力不对称（中发停车除外）。飞机的不对称推力使飞机向坏发一侧偏转，继而产生好发方向的侧滑，横侧稳定力矩使飞机向坏发方向滚转。这是一发失效后必然产生的瞬态响应，如图 11-35所示。

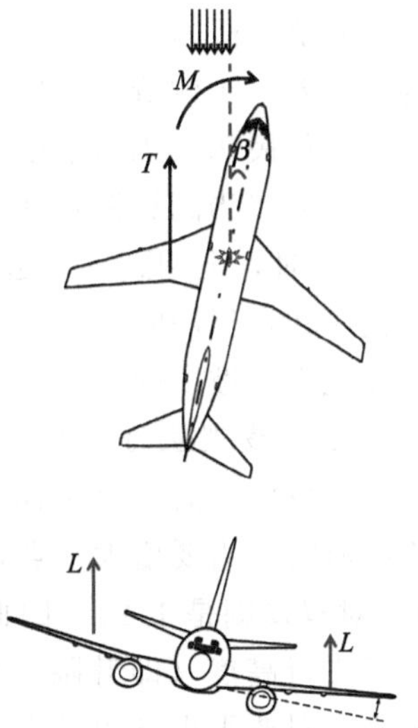

图 11-35 一发失效后飞机的瞬间反应

这时，飞行员首要的任务是保持飞机的平衡。即向好发一侧蹬舵并压杆以制止飞机的偏转和滚转。待机头回到原航向时，再按下述方法保持直线飞行。

（1）无侧滑，向好发一侧倾斜。

向好发一侧蹬舵、压杆，向好发一侧保持一个微小的坡度（一般只有 1°～2°的坡度，按中国民用航空规章第 25 部要求，在空中最小操纵速度上，关键发动机停车，维持零偏航，坡度也不大于 5°），使飞机不带侧滑，如图 11-36 所示。

蹬舵操纵是为了制止飞机的偏转。若无侧滑，当剩余好发的推力与停车后产生的附加阻力对重心形成的偏转力矩，

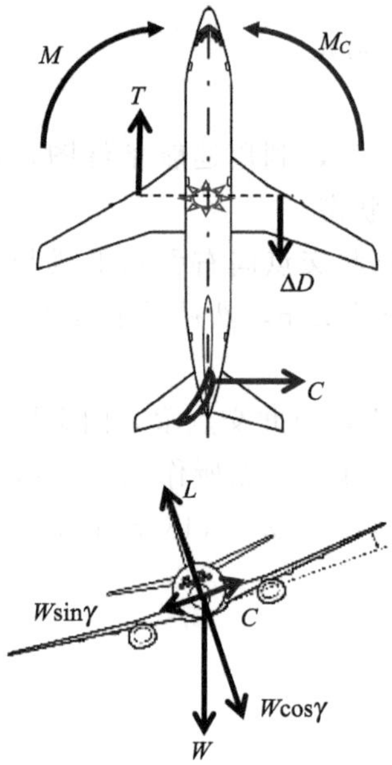

图 11-36 无侧滑向好发一侧倾斜保持飞机平衡

等于方向舵上的操纵力矩时，飞机就不再发生偏转；但是，这时方向舵上的侧力 C 没有得到平衡，它会作为向心力使飞机做曲线运动改变航向，为了达到直线飞行的目的，故要向好发一侧倾斜，用重力的分量 $W\sin\gamma$ 去平衡方向舵的侧力 C。当此两力平衡之后，C 对重心还起一个改平坡度的作用，因此，还应用副翼保持坡度不变。

该方法的特点是：飞机无侧滑，阻力较小，发动机负荷较小，单发性能好；同时航向与航迹一致，便于保持方向。但是，不足之处是，侧滑仪的小球在自身重力作用下，略偏向好发一侧，不便于用侧滑仪的小球位置判断飞机是否有侧滑。

（2）无坡度，向停车一边侧滑。

和无侧滑的平衡相比，这种平衡的操纵特点是：要多蹬一些舵，少压一点杆，保持飞机无坡度。

多蹬舵使飞机向停车一边侧滑，如图 11-37 所示。利用飞机侧滑产生的侧力 C 去平衡方向舵上的侧力 C，以使轨迹不向左右偏移。这时方向舵的操纵力矩应等于停车后的动力偏转力矩和侧滑产生的方向稳定力矩之和。正因为向停车一边有侧滑，飞机有向好发滚转的横向稳定力矩，所以，只需少压一些杆，就可以使侧滑的横向稳定力矩与副翼的操纵力矩之和等于方向舵的滚转力矩，保持坡度为零。

该方法的特点是：机翼水平，侧滑仪小球在中央，姿态仪小飞机也处于水平位置。在云中或夜间做仪表飞行，便于用姿态仪保持飞机姿态。但蹬舵量较多，且飞机有侧滑，阻力较大，气动性能差一些。此外航向与航迹之间差一个侧滑角，这也是应该注意的问题。

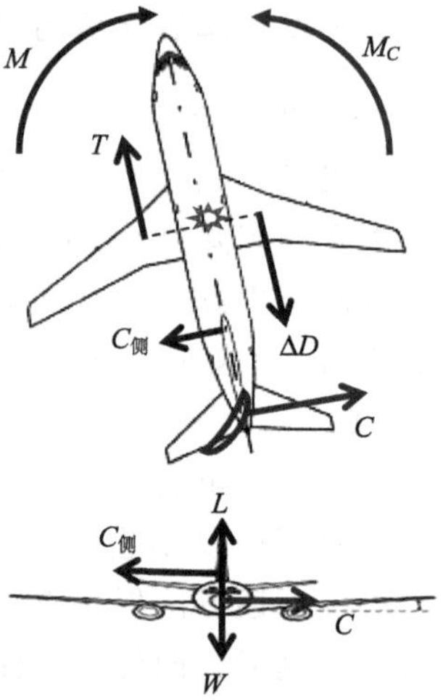

图 11-37 无坡度向停车一边侧滑保持飞机平衡

现代民用飞机为了改善横侧操纵性，都有扰流板与副翼联动，当副翼偏转到一定行程（如 737 驾驶盘转 6°～10°）时，上偏副翼一边的扰流板升起，显然它会帮助飞机滚转，但同时也增大了飞机的阻力。因此，波音系列飞机把无坡度的第二种平衡推荐为标准的平衡方法。

2. 单发巡航的升限

一发停车后，由于存在风车阻力和操纵阻力，使飞机的所需推力要增大一点，而飞机的可用推力则减小 $1/n$（对双发则是 1/2），因此，在最大连续推力条件下的极限飞行高度（即升限）要降低，图 11-38 是 B737-800 改平高对改平重量的影响。

飞机在发动机失效时下降到单发巡航升限的过程，通常采用飘降。飘降时需选择发动机在最大连续推力状态，飞机最好先减速到有利速度（绿点速度），这样也不会进入第二性

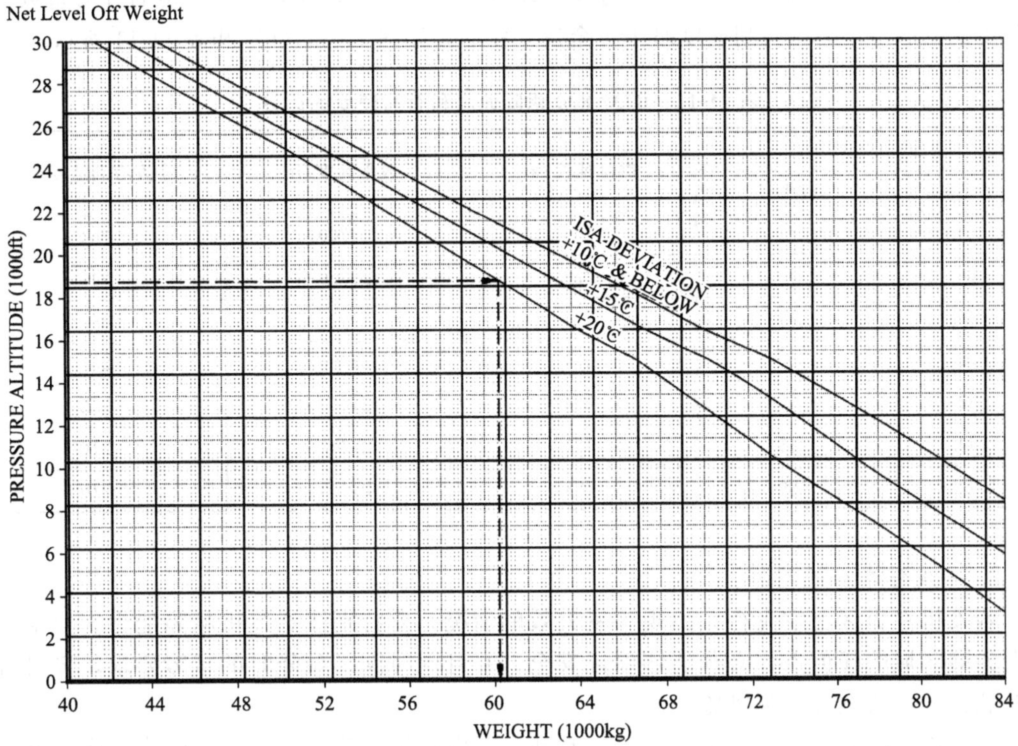

Anti-Ice Adjustments

ANTI-ICE CONFIGURATION	LEVEL OFF WEIGHT ADJUSTMENT (1000 kg)										
	PRESSURE ALTITUDE (1000 ft)										
	8	10	12	14	16	18	20	22	24	26	28
ENGINE ONLY	−2.4	−2.6	−2.3	−2.1	−2.0	−1.9	−1.7	−1.5	−1.4	−1.2	−1.1
ENGINE & WING	−8.7	−9.1	−8.7	−7.9	−7.4	−7.3	−7.0	−6.1	−5.4	−5.0	

图 11-38　B737-800 飞机单发停车的净升限（飘降改平高度）

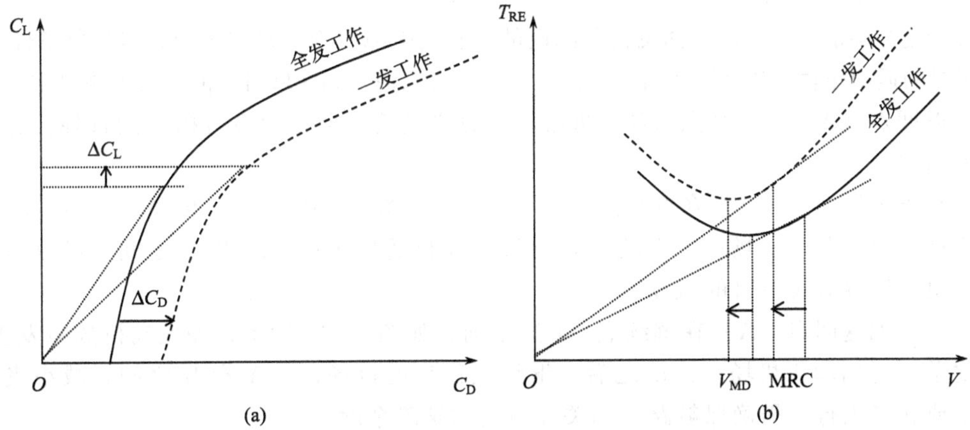

图 11-39　单发停车的空气动力和所需推力

能范围，具有一定的稳定性。此外，飞行的下滑角最小，航程的损失最少，并且在新高度上的剩余推力大，便于调整速度。但因停车后增加了零升阻力，使其有利迎角的升力系数增大（图 11-39（a）），平飞有利速度略小于全发工作的，如图 11-39（b）和表 11-11 所示。

表 11-11 B737-800 飘降速度和有利速度的比较

重量/（1000lb）		飘降速度/kn	改平高度/ft	全发有利速度/kn
停车时	改平时			
64	62	236	16700	254
60	58	229	18300	247
56	54	221	19900	239.5
52	50	214	22200	231
48	46	206	24600	222
44	43	197	27200	216
40	39	188	29600	210

3. 一发停车后的越障

若飞机在山区上空飞行，出现一发失效的情况，要特别注意飞机越障能力。要求在航线上关键区域的任何点，必须能够保证安全，并且同时满足飘降时的越障要求，飞机可采取返航、转场或继续三种措施。

对于措施的选择，可由关键点进行判断，若发动机故障且飞机开始飘降，净轨迹将以最小 2000ft 的余度越过影响最大的障碍物。在各个关键点的飞机重量被假定为在最恶劣的气象条件下在该点预计可能的最大重量。关键点可以为以下几种。

（1）无返回点（*A*）：在其之后不能返回起飞机场的点，否则，不能满足 2000ft 的净航迹越障余度。在该点之后，不能保证返回飘降净航迹的安全越障。

（2）继续点（*B*）：在其之后可以继续飞行的点，可以保证 2000ft 的净轨迹越障余度。但在该点之前，不能保证继续飞行飘降的安全越障。

在确定越障能力时，需选择飞行范围内的所有受限障碍物，并按照最恶劣气象条件考虑，计算飞机的返回净轨迹和继续净轨迹，同时要确定进入该限制区域时可能的最大飞机重量。

无返回点（*A*）和继续点（*B*）两点之间的位置关系会影响飞行措施的选择。分为以下两种情况。

（1）若无返回点（*A*）在继续点（*B*）之后，如图 11-40 所示，如发动机故障发生在：①*B* 之前，返回起飞机场；②*A* 之后，继续飞往目的机场；③*A* 和 *B* 之间，可以返回起飞机场也可以继续飞往目的机场。

（2）若无返回点（*A*）在继续点（*B*）之前，如图 11-41 所示，如发动机故障发生在：①*A* 之前，返回起飞机场；②*B* 之后，继续飞往目的机场；③*A* 和 *B* 之间，减小飞机起飞重量或转场飞行（需确保航路上相关障碍物的越障余度）。

4. 飘降曲线

为检查越障情况，需要知道改平高度与飘降曲线。飞机的使用手册以图表形式给出飘降速度、改平点的气压高度与发动机停车时飞机重量的关系，这些数据还受大气温度及发

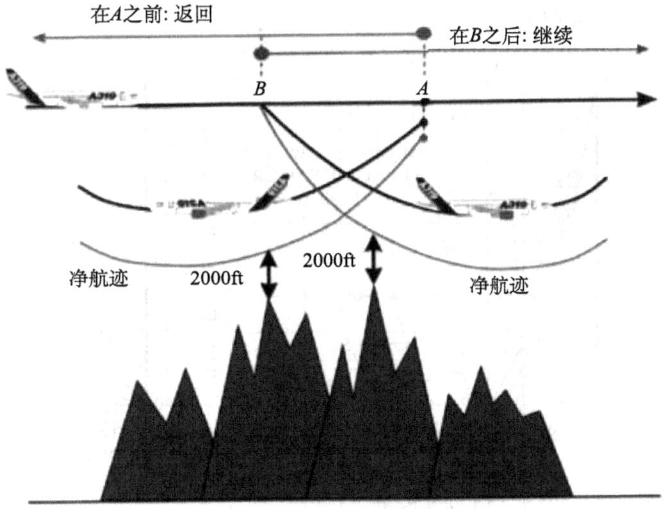

图 11-40 无返回点（A）在继续点（B）之后

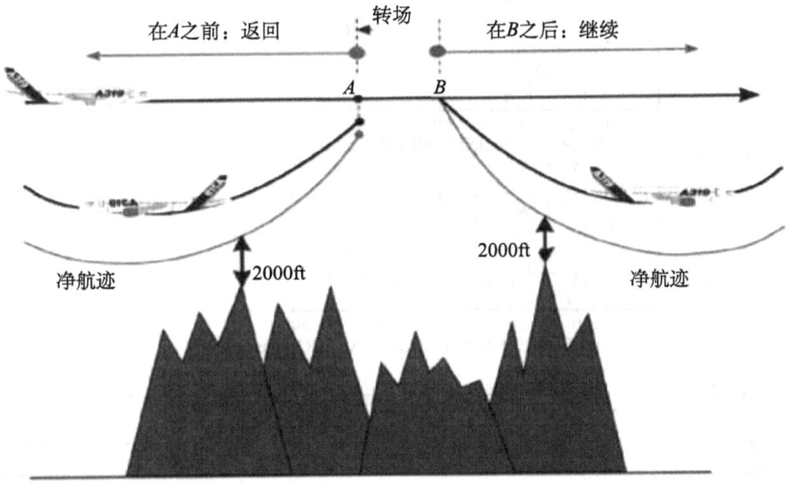

图 11-41 无返回点（A）在继续点（B）之前

动机引气的影响。图 11-42 为 B737-800 型飞机飞行计划与性能手册中的在 39000ft 巡航高度上一发失效的飘降净轨迹曲线。当发动机失效时，由实际飞机重量经当地大气温度修正，得到当量重量。再经过防冰状况的修正，然后由图确定飘降曲线，从而得到飞机飘降的高度随时间的变化及燃料消耗量。再根据风向风速修正飞机飘降的水平距离，就可以得到飘降的净轨迹。

11.3.2 等时点和返航点

在巡航中若出现一台（或数台）发动机停车，飞机的巡航性能将受到严重影响。如果不能及时排除发动机故障，则应考虑是继续飞往目的机场或返回起飞机场。

1. 等时点

飞机在巡航过程中关键发动机失效后，用剩下好的发动机工作，继续飞往目的地的时

Driftdown Profiles Net Flight Path
39000ft & Above

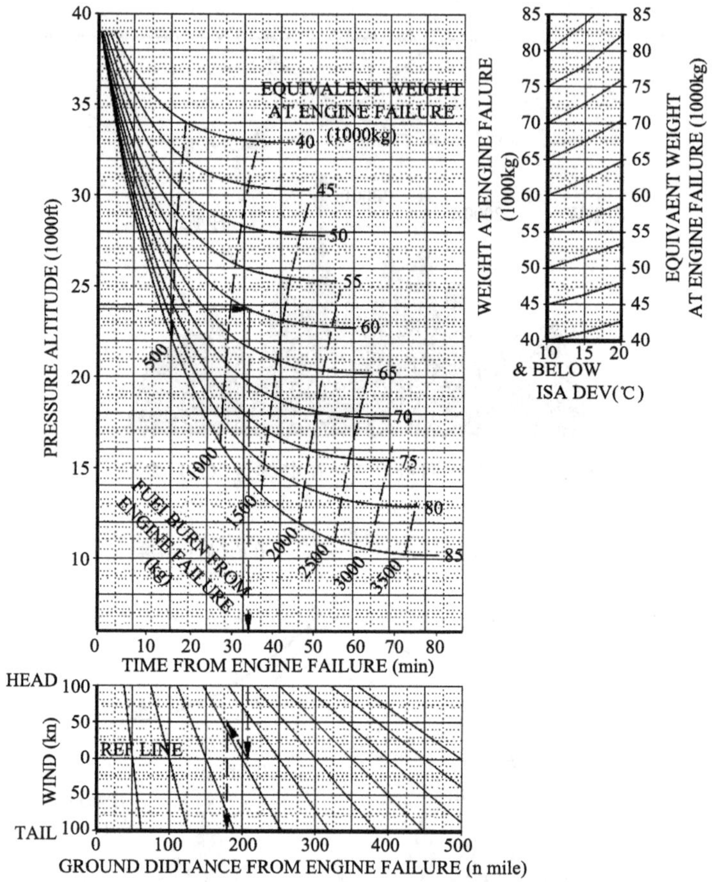

Anti-Ice Adjustments

ANTI-ICE CONFIGURATION	EQUIVALENT WEIGHT ADJUSTMENT (1000 kg)									
	PRESSURE ALTITUDE (1000 ft)									
	10	12	14	16	18	20	22	24	26	28
ENGINE ONLY	2.6	2.3	2.1	2.0	1.9	1.7	1.5	1.4	1.2	1.1
ENGINE & WING	9.1	8.7	7.9	7.4	7.3	7.0	6.1	5.4	5.0	

图 11-42 飘降曲线

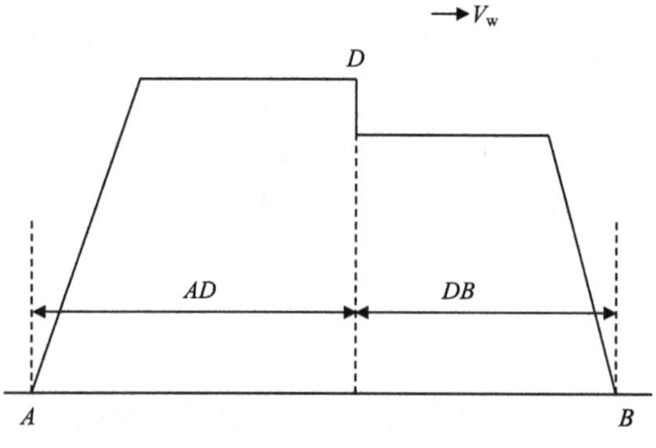

图 11-43 等时点的确定

间与返回出发机场所需时间相等的检查点，称为等时点。航路上无风时，等时点为航程的中点，但若受到风的影响，等时点并不是航程中点，如图 11-43 所示，图中 D 点为等时点。

假设飞机巡航时受到 $\pm V_W$ 的影响，其中逆风为“－”，顺风为“＋”。继续飞往目的机场和返回起飞机场的风向是相反的，顺风条件下，等时点 D 与起飞机场 A 的距离可表示为

$$\frac{AD}{V-V_W}=\frac{DB}{V+V_W}\Rightarrow\frac{AD}{V-V_W}=\frac{AB-AD}{V+V_W}$$
$$\Rightarrow(AB-AD)(V-V_W)=AD(V+V_W)$$
$$\Rightarrow AB(V-V_W)=2\times AD\times V$$
$$\Rightarrow AD=\frac{AB(V-V_W)}{2\times V} \tag{11-21}$$

2. 返航点

飞机巡航过程中关键发动机失效后，耗尽全部可用燃油仍可返回出发机场的最远距离点，称为返航点（R），如图 11-44 所示。实际上是飞机全发出航，然后用一发失效返航耗尽全部可用燃油所能达到的最远距离。

工程上常用积分航程图求解返航点位置，如图 11-45 所示。根据巡航高度、重量和风向风速（返航的风向总是与出航时相反）等条件，找到全发出航与一发失效返航的燃油里程。

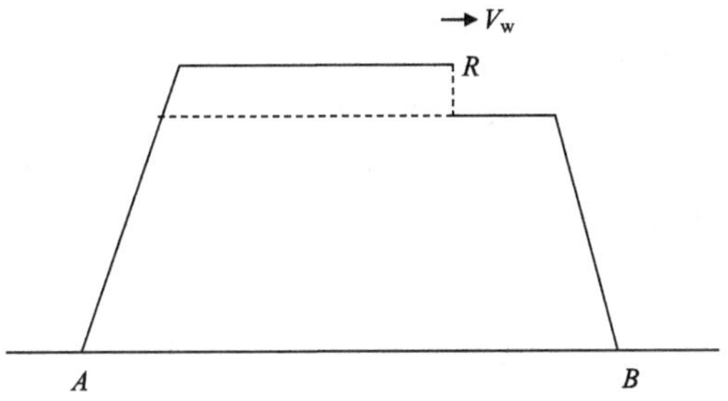

图 11-44 返航点的确定

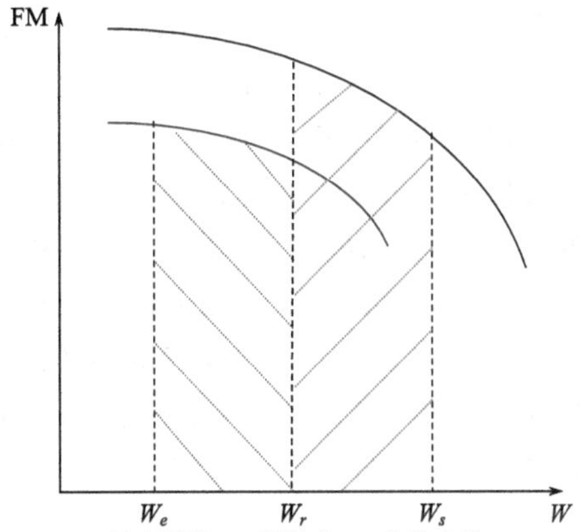

图 11-45 积分航程图

返航点位置上的重量 W_r，正好使全发出航，在重量 $[W_s, W_r]$ 区间所围成的曲边梯形面积，等于一发（或多发）失效后返航在重量 $[W_r, W_e]$ 区间所围成的曲边梯形面积。设返航点 R 处的重量为 W_r，则

出航段： $$X_{ob}=\int_{W_s}^{W_r}-\frac{V+V_W}{FF}\mathrm{d}W=\mathrm{FM}_{avg}(W_s-W_r) \tag{11-22}$$

返航段： $$X_{lb}=\int_{W_r}^{W_e}-\frac{V-V_W}{FF}\mathrm{d}W=FM'_{avg}(W_r-W_e) \tag{11-23}$$

为使 $X_{ob}=X_{lb}$，首先应知道全发与一发失效时的燃油里程，其次应确定返航点上的重量 W_r，方可确定两种情况下的积分区间。

例如，B737-800 飞机，全发出航的高度是 33000ft，起始重量 $W_s=50000$kg，可用燃油总量是 10000kg，可求出积分航程表见表 11-9。当有一发失效后降低高度到 22000ft，此时的积分航程见表 11-12。求返航点位置。

表 11-12 B737-800 飞机 22000ft 一发失效的积分航程表

$W/(1000lb)$	40	41	42	43	44	45	46	47	48
$W_{avg}/(1000lb)$		150		170		190		210	
$V+20/kn$		322		337		351		364	
FF/(lb/h/Eng)		5518		6207		6934		7718	
$2\cdot FF/\Delta W$		2758		31035		3467		3858	
$\Delta X=\frac{V-20}{2\cdot FF/\Delta W}$		1167		1086		1012		943	
NGM/n mile	1055	1232	1399	1559	1731	1885	2048	2204	2362

解 (1) 第一次近似：取一半可用燃油时的重量为 $W_{r1}=45000$kg，飞机出航时 $W_s=50000$kg，由此得

出航段：重量 $[W_s, W_{r1}]=[50, 45]$ kkg

积分航程：NGM= [3416，2410] n mile

出航段航程：$X_{ob}=3416-2410=1006$ (n mile)

返航段：重量 $[W_{r1}, W_e]=[45, 40]$ klb

积分航程：NGM = [1885，1055] n mile

返航段航程：$X_{lb}=1885-1055=830$ (n mile)

显然，$X_{ob}>X_{lb}$，W_{r1}轻了，还应少飞出去一些才会使 $X_{ob}=X_{lb}$。

(2) 第二次近似：在 45000kg 上任减一点重量，例如，加到 $W_{r2}=46000$kg，则有

出航段：重量 $[W_s, W_{r2}]=[50, 46]$ kkg

积分航程：NGM= [3416，2616] n mile

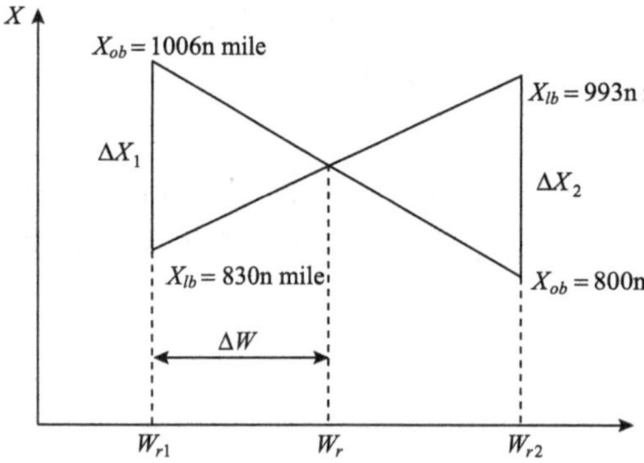

图 11-46 W_r 的线性确定过程

出航段航程：$X_{ob}=3416-2616=800$ (n mile)

返航段：重量 $[W_{r2}, W_e]=[46, 40]$ kkg

积分航程：NGM = [2048，1055] n mile

返航段航程：$X_{lb}=2048-1055=993$ (n mile)

结果 $X_{ob}<X_{lb}$，W_{r2} 又重了。有了上述两次近似的 4 个航程值，就可以在 X-W 平面内，线性地找到较准确的 W_r 值，如图 11-46 所示。

$$\frac{\Delta X_1}{\Delta X_2}=\frac{\Delta W}{(W_{r1}-W_{r2})-\Delta W}\Rightarrow \Delta W=\frac{(\Delta X_1/\Delta X_2)(W_{r1}-W_{r2})}{(\Delta X_1/\Delta X_2)+1}=447\text{kkg}$$

(3) 第三次近似：$W_r=45+0.477=45.477$ (kkg)，求两段航程。

出航段：重量 $[W_s, W_r]=[50, 45.477]$ kkg

积分航程：NGM= ［3416，2508.4］ n mile

出航段航程：X_{ob} =3416－2508.4=907.6（n mile）

返航段：重量 $[W_r，W_e]$ = ［45.477，40］ kkg

积分航程：NGM= ［1962.8，1055］ n mile

返航段航程：X_{lb} =1962.8－1055=907.7（n mile）

可见第三次近似已经比较满意了，其差值仅有 0.1n mile，且是返航有余量，可就此确定返航点位置。

第12章 起　　飞

执行民航飞行任务的飞机，飞行路径、高度和速度不尽相同，但总是以起飞开始、以着陆结束。因此，起飞和着陆是每次飞行所不可缺少的两个重要环节。本章主要介绍飞机在起飞阶段的相关性能。

在每次飞行任务中，起飞过程只占飞行时间的1%～2%，却是飞机从地面运输车辆状态转变为飞行器的一个复杂过程，是飞行任务的一个关键阶段。近几十年的统计资料表明，起飞过程是航空安全事故的多发阶段。发动机失效、飞机超重、跑道条件、外物击伤、气候条件以及飞行员操作失误等，可能导致严重后果。因此，对飞机的起飞有着严格的要求。

除安全性影响，在经济型方面，起飞过程受到的约束限制和影响很多，例如，机场场地长度以及飞机、航线和气象等方面。这些因素有可能会限制飞机的最大起飞重量、飞机装载能力，降低经济性。

12.1 滑　　行

飞机进行一系列检查工作、装载旅客和货物后，从停机位上推出，通过地面运动到跑道头，才会进入飞机的起飞阶段。

1. 推出

由于发动机产生的动力是向前的，在推出停机位时需要使用牵引车拖动飞机。飞行员在得到允许推出的指令后，打开防撞灯，松开停留刹车，由牵引车从停机位牵引到滑行道。牵引车克服飞机与地面的摩擦力，使得飞机可以从停机位倒退出来。

2. 滑行

飞机到达滑行道后，以不超过规定的速度，在地面所做的直线或曲线运动，称为滑行。

1）受力分析

如图12-1和图12-2所示，滑行中作用于飞机的力有推力或拉力（T）、机轮摩擦力（$F_{主}$、$F_{前}$、$F_{尾}$）、飞机重力（W）、地面反作用力（$N_{前}$、$N_{主}$、$N_{尾}$）、升力（L）、阻力（D）。飞机在滑行中，速度很小，升力和阻力可忽略不计。这时对滑行速度起决定作用的是推力（或拉力）和机轮摩擦力。当推力或拉力大于机轮摩擦力时，滑行速度加快；反之，滑行速度减慢。因此，飞行员可操纵油门和刹车来改变推力（或拉力）和机轮摩擦力，以改变或保持滑行速度。

2）直线滑行

对直线滑行的基本要求是：飞机平稳地开始滑行，滑行中保持好速度和方向，并使飞机能停在预定的位置。

飞机从静止开始移动，拉力或推力必须大于最大静摩擦力，故飞机开始滑行时应适当

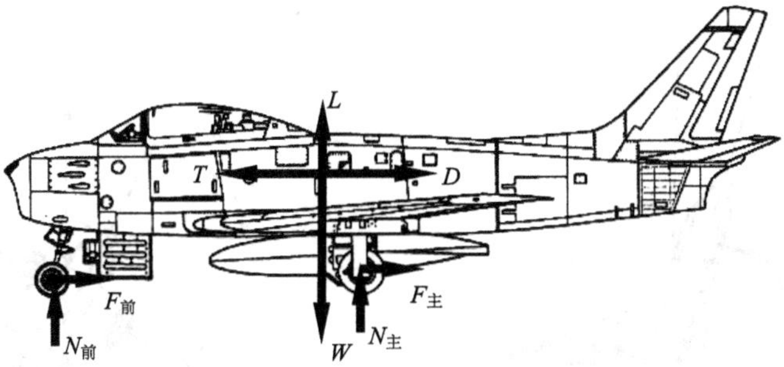

图 12-1 前三点飞机滑行时的作用力

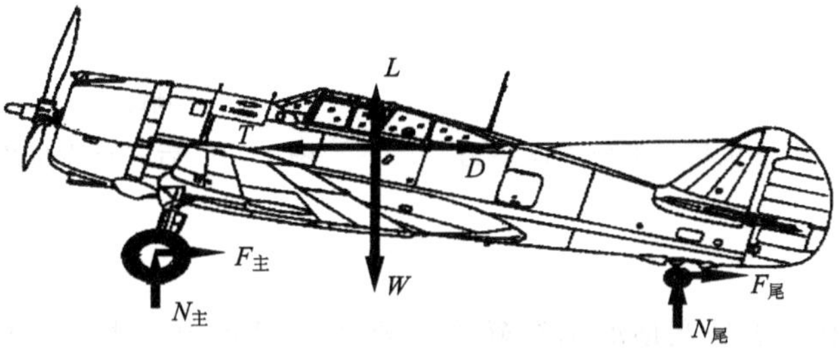

图 12-2 后三点飞机滑行时的作用力

加大油门。飞机开始移动后，摩擦力减小，则应酌量减小油门，以防止加速太快，保持起滑平稳。

滑行中，如果要增大滑行速度，应柔和加大油门，使推力或拉力大于机轮摩擦力，产生加速度，使速度增大；要减小滑行速度，则应收小油门，必要时，可使用刹车。

在直线滑行中，当飞机偏转时，机轮上会产生侧向摩擦力。前三点飞机（图 12-3）主轮的侧向摩擦力（$F_{侧主}$）对重心形成的力矩（$M_{侧主}$），有阻止飞机偏转的作用，称为安定力矩。前轮的侧向摩擦力（$F_{侧前}$）对重心形成的力矩（$M_{侧前}$），会加速飞机偏转，即不安定力矩。前三点飞机在直线滑行中若发生偏转，机轮侧向摩擦力对飞机重心形成安定力矩会阻止飞机偏转，有助于方向保持。

后三点飞机则相反（图 12-4），主轮侧向摩擦力对重心形成的是加速飞机偏转的不安定力矩，而尾轮侧向摩擦力（$F_{侧尾}$）对重心形成的是制止飞机偏转的安定力矩。由于飞机主轮承受的载荷大，致使主轮侧向摩擦力形成的力矩都大于前轮或尾轮侧向摩擦力所形成的力矩。这就是说，后三点飞机在直线滑行中若发生偏转，侧向摩擦力形成不安定力矩会加速飞机的偏转，使方向难以保持。为了保持滑行方向，后三点飞机应抱紧杆、利用升降舵上偏产生的向下的空气动力，迫使尾轮压紧地面，增大尾轮侧向摩擦力，防止机头偏转。如果飞机发生偏转，则应蹬反舵或使用反刹车修正。

要使飞机停止在预定位置，应提前柔和减小油门和使用刹车减速。滑行速度越大，越要提前减速。

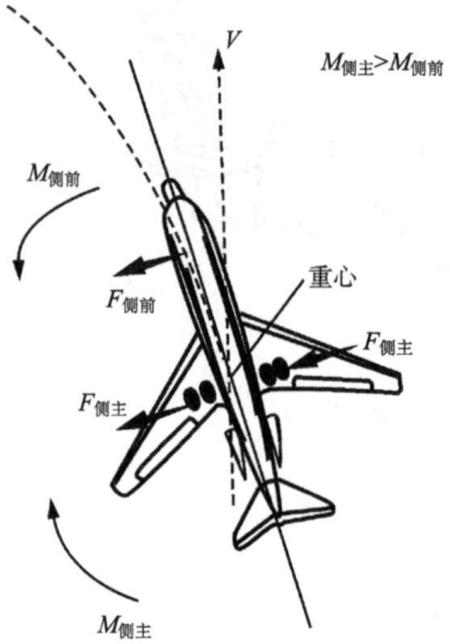

图 12-3 前三点飞机机轮的侧向摩擦力

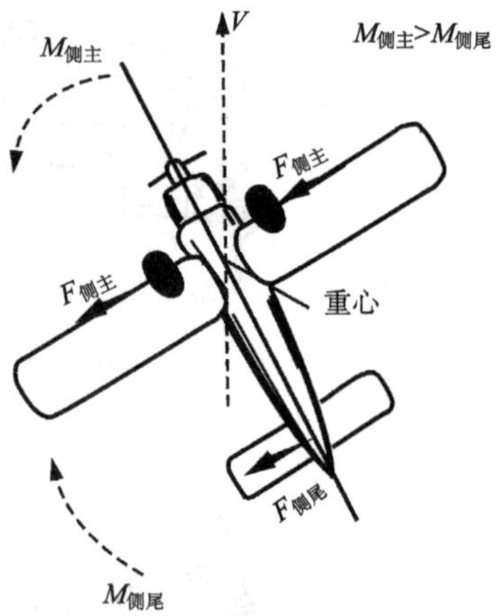

图 12-4 后三点飞机机轮的侧向摩擦力

3）滑行转弯

飞机无论在空中，还是在地面滑行转弯时都需要具备向心力。飞机在滑行过程中，通过以下方式产生所需的转弯向心力。

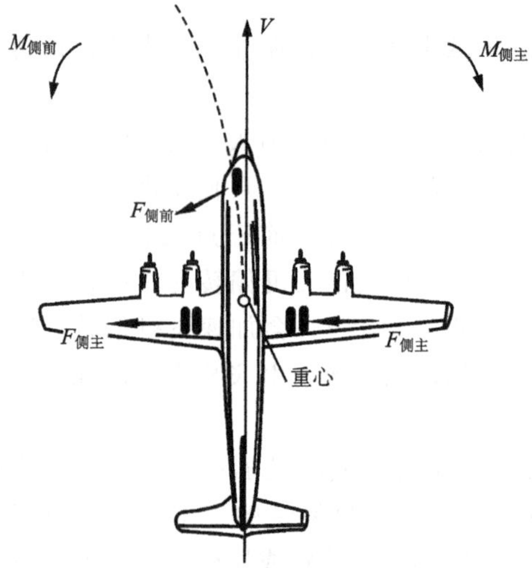

图 12-5 偏转前轮使飞机产生滑行转弯的向心力

（1）偏转前轮。

对于前轮可偏转的前三点飞机，可偏转前轮产生向心力。例如，要使飞机向左滑行转弯，飞行员操纵前轮向左偏转（图 12-5），在前轮偏转的瞬间，前轮连同飞机仍然具有保持原来运动方向的趋势，于是，前轮产生一个侧向摩擦力（$F_{侧前}$），这个力对重心形成的左偏力矩（$M_{侧前}$）迫使飞机向左加速偏转，由于主轮连同飞机也具有保持原来运动方向的趋势，于是在主轮上也产生侧向摩擦力（$F_{侧主}$），这个力对重心形成右偏力矩。主轮与前轮侧向摩擦力的合力，就是滑行转弯所需的向心力。

进入转弯时，$M_{侧前}$ 大于 $M_{侧主}$，飞机左偏角速度逐渐增大，$F_{侧前}$ 和 $F_{侧主}$ 也逐渐增大，向心力逐渐增大，运动路线逐渐弯曲，转弯半径逐渐减小。稳定转弯，$M_{侧前}$ 等于 $M_{侧主}$，飞机偏转角速度不变，向心力一定，转弯半径不变。改出转弯时，飞行员应减小前轮偏转角，使 $F_{侧前}$ 和 $M_{侧前}$ 减小，致使 $M_{侧前}$ 小于 $M_{侧主}$，飞机偏转角速度逐渐减小，$F_{侧主}$ 随之减小。由于 $F_{侧前}$、$F_{侧主}$ 逐渐减小，向心力减小，转弯半径逐渐增大，运动路线逐渐变直，直到退出转弯。

（2）蹬舵。

对于前轮不能操纵偏转的前三点飞机或后三点飞机，可采用向转弯方向蹬舵或使用转弯方向的单刹车或两者并用的方法，使机头偏转产生向心力。

飞行员要使飞机向左滑行转弯，蹬左舵，垂直尾翼上产生向右的侧力（$C_{尾}$），如图 12-6所示，侧力（$C_{尾}$）对重心形成向左的偏转力矩，迫使机头向左加速偏转，于是机轮上产生侧向摩擦力。侧向摩擦力的合力，就是滑行转弯所需的向心力。

（3）使用单刹车。

如图 12-7 所示，飞行员左刹车，使左主轮的滚动摩擦力增大了 $F_{刹}$，$F_{刹}$ 对重心形成左偏力矩，同样迫使飞机向左加速偏转，使机轮上产生侧向摩擦力。侧向摩擦力的合力，即滑行转弯的向心力。使用刹车转弯，内侧主轮除承受侧向摩擦力，还要承受因刹车而增加的摩擦力（$F_{刹}$）。速度越大，转弯半径越小，则 $F_{侧主}$ 和 $F_{刹}$ 越大，内侧主轮承受的载荷越大，易损坏。所以，禁止使用刹车进行大速度小半径的转弯。

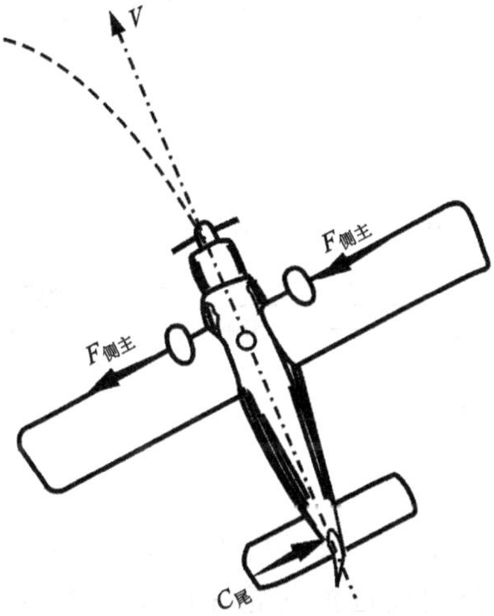

图 12-6 蹬舵使飞机产生滑行转弯的向心力

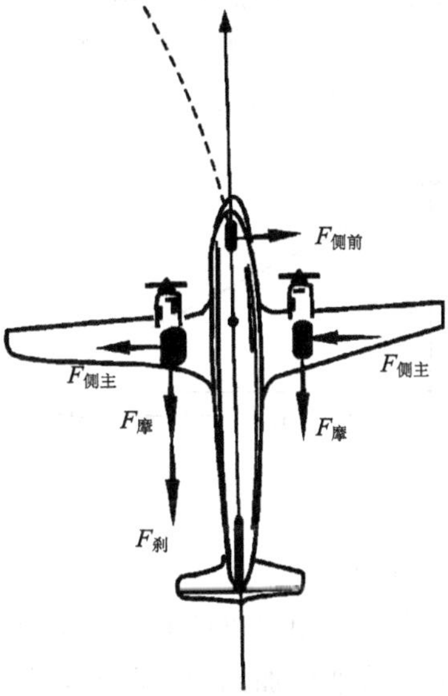

图 12-7 单刹车使飞机产生滑行转弯的向心力

（4）影响滑行转弯半径的因素。

滑行转弯半径的大小取决于滑行速度和向心力的大小。滑行速度一定，向心力越大，转弯半径越小；向心力一定，滑行速度越小，转弯半径也越小。

滑行转弯时，可借助机头偏转的快慢来控制转弯半径的大小。在滑行速度一定时，偏转越快，侧向摩擦力越大，转弯半径越小。不论采用何种方法使飞机滑行转弯，转弯半径都不能过小。这是因为，要得到很小的转弯半径，前轮或尾轮和主轮上产生的侧向摩擦力势必加大，这样会加剧轮胎的磨损，同时机轮上的侧向摩擦力还会对起落架支柱连接点形成很大的侧向力矩，当这种力和力矩大到一定程度，会使轮胎磨破，或起落架支柱变形甚至折断。

12.2 起　　飞

飞机从开始滑跑到离开地面，并上升到一定高度的运动过程称为起飞。飞机起飞性能计算的目的是根据各种限制和影响因素，针对具体机型、气象和机场情况确定最大允许的起飞重量，以检查实际起飞重量，确定要求的起飞推力大小，求出主要的起飞速度以保证起飞安全，并达到预期的起飞性能。

12.2.1 起飞全过程

1. 后三点飞机

后三点飞机的起飞过程是：加油门到起飞功率，松刹车，飞机开始滑跑增速。待到升降舵效能提高，足以操纵飞机俯仰转动时，为避免小速度离地，稍向前松杆，抬起尾轮，以两个主轮（简称两点）滑跑。增速到离地速度时，稍向后带杆，飞机便离开地面。离地后要保持高度约等于1米平飞增速。速度增加到接近快升速度时，柔和带杆上升。上升到高度25m，起飞便结束。通常将它分成滑跑、一米平飞和上升三段，如图12-8所示。

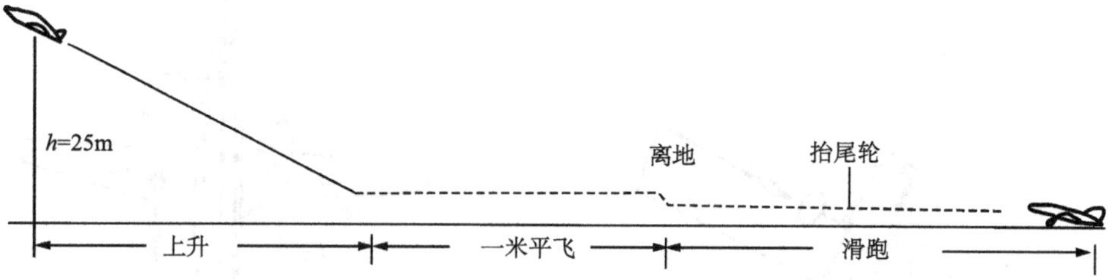

图12-8　后三点飞机的起飞过程

2. 现代飞机

现代大型民用飞机的起落架多数为前三点式，因此，起飞过程不同于后三点飞机。飞机在跑道头将油门加到起飞状态，松刹车加速。滑跑到接近抬前轮速度 V_R 时，拉杆抬起前轮转为两点滑跑。两点滑跑时间很短，飞机自然离地，然后转入上升，上升到 $H=35\text{ft}$ 时，速度达到规定的安全速度 V_2，至此飞机起飞过程结束。

12.2.2 起飞相关速度

飞机在整个起飞过程中，每个阶段对应不同的特征速度，中国民用航空规章第25部中对这些速度的选择和使用提出相关的规定。

1. 失速速度（stalling speed）

失速速度（V_S）为飞机维持水平直线等速飞行的最小速度，是飞机设计性能的一个重要参数，它与飞机的具体构形，即襟翼位置相关。可根据最大升力系数 $C_{L\max}$ 计算，也可由飞行试验确定。

（1）V_{S1g}。

在迎角增大到一定程度，升力即将要减小时对应的失速速度。此时的过载系数仍等于1，将该失速速度作为 $1g$ 失速速度。

（2）V_{SFAR}。

当迎角增大到超过临界迎角时，升力开始快速减小时对应的失速速度。此失速速度是考虑过载系数对最大升力系数的影响，此时的过载系数小于 1，将该失速速度作为参考失速速度，如图 12-9 所示。

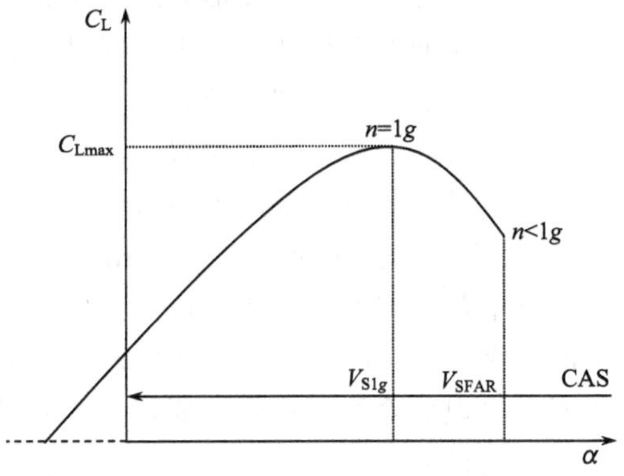

图 12-9 失速速度

由图 12-9 可知，$V_{S1g}>V_{SFAR}$，B747-400 型飞机的 V_{S1g} 比 V_{SFAR} 大约多 7%。

2. 关键发动机故障速度 V_{EF}（critical engine failure speed）

多发飞机中对飞机姿态和飞行性能影响最大的那台发动机称为关键发动机①。它发生故障时的速度称为关键发动机故障速度 V_{EF}。中国民用航空规章第 25 部 25.107 B 中规定“V_{EF} 是校准空速，在这个速度上，假定关键发动机故障。V_{EF} 必须由申请人选定，但不得小于 V_{MCG}。”

3. 最小操纵速度 V_{MC}（minimum control speed）

1）最小地面操纵速度 V_{MCG}（minimum speed for control on ground）

飞机在起飞加速滑跑中，关键发动机停车，其他发动机仍处于起飞工作状态，飞行员只用驾驶盘和方向舵而且不需要特殊的操纵技能（即不使用前轮转弯，中国民用航空规章中规定飞机只能在滑行道滑行时使用前轮操纵飞机的滑行路线，而在起飞加速滑跑时，是不允许用前轮操纵飞机的运动方向）恢复对飞机的方向操纵。也就是只能用主气动操纵面进行操纵控制的最小速度。在该速度上保持继续起飞，蹬舵的脚蹬力不得超过 68kg（150lb）。

飞机从关键发动机失效开始到方向恢复运动过程中，横侧偏离跑道中心线的距离在任何一个点都不超过 30ft（9m），如图 12-10 所示。

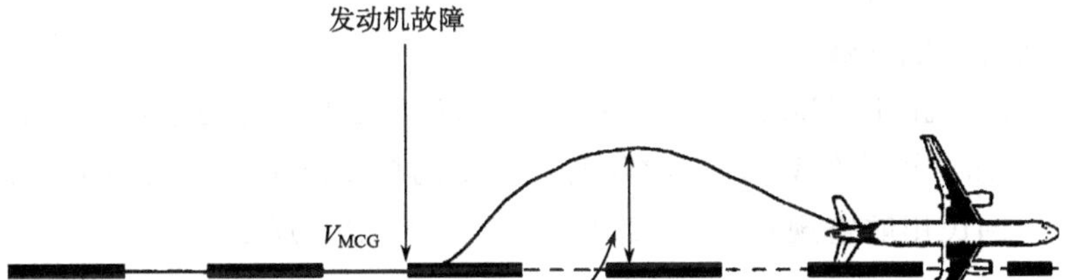

图 12-10 最小地面操纵速度

V_{MCG} 的大小与机场气温、标高、飞机重量以及发动机的安装位置有关。机场气温和标高越高，飞机重量越大，V_{MCG} 越小。中国民用航空规章中要求确定 V_{MCG} 时需考虑以下情况。

①喷气式飞机的关键发动机为：给主液压系统供压的发动机（空中）；上风方向的最外侧发动机（地面）。
螺旋桨飞机的关键发动机为：涡流对垂尾影响较重的一发。

(1) 飞机处于各个起飞形态或由申请人确定采用最严重的起飞形态；

(2) 工作的发动机处于最大起飞功率或推力；

(3) 重心处于最不利的位置；

(4) 飞机处于起飞配平位置；

(5) 重量是起飞重量范围内最不利的重量。

2) 最小空中操纵速度 V_{MCA} (minimum speed for control on air)

飞行中若关键发动机在该速度上突然停车，在该发动机继续保持停车的情况下，使用正常的操纵技能，能保持向工作发动机一侧的坡度不大于5°的直线飞行。在改出过程中，飞机不会出现危险的姿态或需要特别的驾驶技术来保证航向变化不能超过20°。

在发动机处于最大可用起飞功率（推力）状态、重心处于最不利的位置、飞机处于起飞配平位置以及重量为最大海平面起飞重量的情况下进行试飞确定飞机 V_{MCA} 的大小，同时也需要满足：

$$V_{MCA} \leqslant 1.2V_{S1g} \tag{12-1}$$

图 12-11 给出了 A319/A320/A321 飞机在不同构型下的最小操纵速度值。

Altitude (ft)	VMCA (kn CAS)	VMCG (kt IAS)		
		CONF 1 + F	CONF 2	CONF 3
−2000	112	111.5	109.5	109.0
0	110	109.5	107.5	107.0
2000	108	107.5	105.5	105.0
4000	107.5	107.0	105.0	104.5
6000	105.5	105.0	103.0	103.0
8000	103	103.0	101.0	100.5
10000	100	100.0	98.0	97.5
12000	96.5	96.5	94.5	94.0
14100	93.5	93.5	91.5	91.0

图 12-11 A319/A320/A321 的最小操纵速度

4. 起飞决断速度 V_1 (decision speed)

该速度决定飞机可否中断起飞的最大允许滑跑速度，是飞机在执行每一次航班之前必须确定的重要运行性能参数。

V_1 为关键发动机故障 V_{EF} 后，飞行员意识到发动机故障时的速度，通常 V_{EF} 到 V_1 之间的识别时间为1s。并且在 V_1 发现故障时，给定的机场跑道长度可以同时满足中断起飞或继续起飞。中国民用航空规章第25部25.107 B中对 V_1 规定：

$$V_{MCG} \leqslant V_{EF} \leqslant V_1 \leqslant V_{MBE} \tag{12-2}$$

式中，V_{MBE} 为最大刹车能量速度。

在发生关键发动机故障时，中断起飞和继续起飞的选择如下。

(1) 在小于 V_1 的滑跑速度下，飞机可以安全地中断起飞，在给定的跑道长度内可以完全停止下来。

(2) 在大于 V_1 的滑跑速度下，飞机无法在剩余的跑道中减速到完全停止，只能选择继续起飞。

起飞前通过对飞机进行起飞性能分析，获得飞机的决断速度，该速度由机组在飞行准备期间通过多功能控制和显示组件（MCDU）输入，在起飞加速时，在主飞行显示

(PFD) 的速度刻度带上用“1”表示，如图 12-12 所示。

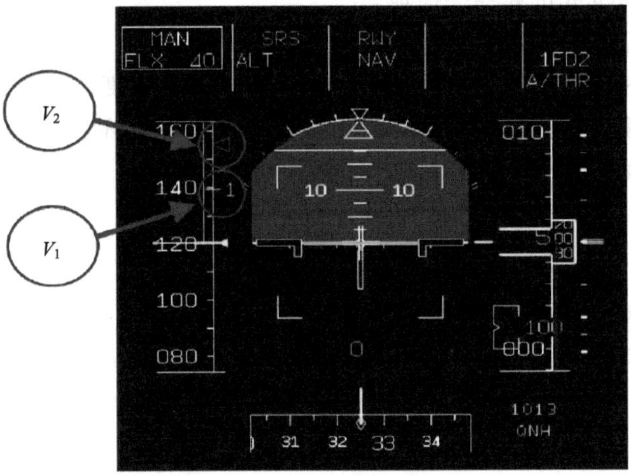

图 12-12 起飞决断速度

5. 抬前轮速度 V_R (rotating speed)

飞机起飞滑跑加速，拉杆抬前轮，前轮离开地面时的速度。抬前轮速度要保证在最大仰角（即可能的最大迎角）的条件下，飞机能安全可靠地离地。因此，中国民用航空规章第 25 部 25.107 B 中规定 $1.05V_{MCA} \leqslant V_R$，以保证得到符合规定的离地速度 V_{LOF}，在高于跑道标高 35ft 之前就达到 V_2 的速度。V_R 在飞行准备时由机组输入 MCDU 中，正常抬前轮速率为 2.5°/s～3°/s。

6. 离地速度

1) 最小离地速度 V_{MU} (minimum unstick speed)

飞机以最大允许的地面俯仰姿态离地的最小速度。该速度是飞机在一定重量和起飞构形下由几何尺寸限制的最小离地速度，是确定不同重量下飞机抬前轮速度的依据之一。当离地速度大于或等于 V_{MU} 时，飞机可以安全离开地面并继续起飞。在低速（80～100kn）时，飞行员带杆到操纵面的空气动力极限位置。飞机慢慢抬前轮到一个获得最大升力系数的迎角，或对于受几何形状限制的飞机，抬前轮至机尾擦跑道（机尾装有防擦保护装置），如图 12-13 所示，然后保持俯仰姿态直至飞机离地。

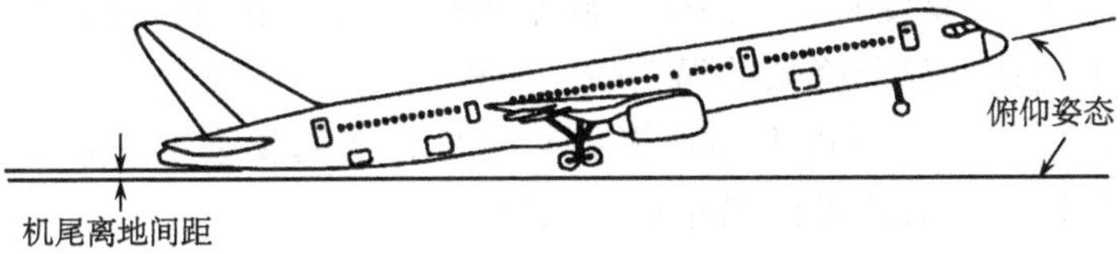

图 12-13 几何外形受限的 V_{MU}（机尾擦地）

飞机在试飞验证中，必须确定以下两个最小离地速度。

(1) 所有发动机都工作时，$V_{MU(N)}$；

(2) 一台发动机不工作时，$V_{MU(N-1)}$。

其中 $V_{MU(N)} \leqslant V_{MU(N-1)}$。在一台发动机不工作的情况下，$V_{MU(N-1)}$必须确保横侧操纵的安全性，避免发动机或机翼翼尖擦地。

2）离地速度 V_{LOF}（lift off speed）

飞机滑跑结束时升力克服重力升空时的速度称为离地速度。飞机在抬前轮后经过短时间加速就达到离地速度，根据抬起前轮的目标姿态和抬前轮的上仰速率（如 B757-200 型飞机的目标姿态为 10°，上仰速率是 3°/s），可得离地速度为

$$V_{LOF} = \sqrt{\frac{2W}{\rho S C_{LLOF}}} \tag{12-3}$$

式中，C_{LLOF}是对应起飞构型和姿态的升力系数。

例如，An-24 飞机起飞时，$W=20000\text{kg}$，$S=74.98\text{m}^2$，$\rho=0.125\text{kg}\cdot\text{s}^2/\text{m}^4$（标准大气，海平面），$C_{LLOF}=1.78$（$\alpha_{LOF}=9°$，襟翼 15°），由式（12-3）可计算出飞机离地速度为

$$V_{LOF} = \sqrt{\frac{2\times 20000}{1.78\times 0.125\times 74.98}} = 48.94(\text{m/s}) \approx 176(\text{km/h})$$

飞机的离地速度 V_{LOF}会受到飞机的几何外形限制和空气动力限制。对于大多数飞机，一般都是受几何外形的限制，因此，中国民用航空规章第 25 部 25.107 B 中减小了规定的余度，对 V_{LOF}的限制见表 12-1。

表 12-1　中国民用航空规章对 V_{LOF}的限制

	EASA	FAR
几何外形限制	$V_{LOF} \geqslant 1.04V_{MU(N-1)}$ $V_{LOF} \geqslant 1.08V_{MU(N)}$	$V_{LOF} \geqslant 1.05V_{MU(N-1)}$ $V_{LOF} \geqslant 1.08V_{MU(N)}$
空气动力限制	$V_{LOF} \geqslant 1.05V_{MU(N-1)}$ $V_{LOF} \geqslant 1.10V_{MU(N)}$	

7. 起飞安全（爬升）速度 V_2（take off safety speed）

飞机离地上升到 35ft 时，必须达到的目标速度。中国民用航空规章第 25 部 25.107 B 中规定如下。

（1）$V_{2\min} \geqslant 1.2V_S$（双发和三发涡轮螺旋桨飞机、活塞发动机飞机以及无措施使一发失效时带动力的失速速度显著降低的涡轮喷气飞机）。

（2）$V_{2\min} \geqslant 1.15V_S$（三发以上涡轮螺旋桨飞机、活塞发动机飞机以及有措施使一发失效时带动力失速速度显著降低的涡轮喷气飞机）。

（3）$V_{2\min} \geqslant 1.1V_{MCA}$。

8. 最大刹车能量速度 V_{MBE}（maximum brake energy）

飞机中断起飞或着陆时，大约有 50%的动能靠刹车吸收并转化成热能。如果这部分转化的热能超过刹车最大热容量，飞机将因烧坏刹车（温度超过 204℃，报警）而冲出跑道。刹车吸收的热量达到极限值时对应的飞机滑跑速度称为最大刹车能量限制速度。

最大刹车能量限制速度不是一个固定值，其大小取决于飞机重量。重量越大，最大刹

车能量限制速度越小，以达到刹车吸收的能量不变。

$$V_{MBE} \geqslant V_1 \tag{12-4}$$

9. 轮胎限制速度 V_{TIRE}

飞机大速度滑跑，轮胎高速转动产生很大的离心力。由于轮胎材料强度有限，当转速增大到一定值时，离心力足以损伤轮胎（留有一定强度余量），此转速为机轮极限转速。根据转速和半径计算出相应的极限速度，为轮胎限制速度（注：轮胎限制速度为地速）。在任何情况下：

$$V_{TIRE} \geqslant V_{LOF} \tag{12-5}$$

在大载荷、高原、高温机场起飞时，V_{LOF} 可能大于 V_{TIRE}，必须减小最大起飞重量。一般喷气民用飞机都有几种具有不同速度限制的轮胎可使用。例如，B747 有 195/204kn 两个速度选择，B767 则只有 195kn。对于大多数空客飞机，V_{TIRE} 等于 195kn。

10. 收襟翼速度

飞机起飞后要将襟翼收起，该过程的速度要求达到或接近最佳爬升梯度或加速能力，并且在作机动或收放襟翼时，具有足够的安全裕度，以保证必要的越障能力，所以需要考虑两种限制因素：飞机的结构强度限制和稳定飞行的最小速度限制，如图 12-14 所示。

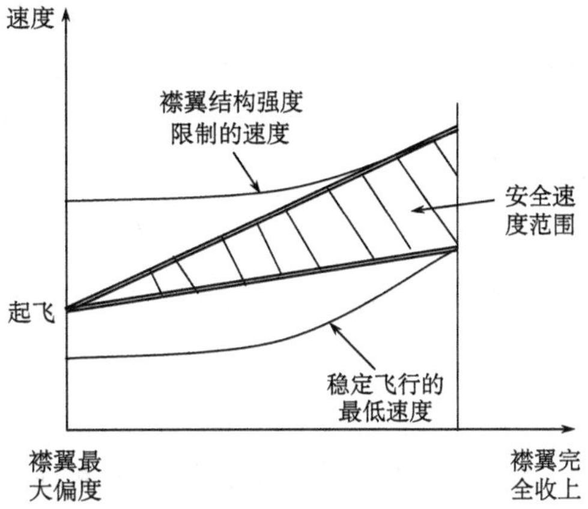

图 12-14 飞机收襟翼速度范围

11. 速度小结

根据以上描述，可通过图 12-15 将起飞各参考速度以及相互关系表示出来。

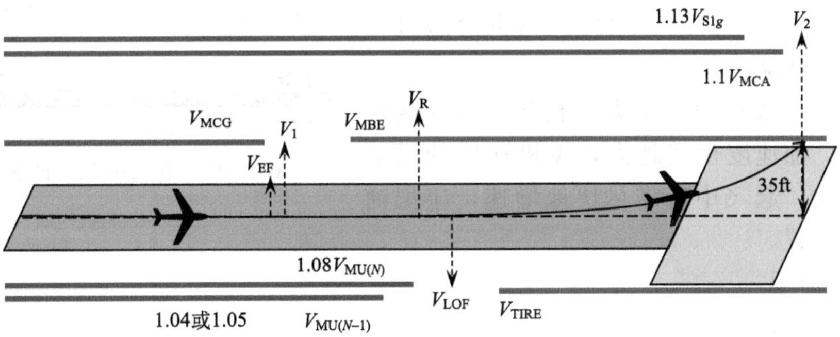

图 12-15 起飞速度小结

12.2.3 起飞性能分析

1. 起飞滑跑阶段

飞机从地面滑跑到离地升空，是由于升力不断增大，直到大于飞机重力的结果。而只有当飞机速度增大到一定时，才可能产生足以支持飞机重力的升力。因此，飞机起飞滑跑

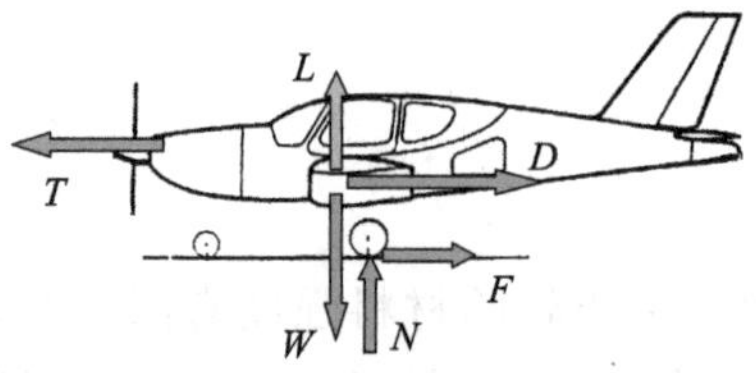

图 12-16 飞机滑跑时的受力分析

的目的是增大飞机的速度，直到获得离地速度。

1）运动方程

飞机在跑道上滑跑时受到的作用力与滑行阶段类似，如图 12-16 所示，受到重力、升力、阻力以及地面给飞机的支撑力和摩擦力。

飞机滑跑时的运动方程式可表示为

$$\begin{cases} \dfrac{W}{g}a = T - (D + F) \\ N = W - L \end{cases} \tag{12-6}$$

式中，a 为加速度；$F=\mu N$，μ 为摩擦系数。要获得最短的滑跑距离，必须给飞机提供最大的加速力，飞机加速力为推力（或拉力）与飞机总阻力之差，即剩余推力（或拉力），表达式为

$$\Delta T = T - [D + \mu(W - L)] \tag{12-7}$$

由式（12-6）可知，飞机起飞滑跑时的加速度 a 可写为

$$a = [T - \mu W - (C_D - \mu C_L)qS] \cdot \frac{g}{W} \tag{12-8}$$

飞机滑跑时，受到的作用力不断地变化，从而引起使飞机加速的剩余推力也发生改变。随着飞机滑跑速度的增大，飞机的升力和阻力都要逐渐增大，地面对飞机支撑力逐渐减小，导致摩擦力减小。飞机的推力（或拉力）随速度的增大而减小，使得飞机的剩余推力（或拉力）（ΔT）不断减小，如图 12-17 所示，因此，飞机滑跑过程中的加速度不断减小。

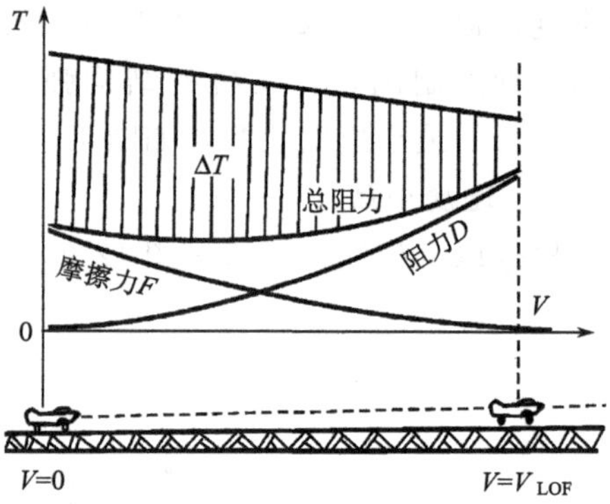

图 12-17 起飞滑跑时的剩余推力

飞机推力（或拉力）越大，剩余推力（或拉力）也越大，加速度也就越大，飞机速度的增加就越快。因此，起飞中若需尽快地增速，应把油门推到最大位置。

2）操纵原理

（1）抬前轮。

前三点飞机的停机角[①]比较小，若在整个起飞滑跑阶段都保持三点姿态滑跑，则迎角和升力系数较小，需将速度增大到很大才能产生足够的升力使飞机离地，这样，滑跑距离势必很长。因此，为了减小离地速度，缩短滑跑距离，当速度增大到一定程度时就抬起前轮做两点姿态滑跑，以增大迎角和升力系数。

飞机做三点滑跑时，各力对主轮接地点所形成的上仰力矩和下俯力矩是平衡的。

①停机角（ground angle）：飞机在正常停机状态时机身纵轴与地面水平线之间的夹角。

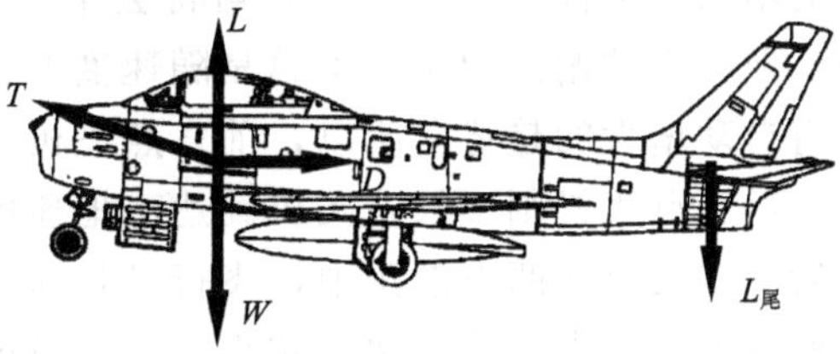

图 12-18 抬前轮时的作用力

要抬起前轮，就必须使上仰力矩大于下俯力矩。当滑跑速度增加到一定程度，飞行员向后带杆，使升降舵上偏，水平尾翼上产生向下的附加空气动力（$L_尾$），对主轮接地点形成上仰力矩，此时上仰力矩大于下俯力矩，前轮抬起，如图 12-18 所示。前轮抬起后，重心绕主轮接地点向后上方移动，重力矩主轮接地点的力臂缩短，下俯力矩减小。因此，当前轮抬到预定高度时，应向前推杆，减小上仰力矩，使其与下俯力矩相等。

随着滑跑速度的增大，升力、阻力和水平尾翼附加空气动力不断增大，引起上仰力矩增大。随着滑跑速度的不断增大，飞行员应逐渐向前推杆减小升降舵上偏角，以减小上仰力矩，使上仰力矩与下俯力矩平衡，保持两点滑跑的姿态不变。

抬前轮的时机不宜过早或过晚。抬前轮过早，速度还小，升力和阻力都小，形成的上仰力矩也小。要抬起前轮，必须使水平尾翼产生较大的上仰力矩，但在小速度情况下，水平尾翼产生的附加空气动力也小，要产生足够的上仰力矩就需要多拉杆。但是随着滑跑速度增大，上仰力矩又将随之增大，要保持抬前轮的平衡状态，势必又要用较大的操纵量进行往复修正，给操纵带来困难。同时，抬前轮过早，使飞机阻力增大而增长起飞距离。抬前轮过晚，不仅使滑跑距离增长，而且还由于拉杆抬前轮到离地的时间很短，飞行员不易修正前轮抬起的高度而保持适当的离地迎角，甚至容易使升力突增很多而造成飞机猛然离地。各型飞机抬前轮的速度均有具体规定。

前轮抬起高度应正好保持飞机离地所需的迎角。前轮抬起过低，迎角和升力系数过小，离地速度增大，滑跑距离增长。前轮抬起过高，滑跑距离虽可缩短，但因飞机阻力大，起飞距离将增长，而且迎角和升力系数过大，又势必造成大迎角小速度离地，离地后，飞机的安定性差，操纵性也不好，还可能造成机尾擦地。从既要保证安全又要缩短滑跑距离的要求出发，各型飞机前轮抬起高度都有具体规定。飞行员可从飞机上的俯仰指示器或从机头与天际线的位置关系来判断前轮抬起的高度是否适当。

（2）抬尾轮。

后三点飞机停机角比较大，滑跑过程中迎角较大，接近其临界迎角，如果整个滑跑阶段都保持三点滑跑，升力系数比较大，飞机在较小的速度下即能产生足够的升力使飞机离地。此时滑跑距离虽然很短，但大迎角小速度离地后，飞机安定性操纵性都差，甚至可能失速。因此后三点飞机，当滑跑速度增大到一定时，飞行员应前推驾驶盘，抬起机尾做两点滑跑，以减小迎角。

为了既保证安全，又缩短滑跑距离，必须适时正确地抬机尾。抬机尾过早或过晚，过高或过低，不仅会增长滑跑距离、起飞距离，而且会危及飞行安全。各型飞机抬机尾的速度和高度也都有其具体规定。

（3）离地。

当速度增大到一定值时，升力稍大于重力，飞机即可离地。离地时的操纵动作，前三点飞机和后三点是不同的。

前三点飞机是因飞行员拉杆产生上仰操纵力矩，而使飞机做两点滑跑的。随着滑跑速度的增大，上仰力矩增大，迎角将会增大。虽然飞行员不断向前推杆以保持两点滑跑姿态，但原来的俯仰力矩平衡总是随速度的增大而不断被破坏，在到达离地速度时，迎角仍会有自动增大的趋势。所以，前三点飞机一般都是等其自动离地。

后三点飞机则不然，飞机到达离地速度时，一般都需带杆增大迎角而后离地。这是因为后三点飞机在两点滑跑中，飞行员是前推杆，下偏升降舵来保持的，随着速度增大，下俯操纵力矩增大，将使迎角减小，飞行员虽不断带杆以保持两点滑跑，但在到达离地速度时，迎角仍会有减小的趋势。所以，必须向后带杆增大迎角，飞机才能离地。后三点飞机，正确掌握离地时机是很重要的。离地过早或过晚，都将给飞行带来不利。还未达到离地速度，就过多地拉杆增大迎角，则将造成以大迎角小速度离地而影响飞行安全。反之，若已达到或超过离地速度，仍未带杆使飞机离地，不仅增长滑跑距离，且当遇到地面稍有不平时，还可能引起飞机跳跃而不便于操纵。

机轮离地后，机轮摩擦力消失，飞机有上仰趋势，应向前迎杆制止。对于螺旋桨飞机，机轮摩擦力矩也消失，有向螺旋桨旋转方向偏转的趋势，应用舵制止。

(4) 保持滑跑方向。

由于前三点飞机滑跑时与滑行时类似，都具有较好的方向安定性，因此，喷气飞机起飞滑跑时方向容易保持。

对于螺旋桨飞机，起飞滑跑中引起飞机偏转的主要原因是螺旋桨的副作用。起飞滑跑中，螺旋桨的反作用力矩力图使飞机向螺旋桨旋转的反方向倾斜，造成地面对两主轮的支撑力不等，使两主轮的摩擦力不等，两主轮摩擦力之差对重心形成偏转力矩，如图 12-19 所示。此外螺旋桨滑流作用在垂直尾翼上产生偏转力矩。前三点飞机抬前轮时和后三点飞机抬尾轮时，螺旋桨的进动作用也会使飞机产生偏转。

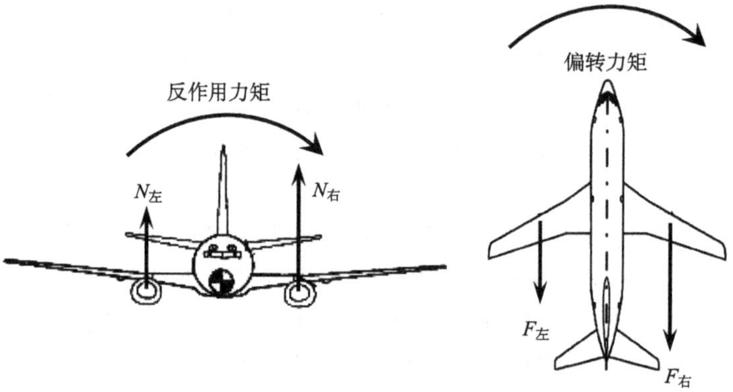

图 12-19　螺旋桨滑流和反作用力矩对滑跑的影响

3) 起飞滑跑性能参数

(1) 起飞滑跑距离（Take off Run，TOR）。

飞机由松刹车（$V=0$）开始滑跑到离地所经过的距离，称为起飞滑跑距离。由式（12-8）可知，整个滑跑过程是变加速过程，表达式可写为

$$\mathrm{TOR}=\int_0^t V\mathrm{d}t=\int_0^{V_{\mathrm{LOF}}} V\frac{\mathrm{d}V}{a} \tag{12-9}$$

将式（12-8）代入式（12-9），得

$$\mathrm{TOR}=\int_0^{V_{\mathrm{LOF}}} V\frac{\mathrm{d}V}{a}=\int_0^{V_{\mathrm{LOF}}}\frac{WV\mathrm{d}V}{[T-\mu W-(C_D-\mu C_L)qS]g} \tag{12-10}$$

中国民用航空规章第 25 部中规定，TOR 在不同跑道条件下的取值会有所不同。

①跑道表面为干，$\mathrm{TOR}_{干}=\max(\mathrm{TOR}_{(N-1)干}，1.15\mathrm{TOR}_{N干})$。

其中，$\mathrm{TOR}_{(N-1)干}$为飞机在一发失效情况下起飞从松刹车到等距点（飞机离地点与到达 35ft 高度点之间的中点）的距离，如图 12-20 所示。

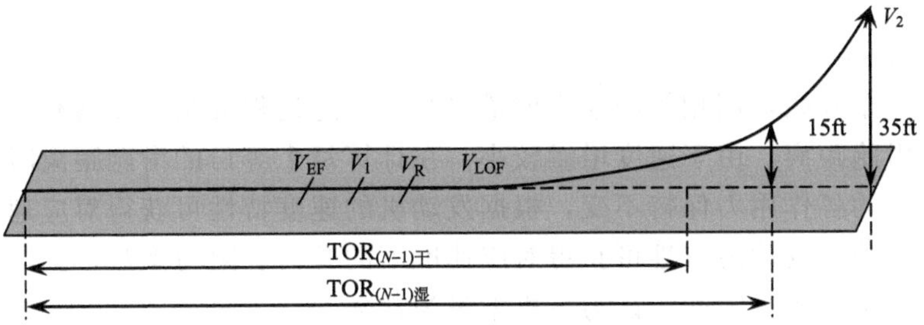

图 12-20 一发失效时的起飞滑跑距离

$1.15\mathrm{TOR}_{N干}$为飞机全发起飞从松刹车到等距点距离的 1.15 倍，如图 12-21 所示。

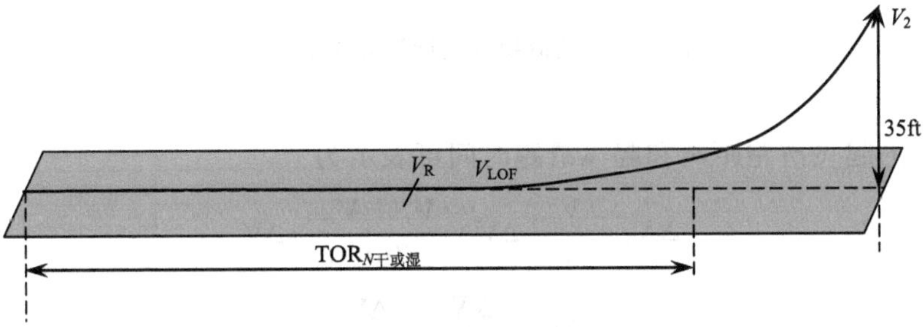

图 12-21 全发工作时的起飞滑跑距离

②跑道表面为湿，$\mathrm{TOR}_{湿}=\max(\mathrm{TOR}_{(N-1)湿}，1.15\mathrm{TOR}_{N湿})$。

其中，$\mathrm{TOR}_{(N-1)湿}$为飞机在一发失效情况下起飞从松刹车到跑道上空 15ft 高度的距离，如图 12-20 所示。$1.15\mathrm{TOR}_{N湿}$为飞机全发起飞从松刹车到等距点距离的 1.15 倍，如图 12-21 所示。

（2）起飞滑跑时间。

飞机由松刹车（$V=0$）开始滑跑到离地所经历的时间，称为起飞滑跑时间。可表示为

$$t=\int_0^{V_{\mathrm{LOF}}}\frac{\mathrm{d}V}{a}=\int_0^{V_{\mathrm{LOF}}}\frac{W\mathrm{d}V}{[T-\mu W-(C_\mathrm{D}-\mu C_\mathrm{L})qS]g} \tag{12-11}$$

（3）起飞滑跑性能参数求解。

飞机起飞滑跑距离和起飞滑跑时间可由式（12-9）和式（12-10）计算，但是公式中的变量随着速度的改变都会发生变化，需要对公式进行简化或近似才能进行求解。工程中就经常采用工程估算法和数值积分法求飞机的滑跑距离和滑跑时间。

①工程估算法。

工程估算法是将飞机起飞滑跑段按等加速度运动处理。起飞滑跑距离公式可简化为

$$\mathrm{TOR}=\frac{V_{\mathrm{LOF}}^{2}}{2a_{\mathrm{avg}}} \tag{12-12}$$

起飞滑跑时间为

$$t=\frac{V_{\mathrm{LOF}}}{a_{\mathrm{avg}}} \tag{12-13}$$

② 数值积分法。

从飞机松刹车开始，用相等的速度增量将起飞滑跑过程分割为 n 等份，如图 12-22 所示，分别计算滑跑距离。由于速度增量较小，在计算每个等份的滑跑距离时，可近似认为在该时段飞机上的各作用力保持不变，根据发动机的速度特性可获得对应速度下的发动机推力，根据飞机的空气动力特性可获得对应速度下的升力、阻力系数，同时由于起飞时间较短，燃油消耗量较小，因此，认为飞机重量为常数。

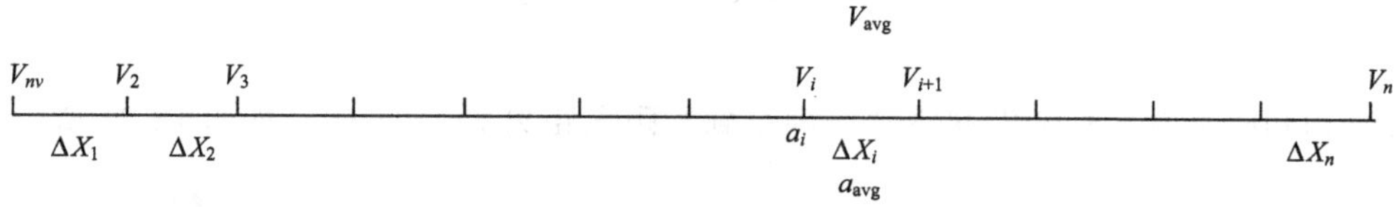

图 12-22 数值积分法计算起飞滑跑距离

每个等份的起飞滑跑距离和起飞滑跑时间可表示为

$$\Delta X_{i}=\frac{V_{\mathrm{avgi}}}{a_{\mathrm{avgi}}}\Delta V=\frac{V_{i}+V_{i+1}}{2\cdot a_{\mathrm{avgi}}}\cdot\Delta V \tag{12-14}$$

$$\Delta t_{i}=\frac{\Delta X_{i}}{V_{\mathrm{avgi}}}=\frac{\Delta V}{a_{\mathrm{avgi}}} \tag{12-15}$$

式中，V_{avgi}和a_{avgi}分别为第 i 段上的平均速度和加速度。飞机总的起飞滑跑距离和滑跑时间为

$$\mathrm{TOR}=\Delta X_{1}+\Delta X_{2}+\cdots\cdots+\Delta X_{n}=\sum_{i=1}^{n}\Delta X_{i} \tag{12-16}$$

$$t=\Delta t_{1}+\Delta t_{2}+\cdots\cdots+\Delta t_{n}=\sum_{i=1}^{n}\Delta t_{i} \tag{12-17}$$

例如，B757-200 飞机，起飞全重为 240klb，在海平面上，全发工作，无风、跑道无坡度条件下，起飞滑跑的$(C_{\mathrm{D}}-\mu C_{\mathrm{L}})=0.08$（已含地面效应影响），滑跑距离和滑跑时间的计算结果见表 12-2。

表 12-2 B757-200 飞机的起飞滑跑

V/kn	0	20	40	60	80	100	120	140	160
V_{avg}/(ft/s)	16.878	50.634	84.33	118.146	151.902	185.68	219.414	253.17	
ΔV	33.756	33.756	33.756	33.756	33.756	33.756	33.756	33.756	
q	0.00	1.29	5.17	11.63	20.67	32.30	48.51	63.31	82.69
T	71086	69030	67086	65238	63486	61826	80262	58790	57414
μW	3960	3980	3960	3960	3960	3960	3960	3960	3960
$(C_D-\mu C_L)qS$	0	202	807	1815	3226	5041	7259	9381	12906
a	9.00	8.70	8.35	7.97	7.55	7.08	6.57	8.03	5.44
a_{avg}	8.85	8.53	8.16	7.76	7.31	6.83	6.30	5.73	
ΔX/ft	64	200	349	514	701	918	1176	1491	
TOR/ft	0	64	265	614	1128	1829	2747	3922	5414
Δt/s	3.82	3.96	4.14	4.35	4.61	4.94	5.38	5.39	
$\sum \Delta t$/s	0	3.82	7.78	11.91	18.26	20.88	25.82	31.18	37.07

由表中结果可得，飞机从 V 为 0 加速到 160kn 离地，以 $\Delta V=20$kn 的步长计算出起飞滑跑距离和起飞滑跑时间分别为 5414ft 和 37.07s。若将计算步长缩短，还能提高计算的精度，当 $\Delta V=1$kn 时，$X=5421$ft。

(4) 影响因素。

在飞机起飞滑跑过程中的性能会受到油门位置、离地迎角、襟翼位置、起飞重量、机场标高与气温、跑道表面质量、风向风速、跑道坡度等因素的影响。

①油门位置。

油门越大，发动机的推力（或拉力）越大，飞机加速快，起飞滑跑距离就短。所以，飞机起飞时为缩短起飞滑跑距离，一般使用起飞工作状态。

②离地迎角。

离地迎角的大小取决于抬前轮或抬尾轮的高度。离地迎角大，离地速度小，起飞滑跑距离短。但离地迎角又不可过大，离地迎角过大，不仅会因飞机阻力大而使飞机增速慢延长滑跑距离，而且会直接危及飞行安全。因此，从既要保证飞行安全又要缩短滑跑距离的角度出发，各型飞机一般都有规定的离地迎角值。

③襟翼位置。

放下襟翼，可增大升力系数，减小离地速度，能缩短起飞滑跑距离。所以，现代运输机起飞，都要放一定角度的襟翼。但如果襟翼放下角度过大，升力系数增加，阻力系数增加更多，引起滑跑时总阻力增大，飞机不易增速，这时，虽然离地速度小，但滑跑距离不一定能缩短，而且小速度离地时，安定性、操纵性差。为确保飞机离地后姿态平稳，操纵面有足够效能，便于修正各种偏差，离地速度不应小于 V_{MCA} 和对应的起飞重量、襟翼角度下的失速速度。因此，不宜放下大角度襟翼起飞。

④起飞重量。

起飞重量增大，不仅使飞机离地速度增大，而且会引起机轮摩擦力增加，使飞机不易加速。因此，起飞重量增大，起飞滑跑距离增大。

⑤机场标高与气温。

机场标高或气温升高，都会引起空气密度减小，一方面，使拉力或推力减小，飞机加速慢；另一方面，离地速度增大，起飞滑跑距离必然增长。所以，在高温、高原机场起飞，滑跑距离显著增长。

⑥跑道表面质量。

跑道上均匀地覆盖有深度2～3mm以下的水时为湿跑道。水深大于或等于2～3mm的积水、雪浆、湿雪、干雪覆盖的跑道称为污染跑道。

不同跑道表面质量的摩擦系数（μ）不同（表12-3），滑跑距离也就不同。跑道表面如果光滑平坦而坚实，则摩擦系数小，摩擦力小，飞机增速快，起飞滑跑距离短。反之，跑道表面粗糙不平或松软，起飞滑跑距离就长。

表12-3 不同跑道情况下的摩擦系数

跑道情况	不刹车时的平均值	刹车时的平均值
干燥混凝土道面	0.03～0.04	0.30
潮湿混凝土道面	0.05	0.30
干燥坚硬草地	0.07～0.10	0.30
潮湿草地	0.10～0.12	0.20
积雪或结冰的道面	0.10～0.12	0.10

从SNOWTAM获得公布的污染跑道信息：污染物类型、每三分之一跑道长度上的平均污染物深度和摩擦系数μ及刹车效应。

⑦风向风速。

起飞滑跑时，为了产生足够的升力使飞机离地，不论有风或无风，离地空速是一定的。但滑跑距离只与地速有关，逆风滑跑时，离地地速小，所以，起飞滑跑距离比无风时短。反之，顺风滑跑时，离地地速大，起飞滑跑距离比无风时长。顺逆风越大，对滑跑距离影响越大，如图12-23所示。有风情况下起飞，起飞滑跑距离可近似计算为

$$\mathrm{TOR}=\frac{(V_{\mathrm{LOF}}\pm V_{\mathrm{W}})^2}{2g\left(\frac{T}{W}-\mu\right)} \tag{12-18}$$

式中，V_{W}为风速，顺风取“+”号，逆风取“−”号。

⑧滑跑坡度。

跑道有坡度时，由于重力第二分力（W_2）的作用，会使飞机加速度增大或减小，如图12-24所示。下坡起飞时，重力第二分力起加速作用，滑跑距离缩短。上坡起飞时，重力第二分力起减速作用，滑跑距离增长。飞机在有坡度跑道上起飞，起飞滑跑距离的近似计算公式为

$$\mathrm{TOR}=\frac{V_{\mathrm{LOF}}}{2g\left(\frac{T}{W}-\mu\pm\sin\theta\right)} \tag{12-19}$$

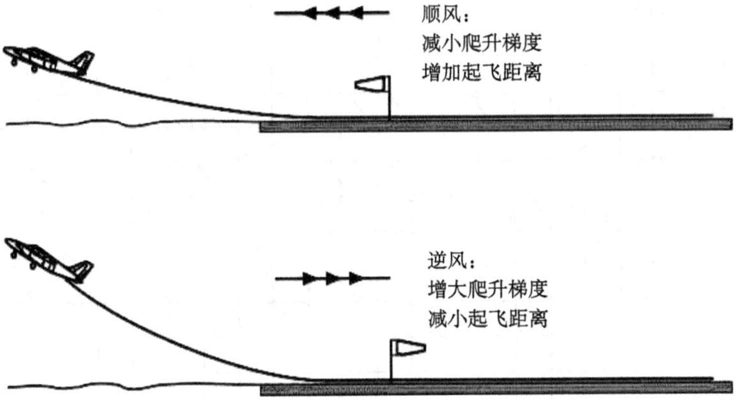

图 12-23 风对起飞滑跑距离的影响

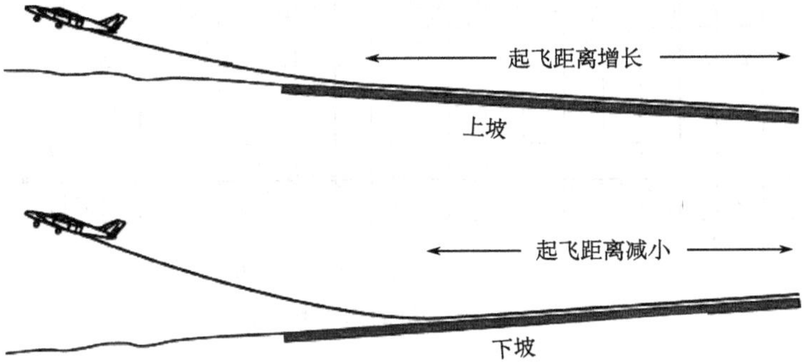

图 12-24 坡度对起飞滑跑距离的影响

下坡起飞，式中取“+”号；上坡起飞，式中取“−”号。通常坡度范围在±2%，若超过该范围需要额外的取证试验，若跑道坡度有变化，选用等效的坡度。

在飞行手册中各种因素对滑跑距离的影响都有相应的修正曲线，并且经常用修正跑道长度来表示影响结果。所谓修正跑道长度，是指有风和坡度时，可用跑道长度相当于无风和无坡度时的长度。图 12-25 是某飞机修正跑道长度的换算图。

综上所述，为缩短起飞滑跑距离，飞行员应使用最大油门，放下一定角度襟翼，逆风方向起飞。情况许可时，适当减轻重量或利用下坡起飞，可进一步缩短起飞滑跑距离。

2. 拉起爬升阶段

飞机离地后，飞行员带杆使其进入爬升状态，直到达到安全高度 35ft 和安全速度 V_2 的过程。该过程中飞机以一定的轨迹角 θ 爬升。

1） 运动方程

飞机离地后，受到的作用力如图 12-26 所示，飞机沿轨迹方向和垂直于轨迹方向的力平衡方程为

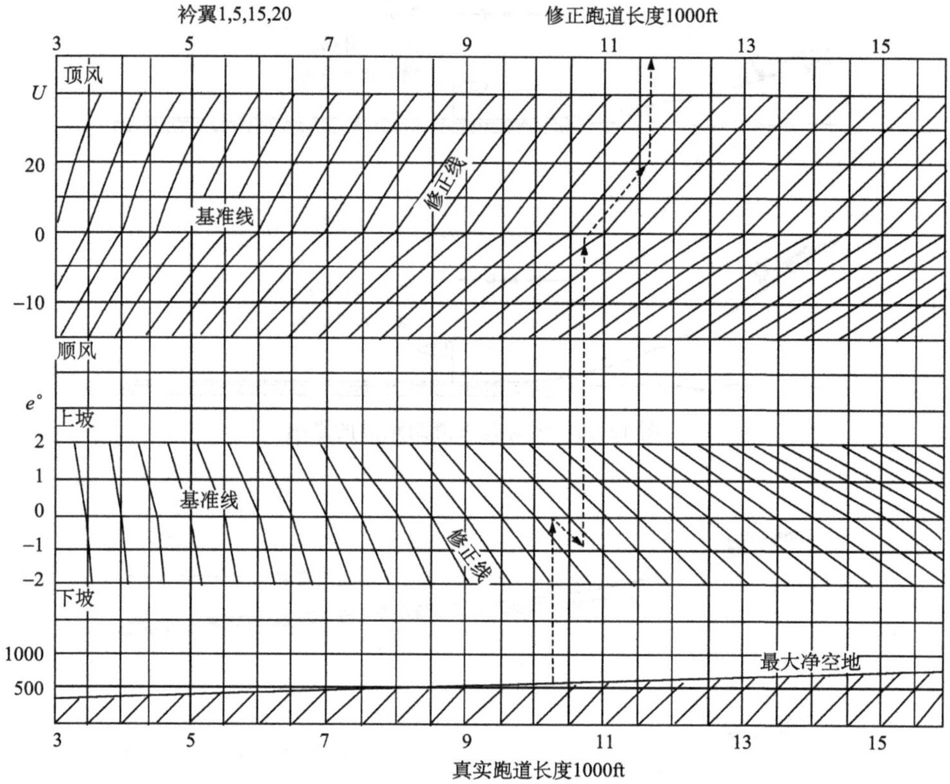

图 12-25 某飞机的修正跑道长度

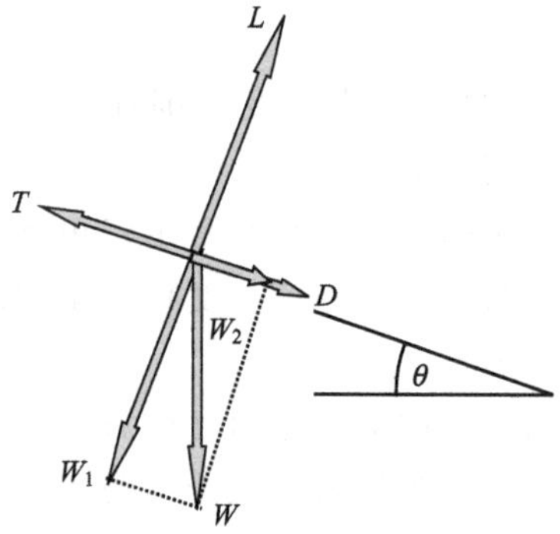

图 12-26 拉起爬升段受力分析

$$\begin{cases} T - D - W\sin\theta = \dfrac{W}{g}a \\ L - W\cos\theta = \dfrac{WV\mathrm{d}\theta}{g\,\mathrm{d}t} \end{cases} \tag{12-20}$$

式中，a 为爬升过程中沿着轨迹方向的加速度。

2）拉起爬升性能参数

（1）拉起爬升水平距离。

飞机拉起爬升段的飞行，由于上升角很小，剩余推力 ΔT（或剩余拉力）沿航迹做的功可看成沿水平方向所做的功。根据能量守恒定律，飞机由 $H=0$ 上升到 35ft 高度时所具有的总能量应等于飞机离地瞬间所具备的能量再加上剩余推力在飞机拉起爬升过程中所做的功，即

$$\frac{1}{2}\frac{W}{g}V_H^2 + WH = \frac{1}{2}\frac{W}{g}V_{\mathrm{LOF}}^2 + \Delta T X_{爬升} \tag{12-21}$$

飞机爬升段经过的水平距离可表示为

$$X_{爬升} = \frac{W}{\Delta T}\left(\frac{V_H^2 - V_{\mathrm{LOF}}^2}{2g} + H\right) \tag{12-22}$$

式中，V_H 为飞机拉起爬升到安全高度的速度，若飞机为前三点飞机，H 为 35ft（10.5m）；若飞机为后三点飞机，H 为 82ft（25m），则式（12-22）为 $X_{爬升}=\frac{W}{\Delta T}\left(\frac{V_{10.5}^2-V_{LOF}^2}{2g}+10.5\right)$。

（2）起飞距离（Take off Distance，TOD）。

起飞距离，是指飞机从开始滑跑到离地一定高度所经过的水平距离。飞机起飞距离的长短，是衡量起飞性能好坏的重要参数之一。

$$TOD=TOR+X_{爬升} \tag{12-23}$$

中国民用航空规章第 25 部中规定，飞机起飞距离 TOD 在不同跑道条件下的取值会有所不同。

①跑道表面为干，$TOD_{干}=\max(TOD_{(N-1)干}，1.15TOD_{N干})$。

其中，$TOD_{(N-1)干}$ 为飞机在一发失效情况下起飞从松刹车到跑道上空 35ft 高度的距离，如图12-27所示。

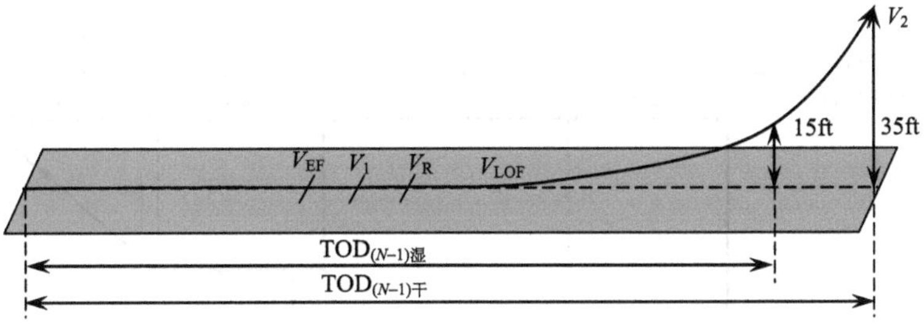

图 12-27 一发失效时的起飞距离

$1.15TOD_{N干}$ 为飞机全发起飞从松刹车到跑道上空 35ft 高度距离的 1.15 倍，如图 12-28所示。

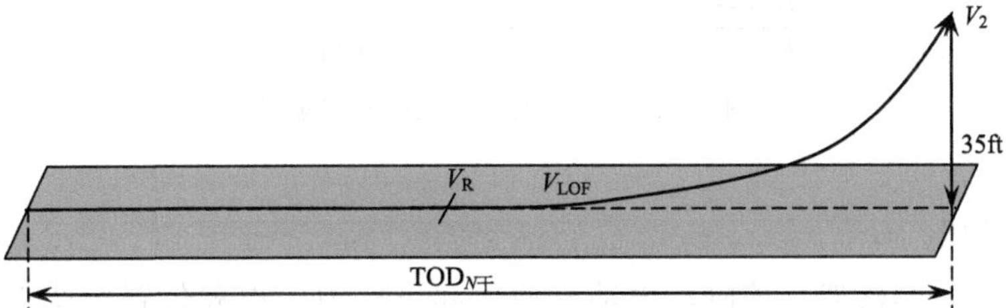

图 12-28 全发工作时的起飞距离

②跑道表面为湿，$TOD_{湿}=\max(TOD_{N干}，TOD_{(N-1)湿})$。

其中，$TOD_{N干}$ 为飞机干跑道上的起飞距离，如图 12-28 所示。$TOD_{(N-1)湿}$ 为飞机在一发失效情况下起飞从松刹车到跑道上空 15ft 的距离，如图 12-27 所示。

3）影响因素

（1）油门位置。

油门越大，剩余推力（或拉力）越大，飞机增速越快，$X_{爬升}$ 缩短。

(2) 起飞重量。

飞机起飞重量大，一方面，因飞机重量增大，使飞机加速度小，飞机增速慢；另一方面，离地和上升速度都增大，动能变化量大，都使 $X_{爬升}$ 增长。

(3) 风向风速。

逆风起飞，离地和上升的空速不变，但地速减小，致使 $X_{爬升}$ 缩短。

(4) 机场标高与气温。

机场标高或气温增高，空气密度减小，一方面，发动机推力减小，剩余推力（或拉力）减小；另一方面，离地速度和上升速度增大，动能变化量大，致使 $X_{爬升}$ 增长。

3. 起飞爬升阶段

1) 起飞爬升过程

飞机起飞后达到安全速度和安全高度，进入起飞爬升阶段。飞机需在此过程中完成起飞构型的转换，并达到航空条例所要求的高度，起飞轨迹才算结束。起飞飞行航迹由四个阶段组成，如图 12-29 所示。

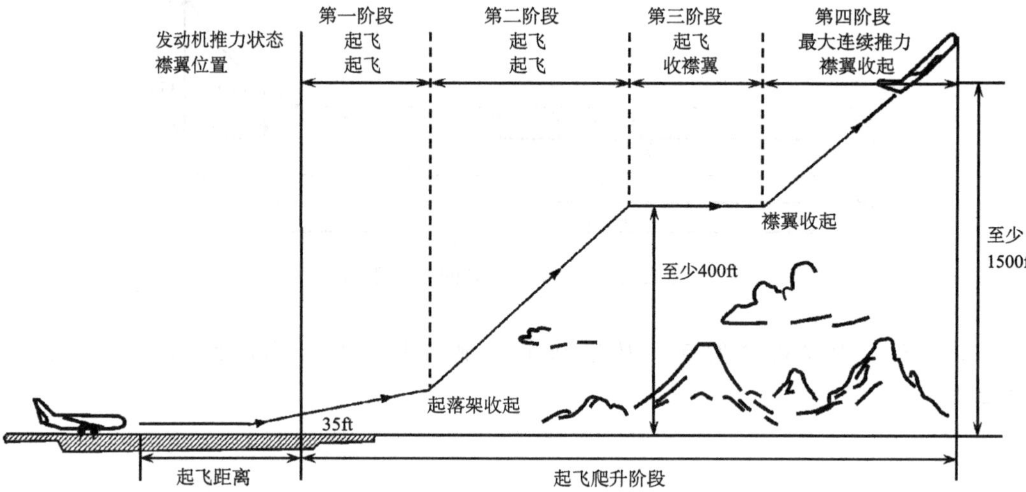

图 12-29　现代民用飞机的起飞航迹

(1) 第一阶段。

从 35ft 到收好起落架。该阶段发动机使用起飞推力，襟翼位置保持不变。当飞机升降速度表指示为正（即正爬升梯度）时开始收起落架。

完成收起落架所需的时间可通过试验获得，例如，B737 飞机收起落架时间为 7.1s，B757 飞机需要 17s。

(2) 第二阶段。

从收好起落架到高度 400ft。该阶段为等表速爬升阶段，主要目的是爬升高度以保证飞行安全。从起落架收起开始，飞机仍使用起飞推力，襟翼位置也保持不变，同时保持速度至少为 V_2 不变，按照中国民用航空规章规定的爬升梯度要求，爬升到总航迹高度不小于 400ft（122m）。

(3) 第三阶段。

保持 400ft 高度收襟翼。该阶段主要是收襟翼、平飞加速。发动机继续处于起飞推力状态，随着速度的增加，逐渐收上襟翼，直到速度达到爬升速度 $V \geqslant 1.25V_S$。

(4) 第四阶段。

该阶段为起飞爬升的最后阶段。发动机为最大连续推力状态，起落架和襟翼完全收起，保持等表速爬升，爬升到高度 $H=(1500 \pm 200)$ft 位置，同时最小爬升梯度应符合中国民用航空规章的规定。

中国民用航空规章中规定在关键发动机失效后继续起飞，在 35ft 高度时速度需达到 V_2，且飞机必须继续以不小于 V_2 的速度上升到 400ft (122m)。

2) 起飞爬升梯度

起飞爬升航迹有三个阶段（一、二、四阶段）均为爬升过程，从飞行安全和经济的角度出发，飞机需要以最快的速度爬升到飞行安全高度，代表该性能的参数称为爬升梯度，为保证飞行安全，中国民用航空规章第 25 部对飞机起飞爬升各阶段的可用最小爬升梯度做了规定，见表 12-4。

表 12-4 中国民用航空规章对起飞爬升阶段最小爬升梯度的规定值

	第一阶段	第二阶段	第四阶段
双发飞机	正梯度	2.4%	1.2%
三发飞机	0.3%	2.7%	1.5%
四发飞机	0.5%	3.0%	1.7%

其中第二阶段为保证飞机比飞行轨迹下方的任何障碍物高出 35ft，必须迅速爬高，所以该阶段的爬升梯度要求最高。由爬升性能可知，飞机爬升梯度会受到飞机重量的影响，在飞行计划与性能手册中，给出了不同襟翼位置、机场标高条件下的第二爬升段爬升梯度限制的最大起飞重量曲线，如图 12-30 所示。

为完成起飞爬升段的任务，并满足爬升梯度的要求，对飞机起飞爬升阶段的四个组成部分的任务、发动机状态、速度基准和飞机形态提出相应的要求，见表 12-5。

3) 最低和最高改平高

(1) 最低改平高。

根据中国民用航空规章的规定，低于 400ft 时，速度最少要保持 V_2；高于 400ft 时，飞机的爬升梯度不得小于 1.2%（双发飞机）。在第三阶段加速时，随时都必须确保越障能力，因此，运行中的最低改平高等于或大于 400ft。

(2) 最高改平高。

发动机的起飞工作状态（TO/GA）使用时间应不超过 5min，在关键发动机失效时最多可延长至 10min。而最大连续推力状态的使用没有时间限制，但是一般在进入起飞爬升第四阶段使用。飞机从开始加速滑跑到起飞爬升第三阶段结束时间最多 10min，若改平高度越高，改平前所消耗的飞行时间就越长，第三段平飞加速段的可用时间就越短，因此，对飞机起飞爬升第三阶段的改平高有最大值的限制。

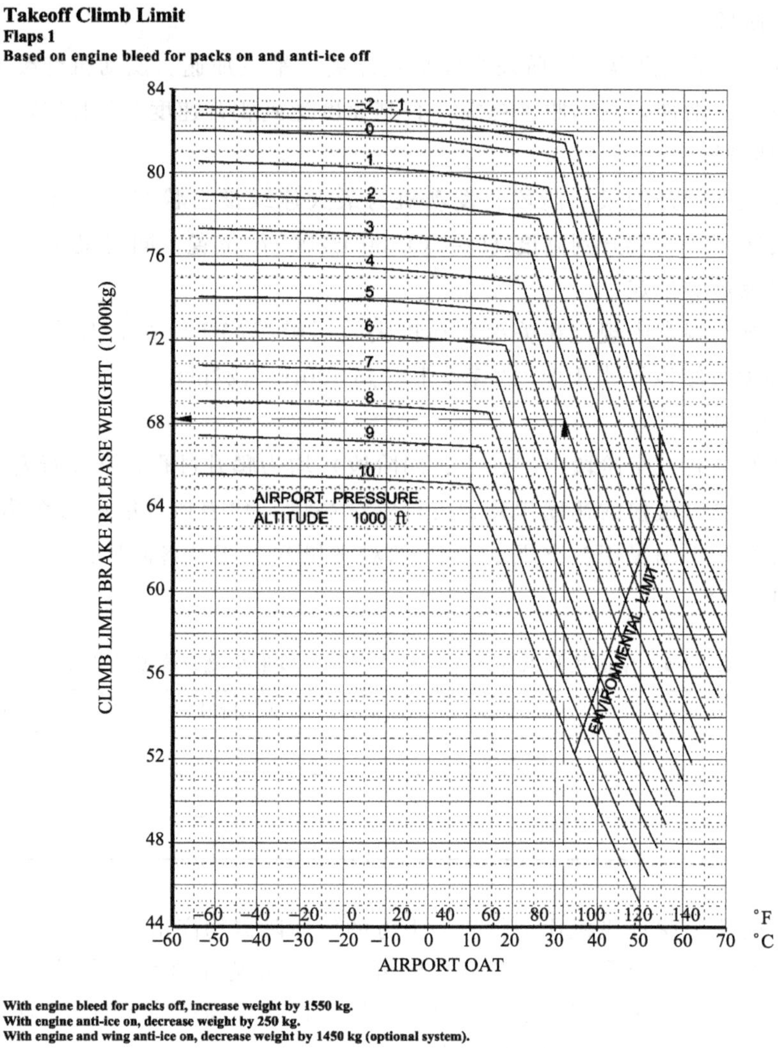

图 12-30 爬升限制的最大起飞重量

表 12-5 起飞航段的特点

	主要操作	推力状态	襟翼位置	速度	高度	主要任务	最小梯度
第一阶段	从起飞结束点到收上起落架	起飞推力	起飞	V_2（最小）	35ft 到收上起落架高度	收起落架	正梯度
第二阶段	等表速爬升	起飞推力	起飞	V_2（最小）	爬到收襟翼高度（至少 400ft）	爬高	2.4%
第三阶段	平飞加速收襟翼	起飞推力	从起飞襟翼到完全收上	按规定速度	不变	收襟翼	无
第四阶段	加速爬升	最大连续推力	收上	加速到正常爬升速度	不低于 1500ft	加速爬升到航路爬升要求的速度、高度	1.2%

4）起飞转弯程序

由于有些机场周围的障碍物较多，可能在起飞过程中需要飞机转弯加入离场程序。

中国民用航空规章中规定在起飞净航迹达到等于一个半翼展的高度但不少于高于可用起飞滑跑距离终点 50ft 之前不允许有航迹变化，并且在达到 400ft 之前，转弯坡度不得超过 15°，高于 400ft 后，坡度可以超过 15°，但不得超过 25°。在特殊需求申请，得到批准后可适当增加坡度的限制，见表 12-6。

表 12-6 中国民用航空规章规定的起飞转弯最大坡度角

转弯高度	标准程序/(°)	特殊批准/(°)
低于 200ft	15	15
200～400ft	15	20
高于 400ft	25	30

飞机在起飞爬升阶段因转弯飞行会导致爬升梯度损失，图 12-31 为 A319 飞机的转弯梯度损失情况。

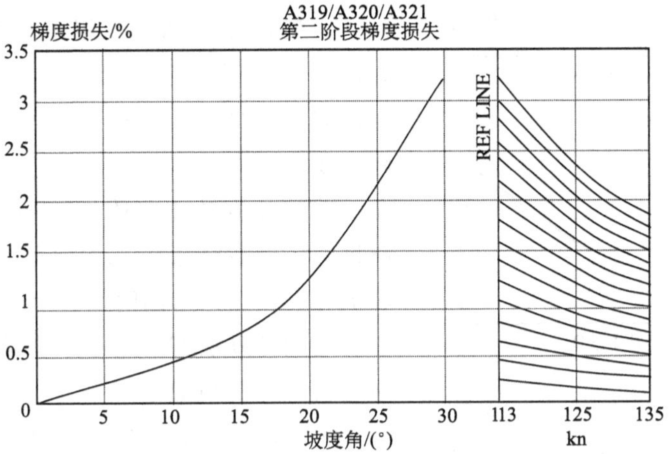

图 12-31 A319 梯度损失

5）越障

通常情况下，跑道周围都会有障碍物，在起飞爬升阶段需考虑飞机与各障碍物之间的垂直余度。

（1）越障高度。

飞机起飞爬升阶段的第一、第二和第四阶段都需要考虑该越障能力，表 12-7 中给出了中国民用航空规章中规定起飞爬升阶段的净梯度与总梯度之间的损失。

表 12-7 梯度损失值

类型	梯度损失/%
双发飞机	0.8
三发飞机	0.9
四发飞机	1.0

飞机直线离场时，起飞爬升阶段的净航迹必须以最少 35ft 的高度越过所有的障碍物。如图 12-32 所示。

飞机转弯离场时，起飞爬升阶段的净航迹在转弯坡度小于 15°时，必须以最少 35ft 的高度越过所有的障碍物；转弯坡度大于 15°时，必须以最少 50ft 的高度越过所有的障碍物。

飞机起飞的越障能力需考虑起飞净空区内的所有障碍物，也就是考虑机场 A 型障碍

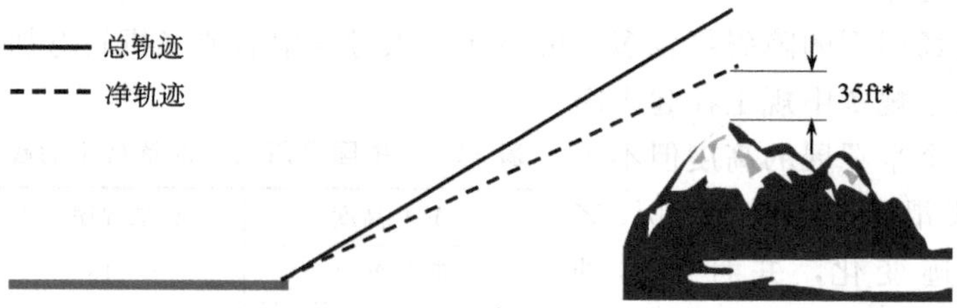

图 12-32 直线离场越障要求

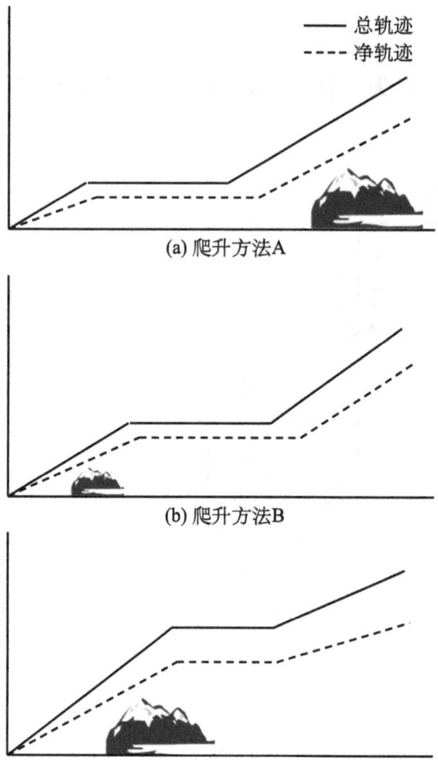

图 12-33 起飞爬升方法

物图中位于起飞航迹区内穿过 1.2%面的障碍物。障碍物的起点是起飞终点（35ft），该点称为参考零点。

根据越障要求在各阶段的爬升方法可分为三种，如图 12-33 所示。

①爬升方法 A。适用于超越远距离障碍物，在高度为 400ft 处结束并改平进入第三阶段，平飞加速同时收襟翼转入第四阶段，并在该阶段超越障碍物。

②爬升方法 B。适用于超越近距离障碍物。越过障碍物后结束第二阶段的爬升，改平加速并收上襟翼，转入第四阶段。

③爬升方法 C。适用于在第二阶段超越所有障碍物，此时可延长第二阶段到起飞后 5min 或 10min，此方法为“延伸第二段”。

（2）起飞净空区。

起飞净空区是指起飞航迹周围的某个区域，在该区域内，所有的障碍物都必须满足越障高度要求。该区域的外形，也称为离场扇区，该区域在 EASA 和 FAR 中有不同的规定。

①FAR。

飞机在不超过最大起飞重量情况下起飞，净起飞航迹在机场边界内以至少 200ft 的水平间隔，在通过边界以后以至少 300ft 的水平间隔飞越障碍物，如图 12-34 所示。

②EASA（CCAR）。

航迹变化小于或等于 15°，水平距离至少是（90m＋0.125D[①]），对于翼展小于 60m 的飞机，水平距离可以为（半个翼展＋60m＋0.125D），直到水平距离达到 300m/600m[②]，如图 12-35 所示。

---

①D：离 TODA 终点或 TOD 终点（在 TODA 结束之前转弯）的距离。

②300m：飞行员能够保持所需的导航精度通过障碍物区域。600m：所有条件下的飞行。

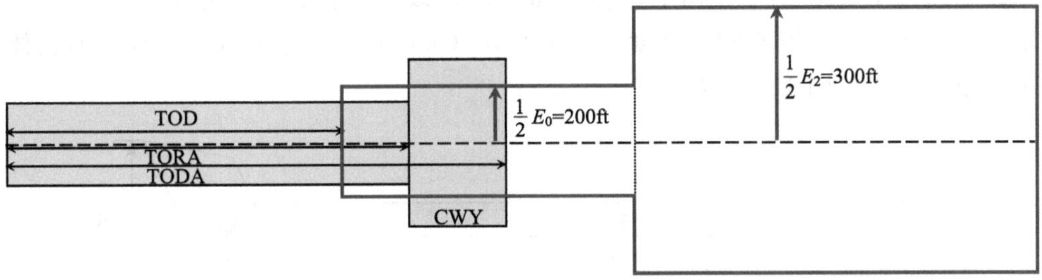

图 12-34 FAR 的离场扇区

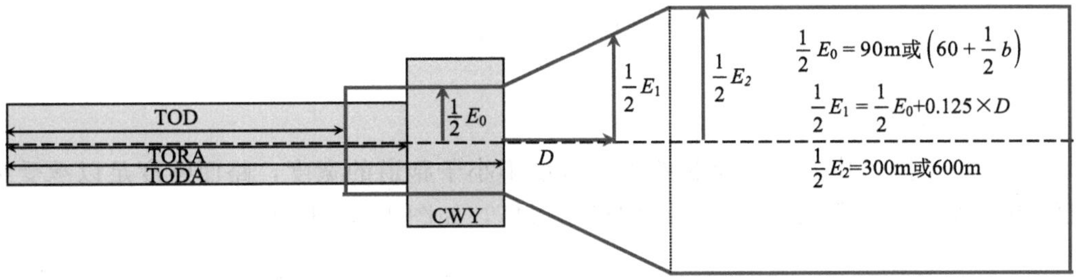

图 12-35 EASA 航迹小于或等于 15°的离场扇区

航迹变化大于 15°，水平距离至少是（90m＋0.125D），对于翼展小于 60m 的飞机，水平距离可以为（半个翼展＋60m＋0.125D），直到水平距离达到 600m/900m[①]，如图 12-36 所示。

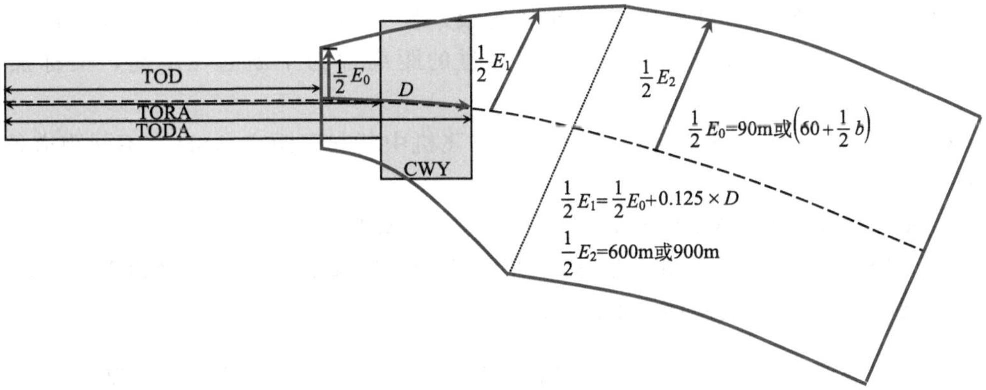

图 12-36 EASA 航迹大于 15°的离场扇区

4. 平衡场地长度

1）净空道与停止道

（1）净空道（clearway）。

根据规定，净空道是在跑道中线的延长线上，宽度不小于 152m（500ft），从跑道头

①600m：飞行员能够保持所需的导航精度通过障碍物区域。900m：所有条件下的飞行。

开始，以不超过1.25%的坡度向上延伸的净空面，该净空面以下的地面应是在机场当局的管辖之内，除了在跑道两侧的高度不大于26in（0.66m）的跑道灯，没有任何物体或地形伸出该净空面，如图12-37所示。

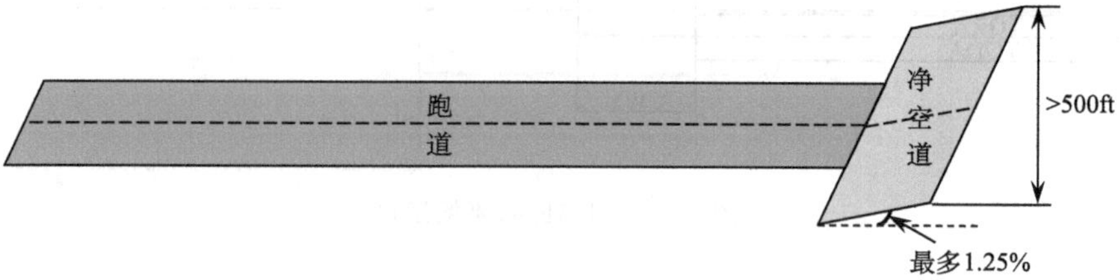

图 12-37 净空道

（2）停止道（stopway）。

对称地位于跑道中心线的延长线上，宽度不小于跑道的宽度，路面强度足以承受终止飞机滑跑过程，能支撑飞机不会对结构造成损坏，如图12-38所示。

图 12-38 停止道

2）中断起飞距离（Accelerate-stop Distance，ASD）

飞机全发起飞滑跑过程中，关键发动机失效后，飞行员决定中断起飞，使用各种减速措施（反推、刹车、放襟翼以及打开减速板）使飞机尽快降低速度，直到最后完全停止，飞机由松刹车开始到完全停止运动经过的距离称为中断起飞距离，又称加速停止距离。

同样，中国民用航空规章第25部中规定，飞机中断起飞距离ASD在不同跑道条件下的取值会有所不同。

（1）跑道表面为干，$ASD_{干}=\max(ASD_{(N-1)干}, ASD_{N干})$。

其中，$ASD_{(N-1)干}$为“飞机全发运动到V_{EF}”+“V_{EF}到$V_1$①”+“以V_1运动2s②”+“从V_1到完全停止”的距离，如图12-39所示。

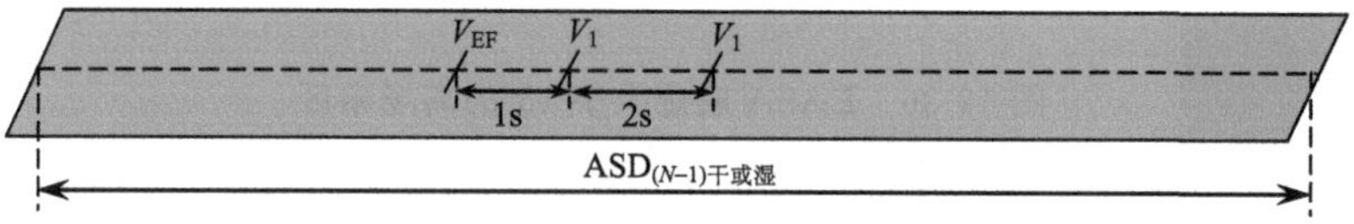

图 12-39 一发失效时的起飞滑跑距离

①飞机关键发动机发生故障时的速度V_{EF}到飞行员进行决断的速度V_1之间有大约1s的延迟，这段时间飞机仍然是在加速滑跑。

②飞行员进行决断后，采取各种措施使飞机进行减速，到飞机开始具备减速度时之间的延迟大约为2s。

$ASD_{N干}$ 为飞机在全发情况下“加速到 V_1” + “以 V_1 运动 2s” + “从 V_1 到完全停止”的距离，如图 12-40 所示。

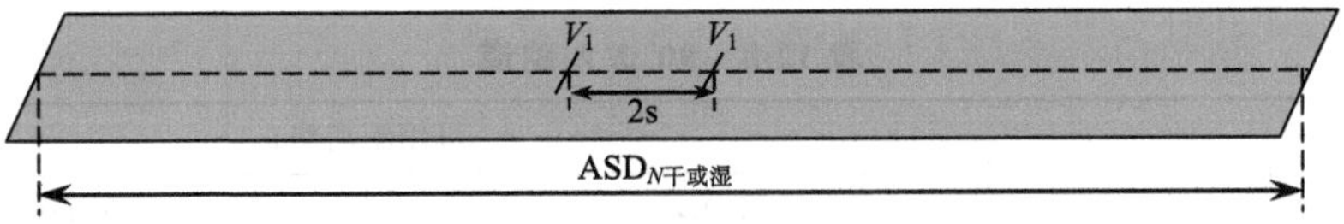

图 12-40 全发工作时的起飞滑跑距离

(2) 跑道表面为湿，$ASD_{湿} = \max(ASD_{干}, ASD_{(N-1)湿}, ASD_{N湿})$。

其中，$ASD_{(N-1)湿}$ 除跑道是湿，定义与 $ASD_{(N-1)干}$ 相同；$ASD_{N湿}$ 除跑道是湿，定义与 $ASD_{N干}$ 相同。

3）可用距离

(1) 可用起飞滑跑距离（TORA）。

可用起飞滑跑距离为可以用于飞机起飞滑跑的跑道长度。TORA 的长度通常为跑道长度 RWY 或从跑道进入点到跑道端头经过的距离。中国民用航空规章中规定起飞滑跑距离不得超过可用起飞滑跑距离。

$$TOR \leqslant TORA = RWY \tag{12-24}$$

(2) 可用起飞距离（可用继续起飞距离，TODA）。

可用起飞距离等于可用起飞滑跑距离的长度加上可用的净空道的长度。

$$TODA = TORA + CWY = RWY + CWY \tag{12-25}$$

中国民用航空规章中规定飞机起飞距离不得超过可用起飞距离，在有净空道时，净空道的长度不得超过可用起飞滑跑距离的一半。

$$TOD \leqslant TODA \tag{12-26}$$

(3) 可用中断起飞距离（ASDA）。

在机场当局认定停止道可以在主要运行条件下承载飞机的质量，可用中断起飞距离（可用加速停止距离）为可用起飞滑跑距离加上停止道的长度。

中国民用航空规章中规定飞机的中断起飞距离不得超过可用中断起飞距离。

$$ASD \leqslant ASDA = RWY + SWY \tag{12-27}$$

(4) 对正跑道的跑道长度修正。

飞机从滑行道进入跑道，通常需要通过转弯对正起飞方向，对于没有偏置起飞或有足够转弯机坪的跑道，该过程会占用跑道长度①。TODA 和 TORA 的长度要减去跑道头到主轮的距离，ASDA 的长度要减去跑道头到前轮的距离，如图 12-41 所示。

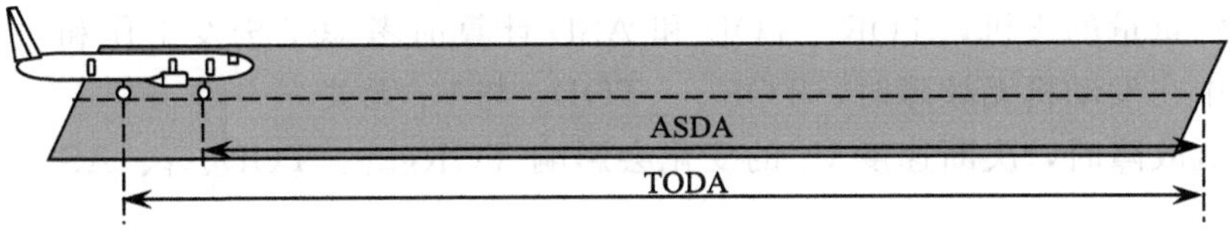

图 12-41 对正跑道的修正

①FAR 中没有明确规定，但 EASA 中规定必须考虑该损失。

表 12-8 和表 12-9 给出了在 90°转弯和 180°转弯情况下对 TODA 和 ASDA 的修正，转弯方式如图 12-42 和图 12-43 所示。

表 12-8 90°进入跑道

机型	可用距离修正	
	TODA/m	ASDA/m
A300	21.5	40.2
A310	20.4	35.9
A320	10.9	23.6
A330-200	22.5	44.7
A340-200	24.6	47.8

表 12-9 180°进入跑道

机型	可用距离修正①			60m 宽跑道上②的可用距离修正	
	TODA/m	ASDA/m	所需最小跑道宽度/m	TODA/m	ASDA/m
A300	26.5	45.2	66.1	38.0	56.7
A310	23.3	38.8	61.6	29.0	44.5
A320	16.5	29.1	28.7	16.5	29.1
A330-200	30.1	52.3	68.2	43.3	65.5
A340-200	32.2	55.4	76.6	51.8	75.1

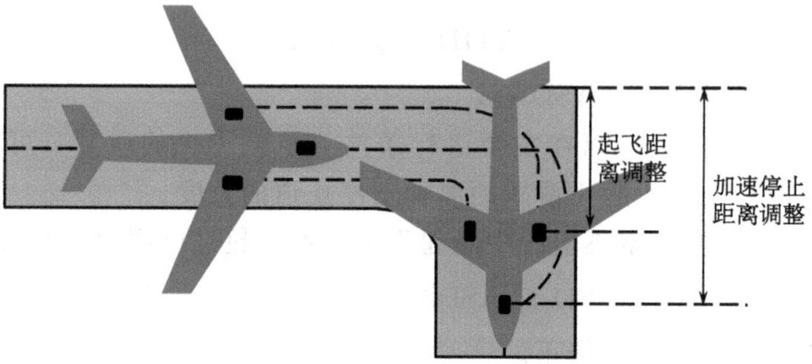

图 12-42 90°转弯进入跑道

4）平衡场地长度

对于给定重量的飞机，TOR、TOD 和 ASD 计算时考虑了全发工作和一发失效的两种情况。其中在发动机无故障时，TOR_N、TOD_N 与 V_1 无关。

当发动机故障时，决断速度 V_1 的变化会影响 TOR_{N-1}、TOD_{N-1}、ASD_N 和 ASD_{N-1}

①以最有效的转弯角进行 180°转弯并对正跑道中心线所需的对正距离。

②在 60m 宽的跑道上进行 180°转弯并对正跑道中心线所需的对正距离。

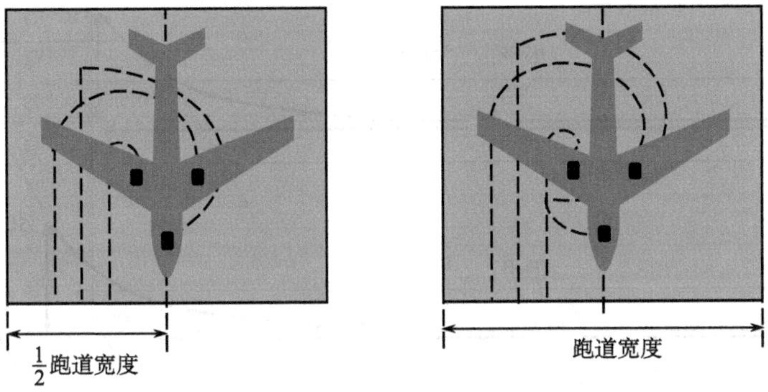

图 12-43 180°转弯进入跑道

的大小。当 V_1 增大时，飞机全发起飞加速段会增长，当关键发动机失效后，飞机会在相对较短的时间达到 35ft 安全高度上的安全速度 V_2，TOR_{N-1} 和 TOD_{N-1} 会相应地减小；而 V_1 增大时，飞机减速滑跑段增长，会导致 ASD_N 和 ASD_{N-1} 增加，如图 12-44 所示。

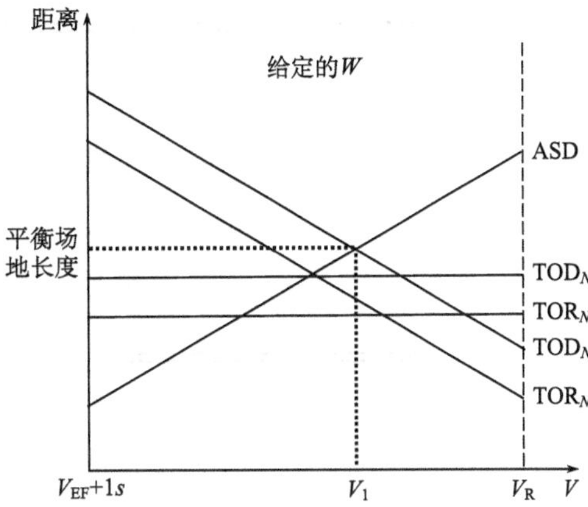

图 12-44 V_1 对距离的影响

平衡场地长度是指 TODA＝ASDA 情况下，飞机发动机发生一发失效时，继续起飞距离（TOD_{N-1}）和中断起飞距离（ASD）相等对应的场地长度，如图 12-45 所示，此时决断速度 V_1 为唯一值。

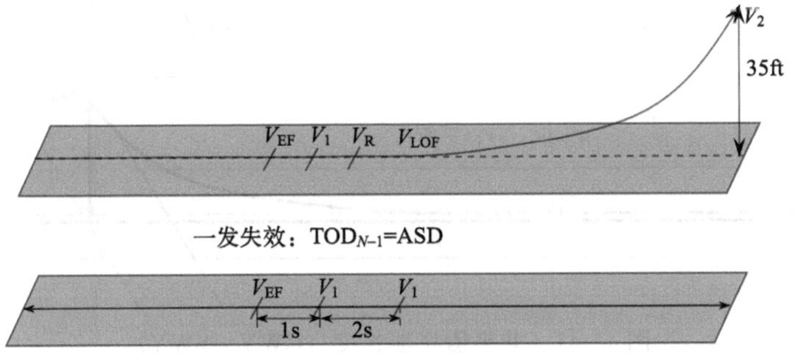

图 12-45 平衡场地长度

当考虑了 SWY 和 CWY 时，可能会出现 TODA≠ASDA，场地长度为非平衡场地长度。当 CWY＞SWY 时，可以充分利用 SWY 和 CWY，在较小的 V_1 获得更大的最大起飞重量，如图 12-46 所示。

当 CWY＜SWY 时，可以在较大的 V_1 获得更大的最大起飞重量，如图 12-47 所示。

5. **起飞重量**（Take off Weight，TOW）

在飞机执行飞行任务的过程中，飞机的起飞重量为所有飞行阶段的飞机重量的最大

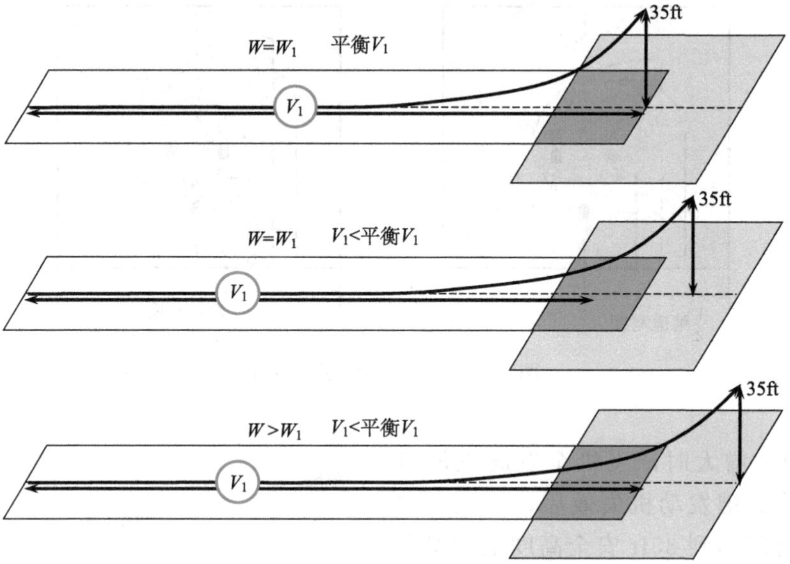

图 12-46 非平衡场地长度（CWY＞SWY）

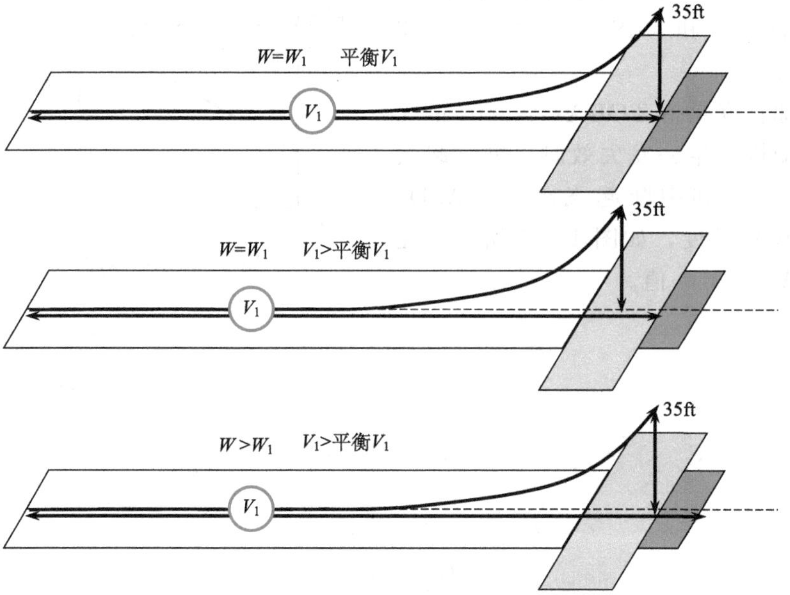

图 12-47 非平衡场地长度（CWY＜SWY）

值。根据自身的结构和装载能力，飞机会有设计允许的最大起飞重量。但实际飞行过程中，由于每个机场的情况不相同，大气大多数时间都不处于标准状态，发动机推力、耗油率以及飞机的气动力也是时刻变化的。因此，飞机在起飞时能够达到的最大重量会发生变化。

通常飞机的最大起飞重量会受到天气状况、飞机具体情况、跑道长度（TODA、ASDA 等）、飞机的速度（轮胎限制速度、刹车能量速度等）和飞机起飞爬升各阶段的爬升梯度和越障能力等限制。

1）场地长度限制的最大起飞重量

场地长度限制包含了机场条件、气象条件和飞机情况等方面的限制。

机场条件包括跑道的实际长度、净空道和停止道的长度、跑道的坡度、机场地面的气压高度。气象条件包括当地气温、风向与风速、跑道道面状况（干或湿，甚至冰、雪覆盖等情况）。飞机情况具体指飞机的型号、设计允许的最大起飞重量、起飞使用的襟翼位置、发动机的使用状况及刹车装置的防滞系统工作状态。

在飞机的飞行计划与性能手册中，会给出不同条件下场地长度限制的飞机起飞重量图。图 12-48 为 B737-800 的 FPPM 中给出的场地限制最大起飞重量图。

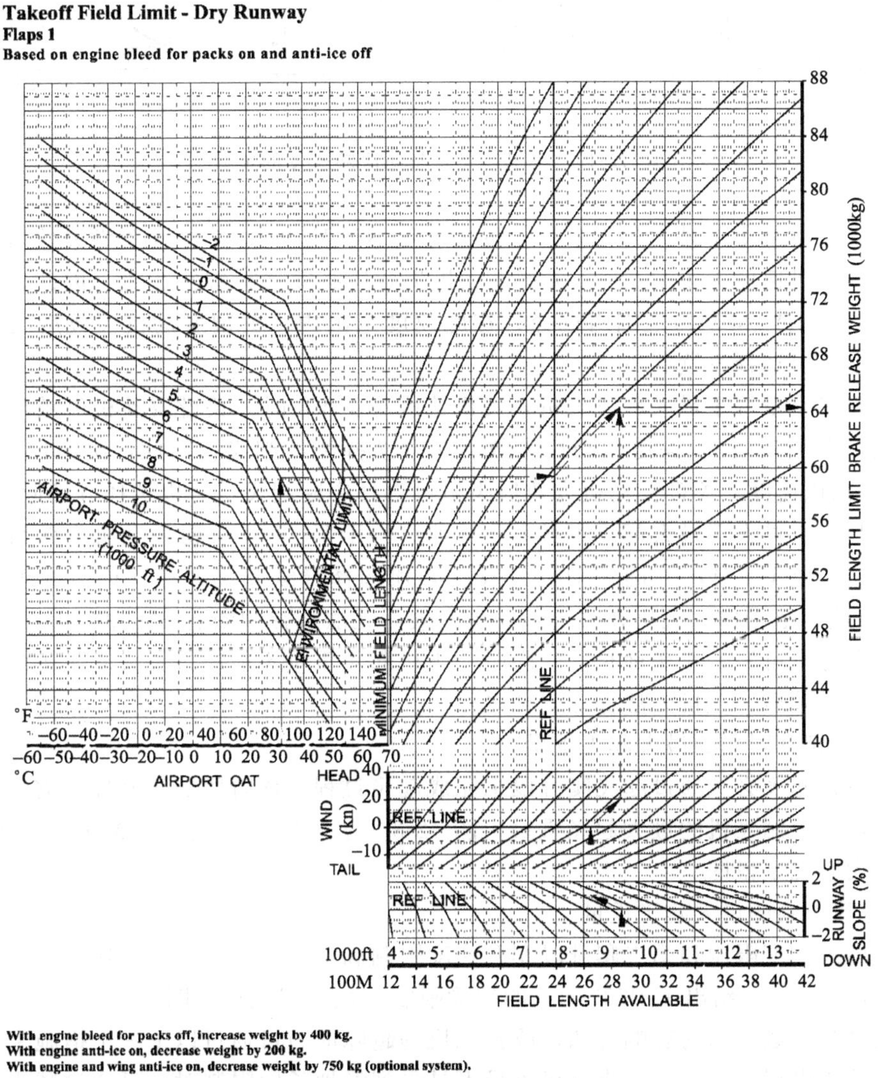

图 12-48 场地限制的最大起飞重量图

对应给定的起飞重量，决断速度 V_1 的变化会影响到 TOD 和 ASD 的大小。因此，在给定场地长度的情况下，最大起飞重量若受到场地长度限制，选择不同的起飞重量会影响

V_1 的取值范围，如图 12-49 所示，大致可分为以下三种情况。

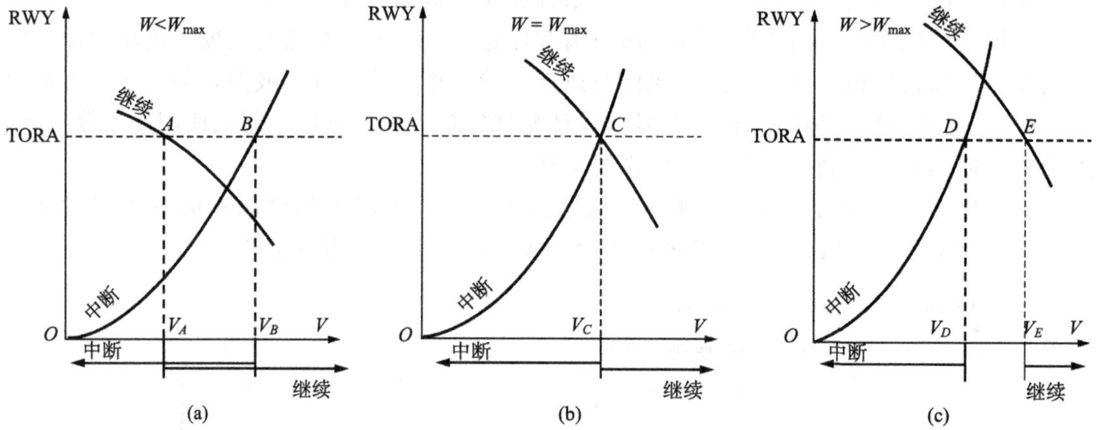

图 12-49 飞机起飞重量对决断速度的影响

(1) 起飞重量小于最大起飞重量，飞机速度小于 V_B 时，关键发动机失效后必须选择中断起飞，飞机速度大于 V_A 时，关键发动机失效后必须选择继续起飞，因此，飞机的决断速度 V_1 可在 (V_A, V_B) 范围内选择，在此速度范围内，关键发动机失效后飞机可选择中断起飞也可以选择继续起飞。

(2) 起飞重量等于最大起飞重量，飞机速度小于 V_C 时，关键发动机失效后必须选择中断起飞，大于 V_C 时，关键发动机失效后必须选择继续起飞，因此，决断速度 V_1 只能选择 V_C，在该速度，关键发动机失效后飞机可选择中断起飞也可以选择继续起飞。

(3) 起飞重量大于最大起飞重量，飞机速度小于 V_D 时，关键发动机失效后必须选择中断起飞，大于 V_E 时，关键发动机失效后必须选择继续起飞，在这种情况下，出现在 (V_D, V_E) 速度范围内，飞机在关键发动机失效后无法选择中断起飞或继续起飞。

由以上分析可知，在场地长度受限时，飞机起飞重量不能超过最大起飞重量，否则在关键发动机失效后，飞机无法保证安全飞行。

2) 起飞爬升限制的最大起飞重量

由于飞机起飞必须通过起飞爬升段来完成起飞过程，该阶段的爬升梯度需满足一定要求，因此，会限制飞机的最大起飞重量。图 12-30 为 B737-800 的 FPPM 中给出的起飞爬升限制最大起飞重量图。

3) 越障限制的最大起飞重量

按照场地长度限制和第二爬升段爬升梯度限制确定最大起飞重量，还需要对越障要求进行检验，图 12-50 给出了 B737-800 的越障限制的最大起飞重量图。

由起飞各参数之间的影响可知，改善飞机的越障能力可通过以下三个措施来实现。

(1) 减小襟翼偏转角度。当飞机重量不是受到场地长度限制时，可通过减小襟翼放下角度来提升飞机的爬升梯度，但也要注意襟翼偏转角度的减小带来的起飞距离增长的影响。

(2) 使用改进爬升方法爬升，可以增大爬升梯度，改善越障能力。

(3) 减小起飞重量，增大爬升梯度直到满足越障要求。

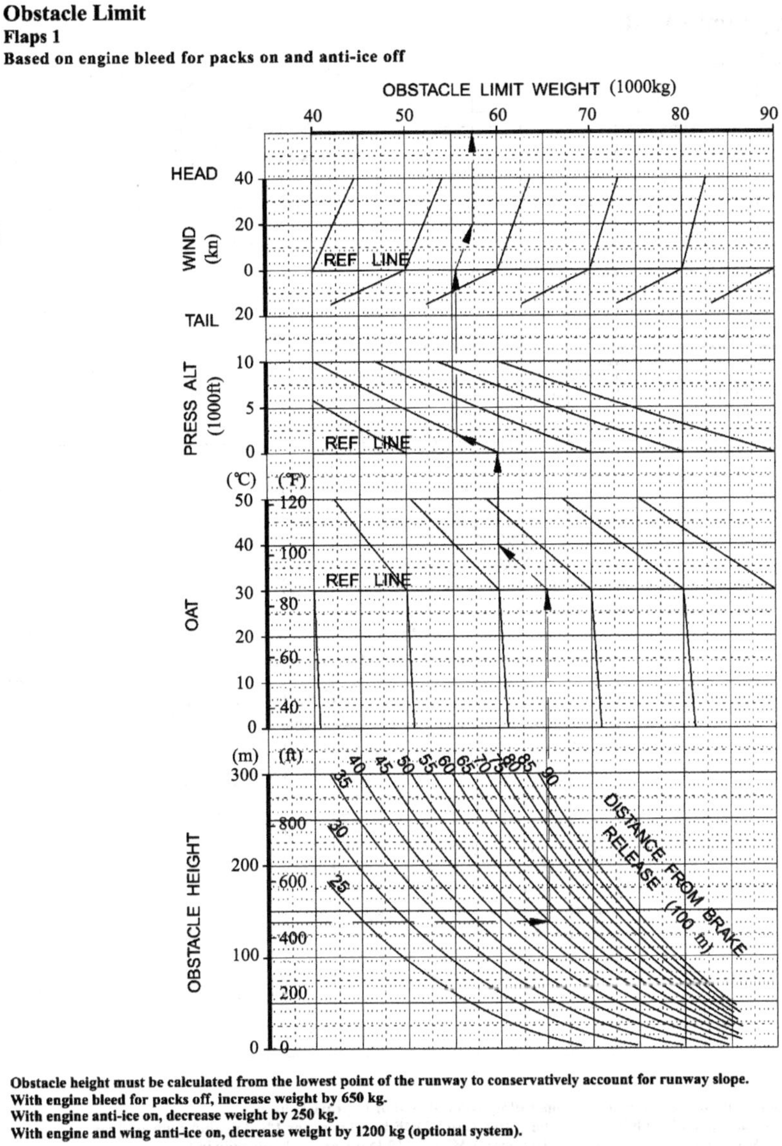

图 12-50　越障限制的最大起飞重量图

4）刹车能量限制的最大起飞重量

飞机在关键发动机发生故障时，需要考虑中断起飞情况，此时飞机的刹车装置应能在可用跑道长度内吸收较多的动能。为保证刹车装置在吸收动能时不至于因温度升高而损坏，对飞机的起飞重量进行限制。图 12-51 为 B737-800 的刹车能量限制的最大起飞重量图。

5）轮胎速度限制的最大起飞重量

飞机在起飞离地之前，轮胎与地面相接触，飞机的前进速度与轮胎的转速相关，轮胎转速太快，离心力过大，轮胎会因张力而破坏。为防止轮胎高速转动时发生破坏，对轮胎规定了速度限制。该限制速度是指轮子轴心的线速度，也就是飞机滑跑允许的最大速度，

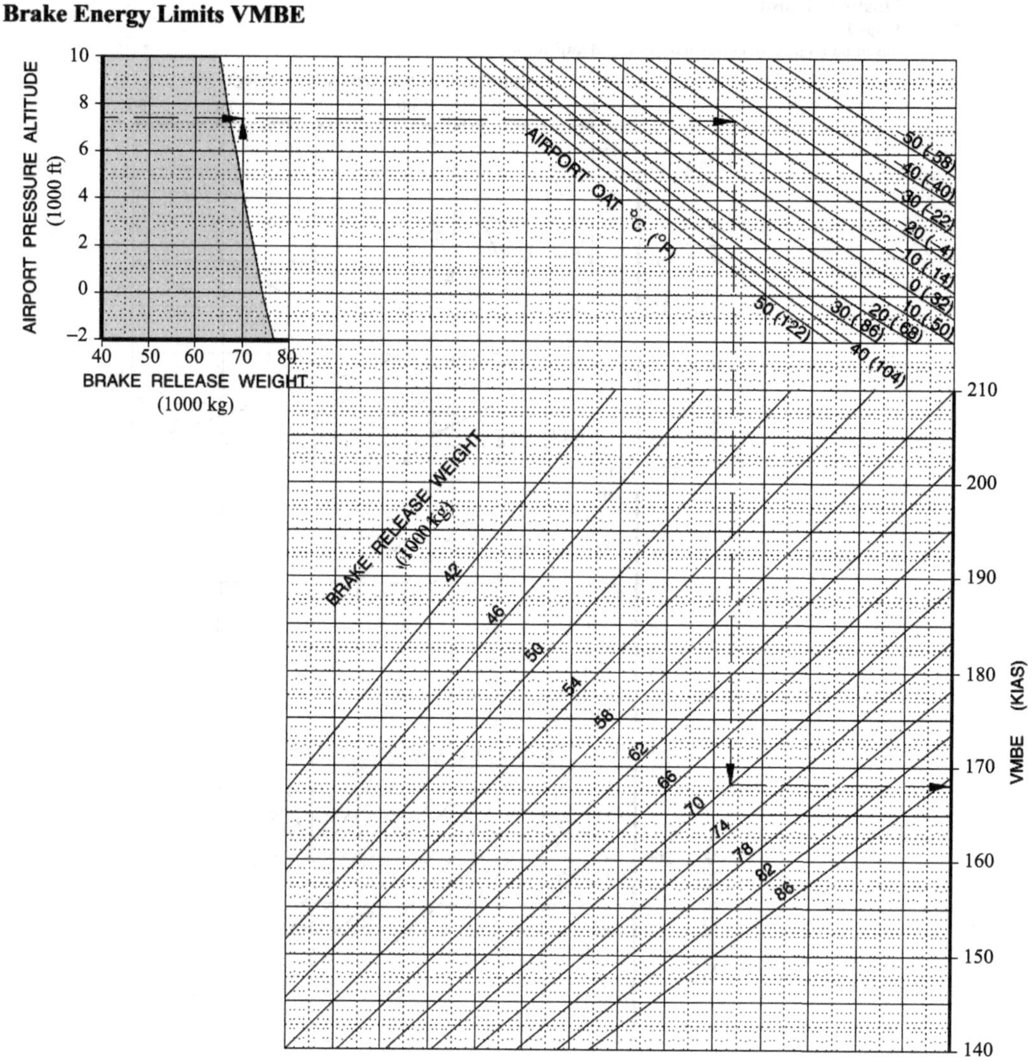

Check VMBE when outside shaded area or when operating with tailwind or improved climb.
Increase VMBE by 1 knots per 1% uphill runway slope. Decrease VMBE by 4 knots per 1% downhill runway slope.
Increase VMBE by 3 knots per 10 knots headwind. Decrease VMBE by 19 knots per 10 knots tailwind.

Normal takeoff:
Decrease brake release weight by 550 kg for each knot V1 exceeds VMBE.
Determine normal V1, VR, V2 speeds for lower brake release weight.

Improved climb takeoff:
Decrease climb weight improvement by 200 kg for each knot V1 exceeds VMBE.
Determine V1, VR, V2 speed increments for the lower climb weight improvement.

图 12-51 刹车能量限制的最大起飞重量

由于该轮胎速度的限制，飞机的起飞重量也会受到影响。图 12-52 为 B737-800 飞机的轮胎速度限制的最大起飞重量图。

6）污染跑道限制的最大起飞重量

飞机起飞距离与跑道表面质量紧密相关，前面章节已经给出了相应的取值选择，在不同程度的跑道表面污染情况下，飞机的最大起飞重量也会受到限制，图 12-53 给出了

Tire Speed Limit
Flaps 1

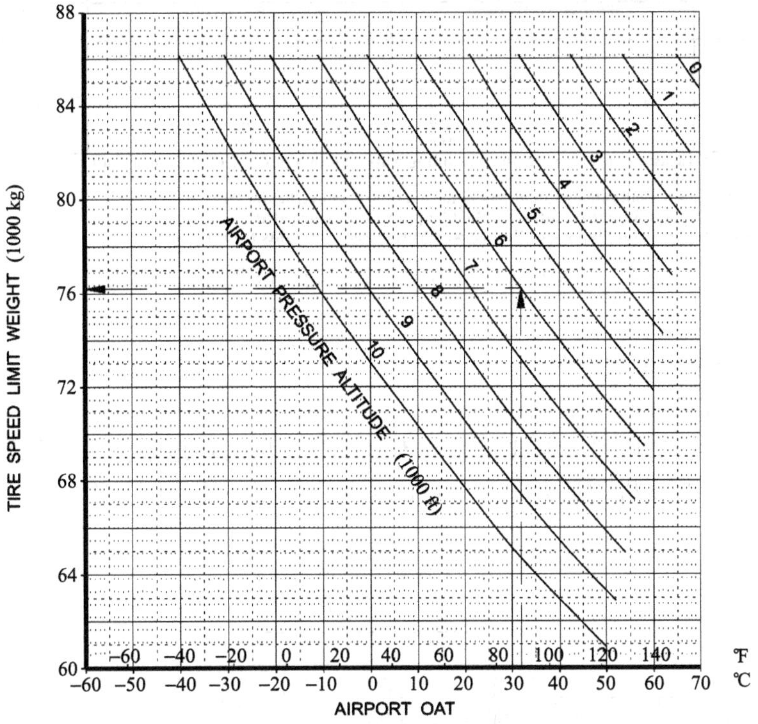

Increase tire speed limit weight by 500 kg per knot headwind.
Decrease tire speed limit weight by 1150 kg per knot tailwind.

图 12-52 轮胎速度限制的最大起飞重量

Slush/Standing Water Takeoff
Maximum Reverse Thrust
Weight Adjustments (1000 kg)

DRY FIELD/OBSTACLE LIMIT WEIGHT (1000kg)	SLUSH/STANDING WATER DEPTH								
	3 mm (0.12 in)			6 mm (0.25 in)			13 mm (0.50 in)		
	PRESSURE ALTITUDE (ft)			PRESSURE ALTITUDE (ft)			PRESSURE ALTITUDE (ft)		
	S.L.	5000	10000	S.L.	5000	10000	S.L.	5000	10000
95	−13.2	−15.4	−17.7	−16.5	−18.7	−21.0	−25.2	−27.5	−29.8
90	−12.1	−14.4	−16.6	−15.0	−17.2	−19.5	−22.3	−24.6	−26.9
85	−11.0	−13.3	−15.6	−13.5	−15.7	−18.0	−19.5	−21.8	−24.0
80	−10.0	−12.3	−14.5	−12.0	−14.3	−16.5	−16.8	−19.1	−21.3
75	−9.0	−11.3	−13.5	−10.6	−12.9	−15.2	−14.4	−16.6	−18.9
70	−8.0	−10.3	−12.6	−9.3	−11.6	−13.9	−12.2	−14.4	−16.7
65	−7.1	−9.4	−11.6	−8.1	−10.4	−12.7	−10.2	−12.5	−14.8
60	−6.2	−8.5	−10.7	−7.0	−9.2	−11.5	−8.6	−10.8	−13.1
55	−5.3	−7.6	−9.9	−5.9	−8.2	−10.5	−7.1	−9.4	−11.7
50	−4.5	−6.8	−9.1	−4.9	−7.2	−9.5	−5.9	−8.2	−10.5
45	−3.7	−6.0	−8.2	−3.9	−6.2	−8.5	−4.7	−7.0	−9.3
40	−2.9	−5.1	−7.4	−3.0	−5.2	−7.5	−3.5	−5.8	−8.1

图 12-53 污染跑道限制的最大起飞重量（1000kg）

B737-800 飞机在不同程度的污染跑道（3mm/6mm/13mm）上的起飞重量限制值。

此外，最小地面操纵速度 V_{MCG} 在不同程度的污染跑道上也会限制飞机最大起飞重量，如图 12-54 所示。

V1(MCG) Limit Weight (1000kg)

ADJUSTED FIELD LENGTH /m	SLUSH/STANDING WATER DEPTH								
	3 mm (0.12 in)			6 mm (0.25 in)			13 mm (0.50 in)		
	PRESSURE ALTITUDE /ft			PRESSURE ALTITUDE/ft			PRESSURE ALTITUDE /ft		
	S.L.	5000	10000	S.L.	5000	10000	S.L.	5000	10000
1200				32.5			39.1		
1400	50.5	33.8		53.8	37.5		58.9	43.8	
1600	72.4	55.7		75.1	58.8	32.9	78.6	63.6	39.5
1800	94.4	77.6	50.9	96.4	80.2	54.2	98.4	83.3	59.3
2000		99.6	72.9		101.5	75.5		103.1	79.0
2200			94.8			96.8			98.8

1. Enter Weight Adjustment table with slush/standing water depth and dry field/obstacle limit weight to obtain slush/standing water weight adjustment.
2. Adjust field length available by−30 m/+30 m for every 5°C above/below 4°C.
3. Find V1(MCG) limit weight for adjusted field length and pressure altitude.
4. Max allowable slush/standing water limited weight is lesser of weights from 1 and 3.

图 12-54 最小地面操纵速度限制的最大起飞重量

7）确定最大起飞重量

（1）计算最大起飞重量。

根据以上会影响最大起飞重量的因素以及机场的场地条件、气象条件和飞机与发动机的条件，可计算飞机的最大起飞重量以及起飞速度，流程图如图 12-55 所示。

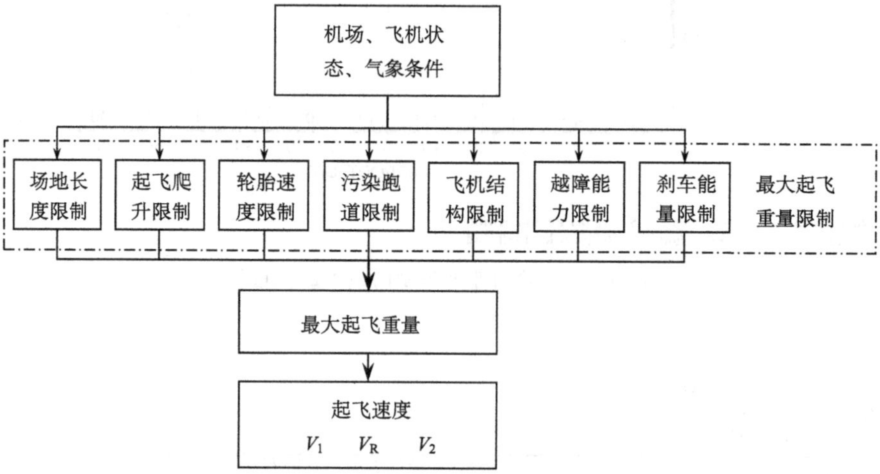

图 12-55 最大起飞重量计算流程

确定飞机最大起飞重量时需考虑风的影响，中国民用航空规章规定必须考虑：不超过 50％的天气预报顶风分量或不小于 150％的侧风分量。

（2）标准起飞重量图表（RTOW）。

针对特定的机场，需在制订飞行计划之前确定飞机最大起飞重量以及相关速度，并按照不同的起飞条件给出相应的数值。图 12-56 为 B737-800 在不同飞行条件下的最大起飞重量和相关速度值。图 12-57 为 A319 在不同飞行条件下的最大起飞重量和相关速度值。

【例 1】 已知 B737-800 飞机从昆明巫家坝机场 3 号跑道起飞，放 1°襟翼，防冰及空调关，受 10kn 逆风作用，OAT＝20℃。

解 由已知可得：MTOW＝60600kg，受到障碍物或改平高限制；V_1＝139kn，V_R＝141kn，V_2＝146kn。

ELEVATION 1895 m　　RUNWAY 03　ZPPP

*** FLAPS 01 ***　AIR COND OFF　ANTI-ICE OFF　KUNMING/WUJIABA
PCN=48R/B/W/T

737-800　CFM56–7B24　B24　DATED 14-SEP-2004

A INDICATES OAT OUTSIDE ENVIRONMENTAL ENVELOPE

OAT C	CLIMB 100kg	WIND COMPONENT IN KNOTS (MINUS DENOTES TAILWIND) −10	0	10	20
30	626	535*/30-32-38	551*/33-34-39	556*/34-35-40	561*/35-36-41
		554**52-58-62	571**56-61-64	576**57-62-65	582**58-63-66
29	632	540*/31-33-38	556*/34-35-40	561*/35-35-41	567*/36-36-41
		559**53-58-62	576**57-62-65	582**58-63-66	587**59-63-67
28	638	545*/31-33-39	561*/34-35-41	566*/35-36-41	572*/37-37-42
		565**53-59-62	582**59-64-67	587**59-63-67	593**60-64-68
27	644	550*/32-34-40	566*/35-36-41	571*/36-37-42	577*/37-37-43
		570**53-59-63	587**59-64-67	592**59-64-68	598**60-65-68
26	650	555*/32-34-40	571*/35-36-42	576*/36-37-43	582*/38-38-43
		574**53-59-63	592**59-64-68	597**60-65-68	603**61-65-69
25	655	560*/33-35-41	576*/36-37-43	581*/37-38-43	587*/38-39-44
		579**53-59-63	597**59 -64-68	602**60-65-69	608**61-66-69
24	661	564*/33-35-41	581*/36-38-43	586*/37-38-44	592*/39-39-44
		584**53-59-63	602**59 -64-68	607**60-65-69	613**62-66-70
23	666	569*/34-36-42	585*/37-38-44	590*/38-39-44	596*/39-40-45
		589**53-59-63	606**60 -65-69	612**61-66-70	618**63-67-71
22	672	573*/34-36-43	590*/37-39-44	595*/38-39-45	601*/39-40-46
		594**54-59-64	611**60-65-69	617**62-67-70	623**63-67-71
21	679	579*/35-37-43	595*/38-39-45	601*/39-40-46	606*/40-41-46
		599**54-59-64	617**60-65-69	623**62-67-71	629**63-68-71
20	685	583*/35-37-44	600*/38-40-46	606*/39-41-46	611*/41-41-47
		604**54-60-64	622**60-65-69	628**62-67-71	634**63-68-72
19	691	588*/36-38-44	605*/39-40-46	611*/40-41-47	616*/41-42-47
		609**54-60-64	627**60-65-69	633**63-68-72	639**64-68-72
18	696	593*/36-39-45	610*/39-41-47	615*/40-42-47	621*/42-42-48
		613**54-60-64	632**60-66-70	638**63-68-72	644**64-69-73
17	698	594*/36-39-45	611*/40-41-47	617*/41-42-48	623*/42-43-48
		615**54-60-65	634**61-66-70	640**63-68-73	646**64-69-73
16	698	594*/36-39-45	611*/40-41-47	617*/41-42-48	623*/42-43-48
		615**55-60-65	634**61-66-70	640**63-69-73	646**64-69-73
15	698	594*/36-39-45	611*/40-41-47	617*/41-42-48	623*/42-43-48
		615**55-61-65	634**61-67-71	640**64-69-73	646**64 -69-73

MAX BRAKE RELEASE WT MUST NOT EXCEED MAX CERT TAKEOFF WT OF　70533 kg
MINIMUM FLAP RETRACTION HEIGHT IS　536 m
LIMIT CODE IS F=FIELD, T=TIRE SPEED, B=BRAKE ENERGY, V=VMCG,
*=OBSTACLE/LEVEL-OFF, **=IMPROVED CLIMB
RUNWAY IS 3400 m LONG WITH 60 m OF CLEARWAY AND 60 m OF STOPWAY
RUNWAY SLOPES ARE 0.13 PERCENT FOR TODA AND 0.13 PERCENT FOR ASDA
LINE-UP DISTANCES: 30 m FOR TODA, 30 m FOR ASDA OBS FROM LO-M /M

RUNWAY	HT	DIST	OFFSET	HT	DIST	OFFSET	HT	DIST	OFFSET
03	3	200	0	13	700	0	18	1040	0
	24	1230	0	29	1260	0	37	1560	0
	41	1700	0	61	2820	0	77	3320	0
	90	3770	0	130	6800	0	140	7800	0
	164	8500	0	226	10200	0	319	10400	0
	408	13000	0						

图 12-56　B737-800 的 RTOW

采用改进爬升后，飞机的 MTOW 增加到 628000kg，相关的飞行速度变为 $V_1=162$kn，$V_R=167$kn，$V_2=171$kn。

【例 2】　已知飞机从 36R 号跑道起飞，起飞构型为 CONF1＋F，防冰及空调关，受 5kn 顺风作用，OAT＝26℃，跑道状态为干。

解　由已知可得：MTOW＝77t，受到第二阶段爬升梯度和跑道长度的限制；$V_1=148$kn，$V_R=151$kn，$V_2=156$kn。

A319112 - JAA	CFM56-5B6 engines Fadec 5BK-L	Default -	36	23.3.0 16-JUL-08 AD112E01 *V10
QNH 1013.25 HPA Air cond. Off Anti-icing Off Dry check		Elevation 0 ft TORA 3000 m Isa temp 15 ℃ TODA 3000 m rwy slope 0.00% ASDA 3000 m	0 obstacle	DRY CONF 1+F

OAT C	TAILWIND −10 kn	TAILWIND −5 kn	WIND 0 kn	HEADWIND 5 kn	HEADWIND 10 kn
−6	77.9 2/3 150/53/58	79.0 2/3 155/57/63	80.1 2/3 160/62/67	80.4 2/3 161/63/68	80.7 2/3 163/65/70
2	77.3 2/3 148/51/56	78.6 2/3 153/56/61	79.7 2/3 158/60/65	80.0 2/3 160/62/67	80.3 2/3 161/63/68
10	76.8 2/3 147/50/55	78.1 2/3 151/54/59	79.2 2/3 156/59/64	79.6 2/3 158/60/65	79.9 2/3 159/61/67
18	76.2 3/6 145/48/53	77.5 2/3 150/53/58	78.7 2/3 154/57/62	79.1 2/3 156/58/64	79.4 2/3 157/60/65
26	75.6 3/6 143/47/52	77.0 2/3 148/51/56	78.2 2/3 153/55/61	78.5 2/3 154/57/62	78.9 2/3 156/58/63
34	75.0 3/6 142/46/51	76.4 2/3 147/50/55	77.6 2/3 151/54/59	78.0 2/3 153/55/61	78.3 2/3 154/57/62
42	74.5 3/6 141/44/50	75.9 2/3 145/48/53	77.1 2/3 150/52/58	77.5 2/3 151/54/59	77.9 2/3 152/55/60
50	71.7 2/3 140/43/48	72.9 2/3 144/47/52	74.0 2/3 149/51/56	74.4 2/3 150/52/57	74.7 2/3 151/53/59
58	67.7 2/3 139/41/45	68.8 2/3 143/45/49	69.8 2/3 147/49/53	70.1 2/3 149/50/55	70.4 2/3 150/51/56
60	66.8 2/3 139/40/45	67.8 2/3 143/44/49	68.7 2/3 147/48/53	69.0 2/3 148/50/54	69.3 2/3 150/51/55

LABEL FOR INFLUENCE	MTOW(1000 KG) codes V1min/VR/V2 (kn)	VMC LIMITATION	Tref (OAT) = 45 C Tmax(OAT) = 55 C	Min acc height 432 ft Max acc height 2021 ft	Min QNH alt 432 ft Max QNH alt 2021 ft
DW (1000 KG) DTFLEX DV1-DVR-DV2 (KT) (TVMC OAT C) DW (1000 KG) DTFLEX DV1-DVR-DV2 (KT)	LIMITATION CODES: 1=1st segment 2=2nd segment 3=runway length 4=obstacles 5=tire speed 6=brake energy 7=max weight 8=final take-off 9=VMU			Min V1/VR/V2 = 110/15/22 CHECK VMU LIMITATION Correct. V1/VR/V2 = 1.0 kn/1000 kg	

图 12-57 A319 的 RTOW

6. 灵活推力起飞

民航飞机在日常飞行中，有一部分的实际起飞重量小于飞机受限的最大起飞重量。在该情况下，飞机可以使用比最大起飞推力小的推力起飞，这时的推力就称为灵活推力。减推力起飞称为灵活推力起飞。使用灵活推力起飞，可以延长发动机寿命，增加发动机可靠性，减少维护和运营成本。

1）灵活温度减推力起飞

发动机推力随温度升高而降低，在使用灵活温度推力起飞时，通过一个比机场外界实际温度高的假想温度来确定需要的推力，用此推力和实际的起飞重量能满足场地长度、爬升梯度、超越障碍物、轮胎速度、刹车能量及最小操纵速度的限制要求。这种确定推力的方法称为假想温度法，所确定的比实际温度高的温度称为假想温度或灵活温度。该灵活温度为正常起飞着陆的温度上限，可根据飞机使用手册中给出的灵活推力起飞时的 EPR 最小值（表 12-10）来确定。

表 12-10　最小允许的灵活推力

MINIMUM ALLOWABLE EPR FOR REDUCED THRUST			
MAX TAKEOFF EPR FOR ACTUAL OAT	MIN TAKEOFF EPR ALLOWED		
	FULL	TO1	TO2
1.80	1.60		
1.75	1.56	1.54	
1.70	1.53	1.50	
1.65	1.49	1.47	1.45
1.60	1.45	1.43	1.42
1.55	1.41	1.40	1.38
1.50		1.36	1.35
1.45			1.31

飞机所需的灵活起飞推力可根据飞机实际起飞重量来确定，如图 12-58 所示。最大允许的灵活温度减推力大小不能小于最大起飞推力的 75%。此外，在跑道为污染跑道时禁止使用灵活温度减推力。

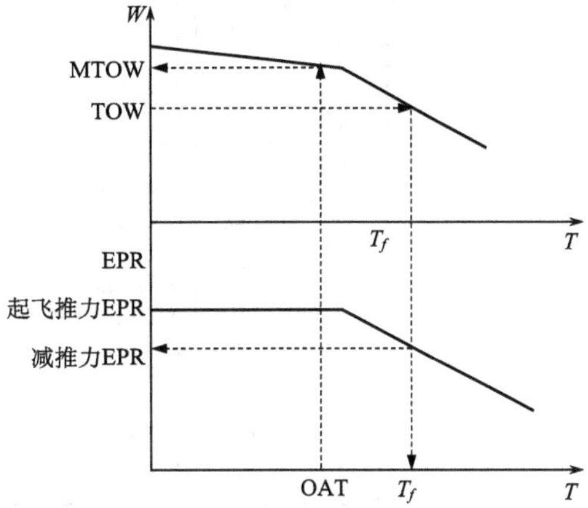

图 12-58　灵活温度减推力

图 12-59 为 A320 在 FCOM 中给出的灵活温度下发动机减推力的大小，也可将灵活温度输入 FMGS 中来确定灵活温度减推力的大小。

2）降低功率减推力起飞

降低额定功率减推力的起飞是飞机的起飞推力小于最大起飞推力。降低额定功率减推力大小一般用最大起飞推力的减小百分数来表示，与最大起飞推力相比，起飞航迹上任何点的新的最大可用推力被减小了。这样，可以按照中国民用航空规章来确定最小控制速度（V_{MCG}，V_{MCA}）。

在短跑道上起飞时，最小控制速度的减小，可带来起飞性能的改善（MTOW 更大）。V_1 是中断起飞和继续起飞的决断速度，且 $V_1>V_{MCG}$，就短跑道而言常受到加速停止距离的限制。对于给定的起飞重量，V_{MCG}的减小，可以缩短 ASD，同时可以在最大起飞推力下的 MTOW 受到 ASD/V_{MCG}的限制时，给出更好的起飞性能。

7. 飞机起飞速度

除了飞机起飞重量，在飞机起飞前需确定起飞过程中的关键速度（$V_1/V_R/V_2$）。图 12-60为 B737-800 飞机根据机场条件、气象条件以及飞机状态（襟翼位置，最大起飞重量）来确定飞机起飞关键速度图。

V_1 大小受到 V_{MCG}的限制，若 $V_1<V_{MCG}$，则使 $V_1=V_{MCG}$，表 12-11 为 B737-800 飞机在不同机场标高和不同温度下的 V_{MCG}。

由于起飞重量受到跑道表面污染情况限制，飞机的决断速度 V_1 也需要相应地调整，图 12-61 给出了 B737-800 飞机在不同程度污染跑道上的修正值。

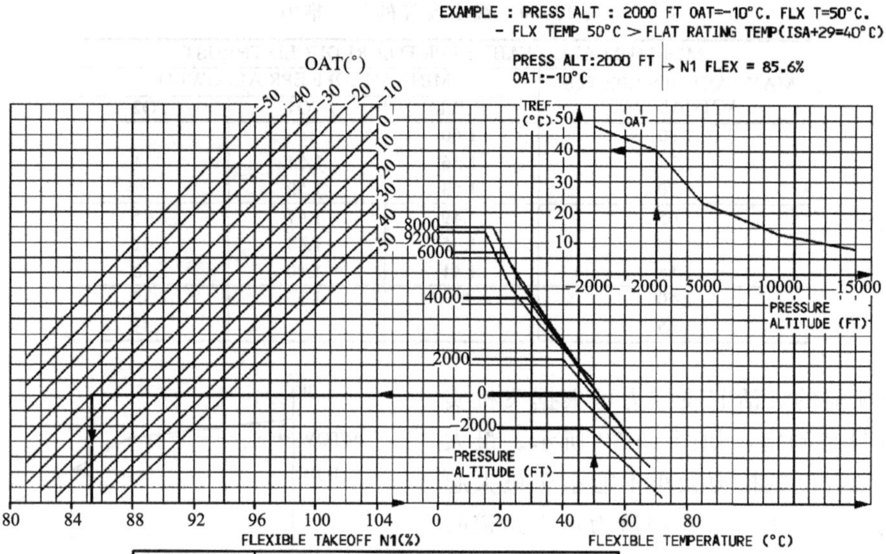

CFM56-5B4	N1 CORRECTIONS FOR AIR BLEED	
FLEX TAKEOFF N1 MACH = .000	AIR CONDITIONING ON	-.7
	ENGINE ANTI ICE ON	0.0
	ENGINE AND WING ANTI ICE ON	0.0

图 12-59　A320 灵活温度减推力图

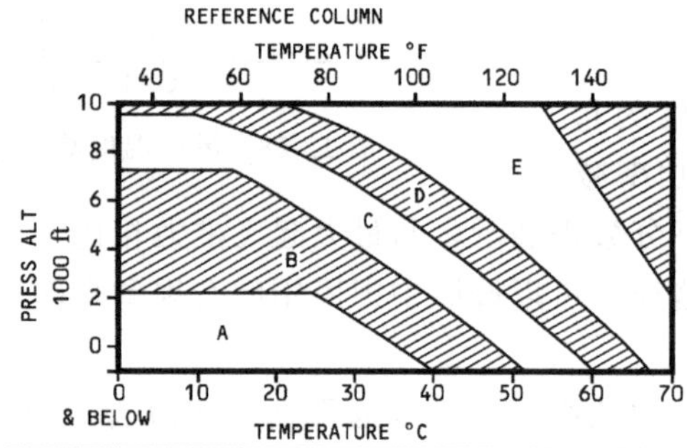

SLOPE/WIND V_1 ADJUSTMENT

WEIGHT 1000 KG	SLOPE %			WIND KTS			
	-2	0	2	-15	0	20	40
120	-2	0	3	-2	0	1	1
110	-2	0	3	-2	0	1	2
100	-2	0	3	-2	0	1	2
90	-1	0	3	-2	0	1	2
80	-1	0	3	-3	0	1	2
70	-1	0	3	-3	0	1	2

FLAPS	WT 1000 kg	A			B			C			D			E		
		V_1	V_R	V_2	V_1	V_R	V_2	V_1	V_R	V_2	V_1	V_R	V_2	V_1	V_R	V_2
1	120	178	181	186	180	183	185	182	184	186						
	110	168	172	177	171	174	177	173	176	178	176	177	178	178	178	178
	100	158	162	169	160	164	169	163	166	169	165	168	169	169	169	170
	90	146	152	160	149	154	160	152	156	160	155	157	161	158	160	161
	80	135	141	150	137	142	151	140	144	151	143	146	151	147	150	151
	70	123	129	138	126	132	141	128	133	141	131	135	141	134	138	141
5	120	163	167	171	166	169	171	168	171	171						
	110	154	159	163	157	160	163	159	162	163	162	163	164	164	164	164
	100	144	150	155	147	151	155	150	153	155	153	155	156	155	156	156
	90	134	140	147	137	142	147	140	143	147	143	145	148	146	147	148
	80	124	130	139	126	132	139	129	133	139	132	135	139	135	137	139
	70	114	121	130	115	121	130	117	123	130	120	124	130	123	126	130
15	120	156	159	161	158	160	161	160	161	161						
	110	146	150	154	149	152	154	151	154	154	154	155	155			
	100	137	142	147	139	143	147	142	145	147	145	147	147	147	148	148
	90	127	133	139	130	134	139	132	136	140	135	138	140	138	140	140
	80	116	123	131	119	125	131	122	126	131	125	128	131	128	130	132
	70	106	114	123	108	115	123	111	117	123	114	118	123	117	121	123
20	120	146	150	154	149	151	153									
	110	138	142	147	141	143	147	143	145	147						
	100	129	134	140	132	136	140	135	137	140	137	139	141			
	90	120	126	132	122	127	133	125	129	133	128	130	133	130	132	133
	80	110	117	125	112	118	125	115	120	125	118	122	125	121	123	125
	70	101	109	117	102	109	117	105	111	117	107	112	117	111	114	117

CHECK MINIMUM V_1 (MCG) IN BOXED AREA

图 12-60　B737-800 飞机起飞关键速度图

表 12-11 不同机场标高和不同温度下的 V_{MCG}

ACTUAL OAT		PRESSURE ALTITUDE/ft					
/℃	/℉	0	2000	4000	6000	8000	10000
55	131	94					
50	122	97	93	90			
45	113	99	95	92	88		
40	104	101	98	94	90	87	
35	95	103	100	96	92	89	84
30	86	105	102	98	94	90	86
25	77	106	103	100	96	92	87
20	68	106	103	101	97	93	89
15	59	106	103	101	98	95	90
10 & BELOW	50 & BELOW	106	104	101	98	95	91

V1 Adjustment (KIAS)

WEIGHT (1000kg)	SLUSH/STANDING WATER DEPTH								
	3 mm (0.12 in)			6 mm (0.25 in)			13 mm (0.50 in)		
	PRESSURE ALTITUDE (ft)			PRESSURE ALTITUDE (ft)			PRESSURE ALTITUDE (ft)		
	S.L.	5000	10000	S.L.	5000	10000	S.L.	5000	10000
90	−13	−8	−3	−7	−2	0	0	0	0
85	−14	−9	−4	−8	−3	0	0	0	0
80	−15	−10	−5	−9	−4	0	0	0	0
75	−16	−11	−6	−11	−6	−1	0	0	0
70	−18	−13	−8	−12	−7	−2	0	0	0
65	−19	−14	−9	−14	−9	−4	−4	0	0
60	−20	−15	−10	−16	−11	−6	−7	−2	0
55	−21	−16	−11	−18	−13	−8	−11	−6	−1
50	−22	−17	−12	−20	−15	−10	−15	−10	−5
45	−23	−18	−13	−21	−16	−11	−17	−12	−7
40	−23	−18	−13	−21	−16	−11	−18	−13	−8

1. Obtain V1, VR and V2 for the actual weight using the Dry Runway Takeoff Speeds table.

2. If V1(MCG) limited, set V1 = V1(MCG).If not V1(MCG) limited, enter V1 Adjustment table with the actual weight to obtain V1 speed adjustment. If adjusted V1 is less than V1(MCG), set V1 = V1(MCG). V1 not to exceed VR.

图 12-61 跑道表面质量对 V_1 的修正

8. 起飞性能优化

1) 改进爬升

飞机起飞阶段第二阶段以等表速 V_2 进行爬升时，获得的爬升梯度并不是最大爬升梯度，如图 12-62所示。飞机选择稍大的速度 $V_2+\Delta V$ 进行爬升时，可获得更大的爬升梯度或保持原爬升梯度而增加飞机的起飞重量。

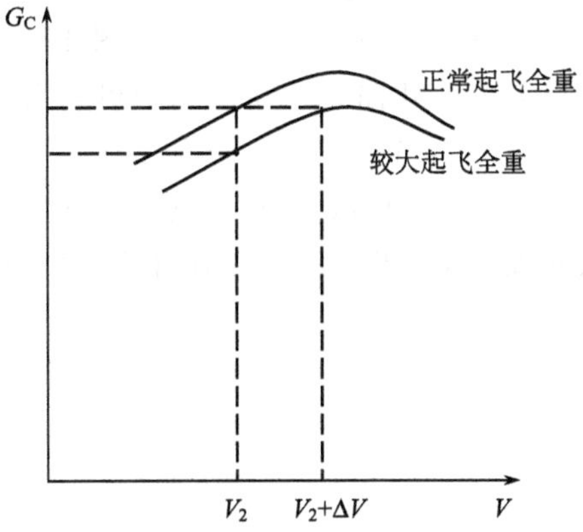

图 12-62 爬升速度和爬升梯度关系曲线

若最大起飞重量受到第二阶段的爬升梯度和(或)障碍物的限制，而可用的场地长度没有完全被利用，飞机可增大第二阶段飞行速度来改进爬升性能。改进爬升可用于改善飞机起飞爬升过程中的越障能力，也可用于增大飞机的最大起飞重量，提高经济性。图 12-63 给出了 B737-800 改进爬升后最大起飞重量和速度的改变曲线。

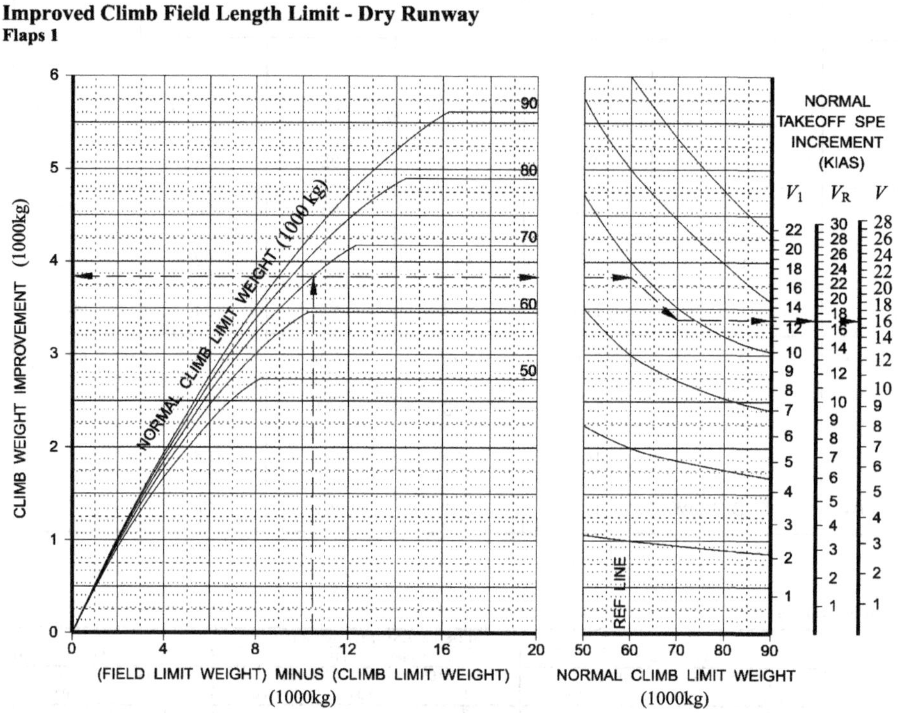

图 12-63 改进爬升后最大起飞重量和速度的改变曲线

由于爬升速度的增大，飞机的 V_1 和 V_R 也增大，V_{LOF} 也增加，因此，需要检查轮胎速度限制和刹车能量限制，通常爬升速度的增量不能超过 6.5%。

2）起飞速度优化

（1）V_1/V_R。

飞机需在抬前轮前进行关键发动机失效的决断（$V_1 \leqslant V_R$），同时 V_1 的减小会导致飞机起飞距离增长，为保证起飞距离不会过长需要限制 V_1 的最小值，实验证明，当 $V_1 \leqslant 0.84V_R$ 时可满足要求，因此，V_1/V_R 的范围为 [0.84，1]，在该范围内，V_1/V_R 的变化会影响飞机的最大起飞重量。图 12-64 给出了某飞机在不同限制下的最大起飞重量随着 V_1/V_R 的变化曲线，在该图中可以看出，最大起飞重量由 ASD 和 TOD_{N-1} 限制取得。

（2）V_2/V_S。

通常 $V_2/V_{SFAR} \geqslant 1.2$，但 V_2 过大使飞机起飞距离增长，导致爬升性能降低，减少最大起飞重量。图 12-65 给出了 V_2/V_S 增加时对 MTOW 的影响。

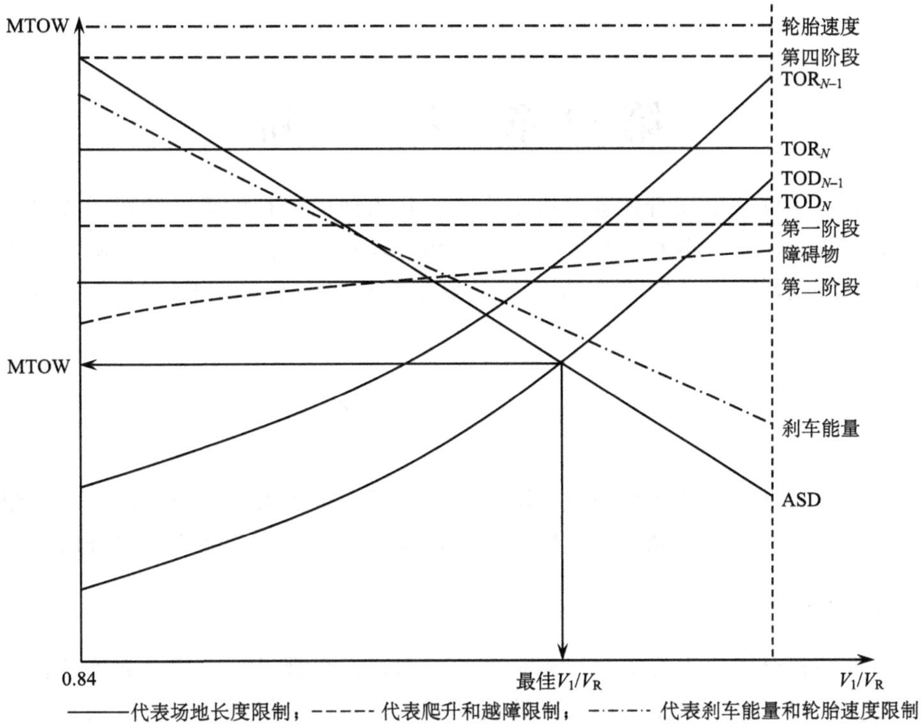

图 12-64 V_1/V_R 对 MTOW 的影响

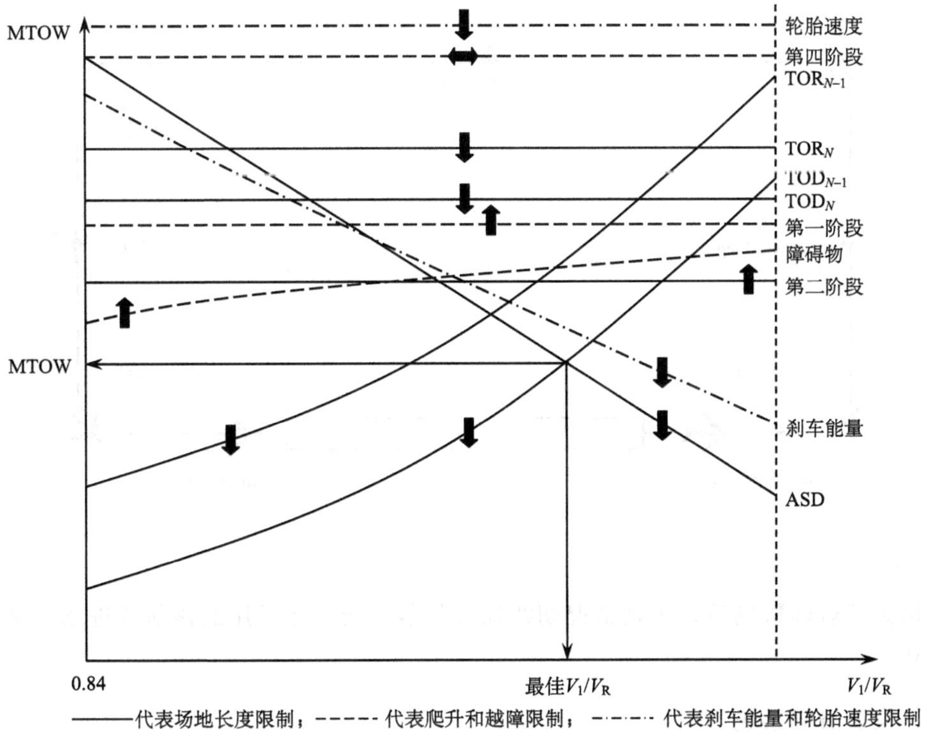

图 12-65 V_2/V_S 对 MTOW 的影响

第13章 着　　陆

飞机着陆为飞机结束飞行任务时由空中飞行转为地面滑行的重要阶段。该阶段由于速度的变化范围较大，飞行员对飞行的操纵过程相对较复杂，因此，飞机着陆阶段为飞行任务中事故多发阶段，据统计空难大约 52%是发生在进场与着陆阶段。本章介绍进场与着陆阶段的相关性能。

13.1 进　　场

飞机接近目的机场时从飞行高度下降，以一定模式进入着陆航道下滑，对准跑道中心线，使飞机在跑道入口具有规定的高度和速度以及下滑角，为着陆创造良好的条件。

13.1.1 起落航线

为了使进场和离场的飞行流量得到合理的控制，在目视进近中建立起落航线。所谓起落航线就是飞机起飞后按规定的高度、速度和预定的转弯点组成的航线（通常包括四个转弯和五条边）进行起飞着陆的飞行，如图 13-1 所示。以起飞方向为准，向左转弯称为左航线，向右转弯称为右航线。

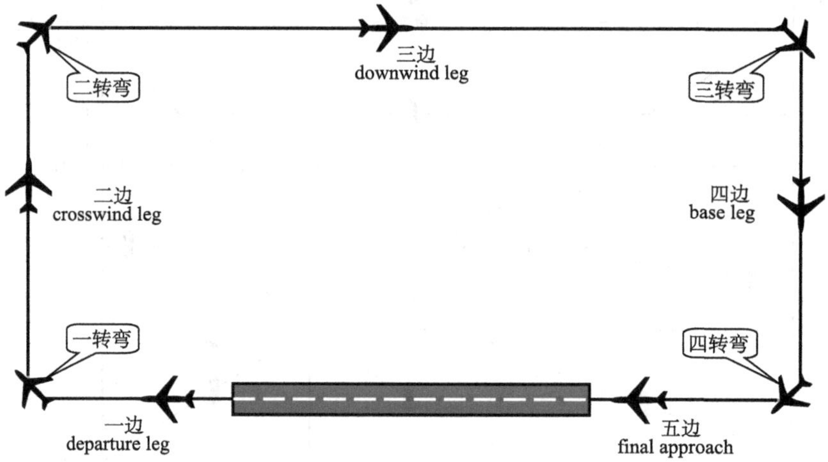

图 13-1　起落航线

飞机到达着陆机场后，可视情况切线加入起落航线，然后用起落航线进场（又称为进近）着陆。

13.1.2 仪表着陆系统

现代民航广泛采用仪表着陆系统（Instrument Landing System，ILS），在仪表着陆系统的指引下，飞机在跑道入口以正确的高度、速度和下滑角，对准跑道中心线平稳接地。

飞机跑道安装下滑道发射器（GS transmitter）和定位发射器，分别发射上下左右不同频率的波束，以便飞机确定下滑道和跑道中心线，如图 13-2 所示。

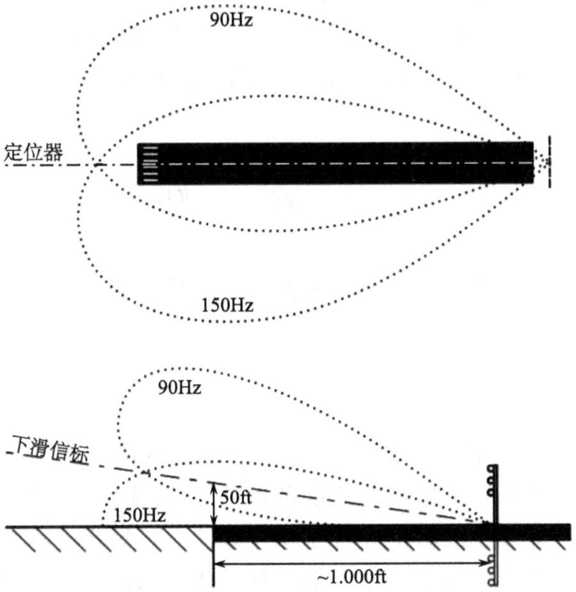

图 13-2 仪表着陆系统工作原理

13.2 复 飞

由于着陆场地特殊情况或飞机本身故障时，正在进场着陆的飞机必须中断着陆，转入爬升的过程称为复飞。

13.2.1 复飞全过程

复飞要在速度较小和高度较低的情况下，保证飞机能迅速增速和安全上升。此时，飞机的发动机处于最大工作状态。做出复飞决定后，应及时柔和地将发动机油门推到最大，并迅速收起落架，使飞机迅速地进入平飞增速。复飞加油门时，有的飞机有上仰趋势，应及时增加顶杆力量，以克服由于加油门引起的上仰力矩，以使飞机平稳转入平飞，否则迎角和阻力系数很快增大，影响飞机增速；反之，复飞加油门时若飞机有下俯趋势，则应增加带杆量，总之，应使飞机保持所要求的俯仰姿态。加油门时，还应及时用杆舵修正螺旋桨副作用的影响，以使飞机保持好方向和不带坡度。

当速度增大至规定速度时，应柔和带杆，增大迎角和升力，使飞机转入上升。

当飞机上升到规定的高度和在规定的速度范围内，应分次收起襟翼。收襟翼时，升力系数降低，升力减小，飞机高度下降。同时飞机俯仰平衡也要发生变化，应及时用杆保持好飞机姿态，以减小下降高度。

当飞机进入稳定上升后，根据障碍物情况将发动机油门调整到所需状态。

13.2.2 复飞爬升梯度

为保证飞行安全，中国民用航空规章对复飞的爬升梯度规定了具体要求。

当飞机在初始进近（initial approach）时进行复飞，可选择的复飞速度范围为 $[1.23V_{S1g}, 1.41V_{S1g}]$，飞机以正常工作的进场构型爬升，定常爬升梯度应为：①双发飞机不小于 2.1%；②三发飞机不小于 2.4%；③四发飞机不小于 2.7%。

当飞机在最后进近（final approach），即着陆前进行复飞时，飞机以着陆构型定常爬升梯度不得小于 3.2%。

13.3 着 陆

飞机从一定高度下滑，并降落地面滑跑直至完全停止运动的整个过程，称为着陆。

13.3.1 着陆全过程

1. 后三点飞机

低速小型飞机着陆是从相对高度 25m 开始，沿下滑轨迹继续下降，当离地 0.7～1m 时，将飞机拉平，保持平飞减速，随着速度的减小，逐渐带杆，使飞机减到接地速度时，将飞机拉成三点姿势（指三个机轮正好位于水平面上），飞机自然接地。接地后可用刹车或负拉力减速，直至飞机停止运动。通常把这种飞机的着陆分成下滑拉平、一米平飘、着陆滑跑三个阶段，如图 13-3 所示。

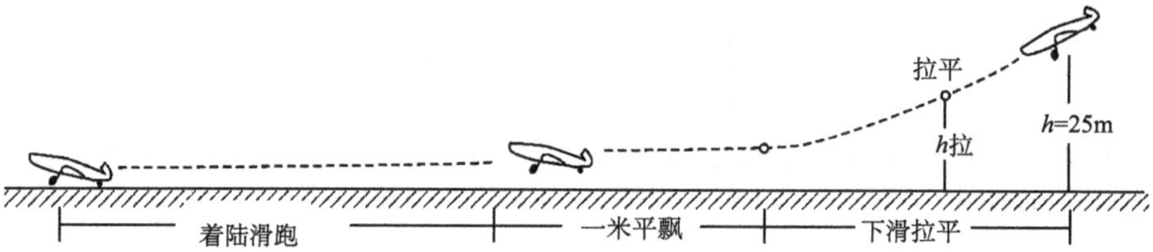

图 13-3 后三点飞机的着陆过程

2. 现代飞机

飞机通常是从相对高度 50ft（15m）开始，以参考速度按 3°下滑角下滑，当离地为 0.15～0.25m 时拉平，随着速度的降低，飞机飘落接地。飞机接地后，使用刹车，打开减速板，并将发动机推至反推力状态。飞机在跑道上减速，直到停止，飞机着陆结束。通常把该着陆过程分成拉平飘落和着陆滑跑两个阶段，如图 13-4 所示。

13.3.2 着陆相关速度

1. 进近及着陆期间的最小控制速度 V_{MCL}（minimum control landing speed）

当关键发动机突然停车时，能在该发动机继续停车的情况下保持对飞机的操纵，并维持坡度不大于 5°的直线飞行的最小速度。V_{MCL} 的大小由试飞确定，中国民用航空规章中规定试飞条件如下。

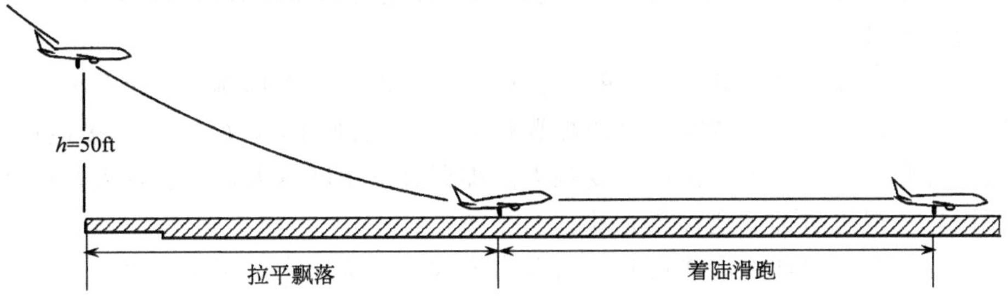

图 13-4　前三点飞机的着陆过程

（1）飞机处于全发工作进场和着陆的最临界形态，或申请人如有选择则为所选取的形态。

（2）重心在最不利的位置。

（3）飞机按全发工作的进场状态配平。

（4）海平面最大着陆重量。

（5）工作发动机处于复飞状态。

2. 最小可选速度 V_{LS}

在空中飞行时，飞机不应选择低于 V_{LS} 的速度进行飞行。在飞机着陆期间，在到达跑道上空 50ft 高度之前速度都不得小于 V_{LS}。

$$V_{LS} = 1.23V_{S1g} \tag{13-1}$$

3. 最后进近速度 V_{APP}

V_{APP} 是指飞机在高于跑道 50ft 时的速度，此时飞机的襟翼和缝翼都处于着陆形态且起落架放下。通常 $V_{APP} \geqslant V_{LS}$，在实际使用时会留有一定的余量。例如，对于空客飞机，$V_{APP} \geqslant V_{LS} + V_W$①。

4. 基准速度 V_{REF}（reference speed）

基准速度为着陆形态下 50ft 高度的稳定进近速度。若飞机在空中发生障碍、应急或非正常状态，性能计算根据基准形态和基准速度。

$$V_{REF} = V_{LS}(\text{全形态}) \tag{13-2}$$

若发生影响着陆性能的系统故障，飞机的运行文件中会给出故障后的 V_{REF} 修正量。必要时需添加速度增量用于风的修正。

5. 接地速度 V_{TD}（touch down speed）

飞机接地瞬间的速度，称为接地速度。飞机接地瞬间的升力近似等于着陆重量，可得

$$L = C_{LTD}\frac{1}{2}\rho V_{TD}^2 S \approx W \tag{13-3}$$

可计算出接地速度：

$$V_{TD} = 0.95\sqrt{\frac{2W}{C_{LTD}\rho S}} \tag{13-4}$$

式中，C_{LTD} 为飞机接地时的升力系数（飞机处于着陆状态，发动机小油门，起落架放下，

---

①V_W 为风速，范围为 5～15kn。

放襟翼及其他增升装置)，飞机从构成接地姿态到接地之间速度有所减小，0.95 为这段时间的速度修正系数。

由式（13-4）可看出，飞机着陆重量、空气密度和 C_{LTD} 会影响 V_{TD} 的大小。

（1）C_{LTD} 的大小取决于接地迎角和襟翼位置。接地迎角大，C_{LTD} 大，接地速度就小，反之，接地迎角小，C_{LTD} 小，接地速度就大。襟翼放下角度越大，C_{LTD} 越大，接地速度就越小，所以，一般飞机都放全襟翼着陆。

（2）飞机着陆重量增加，接地时所需升力增大，接地速度也相应增大。

（3）空气密度减小，为了保证飞机轻轻接地所需的升力，需相应地增大接地速度。所以，气温升高或大气压力下降，以及在高原机场着陆，接地速度都要增大。

6. *放襟翼速度* V_{FE}（flaps expanding speed)

放襟翼速度为飞机襟翼放下位置和发动机推力状态相对应的最大限制速度。

该速度不仅参考到襟翼、缝翼的结构强度，也考虑了飞机性能，该速度与相应的襟翼位置具有最佳的加速性，收襟翼和进近着陆时放襟翼的规定速度。

V_{FE} 在不同重量和不同襟翼位置下的速度限制有以下不同。

（1）当飞机重量为最大起飞重量、襟翼处于起飞襟翼位置时，$V_{FE} \geq 1.6V_{S1g}$。

（2）当飞机重量为最大着陆重量、襟翼处于进近襟翼位置时，$V_{FE} \geq 1.8V_{S1g}$。

（3）当飞机重量为最大着陆重量、襟翼处于着陆襟翼位置时，$V_{FE} \geq 1.8V_{S1g}$。

表 13-1 为 B737-800 在不同襟翼放下角度时的放襟翼速度，表 13-2 为 A320-200 在不同形态时的放襟翼速度。

表 13-1 B737-800 的放襟翼速度

襟翼放下角度/(°)	1	5	15	20	25	30
V_{FE}/kn	$V_{FE}+80$	$V_{FE}+60$	$V_{FE}+40$	$V_{FE}+20$	$V_{FE}+20$	V_{FE}

表 13-2 A320-200 的放襟翼速度

形态	1	1+F	2	3	FULL
V_{FE}/kn	230	215	200	185	177

7. *起落架操纵速度* V_{LO}/V_{LE}（landing gear speed)

V_{LO} 为起落架操纵速度，也就是在收放起落架时不能超过的安全速度。V_{LE} 为带轮飞行速度，也就是起落架完全放下时的安全飞行速度。飞机的起落架操纵速度可在飞机飞行手册或 FCOM 中查到，表 13-3 为 A320 和 B737 的起落架操纵速度。

表 13-3 典型机型的起落架速度

起落架速度		A320	B737
V_{LO}	收起落架	220kn	235kn
	放起落架	250kn	270kn/Ma0.82
V_{LE}		280kn/Ma0.67	320kn/Ma0.82

13.3.3 着陆性能分析

1. 拉平飘落阶段

1）拉平飘落过程

飞机从一定高度开始着陆时，发动机处于慢车工作状态，即一般采用带小油门下滑的方法下降。飞行高度降低到接近地面时，开始拉杆使飞机由下滑转入平飘，该过程为拉平飘落过程。

如图 13-5 所示，飞机拉平飘落过程是飞机由下滑状态转入近似平飞状态的过程。通常飞机以 V_{REF} 和 3°下滑角下滑，在垂直平面内做圆周运动转为平飞。

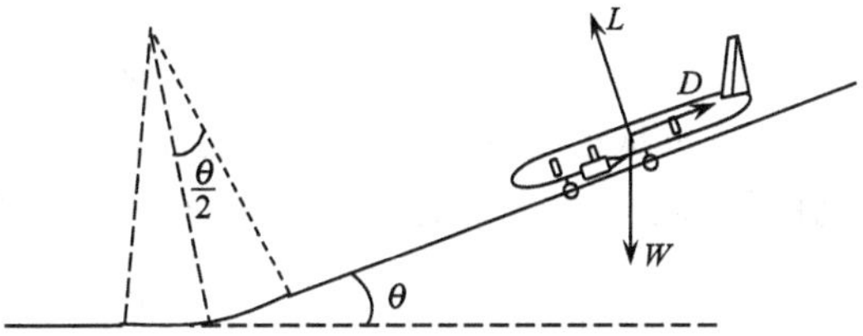

图 13-5 拉平飘落过程

开始拉平的高度不宜过高，否则，拉平后高度将会高于规定的平飘高度，而且也看不清地面，不利于判断高度。开始拉平的高度也不宜过低，否则，会造成平飘的高度过低，甚至尚未拉平，主轮即已撞地。一般以正常的拉杆动作，并能保证飞机在离地约 1m 的高度进入平飘，作为确定开始拉平高度的依据。机型不同，开始拉平的高度也不同。目前运输机，开始拉平的高度通常为 6～10m。

影响开始拉平高度的主要因素是下滑角的大小。当下滑速度一定时，下滑角大，下降率也大，而且拉平过程较长，这都使拉平中下降的高度多，开始拉平的高度就应高一些，反之，下滑角小，开始拉平的高度就应低一些。

在下滑速度较大的情况下，如果飞行员仍采取与正常下滑速度时同样的分量拉杆，那么，下滑轨迹的弯曲程度增大，即曲率半径减小，拉平中降低的高度少，拉平后高度比规定高。因为在拉平过程中，曲率半径的大小不仅与速度的平方成正比，还与向心力成反比。向心力是升力与重力第一分力之差，升力随速度平方而增大，但重力第一分力却不随速度而变，而向心力增长很快，对曲率半径的影响比速度对曲率半径的影响更显著。因此，飞行员应根据离地高度和下沉接近地面的情况，掌握好拉杆的分量和快慢，使之符合客观实际，才能做到正确的拉平。若高度高，下沉慢、俯角小，拉杆的动作应适当慢一些；反之，若高度低、下沉快、俯角大，拉杆的动作应适当快一些。

飞机转入平飘后，在阻力作用下，速度逐渐减小，升力不断降低。为了使飞机升力与飞机重力近似相等，使飞机缓慢下沉，飞行员就应相应不断地拉杆增大迎角，以提高升力在离地 0.15～0.25m 的高度上将飞机拉成接地迎角姿态，同时速度减至接地速度，使飞机轻轻接地。可见，平飘的过程实质上既是飞机形成接地姿态的过程，同时也是减速到接地速度的过程。

在平飘过程中，飞行员应根据飞机下沉和减速的情况相应地向后拉杆。一般来说：在平飘前段，需要的拉杆量较少。因为此时飞机的速度较大，在速度减小、升力减小时，只需稍稍拉杆增加少量的迎角，就能保持平飘所需的升力。如果拉杆量过多，使升力突增，飞机将会飘起。

在平飘后段，需要的拉杆量较多。因为这时飞机的速度较小，若拉杆量与前段相同，增加同样多迎角，升力增加小，飞机将迅速下沉；此外随着迎角的增大，阻力系数增大，飞机减速快，也将使飞机迅速下沉，所以，只有多拉杆，迎角增加多一些，才能得到所需要的升力，使飞机下沉缓慢。

总之，在平飘中，拉杆的时机、分量和快慢由飞机的速度和下沉情况来决定。飞机速度大，下沉慢，拉杆的动作应慢些；反之，速度小，下沉快，拉杆的动作应适当加快。

此外，为了使飞机平稳地按预定方向接地，在平飘过程中，还需注意用舵保持好方向。如有倾斜，应立即以杆舵一致的动作修正。此时迎角大、速度小、副翼效用差，故应利用方向舵支援副翼。即向倾斜的反方向蹬舵，帮助副翼修正飞机的倾斜。

2）拉平飘落性能参数

（1）拉平飘落距离。

飞机拉平时所做的圆周运动，向心力由飞机的升力提供，发动机处于慢车工作状态，$T\approx 0$。飞机从进场到接地为减速过程，该过程的平均阻力为 D_{avg}，下滑角 $\theta\leqslant 3°$，沿圆周运动的航迹长度与水平距离近似相等。拉平飘落段的距离 X_A 可通过式（13-5）求得

$$X_A D_{\text{avg}}=\left(\frac{W}{2g}V_{\text{REF}}^2+H_{\text{REF}}W\right)-\frac{W}{2g}V_{\text{TD}}^2 \tag{13-5}$$

式中，H_{REF} 为进场高度。

（2）影响因素。

飞机进场的下滑角与 H_{REF} 会影响拉平飘落距离的大小。图 13-6 给出了 B737-200 飞机拉平飘落距离的变化规律。

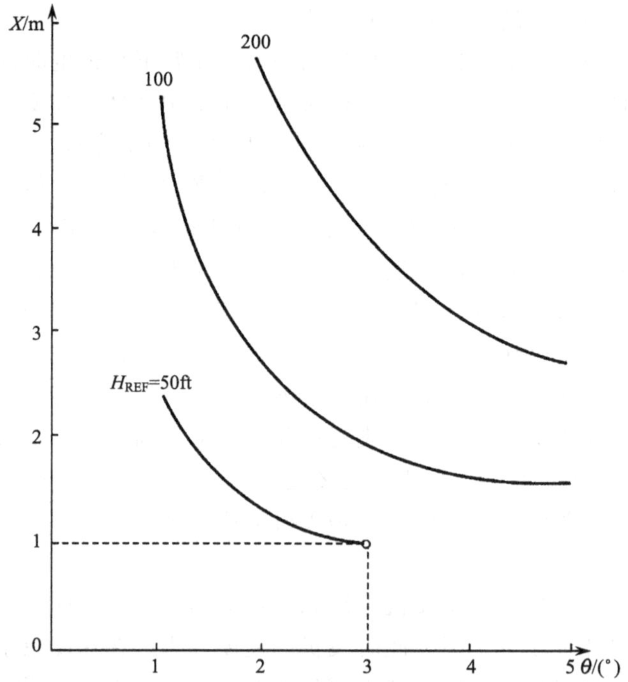

图 13-6　拉平飘落距离的变化规律

由图 13-6 可以看出，进场高度为 50ft 时，下滑角由 3°减到 2°，拉平飘落距离会加长 300ft，θ 减小到 1°，距离可增加到 1500ft；下滑角为 3°时，H_{REF} 增加到 100ft，拉平飘落距离会增加 950ft；高度增加到 200ft，距离增加约 2900ft。

2. 着陆滑跑阶段

1）着陆滑跑过程

（1）接地。

飞机在接地前由于有垂直方向的速度分量，会出现机头下俯的现象。另外，由于飞机接近地面，地面的影响增强，下洗速度减小，水平尾翼的有效迎角增大，产生向上的附加升力，对重心形成的力矩使机头下俯。所以，飞机在接地前，需继续向后拉杆才能保持正确的接地姿态接地。

为减小接地速度和增大滑跑中阻力，以缩短着陆滑跑距离，接地时应有较大的迎角，故前三点飞机以两主轮接地，即“两”点接地。而后三点飞机通常以三轮同时接地，即“三”点接地。

（2）着陆滑跑。

飞机接地后，为尽快减速，缩短着陆滑跑距离，必须在滑跑中增大飞机阻力。滑跑中飞机阻力有气动阻力、机轮摩擦力以及喷气反推力和螺旋桨负拉力等。滑跑中，增大飞机迎角，放减速板，以及使用反推、螺旋桨负拉、刹车等都能增大飞机阻力。

对于某些轻型前三点运输机，为减小前轮和刹车装置的磨损，接地后需保持一段两点滑跑，这样可利用迎角大时较大的气动阻力使飞机减速。故飞机接地后飞行员应带住杆，用升降舵偏转后所形成的上仰力矩，保持力矩平衡，以保持两点滑跑。随着滑跑速度减小，升力、阻力和水平尾翼附加空气动力都减小，对主轮接地点的上仰力矩减小，机头要下沉，所以应增加带杆量增大上仰力矩，以继续保持力矩平衡做两点滑跑。速度减到一定时，应转为三点滑跑。前轮接地后，将驾驶杆前推过中立位置，避免前轮再离地，随即使用刹车减速。

对于装有刹车自动调压器和防滞装置刹车效用好以及能使用减速板、反推装置或螺旋桨负拉力来减速的中大型运输机，为及早使用这些措施减速，缩短着陆滑跑距离，飞机接地后应立即使前轮接地转为三点滑跑。

同起飞一样，前三点飞机由于地面方向安定性好，滑跑方向容易保持。对于前轮偏转的前三点飞机，一般用偏转前轮和方向舵的方法来保持滑跑方向，必要时也可刹车来保持滑跑方向。对于前轮不能偏转的前三点飞机就只能用舵和刹车来保持滑跑方向，滑跑前段，速度大，舵的效用好，应用舵保持好滑跑方向，滑跑后段，舵效用差，应及时用单刹车保持滑跑方向。

后三点飞机，接地后即保持三点滑跑。由于地面方向安定性差，为便于保持滑跑方向，接地后，应拉紧杆，增大尾轮的摩擦力。滑跑前面用舵保持滑跑方向，滑跑后段用单刹车保持滑跑方向。滑跑前段利用气动阻力减速，滑跑后段用刹车减速，但刹车不可粗猛，以防止飞机拿大顶。

2）着陆滑跑性能参数

（1）着陆滑跑距离。

着陆滑跑距离是飞机从接地到完全停止运动所经历的距离。飞机接地后飞行员实施放前轮、收油门、刹车和打开减速板等减速措施。由于减速措施较多，在所有减速措施未完全形成制动力之前飞机会继续运动一段时间，该时间段很短，一般为0.54（自动刹车系统）～2s（手动刹车系统），经过的距离称为着陆滑跑过渡段。因此，着陆滑跑距离应包括过渡段和全制动减速段两部分（图13-7）。

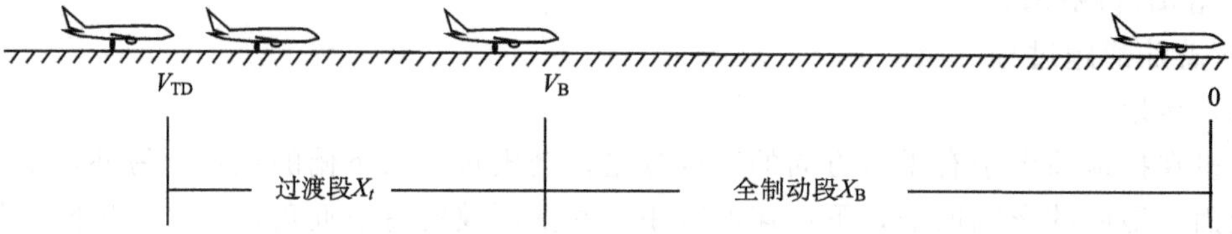

图13-7 着陆滑跑过程

①过渡段。

由于过渡段内还没有形成完全制动，飞机减速度较小，在过渡段所经过的水平距离可表示为

$$X_T=\left(\frac{V_{TD}+V_B}{2}-V_W\right)\Delta t \tag{13-6}$$

式中，V_B为飞机形成全制动时的速度；Δt为过渡段经历的时间；V_W为风速，根据已有的试飞统计，可得

$$V_{TD}\approx 0.98V_{REF},\quad V_B\approx 0.99V_{TD} \tag{13-7}$$

对B757-200在着陆时，过渡时间Δt，可按规定不少于1s。例如，若假设飞机进场$V_{REF}=134$kn，无风时所经过的过渡段距离为

$$X_T=1.6878\times\frac{0.98\times 1.99\times 134}{2}=221(\text{ft})$$

②全制动减速段。

全制动减速段经过距离的计算方法与起飞滑跑距离相同，可用解析积分方法，也可用数值积分方法。形成全制动后，飞机摩擦系数增大，减速度也随之增大，可表示为

$$a=\frac{g}{W}[T-\mu(W-L)-D] \tag{13-8}$$

全制动减速段经过的水平距离为

$$X_B=\int_{V_B}^{V_W}\frac{(V-V_W)}{a}\text{d}V \tag{13-9}$$

式中，V_W为风速。

例如，B757-200飞机着陆质量为198klb，在海平面上，发动机慢车工作状态，无风，跑道无坡度的条件下，已知刹车的摩擦系数$\mu=0.38$，滑跑迎角对应的$C_L=0.1977$，$C_D=0.011$（已包含地面效应），着陆减速距离和时间的计算见表13-4。

（2）着陆距离。

① 实际着陆距离（Actual Landing Distance，ALD）。

从高于跑道表面50ft高度开始，下滑接地滑跑直至完全停止运动所经过的水平距离，称为着陆距离。

$$\text{ALD}=X_A+X_T+X_B \tag{13-10}$$

表 13-4 B757-200 的全制动减速距离和时间

V/kn	130	120	100	80	60	40	20	0
V_{avg}/(ft/s)	210.975	185.658	151.902	84.38	50.634	16.878	210.975	
ΔV/(ft/s)	16.878	33.756	33.756	33.756	33.756	33.756	33.756	
q	57.2	48.75	30.86	21.67	12.19	5.42	1.38	0.00
T	9640	10178	11248	12320	13392	1444	15536	16608
μ (W−L)	74773.39	77482.42	74963.9	75063.3	75140.6	75195.82	7522.96	75240
a/(ft/s²)	−12.34	−11.87	−11.05	−10.38	−9.81	−9.39	−9.11	−8.97
a_{avg}	−12.10	−11.46	−10.70	−10.08	−9.60	−9.25	−9.04	
$\Delta X=V\times\Delta V/a$	294	547	479	396	297	185	63	
$\sum\Delta X$	0	294	341	1320	1716	2013	2197	2260
$\Delta t=\Delta X/V$	1.39	2.95	3.15	3.35	3.52	3.80	3.73	
$\sum\Delta t$	0	1.39	4.34	7.49	10.84	14.36	18.01	21.74

ALD 需按以下条件确定：标准温度；着陆形态；以 V_{LS} 稳定进近，人工着陆形态；无过大的垂直加速度；在水平、光滑、干燥硬质道面的跑道上滑跑；机轮刹车系统压力可接受；当安全可靠时，可以使用扰流板、反推（干跑道除外）[①]。

②所需着陆距离（Required Landing Distance，RLD）（图 13-8）。

中国民用航空规章第 25 部中规定，飞机 RLD 在不同跑道条件下的取值会有所不同。跑道表面为干，$RLD_{干}=ALD/0.6=1.67ALD$；跑道表面为湿，$RLD_{湿}=1.15RLD_{干}$；跑道表面被污染，$RLD_{污染}=\max(1.15ALD_{污染},RLD_{湿})$。

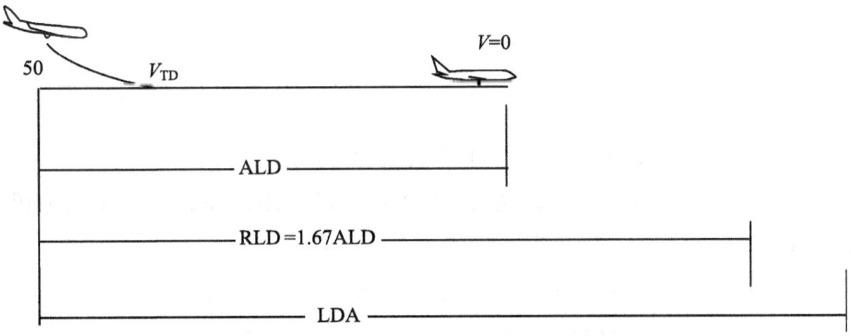

图 13-8 着陆场地长度

③可用着陆距离（Landing Distance Available，LDA）。

通常情况下，可用着陆距离（LDA）就是跑道的长度（TORA），停止道（SWY）不能用于着陆计算。可用着陆距离需满足：

$$RLD\leqslant LDA$$

①干跑道，着陆距离不考虑反推，对于污染跑道可以考虑反推的影响。也就是在干跑道的情况下，给出 ALD 值相对比较保守，可增加安全性。

若着陆航迹（进近净空区）下有障碍物，可用着陆距离可能会被缩短。进近净空区的范围如图 13-9 所示。

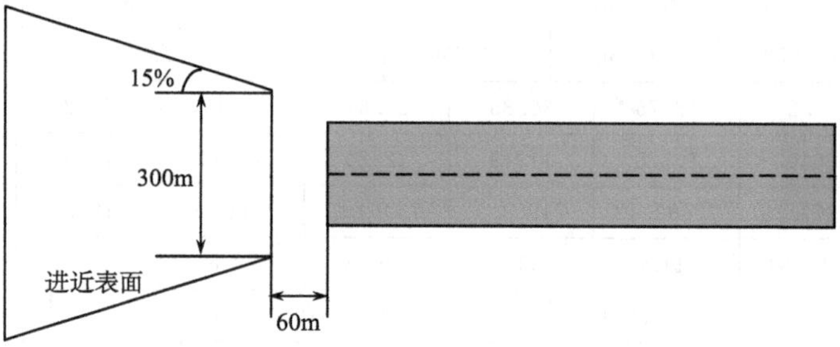

图 13-9　进近净空区

若在进近净空区内有障碍物，需要定义一个移位后的跑道头，其位置为以影响最大的障碍物形成 2%的正切平面然后加上 60m 的余度，如图 13-10 所示。

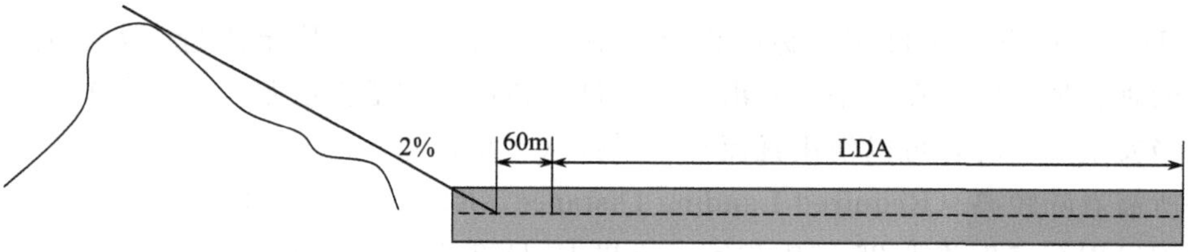

图 13-10　跑道长度修正

例如，B757-200 飞机 $V_{REF}=134$kn 进场，$V_{TD}=0.98V_{REF}$ 接地，拉平飘落时间为 4.5s，得飘落距离为

$$X_A=1.6878\times\frac{134\times(1+0.98)}{2}\times4.5=1007(\text{ft})$$

前面已求得 $X_T=221$ft，查表 13-4 可得 $X_B=2260$ft。

可计算实际着陆距离 ALD、跑道为干时的所需着陆距离 RLD 以及该飞机着陆时机场跑道的可用着陆距离 LDA。

$$\text{ALD}=1007+221+2260=3488(\text{ft})$$

$$\text{RLD}_{干}=3488\times1.67=5825(\text{ft})$$

$$\text{RLD}_{湿}=5825\times1.15=6699(\text{ft})$$

（3）影响因素。

影响着陆滑跑距离的因素很多，下面分别分析各因素对着陆滑跑距离的影响。

①进场速度和进场高度。

若飞机进场速度和进场高度增大，着陆滑跑的减速过程增长，则着陆滑跑距离增加，见表 13-5 和表 13-6。

表 13-5 B737 进场速度对着陆滑跑距离的影响

跑道状况	进场速度每增加 1kn 的额外着陆距离	
	刹车和自动减速板	刹车和自动减速板及反推力
干	30ft	25ft
湿	45ft	35ft

表 13-6 B737 进场高度对着陆滑跑距离的影响

下滑道	跑道头飞机离地高度每增加 1ft 的额外着陆距离
3°	20ft
2.5°	23ft

②接地迎角。

前三点飞机以两点接地，后三点飞机以三点接地，接地迎角大，升力系数大，接地速度小，所以，着陆滑跑距离短。为尽可能缩短着陆滑跑距离，接地应该用该飞机最大可用的迎角。

③增升装置。

放襟翼和其他增升装置着陆，一方面升力系数增加，拉平飘落平均速度减小，拉平飘落距离缩短，使得接地速度减小，同时阻力系数增大，使得滑跑减速快，所以，着陆滑跑距离短。反之，不放襟翼或其他增升装置着陆，着陆滑跑距离增长。除进行特殊训练或襟翼系统发生故障的情况，一般都不允许不放襟翼着陆。

为更多地增大升力系数，最大限度地减小接地速度，缩短着陆滑跑距离，着陆时一般将襟翼放到最大位置，即放全襟翼。但有的飞机，考虑到速度过小时操纵性会变差，着陆也可不放全襟翼。

④着陆重量。

着陆重量增大，平飘中的平均速度和接地速度随之增长，所以，拉平飘落距离和着陆滑跑距离增长。实际计算表明，着陆滑跑距离和着陆距离与翼载荷 W/S 成正比。

⑤机场标高与气温。

机场标高或气温升高时，空气密度减小。若保持同样的表速接地，则真空速增大，拉平飘落距离和着陆滑跑距离也增大。例如，在海平面机场，标准大气温度为 15℃，气温每升高 5℃，滑跑距离约增长 20m；机场标高由海平面升高到海拔 1000m，其滑跑距离约增长 10%。

⑥跑道表面质量。

跑道表面光滑平坦，机轮与地面之间的摩擦力小，着陆滑跑距离增长。反之，跑道表面粗糙不平，着陆滑跑距离短。

⑦刹车系统。

着陆滑跑中，正确使用刹车是缩短着陆滑跑距离常用的有效方法。运五飞机若不使用刹车，着陆滑跑距离将增长 60%～70%。

刹车效率对着陆滑跑距离影响很大，在被水或湿雪覆盖的跑道上着陆，刹车效率很低，滑跑距离大大增长。在湿跑道上着陆时滑跑距离比在干跑道上着陆增长50%～70%。尤其是下大雨跑道表面上有层水的情况下更为明显。因为轮胎在跑道上高速运动时（在较大的速度范围），轮胎表面与跑道之间的一层水起着润滑作用，此时刹车效率更低，甚至刹车失灵。在这些情况下着陆，飞行员就必须要考虑到机场跑道的备份长度是否够用。

刹车时机对滑跑距离也有较大影响，使用刹车早，滑跑距离缩短。对于装有刹车压力自动调节器和刹车防滞装置的飞机，可更早更重地使用刹车，进一步缩短着陆滑跑距离。例如，在其他条件相同的情况下，使用刹车速度为90km/h与使用刹车速度为125km/h相比，飞机着陆滑跑长度将增长约110m。

⑧反推力和螺旋桨负拉力。

喷气运输机利用反推力，螺旋桨飞机利用负拉力，以增大着陆滑跑时的减速力，都能显著缩短拉平飘落距离和着陆滑跑距离。例如，正常使用螺旋桨的负拉力减速，可缩短着陆滑跑距离约40%。

有的飞机着陆时，放出减速板或减速伞，以增大气动阻力，也能有效缩短着陆滑跑距离。

⑨风向风速。

在接地空速一定的情况下，逆风着陆，接地的地速小，着陆滑跑距离短。反之，顺风着陆，着陆滑跑距离增长。且风速越大，对着陆滑跑距离影响越明显。在有风的情况下着陆，其滑跑距离可按式（13-11）做近似计算，即

$$X=\frac{(V_{\mathrm{TD}}\pm V_{\mathrm{W}})^2}{g\left(\frac{1}{K_{\mathrm{TD}}}+\mu\right)} \tag{13-11}$$

式中，V_{W}为风速，顺风取“+”号，逆风取“−”号。

⑩跑道坡度。

与起飞滑跑的情况相似，上坡滑跑时重力第二分力起减速作用，飞机减速快，着陆滑跑距离短。反之，下坡滑跑时着陆滑跑距离增长。在有坡度的跑道上着陆，着陆滑跑距离可用式（13-12）做近似计算，即

$$X=\frac{V_{\mathrm{TD}}^2}{g\left(\frac{1}{K_{\mathrm{TD}}}+\mu\pm\sin\theta\right)} \tag{13-12}$$

式中，上坡着陆取“+”号，下坡着陆取“−”号。

从以上分析可知，要缩短着陆滑跑距离，应放出全襟翼和其他增升装置，并向着逆风和上坡方向着陆，接地时应将飞机拉成接地所需的姿态，滑跑中及时正确地使用减速装置（如减速板、减速伞、反推、负拉力、刹车等），使飞机尽快减速。

3. 着陆常见偏差

1）拉平高和拉平低

拉平后，飞机离地高度高于规定（一般在1m以上），称为拉平高。拉平后，飞机离地高度低于规定（一般在0.75m以下），称为拉平低。拉平高和拉平低的原因正好相反。

（1）拉杆时机。

拉杆时机早，若仍按正常的动作拉杆，就会形成拉平高。反之，便形成拉平低，如

图 13-11 所示。

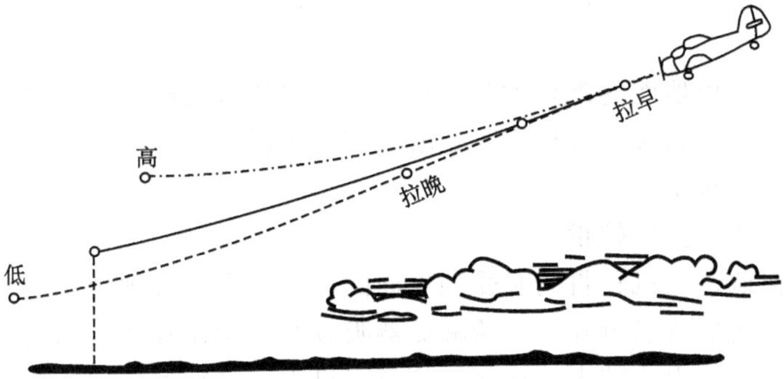

图 13-11　拉平时机对拉平的影响

（2）下滑速度。

下滑速度过大，却仍按原来的动作和时机拉杆，拉平过程中，飞机降低高度少而形成拉平高。反之，下滑速度过小，则形成拉平低。

（3）下滑角。

下滑角过小，拉平过程中降低高度少，也容易形成拉平高。反之，下滑角过大，则容易形成拉平低，如图 13-12 所示。

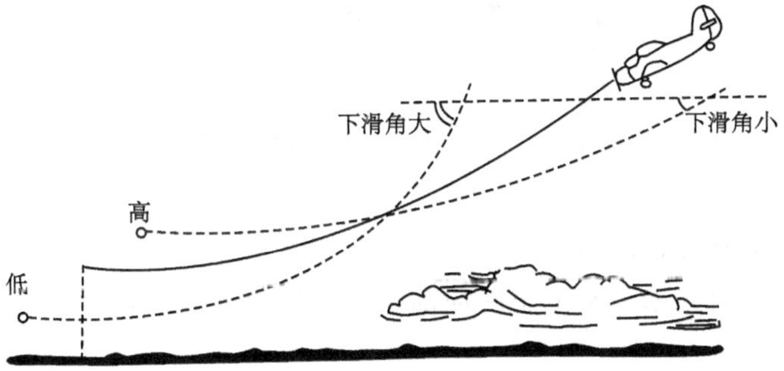

图 13-12　下滑角对拉平的影响

2）拉飘

拉平飘落过程中飞机向上飘起的现象，称为拉飘。拉飘的主要原因是拉杆过多。拉杆过多，升力系数增大很多，以致升力大于重力，飞机便会向上飘起。另外，在大逆风情况下，空速比地速大得较多，虽然飞行员看地面的相对移动速度不大，但真空速很大，如果拉杆动作与无风时相同，就会引起升力过大而造成拉飘。

飞机出现拉飘后，若仍有继续上飘趋势，则应柔和适量地顶杆，以制止飞机进一步上飘。等飞机开始下沉时，再按下沉情况拉杆接地。但要注意，顶杆不能过多或过猛，否则机头会很快下沉，使机轮撞地，甚至形成跳跃。

若飞机飘起高度不高，且仰角也不大，应稳住杆，等飞机下沉时再拉杆。

若飞机飘起的高度虽然较高，但飞机已开始下降，这时不仅不能顶杆，还应根据飞机下沉的快慢而适当拉杆。这是因为，飞机飘起后，阻力和重量第二分力使速度迅速减小，升力很快减小，飞机下沉较快，由于飞机有迎角安定性，机头会较快下俯。若只看到高度较高，不考虑飞机已开始下沉而顶杆，这将使机轮撞地，形成跳跃。

3）跳跃

飞机接地后又跳离地面的现象称为跳跃。造成飞机着陆跳跃的原因很多，只要接地时飞机升力与机轮弹力之和大于飞机重力，就会产生跳跃。

（1）前三点飞机跳跃。

①飞机三点接地且接地较重。

飞机以三点接地，三机轮将同时受到地面的反作用力。接地重，反作用力也就大。从前三点飞机起落架构造特点可知，主轮减振器吸收的能量比较多，而前轮减振器吸收的能量比较少，即前轮的弹力比较大，加之前轮离飞机重心又较远，因而前轮弹力对于飞机重心形成的上仰力矩就比较大。若前轮弹力对飞机重心形成的上仰力矩大于主轮弹力对飞机重心形成的下俯力矩，机头就要上仰，迎角就要增大，升力也就增大。当升力与弹力之和大于飞机重力时，飞机就会跳离地面，形成跳跃，如图 13-13 所示。

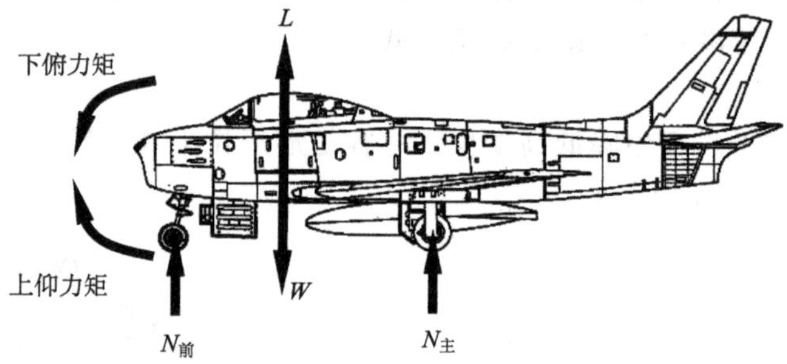

图 13-13 前三点飞机产生跳跃的原因

②飞机两点接地且接地较重。

飞机两点接地，前轮未自动放下时向前推杆或使用刹车，迫使前轮猛烈撞地，可能产生跳跃。

③飞机大速度且两点接地。

飞机以大速度两点接地，并在接地瞬间后拉杆过多，迎角突然增大，升力增大，也可能产生跳跃。

（2）后三点飞机跳跃。

①飞机两点接地。

后三点飞机重心位于主轮之后，飞机以两主轮接地，主轮的弹力对重心形成上仰力矩，迫使飞机上仰，迎角增大，升力增加。如果升力与弹力之和大于飞机重力，飞机就跳离地面，如图 13-14 所示。

②飞机三点接地。

飞机三点接地且三点姿态的高度高，飞机接地重，主轮弹力大，迎角增大，升力增加，升力与弹力之和大于飞机重力，飞机产生跳跃。

4）翼尖下坠

飞机拉飘或跳跃时，若飞行员处置不当，拉杆过多，迎角超过了临界迎角，飞机失

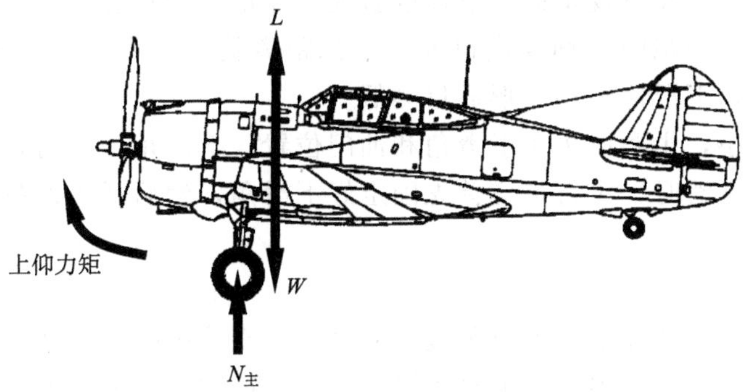

图 13-14 后三点飞机产生跳跃的原因

速，产生机翼自转而造成一边机翼下坠的现象，称为翼尖下坠。

在拉飘或跳跃之后发生翼尖下坠，则应迅速有力地向倾斜的反方向蹬舵，用侧滑增加下沉机翼的升力，消除倾斜。飞机坡度改平后，立即放平舵，以免飞机向另一边倾斜。修正翼尖下坠，一般不采用压盘的方法，因为这时压反盘，可能出现横侧反操纵现象，反而会助长翼尖下坠。

5）着陆目测

着陆过程中，飞行员根据当时的高度以及飞机与降落地点的距离进行目视判断，操纵飞机降落在预定地点，称为着陆目测（简称目测）。

（1）目测低和目测高。

准确的目测是操纵飞机在“T”字布旁一定范围内的地区内接地。没有达到这一地区就接地，称为目测低；超过这一地区才接地，称为目测高，如图 13-15 所示。

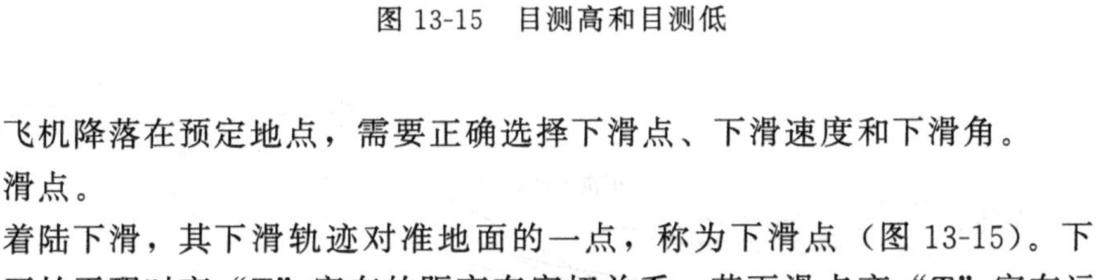

图 13-15 目测高和目测低

要将飞机降落在预定地点，需要正确选择下滑点、下滑速度和下滑角。

①下滑点。

飞机着陆下滑，其下滑轨迹对准地面的一点，称为下滑点（图 13-15）。下滑点的位置与飞机开始平飘时离“T”字布的距离有密切关系。若下滑点离“T”字布远，开始平飘时飞机离“T”字布就远；反之，离“T”字布就近。

根据飞机拉平飘落距离的长短，正确选定下滑点的位置，是做好目测的关键。飞行员应根据下滑速度、天气情况、襟翼位置、发动机工作状态估计拉平飘落距离，正确选定下滑点的位置。

②下滑速度。

下滑点确定以后，保持规定的下滑速度就成为保证目测正确的重要条件。若接地速度一定，下滑速度大，平飘中平均速度也大，平飘距离就长，飞机将超过“T”字布接地，形成目测高。反之，下滑速度小，形成目测低。

下滑速度的大小，主要取决于下滑角和油门位置。下滑角一定时，下滑速度只取决于油门的大小。着陆下滑时，飞行员应首先固定好下滑角，然后适当调整油门来保持规定的下滑速度。

③下滑角。

在下滑点已选定的情况下，下滑角过大或过小，直接影响下滑速度的大小，进而导致目测不准。在下滑第一范围内，若下滑角增大，下滑速度也增大，形成目测高。反之，下滑角小，下滑速度也小，形成目测低。故保持规定的下滑角，是正确目测的必要条件。下滑高度、下滑角和下滑距离的关系如图 13-16 所示。

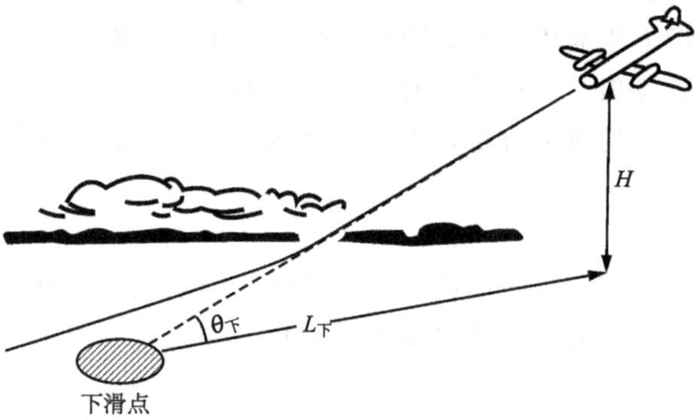

图 13-16 下滑高度、下滑角和下滑距离的关系

起落航线飞行或建立航线后再着陆，四转弯改出后的位置和高度以及航线建立得是否正确，都将影响下滑角的大小。

若改出四转弯后，飞机离“T”字布的水平距离正常，但高度较高，如图 13-17 中 A 所示；或高度正常，但离“T”字布的水平距离较近，如图 13-17 中 B 所示，都会使下滑角增大。反之，则会使下滑角减小，如图 13-17 中 C 和 D 两种情况所示。

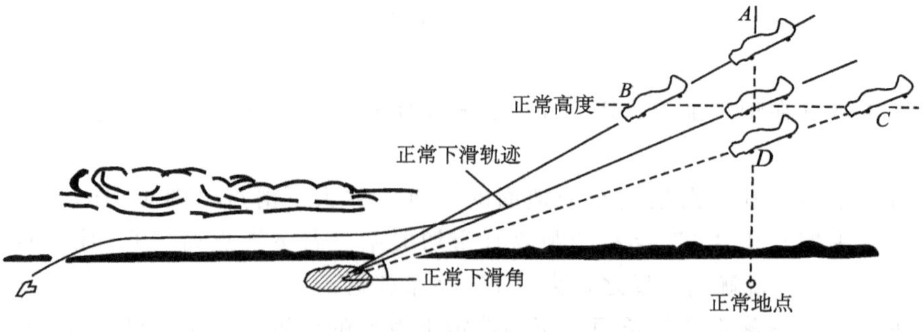

图 13-17 改出四转弯时，高度、位置不正确对下滑角的影响

航线建立是否正确会直接影响四转弯的位置和高度，从而引起下滑角的变化。因此，要保持规定的下滑角，飞行员应正确建立航线，并在规定的位置和高度改出四转弯。

此外，四转弯改出的位置离“T”字布的距离还受到进四转弯时机早晚的影响。由图 13-18可知，若进入四转弯的时机早，并以正常的坡度转弯，则改出转弯后飞机的位置将偏在跑道中心线的左侧，要想使飞机改出四转弯后，处于跑道中心延长线的上空，飞行员就必须减小坡度，增大转弯半径。这样，飞机改出四转弯后虽在跑道中心延长线上空，但其位置却离“T”字布近了，从而引起下滑角增大。反之，若进入四转弯的时机晚，仍按正常坡度转弯，飞机改出四转弯后就会偏在跑道中心线的右侧，这就必须增大坡度，减小转弯半径，才能使飞机改出四转弯后处于跑道中心延长线的上空，但其位置离“T”字布却远了，从而引起下滑角减小。可见，为了保持好规定的下滑角以做好目测，还应掌握好进入四转弯的时机。

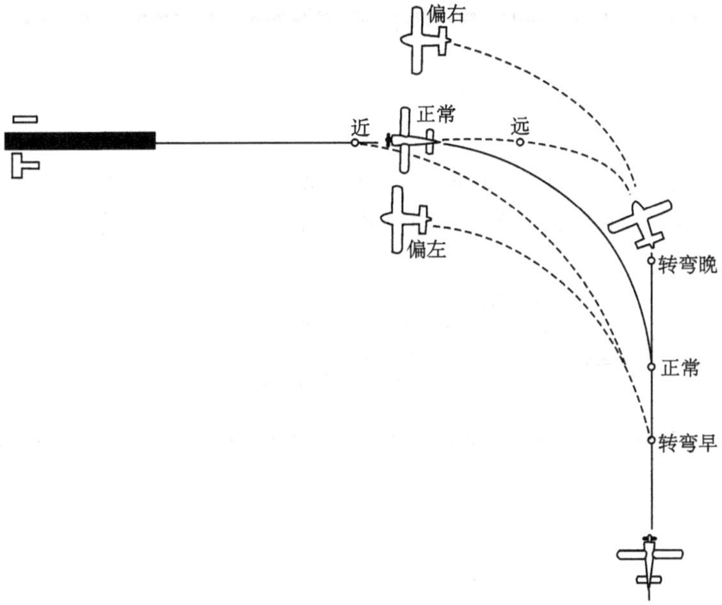

图 13-18 进入四转弯时机早、晚对改出四转弯位置的影响

综上所述，要做好着陆目测，必须使飞机进入平飘时的速度与当时离“T”字布的远近相适应。为此，飞行员应正确地选择下滑点，保持好规定的下滑角和下滑速度。

(2) 修正目测高低。

①修正下滑点。

若发现飞机没有向正常下滑点下滑，则应改变飞机的下滑角，重新对准下滑点。这时，飞机的阻力和重力第二分力要改变，下滑速度也随之改变，故需相应地调整油门，以保持规定的下滑速度。

例如，飞机实际下滑点在正常下滑点的后面，目测就低了。这时必须带杆减小下滑角，对准正常下滑点下滑。但带杆后，迎角增大，阻力增大，且因下滑角减小，重力第二分力也减小，故应同时适当加大油门，以保持规定的下滑速度。若飞机向正常下滑点前面下滑，目测就高了。这时应向前顶杆增大下滑角，对准正常下滑点下滑，同时适当收小油门，以保持下滑速度不变。

②修正下滑角。

下滑角偏差不大，一般不用修正，只需调整油门保持下滑速度即可。

下滑角偏差较大时，则应首先改变下滑角，使飞机的高度与下滑距离的比例关系恢复正常，然后再让飞机对准正常下滑点下滑。例如，下滑角过小，如图 13-19 所示，目测就低了，应带杆加油门，让飞机接近正常的下滑轨迹，即由 A 点飞向 B 点，当高度与下滑距离的比例关系接近正常时（接近 B 点），再顶杆使飞机对准正常下滑点下滑，同时适当地收小油门，保持规定的下滑速度。

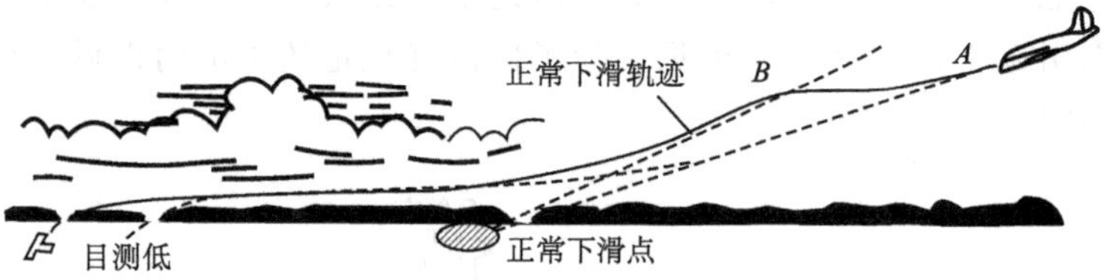

图 13-19　下滑角过小的修正方法

反之，下滑角过大，如图 13-20 所示，目测就高了，应顶杆并收小油门，使飞机接近正常下滑轨迹，然后带杆对准正常下滑点下滑，并加大油门以保持规定的下滑速度。

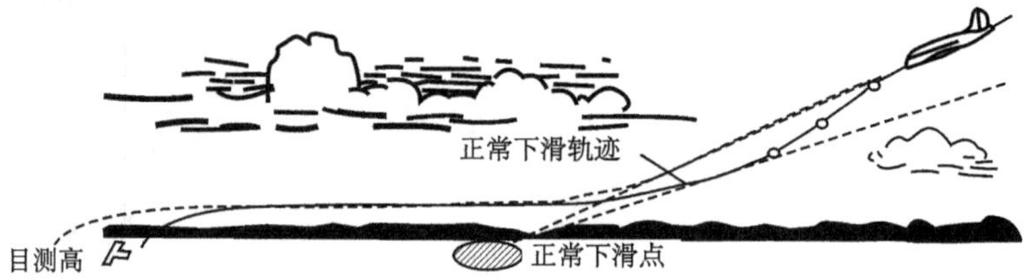

图 13-20　下滑角过大的修正方法

③修正下滑速度。

下滑速度不正确的原因有两个：一是下滑角不适当；二是油门不合适。修正下滑速度，应首先保持好规定的下滑角，然后检查下滑速度。若速度过大（目测高），说明拉力过大，应适当减油门。当速度减小时，升力随之减小，引起下滑角增大，应带杆保持下滑角不变。反之，保持好规定的下滑角之后，若发现速度过小（目测低），应适当加油门，并顶住杆，以保持规定的下滑速度和下滑角。

在修正目测时，必须要考虑到油门、下滑角、下滑速度之间的相互联系。当油门位置一定时，下滑角保持不好，下滑速度往往要改变。而下滑速度保持不好，也要影响下滑角的大小和下滑点的位置。油门位置发生改变，下滑速度和下滑角也都随之发生变化。因而检查和修正目测时，要考虑上述诸因素之间的互相联系和互相影响，防止顾此失彼。

综上所述，不论目测高低，都可操纵驾驶杆和油门，来改变下滑角和修正下滑速度。驾驶杆和油门的配合使用，是修正目测高低最主要和最常用的方法。此外，利用襟翼或侧滑等也可以改变飞机的下滑角，因而也能修正目测的高低。

(3) 影响因素。

①风。

逆风使目测低，而顺风使目测高。如图 13-21 所示，在无风时，飞机对准正常下滑点 A 下滑。遇到逆风，下滑角增大，拉平飘落距离缩短，这时实际下滑点 B 在正常下滑点后面，于是进入平飘时飞机距“T”字布较远。加之逆风使地速减小，因此，拉平飘落距离缩短，故会形成目测低。反之，顺风时的下滑角减小，实际下滑点 C 前移，下滑距离和拉平飘落距离都增长，故目测高。

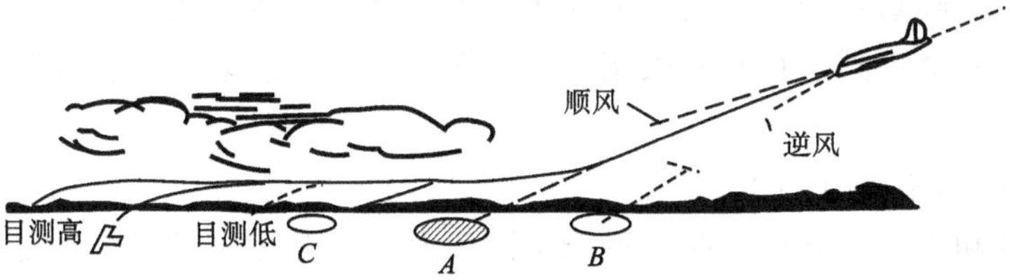

图 13-21 顺风、逆风对目测的影响

可见飞行员修正逆风对目测的影响，应带杆以保持正常的下滑角，并加大油门增大下滑速度，以保持正常的平飘距离。反之，修正顺风对目测的影响，则应顶杆以保持正常下滑角，并适当收小油门减小下滑速度，以保持正常的平飘距离。

此外，还可采用移动下滑点的方法来修正风对目测的影响。例如，顺风时可适当后移下滑点，增长飞机进入平飘时离“T”字布的距离；反之，逆风时，可适当前移下滑点。

在起落航线飞行时，若第五边是逆风，则对第四边来说就是 90°侧风，它要使第四边航线向外偏，使第四转弯的位置离“T”字布较远，下滑角减小，也会使目测低。反之，顺风会引起第四转弯的位置离“T”字布较近，引起目测高。因而需要改变第三转弯的角度来修正风的影响。逆风着陆时三转弯的角度应比无风时大些，顺风时则应比无风时小些，以便使飞机飞向正常的四转弯点，为正确目测创造条件。

侧风着陆时，第五边常采用侧滑方法修正偏航。由于飞机带有侧滑，阻力增大，升阻比减小，下滑角增大，实际下滑点后移，使飞机进入平飘时离“T”字布的距离增长；同时阻力增大还要使平飘距离缩短，因而使目测低。为此，飞行员应加大油门增大拉力，平衡由于侧滑而增加的阻力，使下滑角保持不变，同时适当增大下滑速度，以修正侧滑使平飘距离缩短的影响。

逆侧风着陆时，飞机同时受到逆风和侧风的影响，由前面分析可知，用侧滑修正侧风，这两种影响都将引起目测低。而顺侧风对着陆目测的影响则不同，顺风要使目测高，侧风要使目测低，这两种影响综合作用的结果，究竟目测是高还是低，则需根据侧风角和风速的大小来决定，因此，修正这种侧风的方法应按具体情况而定。

②气温或机场标高。

着陆下滑的指示空速是一定的。当气温高于标准气温时，空气密度减小，若指示空速不变，则真空速增大，拉平飘落距离要增长，故目测高。此外，气温升高，上升气流往往比较强，使下滑角减小，拉平飘落距离增长，也促成目测高。

反之，气温低于标准气温时，保持指示空速不变，真空速要减小，使拉平飘落距离缩短，故目测低。所以，飞行员常感到“早晨目测容易低，中午目测容易高”。

同理，机场标高高，空气密度小，拉平飘落距离长，容易目测高。反之，机场标高低，空气密度大，容易目测低。

在气温或机场标高高的情况下，为防止目测高，可用提前关闭油门并适当减小下滑速度，或保持下滑速度不变而把下滑点稍向后移等方法来修正。反之，在气温或机场标高低的情况下，则应增大下滑速度或向前移动下滑点来修正。

4. 着陆重量（Landing Weight，LW）

飞机的最大着陆重量与飞机的最大起飞重量类似，受到飞机着陆的各飞行阶段对重量限制的影响。通常会受到进场爬升限制、着陆爬升限制、着陆场地长度限制和结构强度限制的影响。

1）爬升限制的最大着陆重量

在大气温度和气压高度较高时，可能会因为发动机推力不足，为满足中国民用航空规章对复飞爬升梯度的规定，会限制飞机最大着陆重量，图 13-22 为 B737-800 在着陆襟翼为 30°时爬升限制的最大着陆重量曲线。

Landing Climb Limit Weight

Valid for approach with flaps 15 and landing with flaps 30 or 40

Based on engine bleed for packs on and anti-ice off

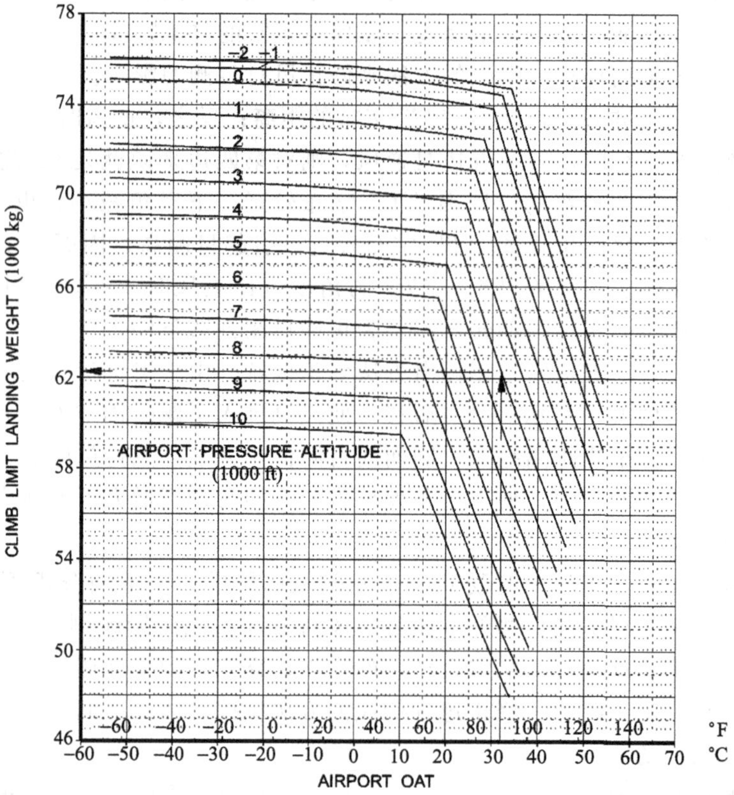

With engine bleed for packs off, increase weight by 1400 kg.
With engine anti-ice on, decrease weight by 250 kg.
With engine and wing anti-ice on, decrease weight by 1350 kg.
When operating in icing conditions during any part of the flight with the forecast landing temperature below 10°C, decrease the landing climb limit by 6600 kg.

图 13-22 爬升限制的最大着陆重量

2）着陆场地限制的最大着陆重量

飞机的着陆距离受到着陆重量的影响，因此有限的场地长度限制飞机最大着陆重量，图 13-23 给出 B737-800 在一定气象条件下场地长度限制的最大着陆重量。

Landing Field Length Limit

Flaps 30

Based on anti-skid operative and automatic speedbrakes

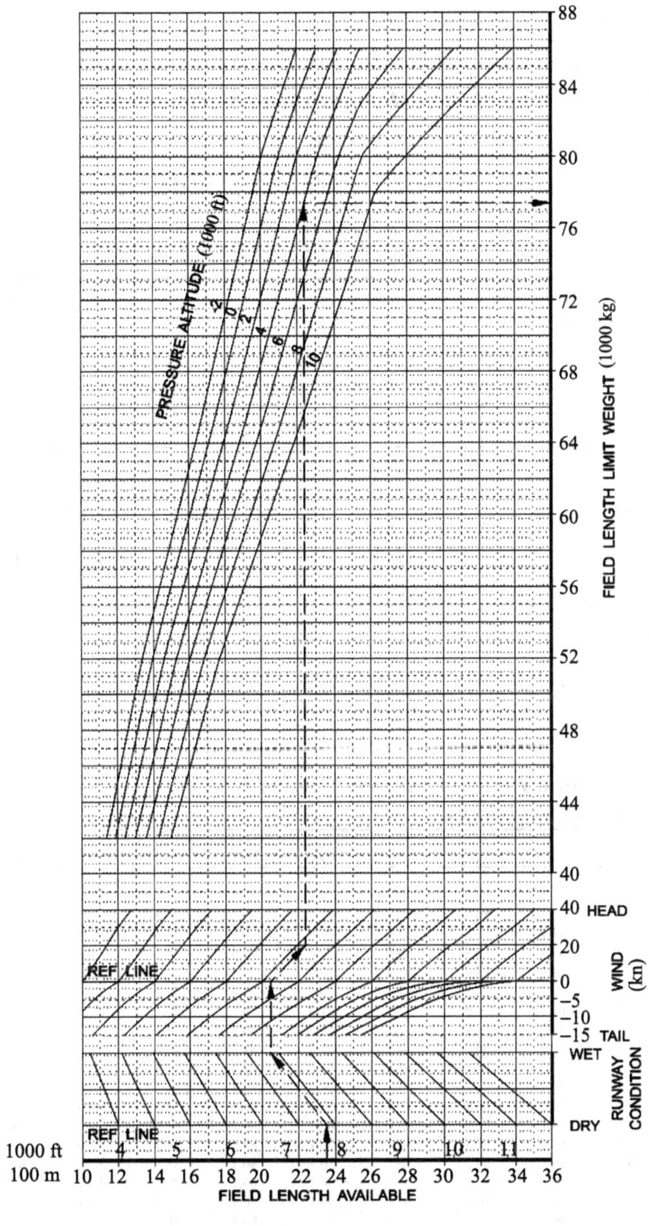

With manual speedbrakes, decrease field limit weight by 4200 kg.

图 13-23　着陆场地限制的最大着陆重量

飞机上应安装应急放油系统，若飞机在最大起飞重量（MTOW）再减去 15min 应急飞行（包括在出发机场起飞、进近和着陆）所需的燃油大于最大复飞重量，则应使用应急放油系统。

3）结构强度限制的最大着陆重量

飞机以 3.05m/s（600ft/min）的下降率落地时，为保证起落架及相关结构的强度限制飞机最大着陆重量。

4）快速过站限制的最大着陆重量

飞机如果过站时间较短，有时在重新开始起飞过程中，会出现机轮轮胎爆炸、轮胎碎片击伤机体、停飞修理的情况。造成该情况的主要原因是忽视了刹车冷却问题。

飞机在着陆、滑行、滑跑和中断起飞过程中刹车吸收飞机动能所转化的热能，在过站中消散了一部分，但仍有大量热能存留在机轮中。表 13-7 为飞机停放时间对应的散热量。

表 13-7　停放时间对应的散热量

时间（从飞机停放开始）	散热量（停放时总热量为 100%）
30min	20%～40%
1h	40%～60%
2h	60%～80%

若飞机进行连续短航程飞行，热能积累增多，在中断起飞时容易导致保险塞熔化并使轮胎泄压，起飞时未泄压的轮胎承受过大的负荷以致爆炸。因此，需限制飞机的最大着陆重量来满足飞机快速过站的散热能力，图 13-24 为 B737-800 飞机的快速过站限制的最大着陆重量表（襟翼位置为 25°），若飞机超过上述规定，必须至少停机 62min，然后检查轮胎的保险塞是否完好，才能再次起飞。根据飞机最大着陆重量利用手册中给出的刹车冷却表可确定每次刹车能量的增加量以及冷却所需时间，图 13-25 为 B737-800 的冷却时间表。

Quick Turnaround Limit - Category C Steel Brakes

Flaps 40 Limit Weight (1000 kg)

AIRPORT OAT (°C)	AIRPORT PRESSURE ALTITUDE (ft)												
	−2000	−1000	0	1000	2000	3000	4000	5000	6000	7000	8000	9000	10000
54	82.7	81.2	79.6										
50	83.2	81.7	80.2	78.7	77.2								
45	83.9	82.4	80.9	79.3	77.8	76.3	74.8						
40	84.7	83.1	81.6	80.0	78.5	76.9	75.4	73.9	72.4	71.0			
35	85.5	83.9	82.3	80.8	79.2	77.6	76.1	74.6	73.1	71.6	70.1	68.7	
30	86.1	84.6	83.0	81.5	79.9	78.3	76.7	75.2	73.7	72.2	70.8	69.3	67.9
25	86.1	85.4	83.8	82.2	80.6	79.0	77.4	75.9	74.4	72.9	71.4	69.9	68.5
20	86.1	86.1	84.6	82.9	81.3	79.7	78.1	76.6	75.1	73.6	72.1	70.6	69.1
15	86.1	86.1	85.4	83.7	82.1	80.5	78.9	77.3	75.8	74.2	72.7	71.2	69.8
10	86.1	86.1	86.1	84.5	82.9	81.2	79.6	78.1	76.5	74.9	73.4	71.9	70.4
5	86.1	86.1	86.1	85.4	83.7	82.0	80.4	78.8	77.2	75.7	74.1	72.6	71.1
0	86.1	86.1	86.1	86.1	84.5	82.8	81.2	79.6	78.0	76.4	74.9	73.3	71.8
-5	86.1	86.1	86.1	86.1	85.4	83.6	82.0	80.4	78.8	77.2	75.6	74.0	72.5
-10	86.1	86.1	86.1	86.1	86.1	84.5	82.8	81.2	79.6	78.0	76.4	74.8	73.3
-15	86.1	86.1	86.1	86.1	86.1	85.4	83.7	82.0	80.4	78.8	77.2	75.6	74.0
-20	86.1	86.1	86.1	86.1	86.1	86.1	84.6	82.9	81.2	79.6	78.0	76.4	74.8
-30	86.1	86.1	86.1	86.1	86.1	86.1	86.1	84.7	83.0	81.3	79.7	78.0	76.4
-40	86.1	86.1	86.1	86.1	86.1	86.1	86.1	86.1	84.9	83.2	81.5	79.8	78.1
-50	86.1	86.1	86.1	86.1	86.1	86.1	86.1	86.1	86.1	85.2	83.4	81.7	79.9
-54	86.1	86.1	86.1	86.1	86.1	86.1	86.1	86.1	86.1	86.0	84.2	82.5	80.7

图 13-24　B737-800 快速过站限制的最大着陆重量

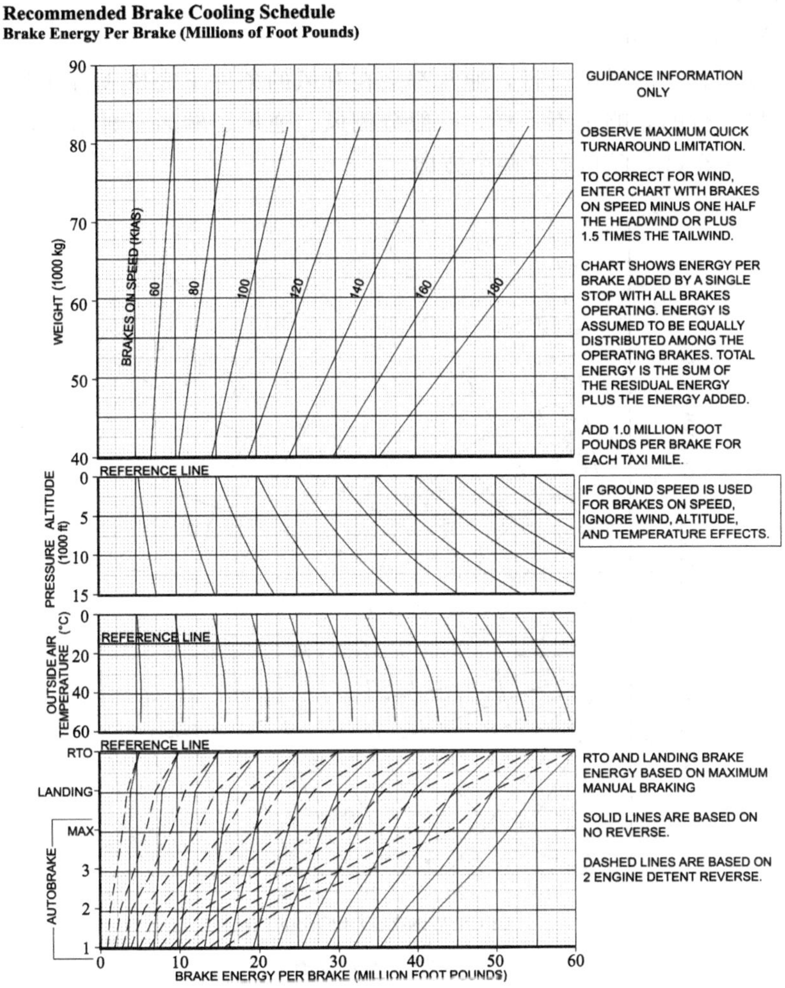

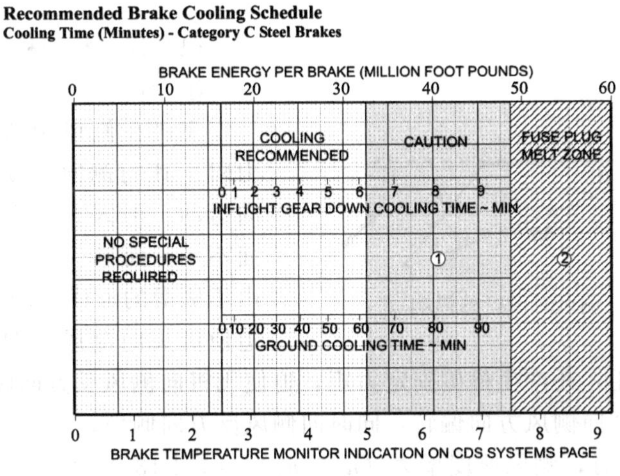

图 13-25 B737-800 冷却时间表

5. 特殊情况下的着陆

1）有风条件下的着陆

飞机在对流层和平流层中飞行，通常都会在有风的条件下完成飞行任务。风向、风速的不同，对飞机飞行的影响也不一样，一般分侧风、逆风、顺风三种情况，其他方向的风可通过图 13-26 分解到垂直和水平两个方向。

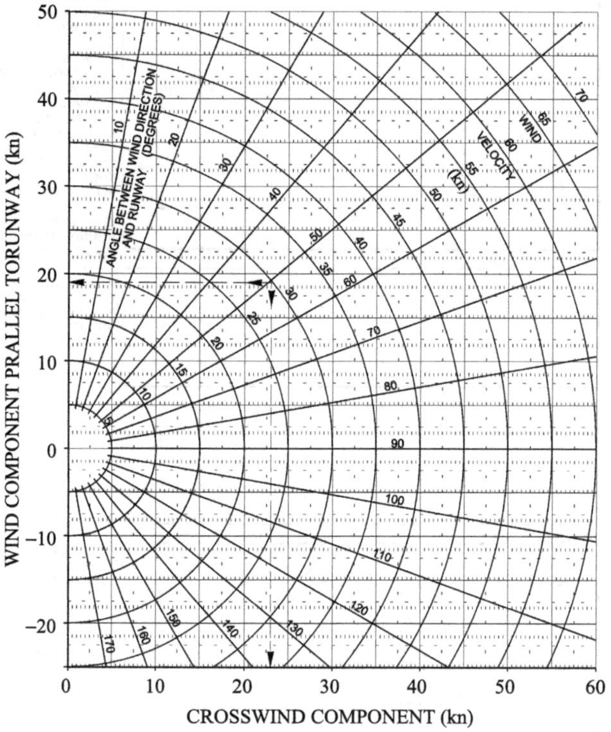

图 13-26 风分量图

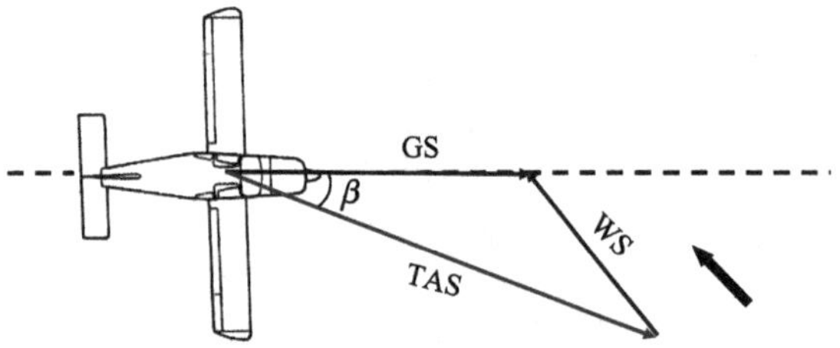

图 13-27 侧风对滑行的影响

（1）风对滑行和滑跑的影响及其修正。

①侧风。

飞机在侧风中滑行时，机轮的摩擦力阻止其向侧向运动，仍按原沿地速方向运动。但因有侧风，空速与飞机对称面不平行而形成侧滑，如图 13-27 所示。由于侧滑的形成，产生的方向安定力矩，迫使机头向侧风方向偏转。同时由于上反角、后掠角的作用，还产生横侧安定力矩，迫使飞机向侧风反方向倾斜。也就是说，在侧风中滑行，飞机会向侧风方向偏转，同时向侧风反方向倾斜。

当侧风角①一定时，侧风速度增大（$u_1>u_2$），如图 13-28（a）所示，侧滑角和空速

①侧风角：侧风方向与飞机对称面之间的夹角。

也随之增大（$\beta_1>\beta_2$，$V_1>V_2$）。产生的偏转力矩和滚转力矩都增大，对滑行的影响也增大。

当侧风速度一定时（$u_1=u_2$），侧风角增大，侧滑角增大（$\beta_1>\beta_2$），如图 13-28（b）所示。所以侧风角增大，侧风对滑行的影响也跟着增大。侧风角增至 90°左右，影响最大。

为了修正侧风的影响，飞行员应向侧风的反方向偏转前轮、蹬舵或刹车，以保持直线滑行。同时，还应向侧风方向压盘，以保持两翼水平。

向侧风方向转弯，侧风引起的偏转力矩，正好帮助飞机转弯，故应适当减小前轮的偏转角度或蹬舵量。但向侧风反方向转弯时，侧风引起的偏转力矩则阻碍飞机转弯，故应适当增大前轮的偏转角度或蹬舵量。在转弯过程中，侧风角将随飞机的转弯而不断变化，侧风对滑行的影响也不断改变，这就要注意调整前轮或舵的操纵量，以保持飞机均匀地转弯。

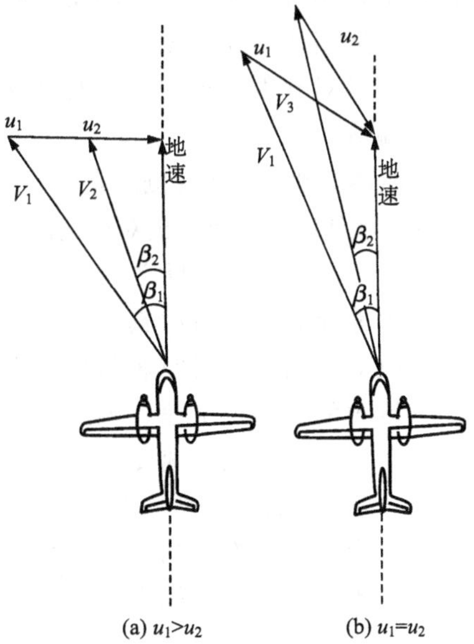

图 13-28 不同侧风角和侧风速度下的侧滑角和侧滑速度

②顺风。

在顺风中滑行，相对气流速度较小，各舵效用较差，而且当机头偏转时，原来的顺风变为顺侧风，如图 13-29 所示，顺侧风作用于垂直尾翼和机身上，产生侧力，对飞机重心形成的力矩会加速机头的偏转。所以，在顺风中滑行，不易保持滑行方向。在顺风中转弯，起初因舵的效用较差，不易使飞机偏转进入转弯。但进入转弯后，飞机处于顺侧风中，这时产生的侧力迫使飞机加速偏转，应及时用反舵或向转弯反方向偏转前轮，必要时也可使用刹车，以防止转弯越来越快。

如果顺风的风速很大，相对气流从后方吹来，操纵各舵面起相反的作用。例如，蹬右舵，产生的侧力反而指向右方，使机头左偏，如图 13-30 所示。拉紧杆，机尾反而有上抬的趋势。飞机滑行和滑跑时需注意该反舵现象。

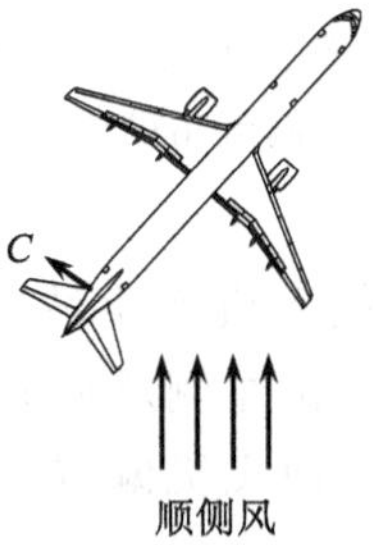

图 13-29 顺侧风中的转弯

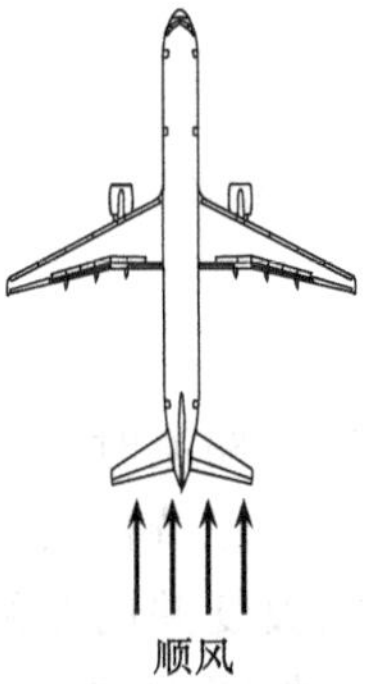

图 13-30 顺风中的转弯

③逆风。

在逆风中滑行和滑跑，相对气流速度较大，各舵效用较强，易于保持滑跑方向。

在逆风中转弯时，各舵效用较强，容易使飞机转弯。但进入转弯以后，飞机就处于侧风情况下，相对气流从转弯的反方向流向飞机，形成阻止转弯的力矩，故随着转弯角度的增大，应适当地增加操纵量。

（2）风对空中飞行的影响及其修正。

①偏流。

飞机离开地面后机轮侧向摩擦力随即消失，在向前飞行的同时，还随着侧风一起向侧方运动，这样就使航迹偏离飞机对称面而产生偏流，如图 13-31 所示。飞机受右侧风影响，航迹向左偏，产生“左偏流”。反之，飞机受左侧风影响，则产生“右偏流”。

产生偏流后，飞机的真空速方向没有发生改变，但是航迹偏离飞机对称面，即地速也偏离飞机对称面，此时空速与地速之间的夹角，称为偏流角。

偏流角的大小视空速、侧风角与侧风速度的大小而定。如图 13-32（a）所示，当空速和侧风角一定时，侧风速度越大，航迹偏离越多，偏流角也相应增大，侧风速度由 u_1 增大到 u_2，偏流角由 θ_1 增大到 θ_2；当空速和侧风速度一定时，而侧风角改变，则偏流角也相应地改变，侧风方向则 u_1 变为 u_1'时，偏流角由 θ_1 变为 θ_1'。当侧风速度与侧风角一定时，空速越大，偏流角就小，如图 13-32（b）所示，空速由 V_1 增至 V_2，偏流角由 θ_1 减为 θ_2，表明侧风的影响相对减弱。

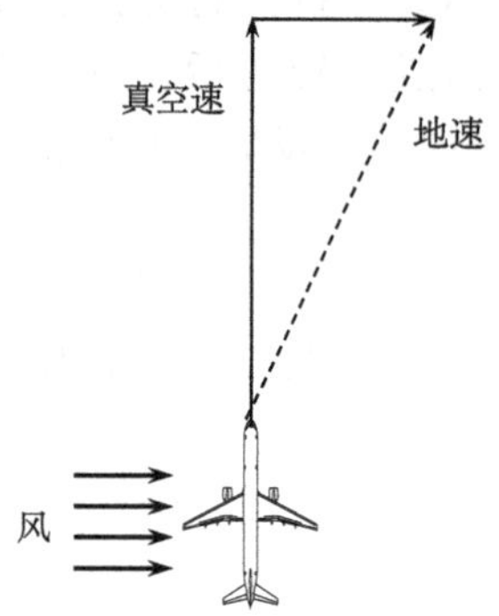

图 13-31　偏流

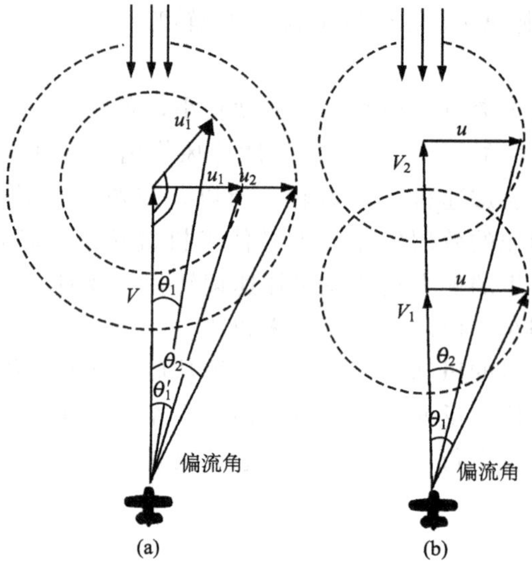

图 13-32　侧风速度、侧风角和空速对偏流角的影响

②修正方法。

侧滑法。用侧滑修正偏流时，向侧风方向压盘，使飞机产生坡度而向侧风方向侧滑，同时向侧风反方向蹬舵，保持机头方向不变。例如，修正左侧风形成的右偏流，向左压盘并蹬右舵，使飞机带左坡度并向左侧滑，以防止左侧风使飞机偏右。飞机的航迹不发生偏移，从而修正了偏流，如图 13-33 所示。

侧滑法修正偏流时，飞机的航迹与机体纵轴一致，便于根据纵轴方向保持飞机的运动方向。但由于发生侧滑，飞机升力减小，阻力增大，升阻比减小，同时保持飞机做直线侧滑，蹬满舵所造成的最大侧滑角是限定的，在大侧风的情况下，可修正最大侧滑角可能会小于所需修正的侧滑角，此时用侧滑法将无法完全修正偏流的影响。

航向法。操纵飞机使其向侧风方向改变一个航向角。例如，在左侧风情况下，航迹会右偏，操纵飞机使其航向偏左。当地速与预定航迹一致时，如图 13-34 所示，飞机便沿预定航迹飞行，不再右偏，从而修正了偏流。

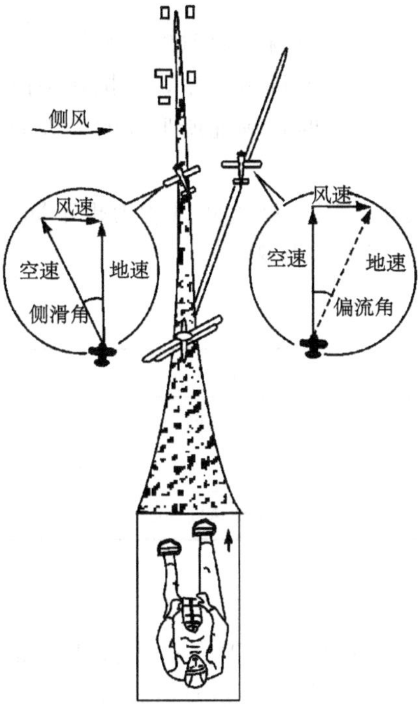

(a) 修正偏流以后　　(b) 未修正偏流

图 13-33　用侧滑修正偏流

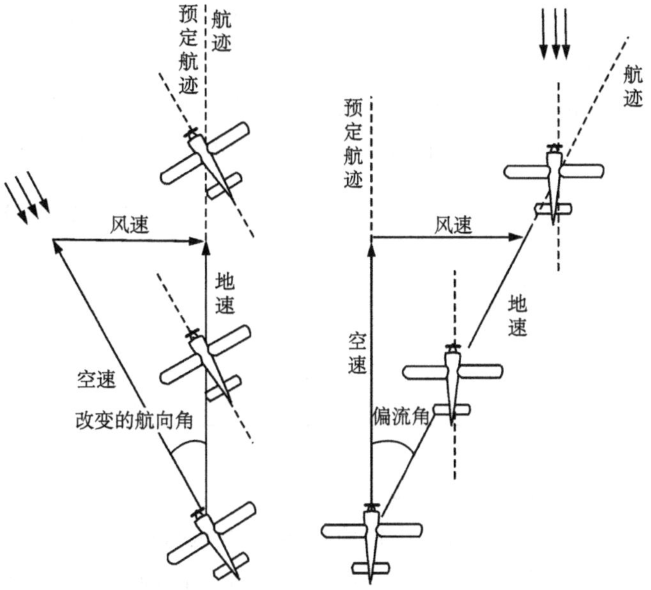

(a) 修正偏流以后　　(b) 未修正偏流

图 13-34　改变航向修正偏流

用改变航向法修正偏流时，飞机不带侧滑，升阻比大，并且航向的改变不受限制，即使侧风的影响很大，也可以通用改变航向来修正偏流。但由于航迹与纵轴不一致，飞行员不便于根据纵轴方向保持运动方向。

两种修正方法各有优缺点，为了不带侧滑，起落航线飞行的第一、二、三、四边常用改变航向修正法。而在第五边，为了便于判断下滑方向，一般采用侧滑修正法。当侧风影响较大，用侧滑不能完全修正偏流时，也可采用航迹修正法，或二者综合使用。

（3）侧风极限。

用侧滑法修正侧风，必须向侧风方向压盘，向侧风反方向蹬舵。侧风风速或侧风角越大，修正后的侧滑角越大，修正侧风所需的压盘和蹬舵量越大。当侧风增大到一定程度时，飞行员蹬满舵才能保持方向不变，此时能修正的侧风即最大可修正侧风。

①起飞时的侧风极限。

起飞滑跑抬前轮或抬尾轮时，空速小，侧滑角大，且前轮或尾轮已抬起，失去保持方向的作用，保持方向需要的蹬舵量大。蹬满舵能修正的侧滑角即修正侧风所允许的最大侧滑角，其对应的侧风即起飞时的侧风极限。为提高起飞修正侧风的能力，可延迟抬前轮或尾轮，即增大抬前轮或尾轮的速度，延长三点滑跑。

对于螺旋桨飞机，由于扭转滑流的影响，在左、右侧风中起飞，其修正侧风的能力是不一样的，即侧风极限将不同。若左转螺旋桨飞机在右侧风中起飞，右偏力矩增大，使修正侧风的能力减弱，其侧风极限减小；在左侧风中起飞，左偏力矩减小，使修正侧风的能力增强，其侧风极限增大。因此，螺旋桨飞机可通过起飞方向的选择来提高修正侧风的能力。

②着陆时的侧风极限。

如果飞机着陆接地时的速度是飞机在空中飞行的最小速度，也就是此时修正侧风所需的侧滑角最大。若修正侧风所需侧滑角大于蹬满舵所形成的最大允许侧滑角，飞机就不能保持方向，应停止飞行。因此，着陆时的侧风极限是以飞机接地时蹬满舵所形成的最大允许侧滑角来确定的。

由于各型飞机的方向操纵度和方向舵最大偏转角的大小不同，修正侧风能力也不同，即侧风极限大小不同。表 13-8 为伊尔-14、运五飞机着陆时的侧风极限值。

表 13-8 改变航向修正偏流

机型	伊尔-14				运五			
侧风角/(°)	30	45	60	90	30	45	60	90
风速/(m/s)	20.1	14.3	11.9	10.1	12.1	8.6	7	6.1
条件	放 30°襟翼，接地速度 140km/h				放 20°襟翼，接地速度 90km/h			

2）不放襟翼着陆

着陆中，为减小接地速度，缩短着陆滑跑距离，通常都放襟翼。但在有些特殊情况下，如侧风过大、襟翼操纵系统发生故障、发动机故障等，为了保证飞机具有良好的操纵性，又需不放襟翼着陆。不放襟翼着陆具有以下几个特点。

（1）下滑角与俯角小，下滑速度大。

着陆下滑如果不放襟翼，同放襟翼的情况相比，在同一迎角下，升阻比大，下滑角小，如图 13-35 所示。

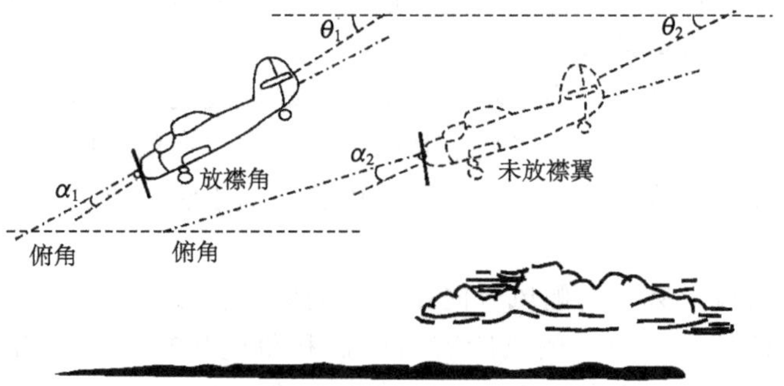

图 13-35 放襟翼和不放襟翼下滑的比较

飞机不放襟翼，升力系数较小，为产生足够的升力来平衡重力第一分力，需要增大速度或迎角。如果保持相同的迎角只增加速度，速度增大飞机着陆滑跑距离会增长，如果保持与放襟翼着陆相同的速度只增加迎角，可能会使飞机进入下滑第二性能范围。因此，为了保证飞机有足够的升力而又不影响正常的着陆，需同时增大一些下滑速度和迎角。

在不放襟翼着陆的过程中，由于迎角较大和下滑角较小，因此，俯角比较小。

(2) 开始拉平的高度稍低。

不放襟翼下滑，因下滑角较小、下滑速度大、拉平飘落中高度降低少，故拉杆开始的高度应低一些，才能使飞机在 1m 左右的高度转入平飘。

(3) 操纵动作应更柔和。

不放襟翼着陆，飞机的速度较大，各舵效用较强，因此，操纵动作更应柔和一些。

(4) 易目测高。

不放襟翼着陆，升阻比大，下滑角小，实际下滑点前移。飞机阻力系数小，平飘中阻力小，飞机减速慢；升力系数小，下滑速度和接地速度大，拉平飘落中平均速度大，所以，距离长，故易目测高。可采用后移下滑点、控制收油门时机等方法修正。

3) 单轮着陆

飞行中，可能发生一侧起落架未放下或一侧轮胎破裂，该情况下的着陆称为单轮着陆。

(1) 单轮着陆中的力矩。

①滚转力矩。

图 13-36 (a) 为飞机左起落架未放下，右轮接地后，飞机升力小于重力，重力与升力之差对右轮接地点形成倾斜力矩，迫使飞机向左倾斜。图 13-37 (a) 为左轮破裂，重力与升力之差同样对右轮接地点形成倾斜力矩，使飞机向左倾斜。随着滑跑速度不断减小，升力越来越小，向左的倾斜力矩越来越大。

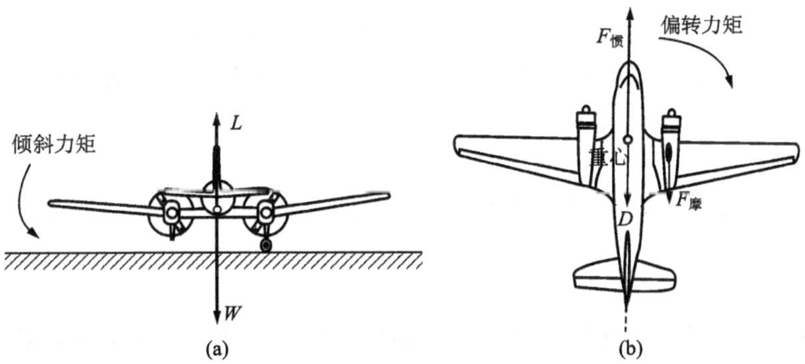

图 13-36　一侧起落架未放下滑跑时的倾斜力矩和偏转力矩

②偏转力矩。

图 13-36 (b) 为左起落架未放下的情况。在摩擦力 ($F_{摩}$) 和阻力 (D) 的作用下，飞机减速，产生向前的惯性力 ($F_{惯}$)。惯性力大于阻力，两力之差 $F_{惯}-D=F_{摩}$，方向向前，对右轮接地点形成偏转力矩，使飞机向右偏转。

图 13-37 (b) 为左轮破裂的情况。左轮破裂，左轮摩擦力大于右轮摩擦力，两轮摩擦力之差对重心形成偏转力矩，迫使飞机向左偏转。

随着滑跑速度不断减小，摩擦力随之增大，惯性力与阻力之差或两轮摩擦力之差都将增大，故偏转力矩随之增大。

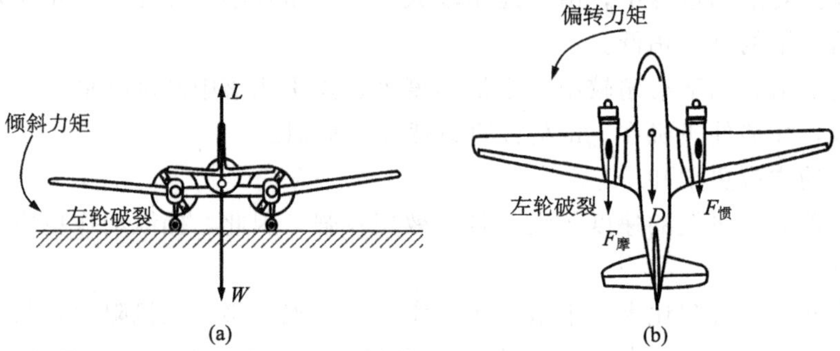

图 13-37 一侧轮胎破裂滑跑时的倾斜力矩和偏转力矩

（2）单轮着陆的操纵。

飞机一侧起落架故障时，会出现倾斜力矩和偏转力矩，要求飞行员操纵杆舵保持力矩平衡，维持直线滑跑。当滑跑速度减小到无法保持力矩平衡时，才让飞机逐渐偏转和倾斜。

①防止拉高或拉飘。因为拉高或拉飘后，飞机的下降率大，在接地瞬间，下降率突然减小为零，产生较大的惯性力，对接地点形成倾斜力矩，不易保持横侧力矩平衡，严重时会造成未放下一侧翼尖擦地。

②飞机接地前，可向已放下起落架一侧稍压些盘，让飞机稍带些坡度接地。

③飞机接地后，随着滑跑速度不断减小，重力与升力之差不断增大，同时副翼效用也跟着降低。应不断增大向已放下起落架一侧压盘量，以继续保持横侧力矩的平衡。到压盘量最大不能平衡倾斜力矩时，再让未放下一侧的起落架或翼尖接地。

④单轮着陆，一般不宜使用刹车减速。因为用刹车会使机轮摩擦力和惯性增大，偏转力矩随之增大，不利于保持方向。

4）停车迫降

发动机发生空中停车，而开车又不成功或不能开车时，应根据当时条件，正确操纵飞机进行迫降。

（1）停车后的下滑。

发动机空中停车后，若飞行员从当时的高度，以最大的滑翔比下滑，就可能得到最远的下滑距离，也就有可能在较大的范围内选择迫降场地。滑翔比的大小会受到许多因素的影响，在判断停车后的下滑距离时需考虑这些因素。

①停车后的附加阻力。

螺旋桨飞机发动机空中停车后，螺旋桨自转产生负拉力，增加飞机阻力，使飞机升阻比减小，滑翔比减小。如果螺旋桨有顺桨装置，可以消除自转，这时阻力增加较少，滑翔比也减小得少一些。对于没有顺桨装置的飞机，停车后，可变大距，以减小负拉力，减小阻力的增量，滑翔比就可减小得少一些。

喷气式飞机发动机空中停车后，不仅不产生推力，而且由于相对气流吹动压缩器和涡轮自转而产生一定的阻力，飞机阻力将增加，升阻比和滑翔比将减小。

从图 13-38 可以看出，飞机发动机工作和停车状态下的飞机极曲线，发动机停车后，有利迎角所对应的性质角增大（$\theta_1>\theta_2$），最大升阻比和最大滑翔比减小。同时，有利迎角所对应的升力系数增大（$C_{L1}>C_{L2}$）。故保持有利迎角下滑的速度减小，即获得最大滑翔比的速度减小。

②下滑速度。

下滑速度不同，滑翔比也不同。在无风情况下，从一定的高度上用下滑有利速度下滑，滑翔比最大，下滑距离最长，用经济速度（经济迎角）下滑，下降率最小，下滑时间最长。停车迫降的速度应根据具体情况来选定。

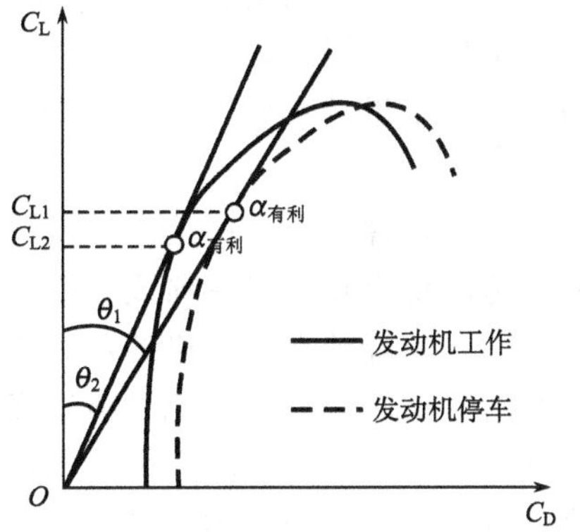

图 13-38 发动机停车和工作时飞机极曲线

③襟翼。

飞机放下襟翼后，升阻比减小，滑翔比也随之减小。放下襟翼角度越大，升阻比减小越多，滑翔比也相应越小。因此对于停车迫降，放襟翼的早晚和放下的角度，应根据当时飞机离迫降场地的距离而定。

图 13-39 是放襟翼和未放襟翼的飞机极曲线。从飞机极曲线上可看出，放襟翼后最大滑翔比减小，获得最大滑翔比的速度也减小。

④起落架。

飞机放起落架后，阻力增大，升阻比和滑翔比减小。一般来说，在场内迫降，应放起落架，而在场外迫降，就不能放起落架。

从图 13-40 的飞机极曲线上可看出，放下起落架，最大滑翔比和获得最大滑翔比的下滑速度都要减小。

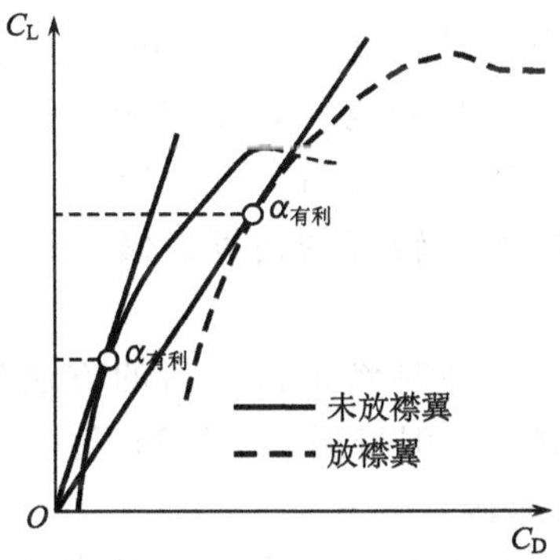

图 13-39 放襟翼时的飞机极曲线

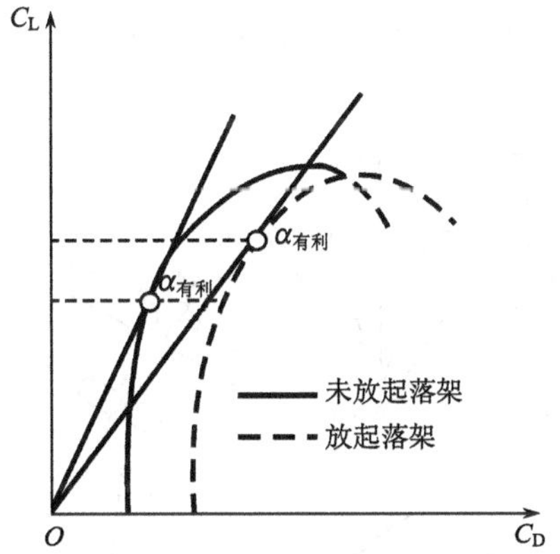

图 13-40 放起落架时的飞机极曲线

⑤风向与风速。

在高度一定的情况下，逆风下滑，地速减小，下滑角增大，下滑距离缩短，滑翔比减小，相反，顺风下滑，地速增大，下滑角减小，下滑距离增长，滑翔比增大。风速越大，对滑翔比的影响也越大。在侧风中下滑，若用侧滑修正侧风的影响时，阻力增大，升阻比减小，滑翔比也减小。

由以上可知，风对滑翔比和下滑距离的影响较大，所以，在停车迫降时，飞行员应估计到当时风对下滑距离的影响，以便正确选择迫降场地。

（2）停车迫降场地。

发动机停车以后，飞行方向不一定恰好对正机场或预备迫降区域，需下滑转弯来改变飞行方向。下滑转弯中，往往要求下降高度最小，以便有足够的高度来争取较长的下滑距离。

应尽量选择逆风方向迫降，逆风方向迫降不安全或无把握时，可采用侧风着陆或顺风着陆。迫降地点在飞机左前或右前方，这时使用小坡度大滑翔比进行转弯，有利于飞到迫降地点。若迫降地点在飞机的左后或右后方，为了飞到迫降地点，开始使用大坡度小滑翔比进行转弯比较有利，以免飞离迫降地点太远。

停车下滑转弯时，坡度大，飞机损失的高度就大，飞机的失速速度也越大。如果高度较高，可以在360°范围内选择迫降场地，如果高度较低，应选择前方180°范围内迫降。

（3）停车迫降目测修正。

停车迫降时，一般只能采用下述方法来修正目测高、低。

①放襟翼的时机和角度。

若目测高，飞机会超过迫降地点，可提早放襟翼，增大下滑角，缩短下滑距离，以免飞机超过迫降地点。反之，若目测低，则应晚放襟翼，或减小襟翼放下的角度，甚至不放襟翼，以增长下滑距离，使飞机到达预定的迫降地点。

②侧滑法。

增大下滑角，缩短下滑距离，而不致使飞机超过预定的迫降地点。

③蛇行转弯。

做蛇形转弯能多降低高度，缩短下滑距离，而不致使飞机超过预定的迫降地点。

④放起落架的时机。

若目测高，可适当提早放起落架，以增大下滑角，缩短下滑距离。反之，若目测低，则应适当延迟放起落架的时机。在场内迫降，要及早注意目测高低，在三转弯前就应判断目测是否正确。若目测低。应提前进入三转弯，或增大三转弯的角度。修正目测高的方法则相反。

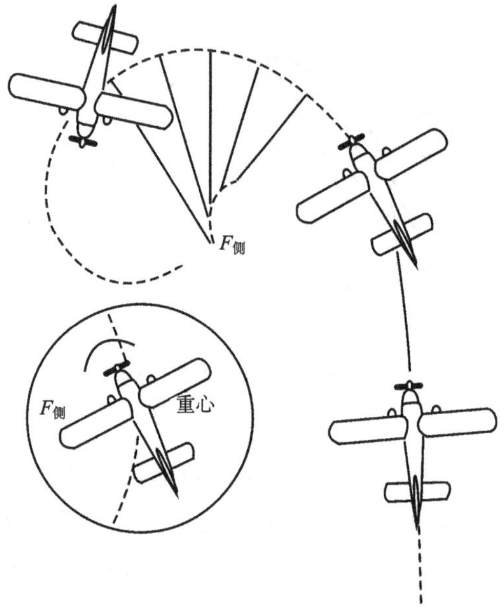

图 13-41　侧向摩擦力在飞机重心之前的运动情况

停车迫降时修正目测高的方法较多，比较容易修正，但目测低不易修正。

5）地转

后三点飞机在滑跑中急促偏转，并做小半径的曲线运动，这种现象称为地转。

（1）进入地转。

如果后三点飞机在滑跑中发生偏转，机轮将产生与运动方向垂直的侧向摩擦力，侧向摩擦力构成迫使飞机进入曲线运动的向心力，如图 13-41 所示。

（2）进入地转的危险。

飞机进入地转后，不仅向地转方向偏转，

还同时向地转反方向倾斜。当飞机向左进入地转时，在飞机重心上的惯性离心力，对右轮接地点构成向右倾斜的力矩，迫使飞机向右倾斜。飞机偏转越快，惯性离心力越大，向右倾斜的力矩越大。因此，严重的地转，不仅可能翼尖擦地，而且一边起落架承受飞机的全部重量，起落架将承受很大的垂直载荷，在很大的侧向摩擦力作用下，起落架还要承受很大的侧向载荷，这就可能引起轮胎爆破或起落架折断。

（3）预防措施。

飞机进入地转后，应向地转反方向蹬舵到底，同时向地转方向压盘，并向后抱紧杆。通常不允许使用反刹车和油门来制止偏转。地转有可能损坏飞机，所以，防止进入地转是保证安全飞行的一项重要任务。可采取以下措施预防飞机进入地转。

①防止飞机偏转。

起飞前，应检查两主轮和两起落架减振支柱的压力是否相等。如果两主轮气压相差较多，滑跑中气压小的主轮摩擦力大，飞机可能向气压小的一边偏转。如果减振支柱的压力不等，飞机将向压力小的一边倾斜，增大这边主轮的摩擦力，飞机也可能向减振支柱压力小的一边偏转。

防止飞机带偏流、侧滑接地。飞机带偏流、侧滑接地，是发生地转最经常、最直接的原因。飞机在侧风中带偏流接地或无侧风时带侧滑接地，都将使接地时飞机的运动方向和对称面不一致，产生侧向摩擦力。故在接地前，应消除偏流和侧滑。如果接地时尚未消除偏流和侧滑，则应顺偏流和侧滑方向蹬舵，使运动方向和对称面趋于一致，以消除侧向摩擦力。

三点滑跑时应抱紧杆压住尾轮。这样，飞机偏转时，尾轮产生较大的侧向摩擦力，有制止偏转的作用。

蹬舵要及时适当。滑跑中，蹬舵及时适当，可防止飞机偏转。而飞机发生偏转后，若蹬舵及时适当，又可制止飞机偏转。

正确使用刹车。使用刹车减速时，两舵要放平，使两主轮的刹车量一致，避免飞机因两主轮摩擦力不等而向摩擦力大的一边偏转。用舵不能制止飞机偏转时，应及时使用单刹车，以制止飞机偏转。用单刹车进行转弯时，动作应柔和适当，以防止飞机急促偏转。

操纵油门和驾驶杆的动作要柔和。这样，螺旋桨副作用引起的偏转力矩和偏转角速度都比较小，飞机偏转慢，易于修正。

多发动机飞机，操纵油门要协调一致，以免飞机因两边拉力不等而向拉力小的一边偏转。

②滑行转弯的速度不宜太大。

在大速度情况下，蹬舵使飞机转弯，转弯半径必然大。要减小转弯半径，使飞机在预定地点改出转弯，只有增大蹬舵量，以加快飞机的偏转。但因滑行中驾驶杆一般都在中立位置，尾轮阻止偏转的作用很小，如果使用反舵反刹车不及时，飞机就很容易进入地转，所以，滑行转弯和跑道转弯的速度不宜太大。

③不宜带余速转弯。

余速转弯一般是指着陆滑跑后段，飞行员不加油门，利用剩余速度转弯。余速转弯容易进入地转。这是因为，一般滑行转弯都是带油门的，滑流的下洗作用，有压紧尾轮、增大尾轮侧向摩擦力的作用，所以，蹬舵进入转弯时，飞机偏转较慢，若拉力作用线在重心之下，则拉力对重心形成上仰力矩，也有压紧尾轮、增大尾轮侧向摩擦力的作用。另外，滑流强，舵的效用好，即使偏转较快，也易于修正。若用余速转弯，则尾轮阻止偏转的作用很小，所以，在与带油门滑行相同的速度下，用同样蹬舵量，飞机偏转快，且因滑流很弱，舵的效用差，又不易于修正。如果使用反舵反刹车不及时有力，飞机就很容易进入地转。故不宜用余速转弯。

6）拿大顶

后三点飞机机尾翘起机头触地的现象，称为拿大顶。

（1）防复角。

通过主轮与地面的接触点画一条垂直于地面的直线，再从这点到飞机重心连一直线，这两线之间的夹角就是防复角，如图 13-42 所示。有了防复角，飞机重心位于主轮之后，飞机重力对主轮接地点构成上仰力矩，可以制止飞机下俯，有防止拿大顶的作用。防复角大，防止拿大顶的作用就强。运五飞机在空机重量、地面停放或三点滑跑时，防复角为 28°。

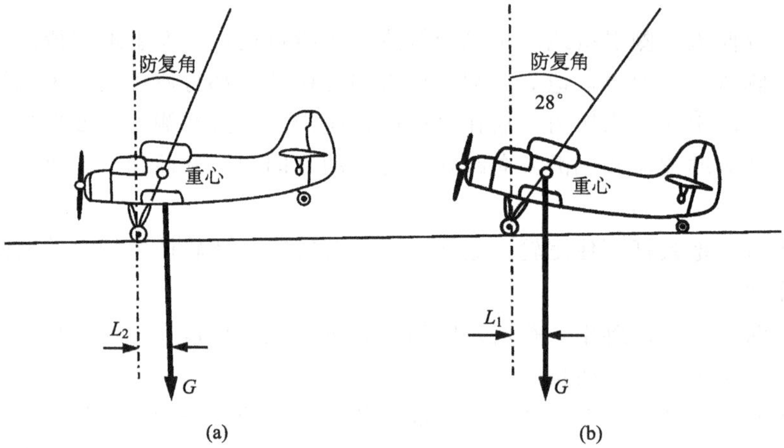

图 13-42　后三点飞机的防复角

（2）拿大顶的原因。

虽然飞机的防复角有防止拿大顶的作用，但若飞行员操纵不当，致使下俯力矩大于上仰力矩，飞机仍可能拿大顶。而下俯力矩过大，通常由下述两方面原因而造成。

①粗猛刹车。

在滑跑中，飞行员如果刹车粗猛，将引起机轮摩擦力突然增大，飞机猛然减速，重心上产生很大的惯性力（$F_{惯性}$），如图 13-43 所示。这个向前的惯性力，对主轮接地点形成下俯力矩，当下俯力矩大于重力对主轮接地点所形成的上仰力矩时，机头就会下俯，以致形成拿大顶。即惯性力与飞机重力的合力 R 在主轮接地点之前。

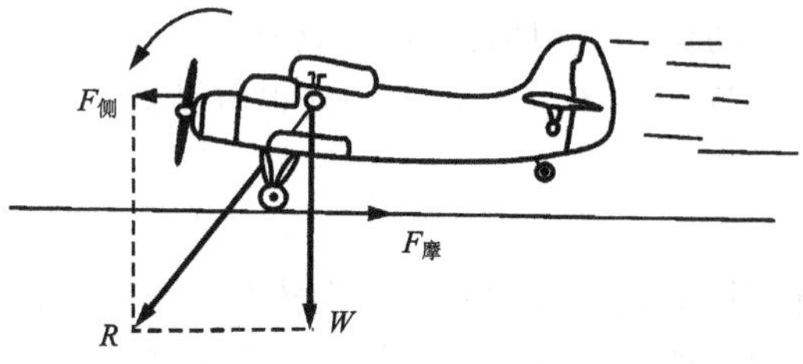

图 13-43　粗猛刹车时力的情况

②不适当推杆。

在滑跑中，若过多、过猛地推杆，水平尾翼产生向上的空气动力过大，对主轮接地点形成很大的下俯力矩。直至下俯力矩大于重力对主轮接地点所构成的上仰力矩时，机头即下俯，也可能形成拿大顶。

（3）预防措施。

在三点滑跑中，应抱紧杆，防止机尾上抬，即便需要推杆时，也不能过多过猛，使用刹车时，应视飞机滑跑速度的大小，正确掌握刹车量和刹车方法。刹车时若发现机头下俯，应立即松刹车或按止刹按钮，使机轮摩擦力减小，惯性力减小，制止机头下俯。

此外，在松软、沙土或未经滚压的积雪机场着陆时，在不超过重心后限的情况下，尽可能将重心后移，可增大防止拿大顶的作用。

参 考 文 献

陈再新，刘福长，鲍国华，1993. 空气动力学[M]. 北京：航空工业出版社.

陈治怀，1993. 飞机性能工程[M]. 北京：中国民航出版社.

何光勤，罗凤娥，马志刚，2004. 签派程序与方法[M]. 成都：西南交通大学出版社.

刘同仁，肖业伦，1987. 空气动力学与飞行力学[M]. 北京：北京航空学院出版社.

潘卫军，2005. 空中交通管理基础[M]. 成都：西南交通大学出版社.

王大海，杨俊，余江，2004. 飞行原理[M]. 成都：西南交通大学出版社.

张泽龙，2000. 私用飞行员教程[M]. 成都：西南交通大学出版社.

张泽龙，2001. 商用飞行员教程[M]. 成都：西南交通大学出版社.

符号说明

c——翼弦（几何弦）

t——翼剖面的最大厚度

X_t——最大厚度位置

f——最大弯度

S_W——机翼面积

A——展弦比

c_G——几何平均弦（标准平均弦）

λ——梢根比

c_τ——翼根翼弦

Γ_W——上反角

W_I——流入内涵道的空气流量

W_F——流入内、外涵道的燃油流量

V_J——内涵道出口截面上的喷气速度

V_F——外涵道出口截面上的喷气速度

FF——燃油流量（小时燃油消耗量）

T_{AV}——可用推力

i——发动机台数

C_p——一定质量的气体在一定压力下，升高单位温度所需的能量

ρ——空气密度

T——空气温度

S——相邻两流动空气层的接触面积

V——流体速度

V_i——指示空速

V_{eq}——当量空速

Ma——马赫数

L——升力

V_x——下洗速度

α_{cr}——临界迎角

α_{max}——许用迎角

C_L——升力系数

C_{Dp}——废阻力系数

C_{Di}——升致阻力系数或诱导阻力系数

C_{Dw}——高速飞行时产生的激波阻力系数

C_R——总空气动力系数

Ma_{cr}——临界马赫数

φ——桨叶角

$\bar{t}$——厚弦比（相对厚度）

$\overline{X}_t$——最大厚度相对位置

$\bar{f}$——相对弯度

ϕ——安装角

b——翼展

c_{avg}——平均翼弦

c_A——平均空气动力弦

c_t——翼尖翼弦

Λ_W——后掠角

T——推力

W_{II}——流入外涵道的空气流量

V——飞行速度

Ce——燃油消耗率

y——内外涵道比

T_d——单位推力

η——修正系数

p——空气压强

C_v——一定质量的气体在一定体积下，升高单位温度所需的能量

R——气体常数

F——空气黏性力

μ——空气的黏性系数

l——特征长度

V_c——校准空速

V_T——真空速

c——音速

D——阻力

ε——下洗角

α_0——零升迎角

α_b——有利迎角

C_D——阻力系数

ΔC_D——附加阻力系数

K——升阻比

R——总空气动力

V_{cr}——临界速度

Λ_W——机翼后掠角

V——前进速度（飞机的飞行速度）

U——切向速度
W——桨叶切面的合速度
γ——入流角
P——拉力
$M_{阻}$——旋转阻力矩
C_P——螺旋桨的拉力系数
C'_P——公式中的拉力系数
$N_{桨}$——螺旋桨的有效功率
η——螺旋桨的效率
$\lambda_{有利}$——有利前进比
$y_{翼}$——机翼压力中心至飞机重心的距离
$M_{尾}$——水平尾翼力矩
$V_{尾}$——流向尾翼的气流速度
$y_{尾}$——水平尾翼升力着力点到飞机重心的距离
$M_{拉}$——拉力力矩
ΔL——飞机的附加升力
V——流向水平尾翼的迎面气流速度
V_n——有效分速
C_C——侧力系数
r——各切面离桨轴的距离
α——桨叶迎角
R——桨叶上的总空气动力
Q——旋转阻力
$M_{扭}$——旋转力矩
C_Q——螺旋桨的旋转阻力系数
D——螺旋桨的直径
$N_{有效}$——轴功率（发动机的有效功率）
λ——前进比
$M_{翼}$——机翼力矩
C_L——升力系数
$C_{L尾}$——水平尾翼升力系数
$S_{尾}$——水平尾翼的面积
$M_{推}$——推力力矩
β——侧滑角
ΔV——相对气流速度
$\Delta C_{尾}$——垂直尾翼侧力
V_1——与机翼前缘平行的分速

常用单位

民用航空运行过程中经常会使用到重量、速度、高度等参数，各国对这些参数的单位定义各不相同，其中使用最多的是公制和英制两种单位。

1. 质量（mass）

物体所含物质的多少称为质量，是度量物体在同一地点重力势能和动能大小的物理量。常用单位：公制为千克（kg）；英制为斯勒格（slug）和磅（lb）。

$$1\text{slug} = 14.594\text{kg}$$

$$1\text{kg} = 2.2046226\text{lb}$$

2. 时间（time）

时间是人类用于描述物质运动过程或事件发生过程的参数。常用单位：秒（s）、分（min）和小时（h）。

$$1\text{h} = 60\text{min}$$

$$1\text{min} = 60\text{s}$$

3. 温度（temperature）

温度是表示物体冷热程度的物理量，微观上来说反映了物体分子热运动的剧烈程度。常用热力学温度和相对温度表示。相对温度单位为摄氏度（℃）和华氏度（℉）；热力学温度单位为开氏度（K）和兰氏度（R），如图 1 所示。

$$1\ ℃ = (1\ ℉ - 32) \times 5/9$$

$$1\text{K} = 1\text{R} \times 5/9$$

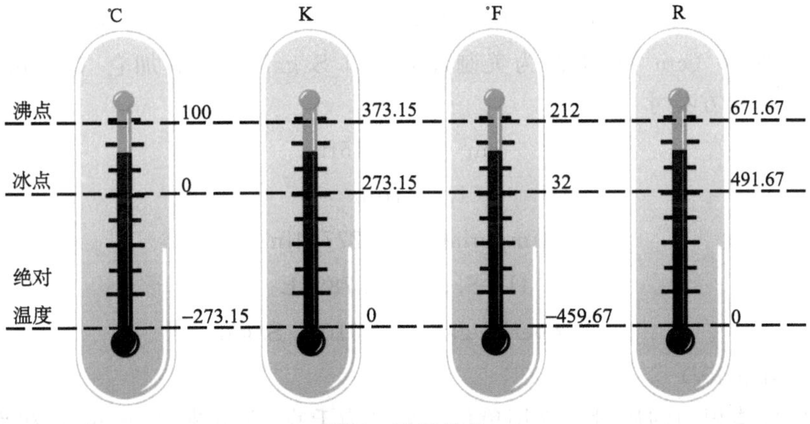

图 1　温度单位

4. 长度或距离（length or distance）

长度是指一维空间的度量。常用单位：公制为毫米（mm）、厘米（cm）、米（m）和千米（km）；英制为英寸（in）、英尺（ft）、码（yd）和英里（mi）；用于航空和航海的长度单位通常为海里（n mile）。

$$1in = 2.54cm$$

$$1yd = 3ft$$

$$1m = 3.2808ft$$

$$1mi = 5280ft$$

$$1n\ mile = 6076.1ft$$

$$1n\ mile = 1.852km$$

$$1mi = 1.609km$$

5. 速度（velocity）

速度为单位时间内飞机经过的距离。常用单位：公制为千米/小时（km/h）和米/秒（m/s）；英制为英里/小时（mi/h）和英尺/秒（ft/s）；航空为节（n mile/h、kt、kn）和马赫数（Ma）。

$$1kn = 1.1508mi/h$$

$$1kn = 1.852km/h$$

$$1kn = 1.6878ft/s$$

$$1km/h = 0.278m/s$$

6. 面积（area）

面积是指二维空间的度量。常用单位：公制为平方米（m^2）和平方厘米（cm^2）；英制为平方英尺（ft^2）和平方英寸（in^2）。

$$1m^2 = 10.764ft^2$$

$$1in^2 = 6.4516cm^2$$

7. 体积（volume）

体积是指三维空间的度量。常用单位：公制为升（L）、立方米（m^3）、立方分米（dm^3）和立方厘米（cm^3）；英制为美制加仑（U. S. gal）、英制加仑（imperial gal）、立方英尺（ft^3）和立方英寸（in^3）。

$$1m^3 = 35.315ft^3$$

$$1L = 1dm^3$$

$$1imperial\ gal = 277.4in^3$$

$$1U.S.\ gal = 3.7854L$$

$$1imperial\ gal = 1.2010U.S.\ gal$$

8. 密度（density）

密度为单位体积内的质量。常用单位：公制为千克/立方米（kg/m^3）和克/立方厘米（g/cm^3）；英制为斯勒格/立方英尺（$slug/ft^3$）；航空为千克/升（kg/L）和磅/加仑（lb/gal）。

9. 力（force）

力指的是引起物体加速运动的作用。常用单位：公制为牛顿（N）和千克力（kgf）；

英制为磅力（lbf）。

$$1\mathrm{kgf}=9.80665\mathrm{N}$$

$$1\mathrm{lbf}=4.4482\mathrm{N}$$

$$1\mathrm{kgf}=2.2046226\mathrm{lbf}$$

10. 气压（atmospheric pressure）

气压的大小可通过各类仪表进行测量。在工程上，是以单位面积上承受的力作为压力单位的。常用单位：公制为牛顿/平方米（N/m^2）、帕斯卡（Pa）和巴（bar）；英制为磅/平方英尺（lb/ft^2）；用于航空的通常为大气压（atm）、百帕斯卡（hPa）、毫巴（mbar）、英寸汞柱（inHg）和毫米汞柱（mmHg）。

$$1\mathrm{N/m^2}=0.00001\mathrm{bar}=1\mathrm{Pa}$$

$$1\mathrm{atm}=101325\mathrm{Pa}=760\mathrm{mmHg}$$

$$1\mathrm{inHg}=0.03342\mathrm{atm}$$

11. 能量（energy）

能量是度量物质运动的一种物理量。相应于不同形式的运动，能量分为机械能、分子内能、电能、化学能、原子能等。常用单位：公制为焦耳（J，N·m）和卡路里（cal）；英制为英尺·磅（ft·lbf）和 BTU①。

$$1\mathrm{J}=0.238846\mathrm{cal}$$

$$1\mathrm{N\cdot m}=0.73757\mathrm{ft\cdot lbf}$$

$$1\mathrm{BTU}=778.17\mathrm{ft\cdot lbf}$$

$$1\mathrm{BTU}=1055.1\mathrm{J}$$

12. 功率（power）

功率是指物体在单位时间内所做的功。常用单位：公制为瓦特（W，N/s）；英制为英尺·磅/秒（ft·lb/s）和马力（hp）。

$$1\mathrm{hp}=550\mathrm{ft\cdot lb/s}$$

$$1\mathrm{hp}=745.7\mathrm{W}$$

①BTU（British thermal unit）：标准大气条件下，将 1lb 的水加热 1°F 所需的能量。